献给对科学充满好奇的孩子

机械运转的奥秘

北京大学数学科学学院教授 张顺燕◎主编

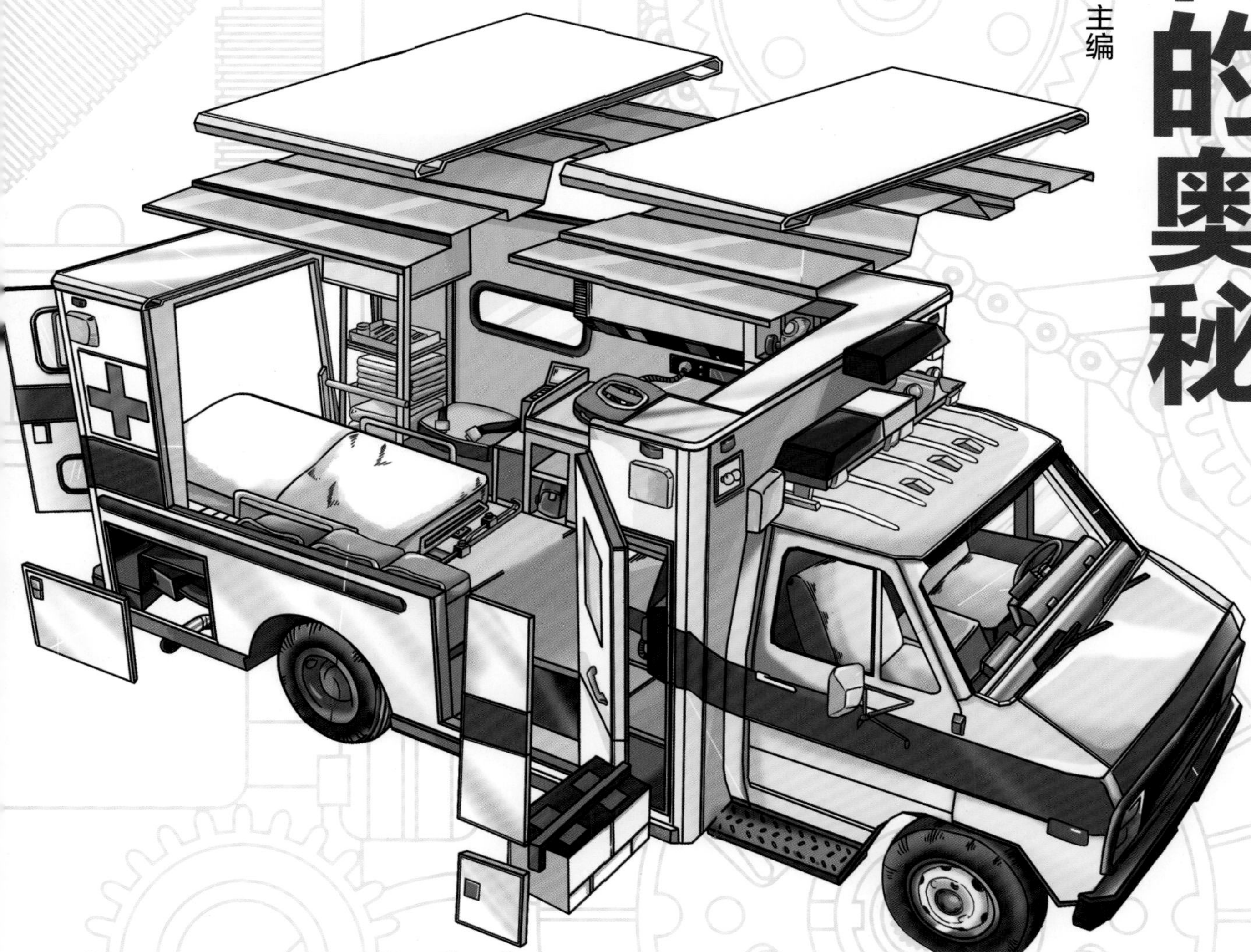

吉林科学技术出版社

图书在版编目（CIP）数据

机械运转的奥秘 / 张顺燕主编. -- 长春 : 吉林科学技术出版社, 2021.12
ISBN 978-7-5578-7990-7

Ⅰ. ①机… Ⅱ. ①张… Ⅲ. ①机械—儿童读物 Ⅳ. ①TH-49

中国版本图书馆CIP数据核字(2021)第015159号

机械运转的奥秘

JIXIE YUNZHUAN DE AOMI

主　　编：张顺燕
出 版 人：宛　霞
责任编辑：张　超
助理编辑：周　禹　王聪会
特约编辑：李小明　李　雷
书籍装帧：长春美印图文设计有限公司
封面设计：长春美印图文设计有限公司
幅面尺寸：210 mm × 280 mm
开　　本：16
印　　张：20
页　　数：320
字　　数：320千字
印　　数：25 001−45 000册
版　　次：2021年12月第1版
印　　次：2022年12月第3次印刷

出　　版：吉林科学技术出版社
发　　行：吉林科学技术出版社
社　　址：长春市福祉大路5788号出版大厦A座
邮　　编：130118
发行部电话 / 传真：0431−81629529　81629530　81629531
81629532　81629533　81629534
储运部电话：0431−81629516
编辑部电话：0431−86059116
印　　刷：吉广控股有限公司

书　　号：ISBN 978−7−5578−7990−7
定　　价：128.00元

前　言

科学技术的发展，大大改变了世界经济文化的格局，也改变了人们的生活。一个科技发展迅速的国家，一定蕴含着深厚的科技文明。而常令勤于动手、乐于动脑的孩子们感到困惑的，是那些科技产品背后蕴藏的科学原理。比如，汽车的轮子为什么能够转起来，飞机为什么能够在天上飞，早上放到保温饭盒里的食物为什么中午还不变凉，大吊车为什么能够吊起非常重的水泥板，等等。

这本少儿科普绘本是值得孩子们阅读的优秀科普读物，它关注工业科技领域的启蒙教育，从那些具有科技含量的产品入手，通过剖视图让小读者看到这些产品的内部构造，讲解它们的科学原理；进一步介绍科学技术的历史沿革和更新换代，从而开拓孩子的眼界，满足孩子的好奇心，与孩子们一起探索科学技术的奥秘。

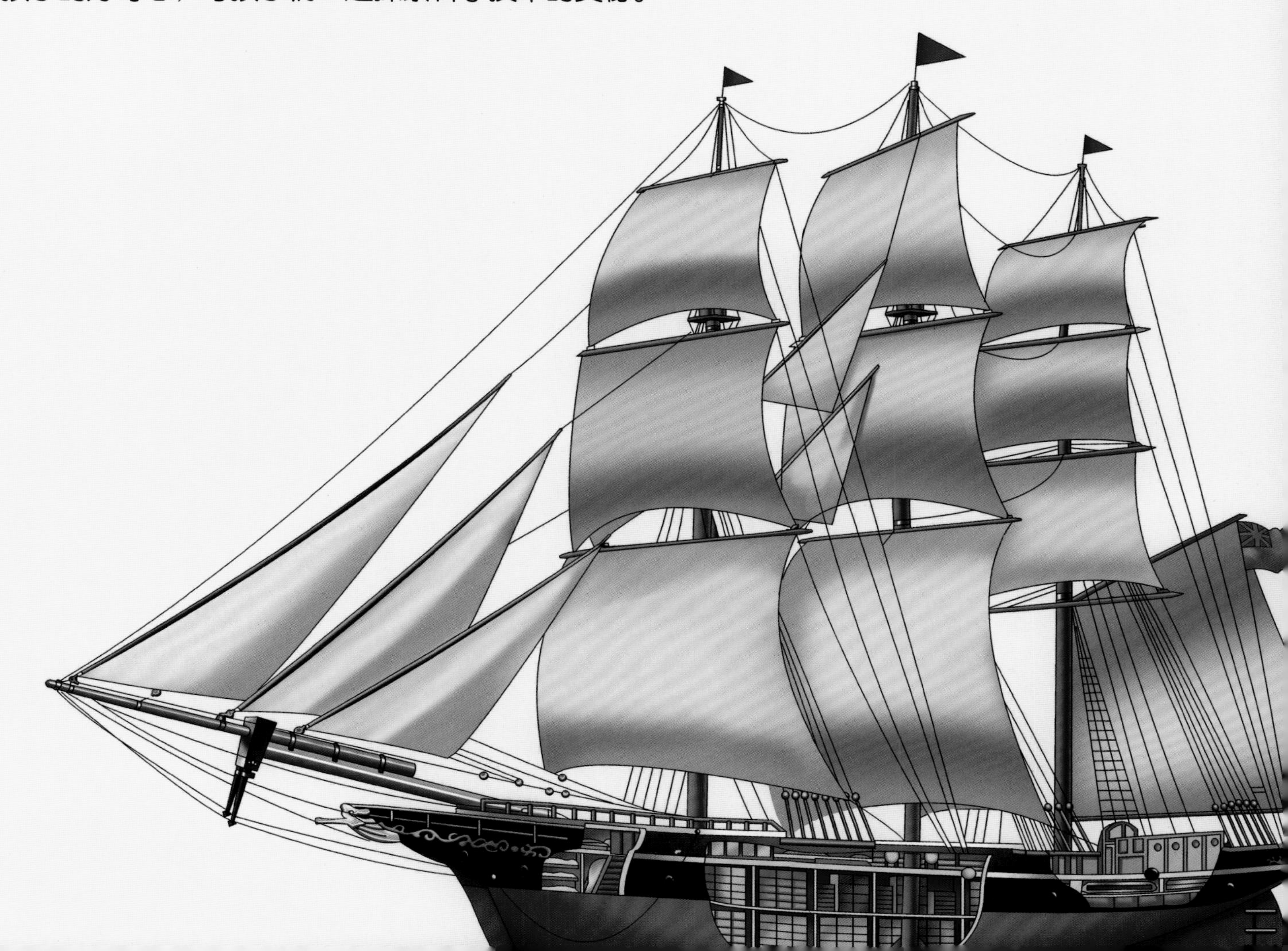

目录

第一章 船舶

第二章 飞机

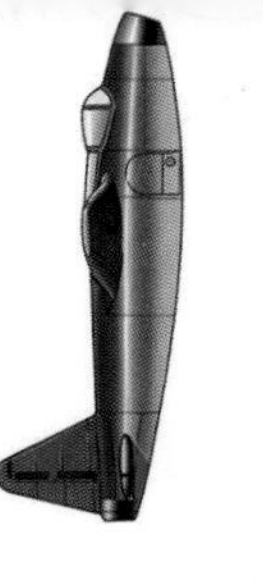

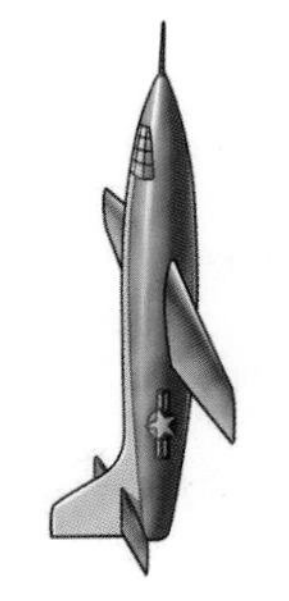
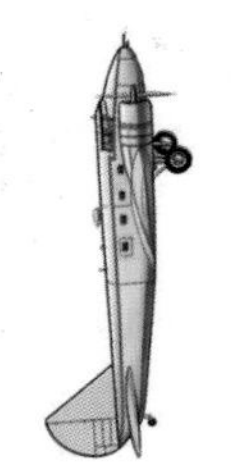

目录

第三章 枪械

第四章 军舰

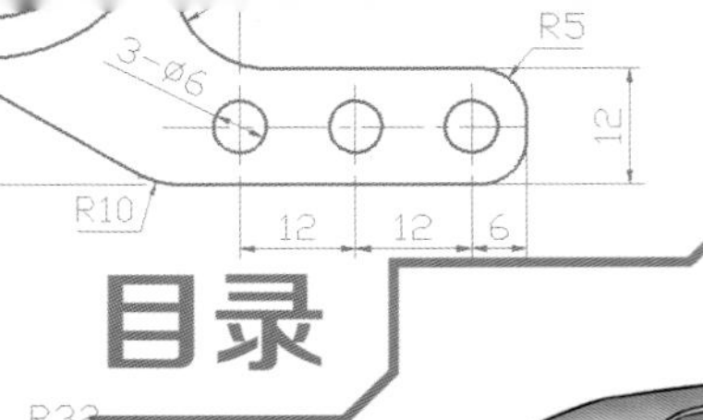

目录

第五章 汽车

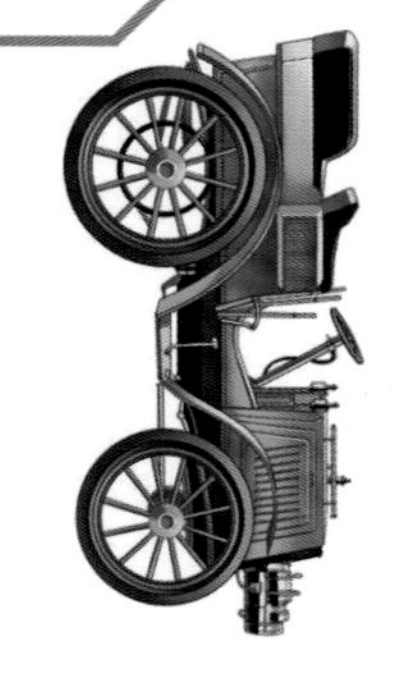

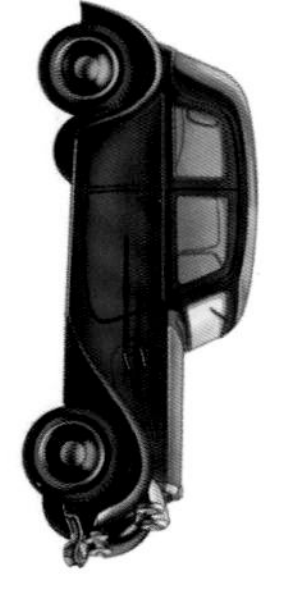

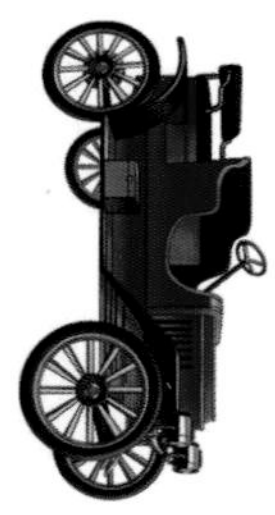

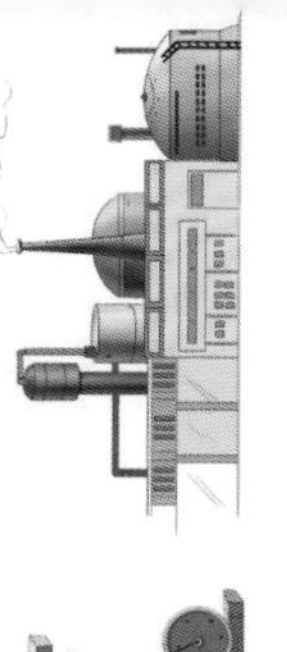

第六章 机械

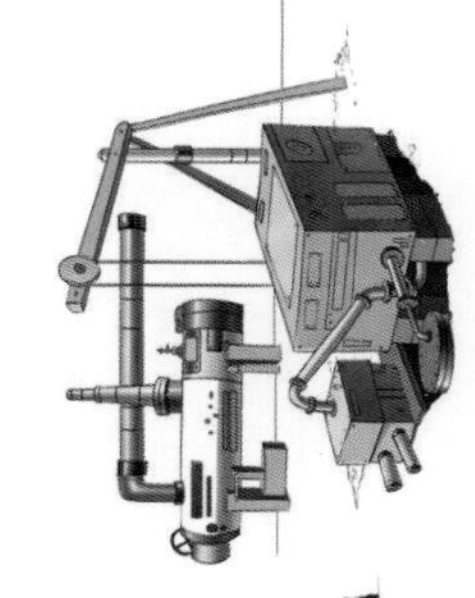

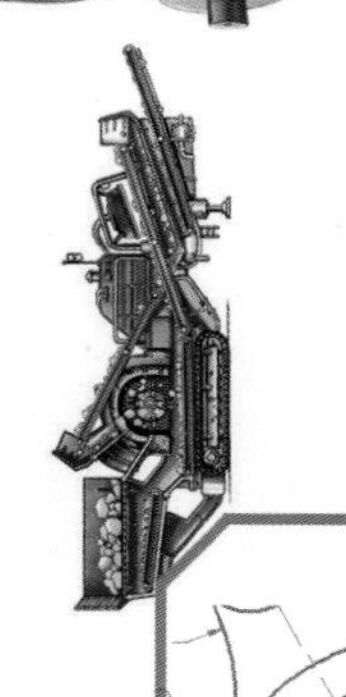

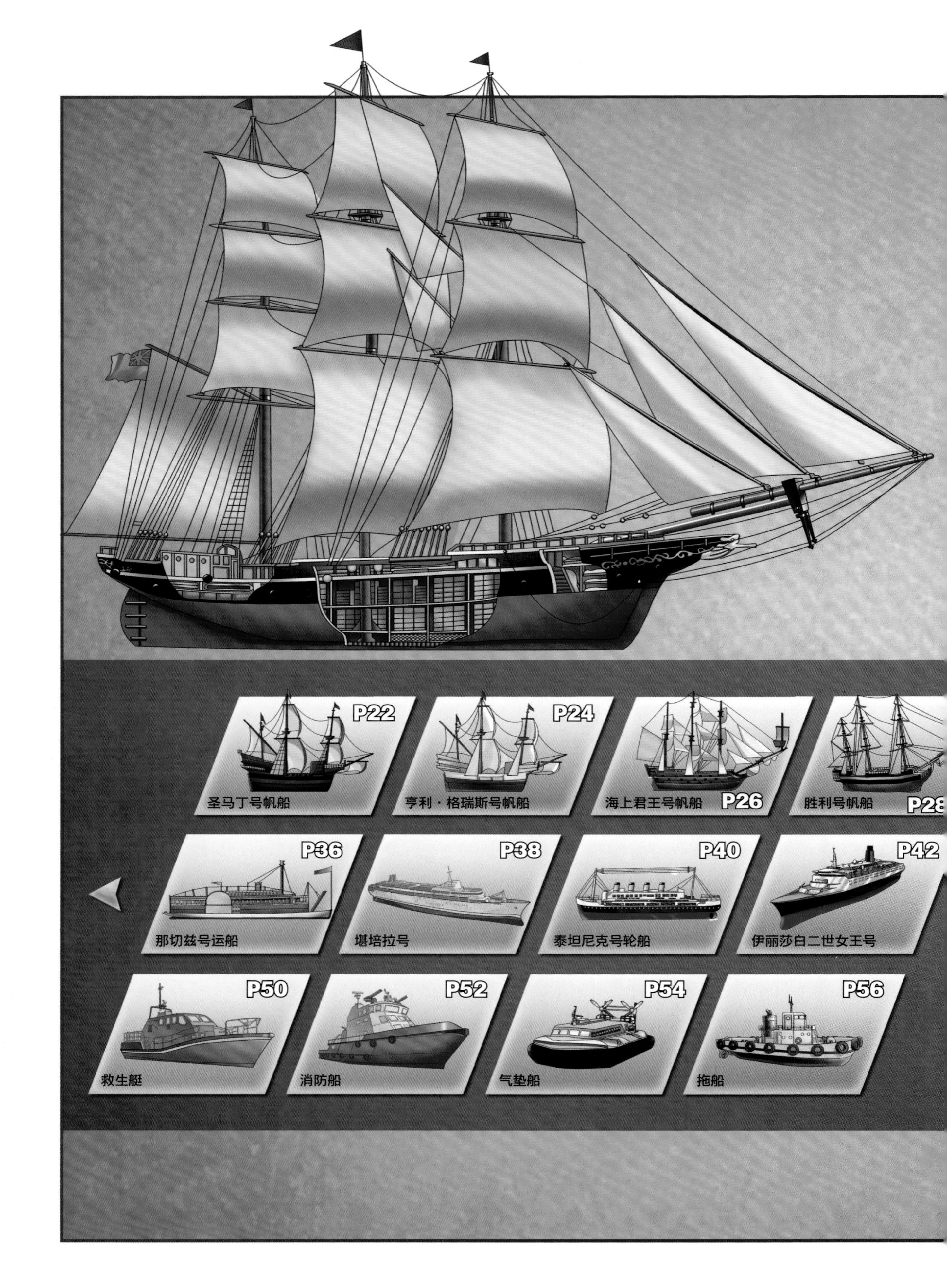
P22
圣马丁号帆船
P24
亨利·格瑞斯号帆船
海上君王号帆船
P26
胜利号帆船
P28
P36
那切兹号运船
P38
堪培拉号
P40
泰坦尼克号轮船
P42
伊丽莎白二世女王号
P50
救生艇
P52
消防船
P54
气垫船
P56
拖船

第一章
船舶

P30
卡蒂萨克号帆船
P32
光荣号帆船
P34
亚美利哥·韦斯普奇号帆船
P44
长江黄金系列豪华邮轮
P46
诗歌号豪华邮轮
P48
海洋绿洲号豪华邮轮
P58
泰科信心号
克里斯特维号
P60
P62
詹姆斯·克拉克·罗斯号

船舶是怎么来的

远古时代的人们一直在努力寻找一种工具用来渡河、渡海。后来，他们发现抱着较粗的树枝或树干就可以渡河。于是，人们开始把树枝、树干捆成一扎，或扎成木筏渡河，这就是最早的小船。随着科技的发展，到今天，各式各样的船舶已经能让我们轻而易举地渡过河流，甚至在海上漂流数月也不成问题。那船舶到底是怎么发展而来的呢？让我们一起来看看吧。

安全系数很低的木筏

考古证明，至少在7000年前，华夏民族已经可以制造木筏。木筏是最早、最简单的渡河工具，它一般由多根树干（或竹竿）捆扎而成，借助河水或海水的浮力，可以载人在江河里顺流而下，也可以用桨、橹来推动它逆流前进。但是这种木筏非常不安全，一遇到风暴或急流，人就容易掉落到水里。

公元前5000年

公元前2700年

借助风力的木帆船出现了

约在4700年前，古埃及已有木帆船航行于尼罗河和地中海。这种船装上了高大的桅杆，桅杆上挂着面积很大的帆，使它可以最大限度地利用海上的风能，这是人类成功利用自然力的重大创举。与之前的木船相比，这种帆船的速度更快，船身更大，也更坚固，可以进行远洋探险。从此，帆船的发展进入了巅峰时期。

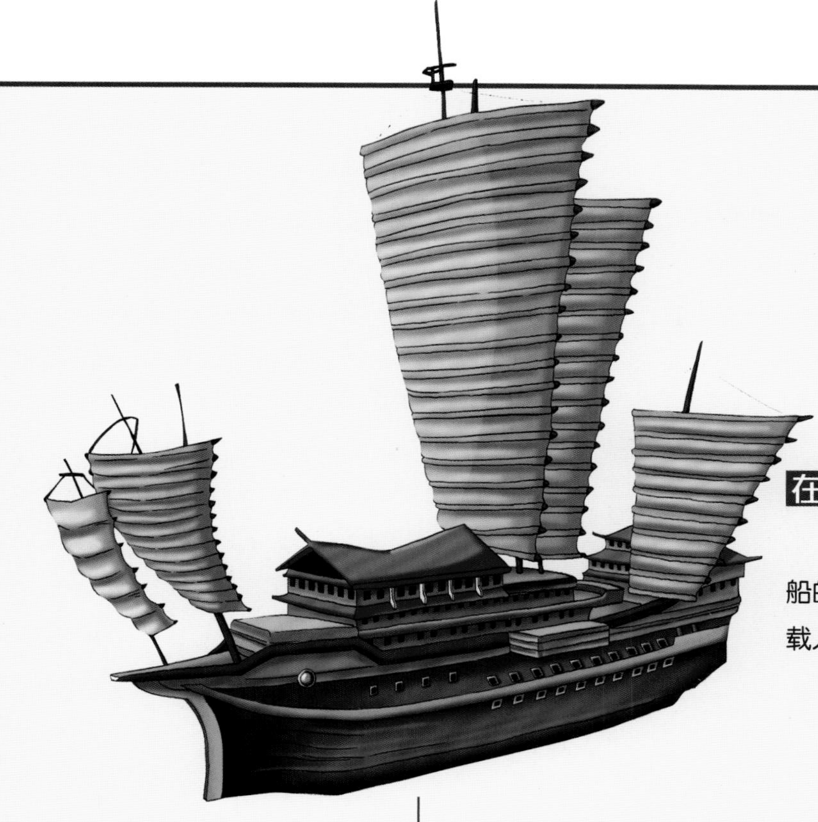

在甲板上建“楼”的楼船出现啦

公元前200多年的秦汉时期，人们在帆船的基础上，开始在甲板上建造数层楼，搭载人数大大增多的木制楼船出现了。

公元前
200
年

公元
4世纪

公牛动力船

公元4世纪，有人提出了一种新的设想，由公牛们围成一圈拉动绞盘，给桨轮提供动力。这是最早的动力船设想。显然，这种船不仅让人们坐起来不舒适，而且需要搭载数头公牛，增加了不少负担，因此，并没有被人们接受。

依靠脚力的车船出现啦

唐宋时期，中国研制出了一种用脚力带动轮子旋转从而驱动船只行进的车船。这种船体积大，结构坚固，载重量大，工艺非常先进，航运快速且安全可靠。

蒸汽动力的拖船

18世纪初，英国人瓦特经过多年研究，改良了蒸汽机，轮船设计者很自然地想到用蒸汽机作为船只的最新动力源。1736年，英国人乔纳森·赫尔斯最先设计出了蒸汽动力的拖船，并准备用它把战舰拖出海港。遗憾的是，这一设想却因各种原因，最终并没有实现。

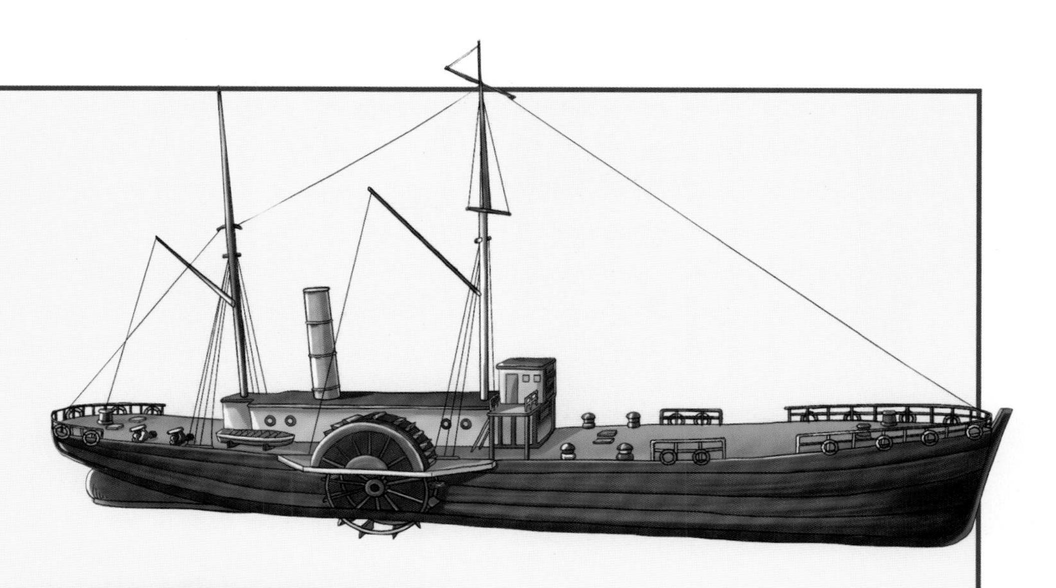

第一艘真正意义上的蒸汽动力船——克莱蒙特号

1807年，美国工程师罗伯特·富尔顿成功地将蒸汽机运用到轮船上，发明了第一艘真正的蒸汽动力船。它的桨轮可以在蒸汽发动机的驱使下旋转，推动船只行驶，而不是单纯地只能靠人力和风力前进。从此，轮船的发展进入了新的阶段。

保留船帆的蒸汽船——塞凡纳号

19世纪初期，很多轮船都被人类巧妙地设计为蒸汽机和船帆并存的轮船，在蒸汽和风提供的双重动力驱动下航程大大增加了。1819年建造的塞凡纳号就是这种轮船的典型代表。它用了一个月的时间横跨大西洋，成为第一艘横跨大西洋的蒸汽船。在这段航程中，塞凡纳号主要依靠风作为动力，而蒸汽机仅使用了85小时，作用并不是很明显。

完全以蒸汽机为动力横跨大西洋的天狼星号

1838年，英国天狼星号在没有使用船帆，完全依靠蒸汽机提供动力的情况下成功地横跨了大西洋。不过，在抵达目的地前，船上的燃料就已经全用光了，船员们只好用木质家具作为燃料来维持蒸汽动力。

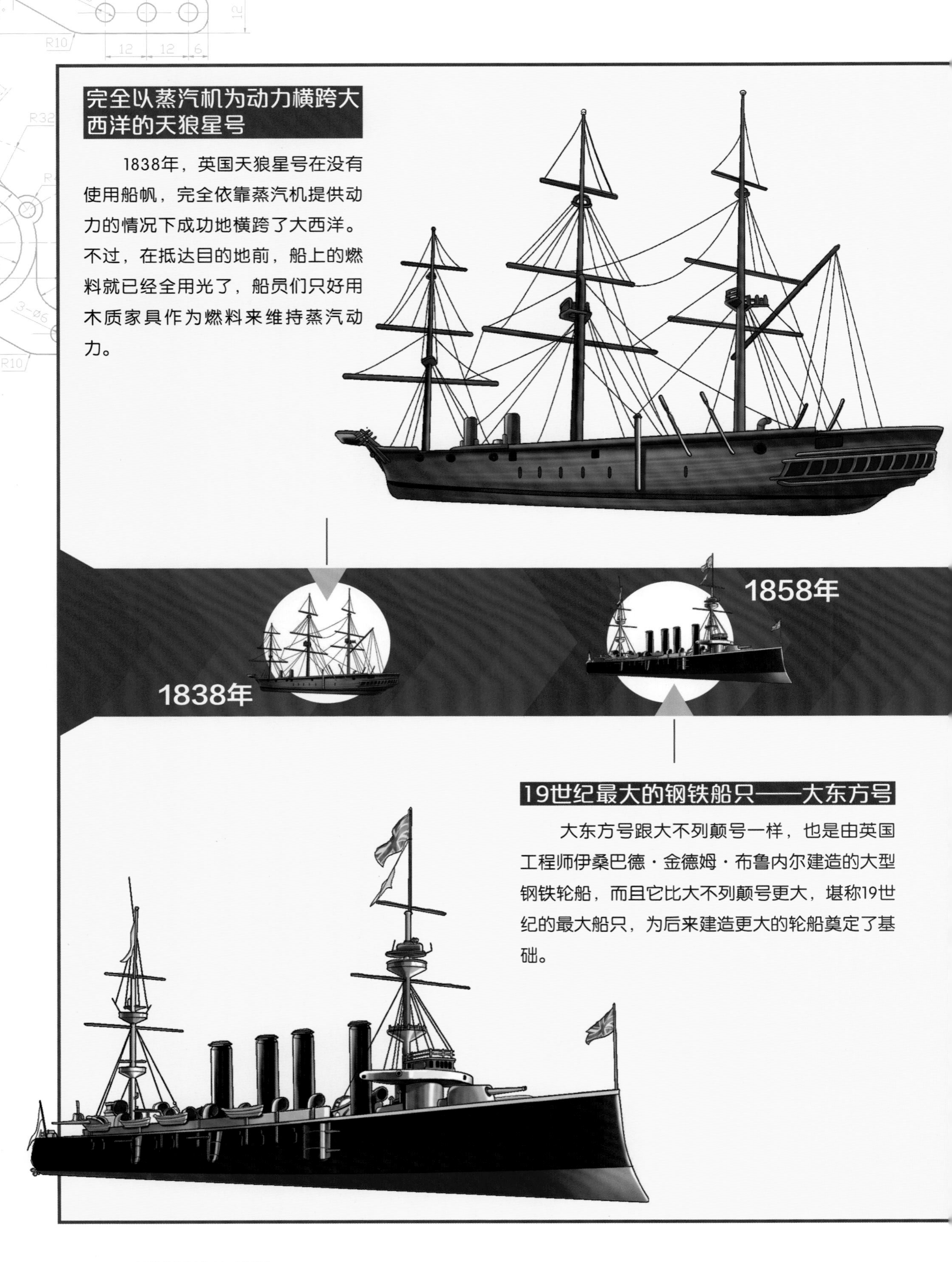

19世纪最大的钢铁船只——大东方号

大东方号跟大不列颠号一样，也是由英国工程师伊桑巴德·金德姆·布鲁内尔建造的大型钢铁轮船，而且它比大不列颠号更大，堪称19世纪的最大船只，为后来建造更大的轮船奠定了基础。

世界上第一艘全铁制的战舰——勇士号

一向青睐木质战船的英国海军，为了抢在法国海军之前制造出铁甲船，加班加点地完成了世界上第一艘全铁质战舰——勇士号。

毁灭号

随着科技的进步，军舰变得更为高效。如1871年英国的毁灭号，就是第一艘可以进行远洋航行的、彻底去掉了桅杆的蒸汽军舰，其船体外覆盖了一层约20厘米厚的铁甲外壳。

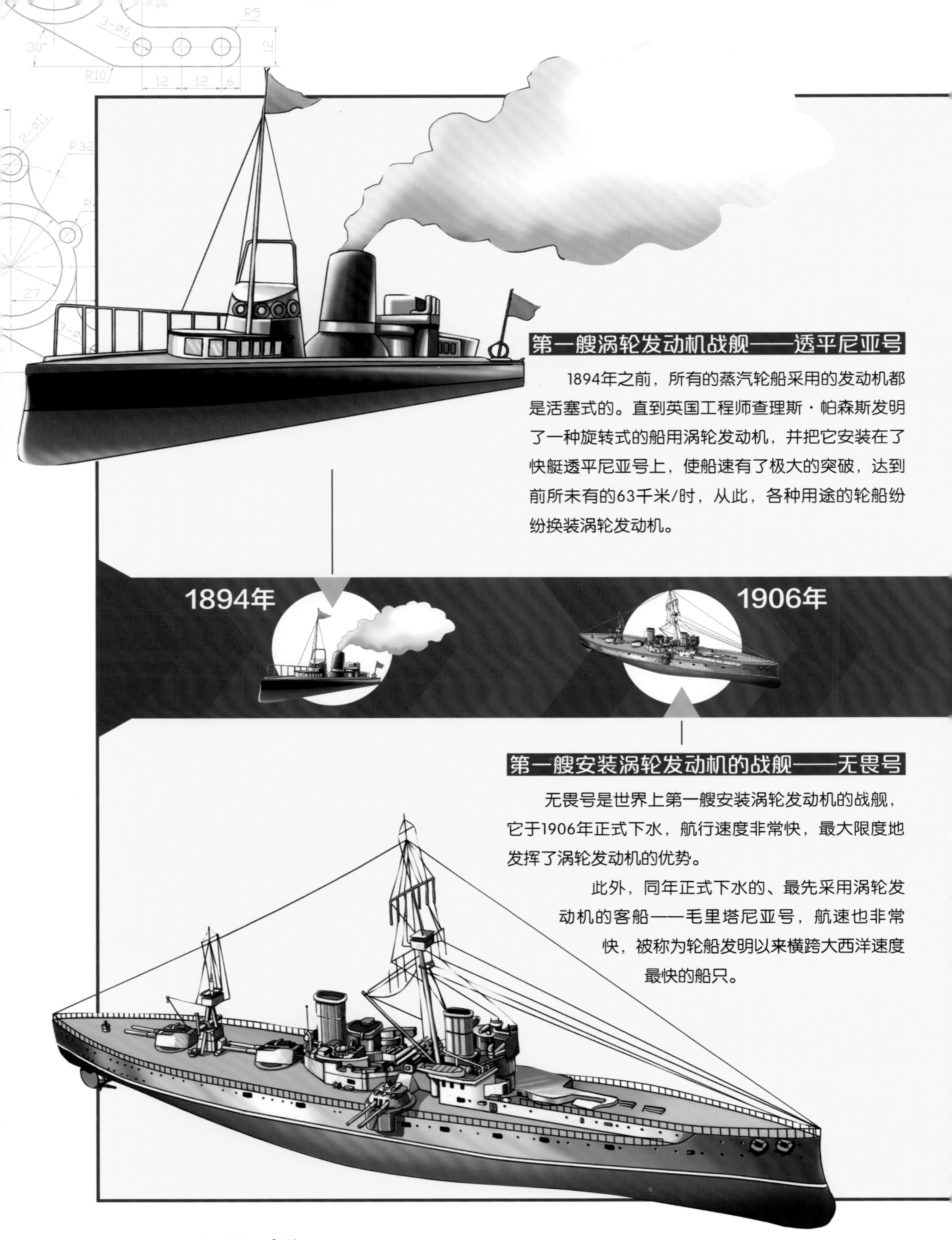

第一艘涡轮发动机战舰——透平尼亚号

1894年之前，所有的蒸汽轮船采用的发动机都是活塞式的。直到英国工程师查理斯·帕森斯发明了一种旋转式的船用涡轮发动机，并把它安装在了快艇透平尼亚号上，使船速有了极大的突破，达到前所未有的63千米/时，从此，各种用途的轮船纷纷换装涡轮发动机。

第一艘安装涡轮发动机的战舰——无畏号

无畏号是世界上第一艘安装涡轮发动机的战舰，它于1906年正式下水，航行速度非常快，最大限度地发挥了涡轮发动机的优势。

此外，同年正式下水的、最先采用涡轮发动机的客船——毛里塔尼亚号，航速也非常快，被称为轮船发明以来横跨大西洋速度最快的船只。

以柴油机作为动力源的油轮——荷兰钢铁火神号

20世纪初，柴油机发明并投入使用。相比于以煤炭为燃料的涡轮发动机，柴油机不仅可以节省一半能源，而且还能提供更大的动力，让船速有增无减。钢铁火神号就是安装了柴油机的船只，从此，轮船的发展进入柴油发动机时代。

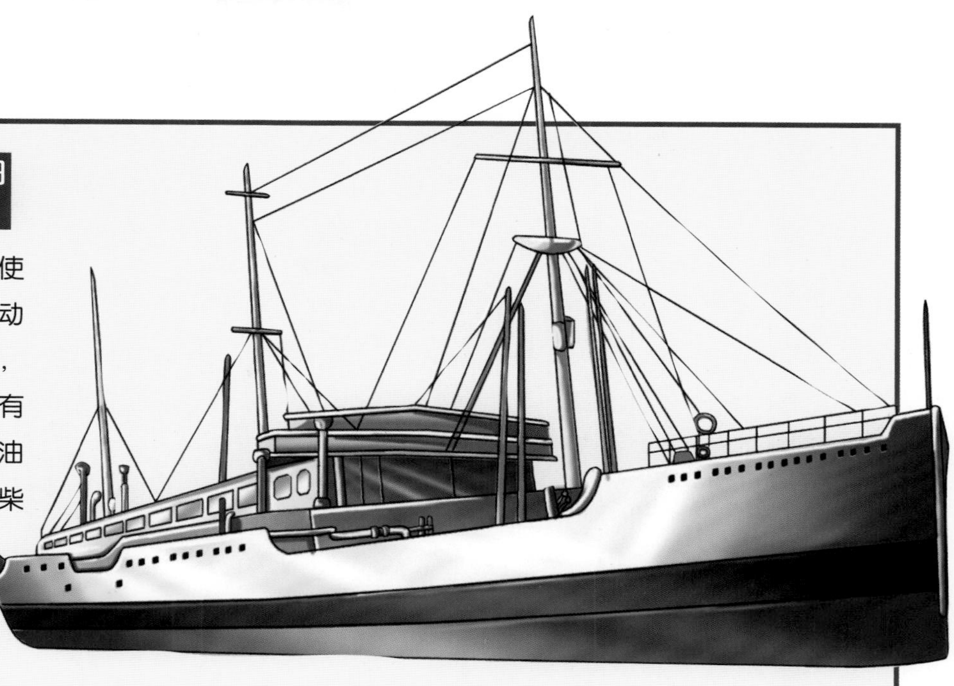

添加飞机跑道的轮船——航空母舰

自20世纪初，工程师们就产生了一个大胆的想法——在船上添加飞机跑道，进行海空协同作战。短短二十余年过去后，这种轮船便真的诞生了，它有了个特别威风的名字——航空母舰。1922年，日本建造的第一艘航空母舰凤翔号开始下水试航。紧接着，各国纷纷开始建造航空母舰。下图为1941年完成建造的美国埃塞克斯级航空母舰。

圣马丁号帆船

圣马丁号帆船是一艘16世纪非常出色的战舰，它是西班牙无敌舰队的旗舰。它制造得非常坚固，约于1579年首次下水，于1588年远征英国。在战役中，它被英国军舰炮击200多次，竟然幸存了下来。作为战舰，它的很多设计都是为了方便作战。

1 艏楼和艉楼高耸

艏楼指船首部的船楼，艉楼指船尾部的船楼。圣马丁号帆船的艏楼和艉楼高耸，有利于居高临下地观察和攻击敌方船只。

2 储藏室

在甲板武器室的下方设置有储藏室，可以用来储存食物、水和酒，供应给作战部队。可惜的是，圣马丁号帆船的储藏室不够大，因此，经常出现补给短缺的问题。

3 侧体很高

圣马丁号帆船的侧体造得很高，便于近距离战斗时，船员用抓钩钩住敌船，并跳入下方敌船进行肉搏。

4 甲板武器室

中间的甲板武器室专门用来装载武器。圣马丁号帆船装备了一些火炮，这些火炮可对靠近的敌方战船进行毁灭性的打击。

5 撞角

圣马丁号帆船上设有撞角，撞角是固定在战舰舰首的用以撞毁敌船的突出物，它能有效地对付木制的帆船。在木制船盛行时期，大型战舰上几乎都设有撞角，但随着海战武器的发展和金属外壳的使用，这一设计被逐渐废弃。

亨利·格瑞斯号帆船

亨利·格瑞斯号帆船是英国皇家舰队旗舰，于1514年首次下水。它体积巨大，排水量为1000吨左右；它装载了多门小口径火炮，还携带有大量的弓箭，用于接舷格斗。1536年后，亨利·格瑞斯号帆船加装了21门重型青铜火炮与130门铁质火炮，一艘真正意义上的战舰由此诞生了。可惜的是，1553年，它于一场火灾中被烧毁。

1 桅杆设计

对于借助风力前进的帆船，连接船帆的各种桅杆非常重要。亨利·格瑞斯号帆船有4根桅杆，前桅杆和主桅杆装横帆，后桅杆装三角帆。其中前桅杆位于船首斜桅后部和艏楼前部，有利于船只往前驱动。

2 独特的艉楼

亨利·格瑞斯号帆船的艉楼非常长且具有双层甲板，这是国王和随从们举行宴会的地方。

3 战商两用

亨利·格瑞斯号帆船最初是作为战船建造的，后来也用作商船。其实在16世纪的英国，战船大多被改装成了战商两用船。平时，这些船在海上进行频繁的贸易活动，而一旦进入战争时期，这些船就会被重新改装成战船，为国家荣誉而战。

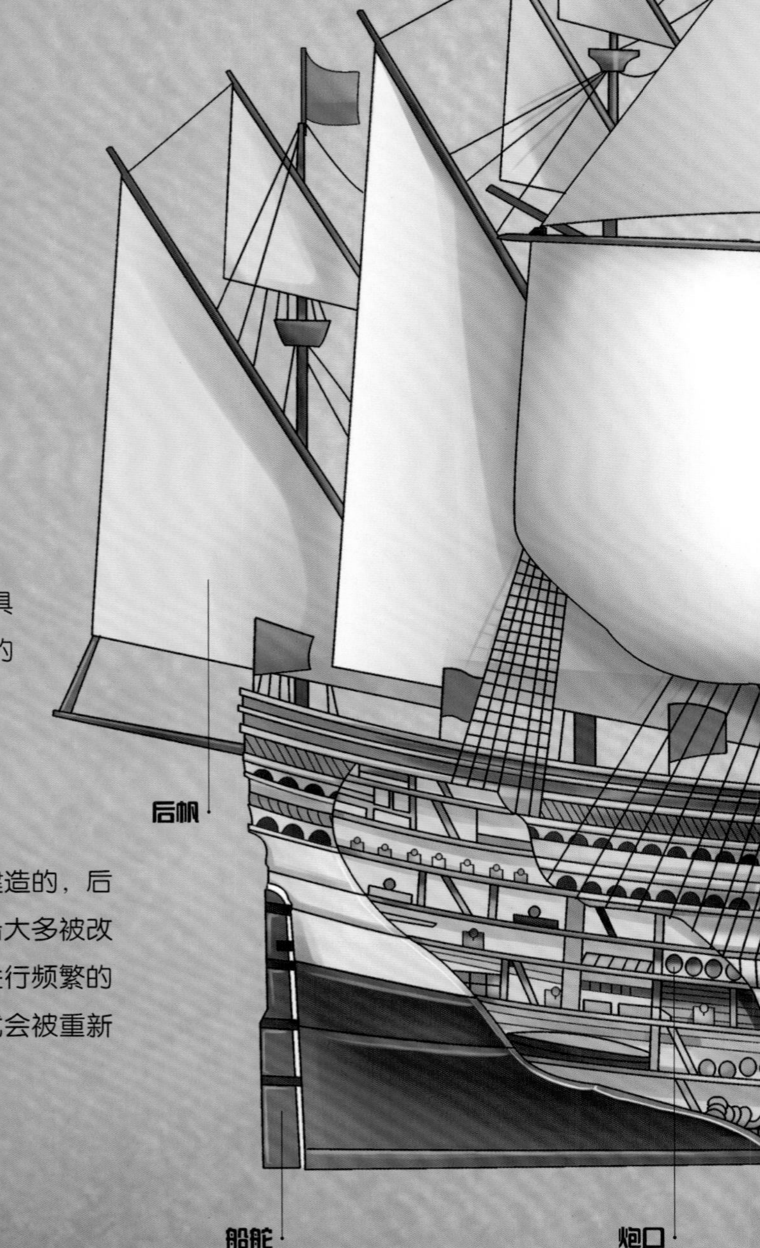

4 艏楼火炮

艏楼火炮安装的位置较高，方便打击敌船的桅杆、船帆及人员。

5 炮口设置不合理

在装载了武器的甲板的舷窗开有炮口，不过炮口位置太低，船体容易进水，使船有沉没的隐患。

海上君王号帆船

海上君王号帆船出自杰出的造船工匠菲尼亚斯·佩特之手，它于1637年下水。它装饰华丽，采用描金彩绘，使其成为帆船时代最为华丽的战舰。它的武器装备非常强大，除了拥有三个完整的火炮甲板外，还是第一艘配备了100门重型火炮的军舰。

1 “巨人”

海上君王号非常庞大，堪称当时帆船中的“巨人”。不过，因为尺寸太大，它行动起来较为缓慢。

2 先进的索具

索具是包括桅杆、桅横杆、帆脚杆、斜桁和所有索、链及用来操作它们的用具的总称。海上君王号拥有当时最先进的索具，复杂得让人震撼，不过，也正因如此，它在战斗中略显笨重。

3 船舱布满射击孔

海上君王号的船舱上布满射击孔，方便火枪手们藏在船舱中向敌人开火，比在开放式甲板上射击更安全。

4 橡木主体结构

海上君王号帆船的主体结构由橡木制成。橡木的优点是韧性极好，可根据需要加工出各种弧度；质地坚实，制成品结构牢固，使用年限长；质地细密，不易吸水，耐腐蚀，硬度大。因海上君王号帆船尺寸巨大，所需橡木已经远远超过了制造地所能供应的数量，人们不得不大费周章地从其他地方运来橡木。

5 船锚多且重

船锚是一种铁制的停船器具，用铁链连在船上，停船时把它抛在水底，能使船停得很稳。为了能够平稳地停船，笨重的海上君王号配备了11个船锚，而且最大的船锚重达2吨。

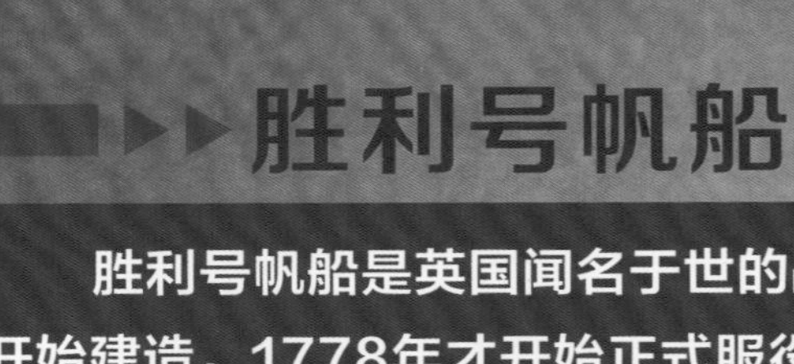

胜利号帆船

胜利号帆船是英国闻名于世的战舰，它于1759年开始建造，1778年才开始正式服役。它第一次参战就俘获了法国独立兽角号巡航舰，于拿破仑时期因大破法国和西班牙的联合舰队而闻名于世。今天它仍作为英国舰船史辉煌的象征停泊在英国的朴次茅斯港。

1 堡垒城市

胜利号帆船非常庞大，可供850名舰员居住。它安装了108门大炮，可以储备35吨火药及120吨炮弹，能连续行驶6个月，被称为“堡垒城市”。

2 特殊龙骨

胜利号帆船的龙骨由坚硬但又不失弹性的柚木拼接而成，总长45.72米，直径0.5米。因为柚木只生长在海拔700~800米的平原地区，所以是世界上最珍贵的造船用材之一。而要长成如胜利号龙骨这般45米以上的长度，则柚木的树龄需要百年左右。

船员舱

3 船帆面积巨大

胜利号的主桅杆高62.5米，船帆的总面积可达5 440平方米，称得上是当时船帆总面积最大的战舰。胜利号因巨大的船帆而获得了更大的动力，即使笨重也能以较快的速度航行。

4 火力强劲

胜利号有三层火炮阵列，包括28门24磅火炮、28门12磅火炮和16门6磅火炮。此外，它还安装了两组68磅火炮及28门42磅火炮，火力强劲，威力十足。

5 黄铜外壳

在1761年对胜利号进行整修时，在吃水线下部安装了黄铜护甲，这大大改善了船只的性能，延长了船只的寿命。

卡蒂萨克号帆船

卡蒂萨克号帆船于1869年在苏格兰的登巴顿建成，主要用于茶叶和羊毛贸易，往返于中英或英澳之间，至今已有150多年的历史，是现存的唯一一艘茶叶贸易帆船。在2007年，它不幸遭遇一场大火而差点被烧毁，直到2011年才被重建好，并被放置于格林尼治的一个干涸的码头。

1 速度最快

卡蒂萨克号的航速非常快，被认为是世界帆船史上航行速度最快的一艘船，代表着帆船建造技术的顶峰。

2 先进的索具设计

卡蒂萨克号的索具采用三根桅杆、大量的横帆装置，以及可以利用最轻微海风的辅助帆，设计非常先进，动力强悍，这使它拥有了较高的速度。

3 速度王之争

卡蒂萨克号曾与同时期的塞莫皮莱号帆船展开过一场激烈较量。1872年6月18日，两船同时从上海起航驶往英国。起初卡蒂萨克号保持着绝对的速度优势，但中途因为风暴失去了一只舵，不得不减速行驶，后靠岸换舵又浪费了些时间。不过即便如此，在那场长达4个月的比赛中，卡蒂萨克号也只比对手晚了7天抵达英国。

4 设备齐全的厨房

卡蒂萨克号的厨房设备非常齐全，包括两个大型炖锅、两个面包烤箱、一个用来烤肉的栅格及一个淡水冷凝器，为船员们解决饮食问题。

5 自带救生艇

卡蒂萨克号自身携带了两艘救生艇、一个切割机以及一艘船长专用的快艇，以备不时之需。

光荣号帆船

光荣号帆船于1859年设计制造，并于同年11月正式下水，它采用横置的活塞式发动机作为主要的动力源，是世界上第一艘“现代化”的战列舰，在服役了20年后正式退役。

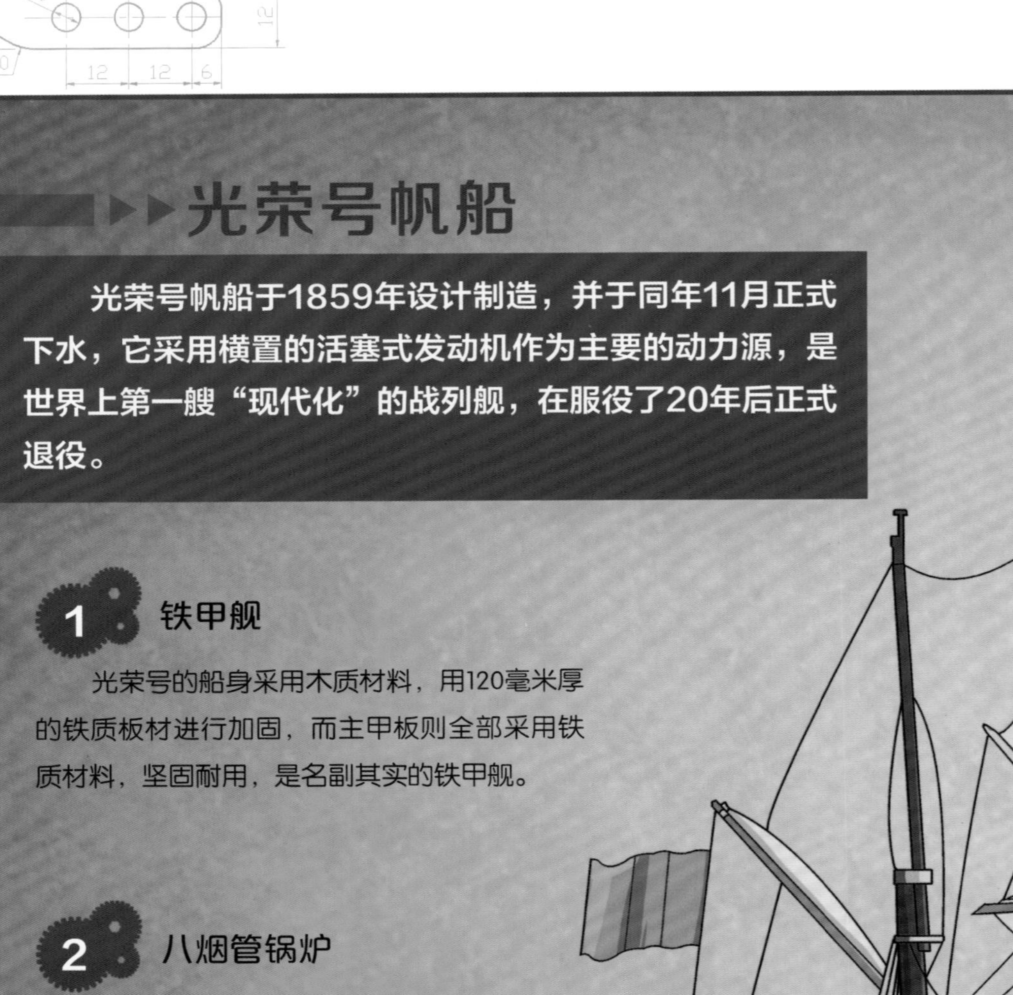

1 铁甲舰

光荣号的船身采用木质材料，用120毫米厚的铁质板材进行加固，而主甲板则全部采用铁质材料，坚固耐用，是名副其实的铁甲舰。

2 八烟管锅炉

光荣号是由发动机提供主要推动力，船帆提供辅助动力的帆船，需要消耗大量的煤炭。因此，它安装了八烟管锅炉来烧煤，为发动机提供能源。在八烟管锅炉的帮助下，它的发动机可以产生1 545千瓦的功率，动力十足。

3 船帆面积小

由于光荣号的船帆只起到辅助动力作用，因此，船帆的面积大大减少了，只有1 097平方米，为当时其他帆船战舰船帆面积的1/ 3左右。

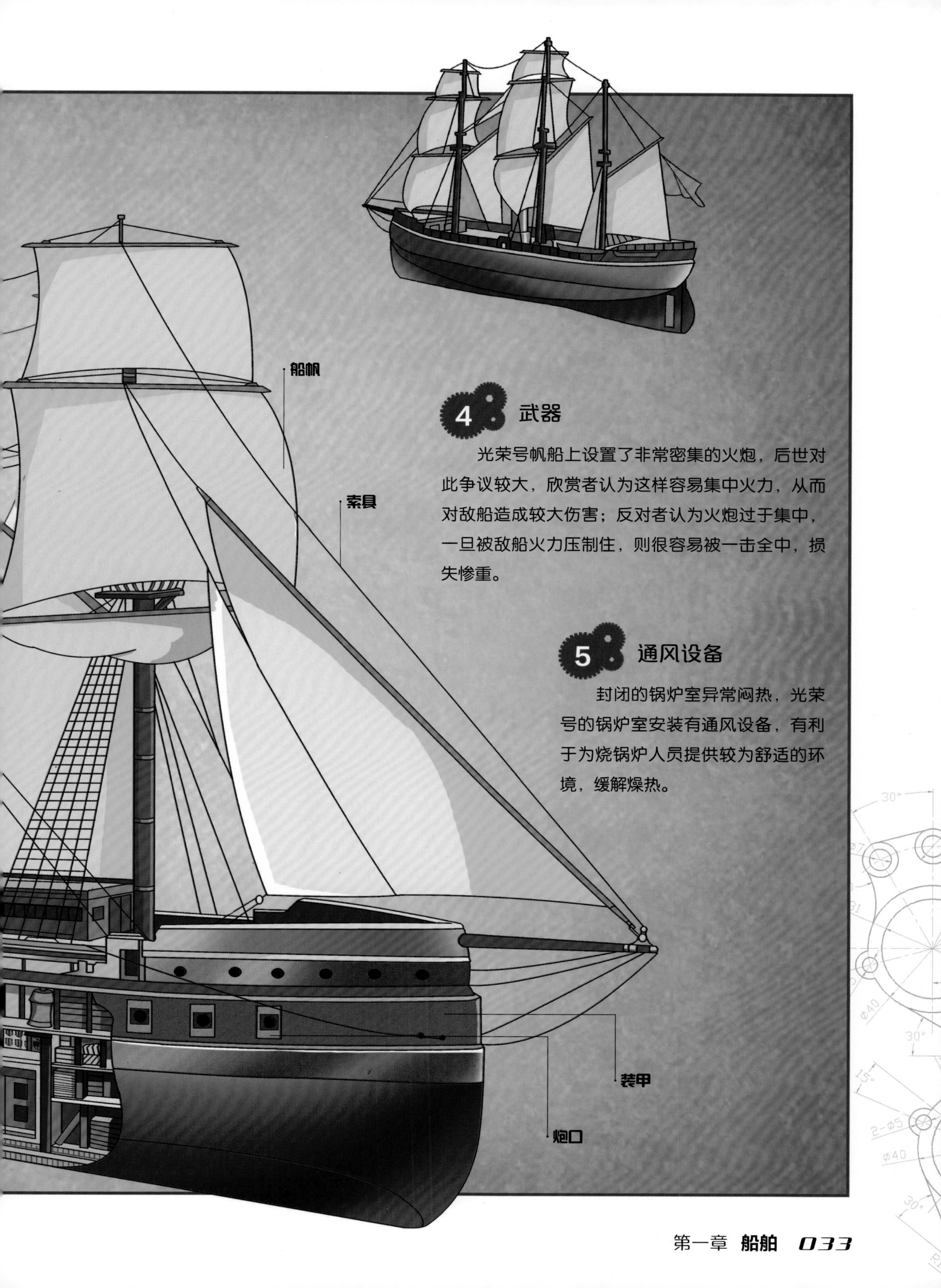

4 武器

光荣号帆船上设置了非常密集的火炮，后世对此争议较大，欣赏者认为这样容易集中火力，从而对敌船造成较大伤害；反对者认为火炮过于集中，一旦被敌船火力压制住，则很容易被一击全中，损失惨重。

5 通风设备

封闭的锅炉室异常闷热，光荣号的锅炉室安装有通风设备，有利于为烧锅炉人员提供较为舒适的环境，缓解燥热。

亚美利哥·韦斯普奇号帆船

亚美利哥·韦斯普奇号是意大利海军的一艘高桅横帆船，于1930年正式下水，成为意大利商船舰队的一员。它是一艘训练帆船，偶尔会在北美和南美之间航行，也会航行到太平洋。

1 以名人的名字命名

亚美利哥·韦斯普奇号帆船的名字来源于探险家亚美利哥·韦斯普奇。他是一名伟大的航海家，从1497年至1504年曾四次到南美洲进行探险航行，并对所到达的国家进行了非常细致的描述，被后世称为“真实的美洲的发现者”。此外，这条船上还有着一座与亚美利哥·韦斯普奇真人一样大小的船首像。

2 索具

亚美利哥·韦斯普奇号的索具除了起锚绞车采用机械控制外，其他均为手动控制。

3 钢甲船身

亚美利哥·韦斯普奇号的船身是木质结构，外面用钢甲加固。

4 柴油发动机

亚美利哥·韦斯普奇号主要靠螺旋桨提供推动力，此外还配备了柴油发动机作为辅助动力装置。

5 船员舱

原本用来储存火炮和弹药的三层甲板上的船舱设计成了见习船员舱，供他们日常居住。

那切兹号运船

那切兹号是美国的一艘蒸汽船，主要用来运送棉花、邮件和乘客，它于1869年正式下水，以密西西比河为航线。在九年半的服役时间里，它在新奥尔良和那切兹镇间共航行了401个班次。它以速度快著称，因曾在比赛中战胜过竞争对手罗伯特·李号而名噪一时。

1 独立的明轮

明轮装在船的两侧或尾部，形似车轮，轮周上安装了数个桨板，向后拨水使船前进。轮的大部分在水面以上，因此称作“明轮”。用明轮提供推动力，是该船的特别之处。明轮可以独立旋转，帮助船只转向，比后置螺旋桨的因此装备明轮的船更为灵活。

2 发动机位置特别

那切兹号的发动机以及供发动机运作的燃煤都放置在船身中部最下方，而不是甲板室里，这样不仅减轻了甲板室的重量，还对稳定船身有很大帮助。

3 视野清晰的驾驶室

驾驶室采用透明的玻璃窗，前方的视野非常清晰，能有效地避免轮船搁浅，同时避免与礁石、木筏或其他船碰撞。

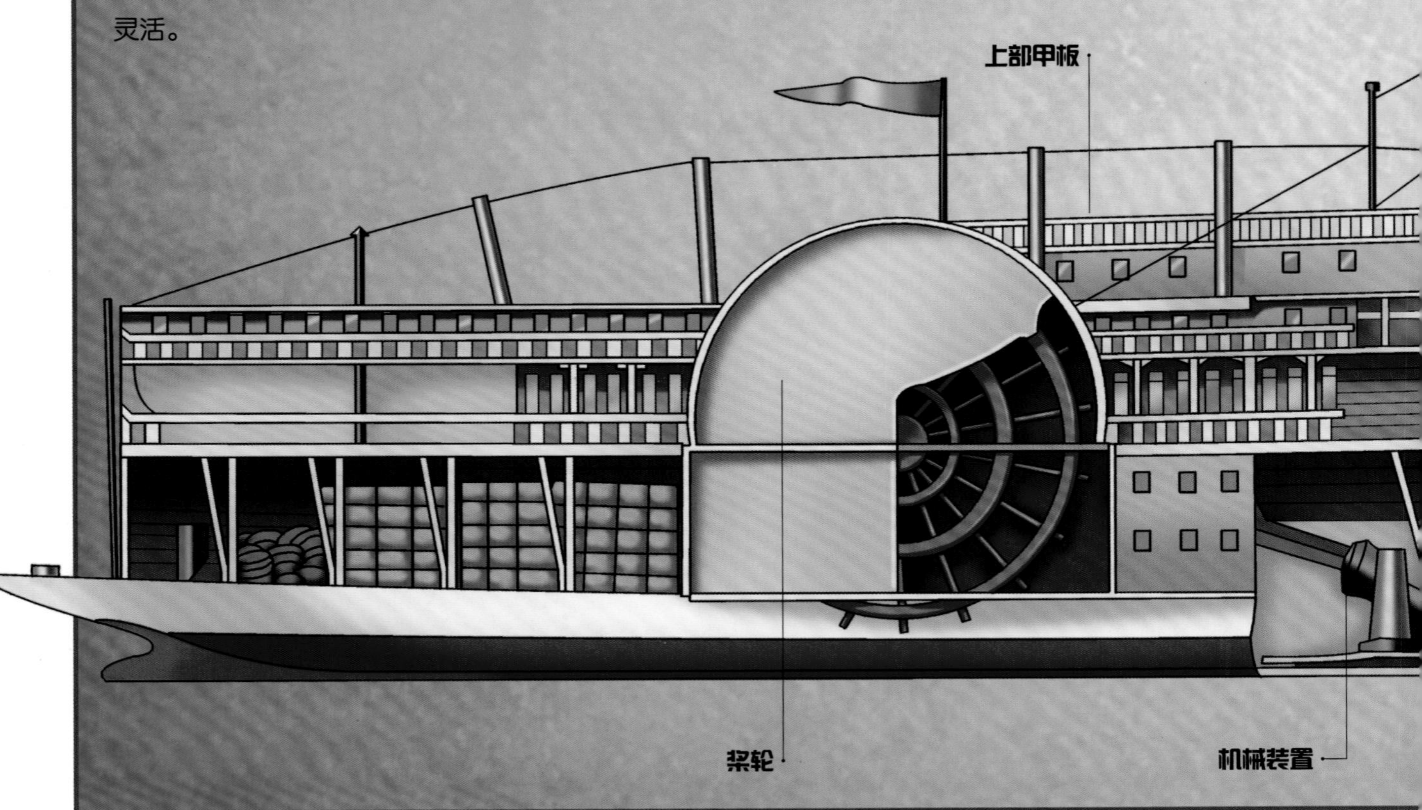

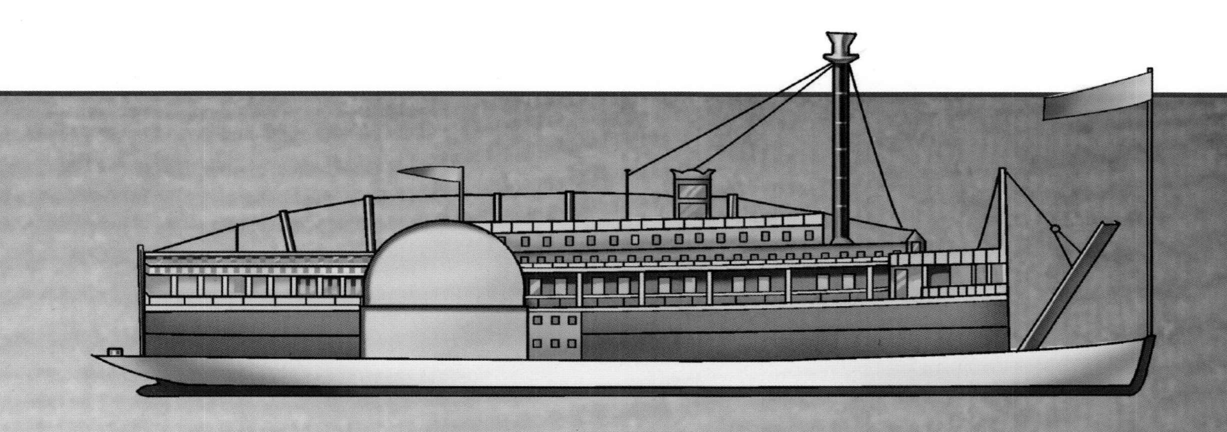

4 条板

长长的条板用索具套住，不需要的时候收起来，需要的时候放下来，在河水较浅或没有合适的停泊码头时，作为通道使用，方便人员上下船。

5 甲板

那切兹号运船有三层甲板。上部甲板是用来给付费乘客提供酒水的服务场所，中间层甲板上有提供给船上人员的宽敞房间，而主甲板则堆放着大约5 500捆棉花或烟草。这样的甲板可以帮助船体保持平衡。

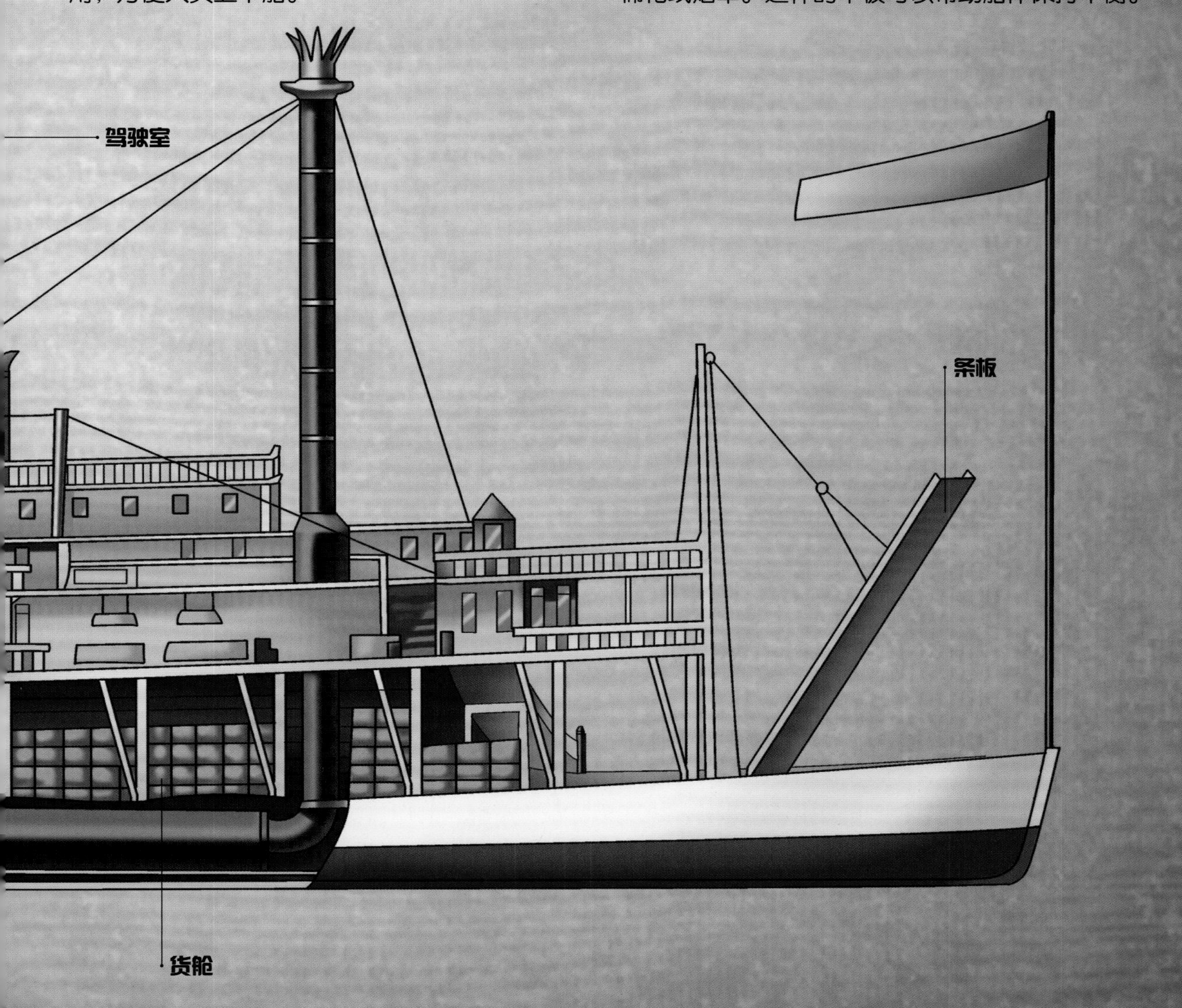

堪培拉号

堪培拉号诞生于1960年，因其配备的生活设施奢华且丰富，整艘船庞大得就像一座漂浮在海上的度假村，因此被当时的人们称为“未来之船”。它最多可以搭载2 238名乘客及960名船员，是经典客船的代表。

1 经典外形

堪培拉号船体呈细长的楔形，两个雕花烟囱并列布置，设计规整别致，外形堪称经典，至今仍被全世界的远洋客轮所效仿。

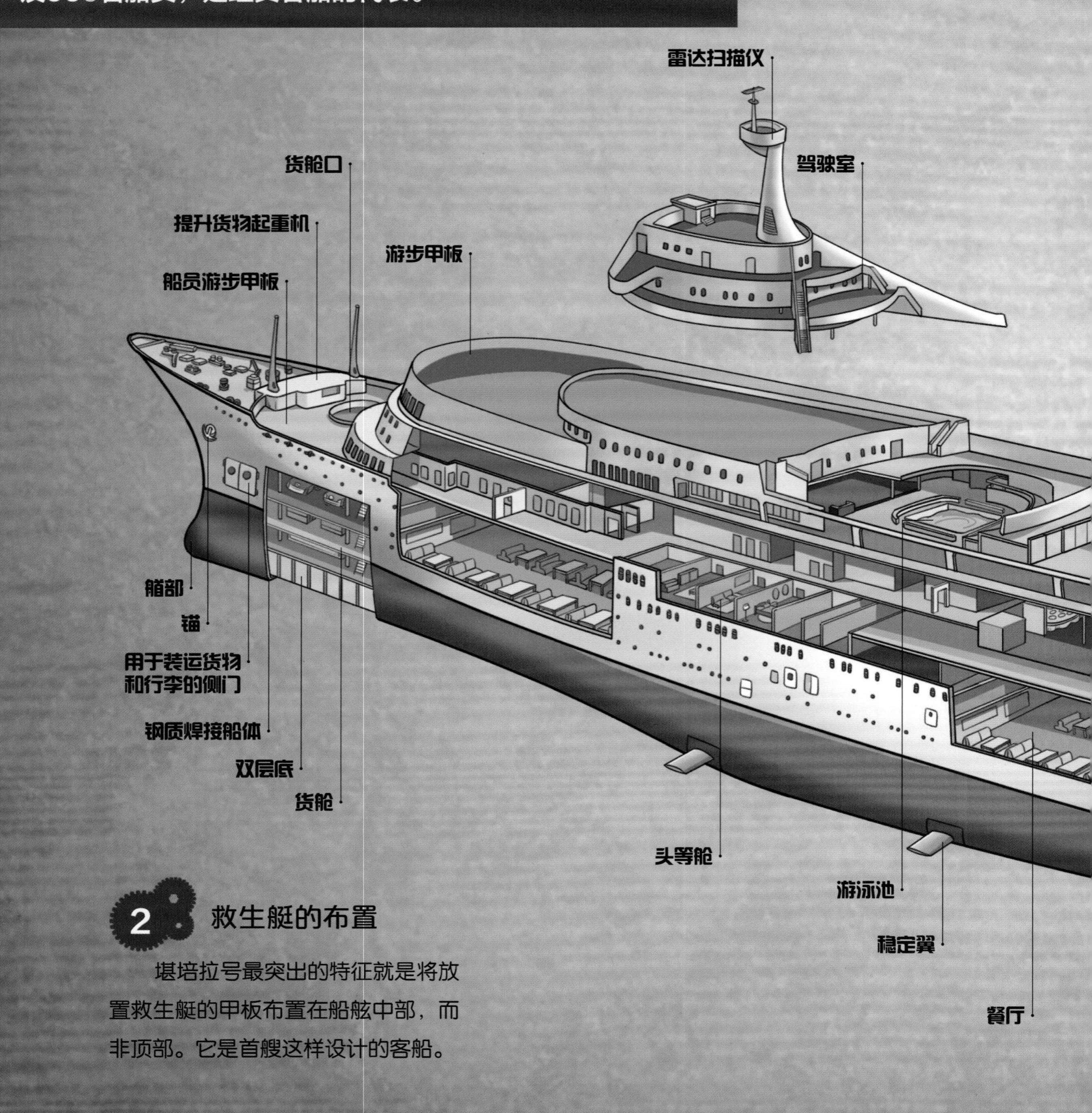

2 救生艇的布置

堪培拉号最突出的特征就是将放置救生艇的甲板布置在船舷中部，而非顶部。它是首艘这样设计的客船。

3 商船军用

1982年4月，英国和阿根廷在南大西洋地区打了一场现代化的海空战争。在这场战争中，堪培拉号被国家临时征用，经过改装，在它的甲板上增设了直升机平台，供直升机输送部队。

4 动力强劲

与众多轮船不同，堪培拉号的发动机置于艉部，依靠蒸汽轮机发电来带动电动机，再带动艉部下方的两个螺旋桨运转，提供强劲动力，使堪培拉号的航行速度可达29.27节，约为54千米/时。

5 生活设施丰富多样

堪培拉号的客舱区生活设施一应俱全，有休息室、商店、理发店、图书馆、儿童娱乐室等，在顶层甲板上甚至还有游泳池、日光浴场和运动场，丰富极了。

泰坦尼克号轮船

泰坦尼克号是当时世界上最大、最豪华的邮轮之一，它于1911年正式下水，因表现非常出色而备受关注。在1912年4月10日，泰坦尼克号正式开启了首次航行。4月14日，在航行途中，泰坦尼克号撞上了冰山而沉没，1500多名乘客遇难。泰坦尼克号的首次航行也成了它的最后一次航行，而这次船难也让泰坦尼克号成为举世闻名的轮船。

1 奢华精致

泰坦尼克号从装饰到设施都极尽奢华。内部配有室内游泳池、健身房、土耳其浴室、图书馆、电梯和壁球室等。

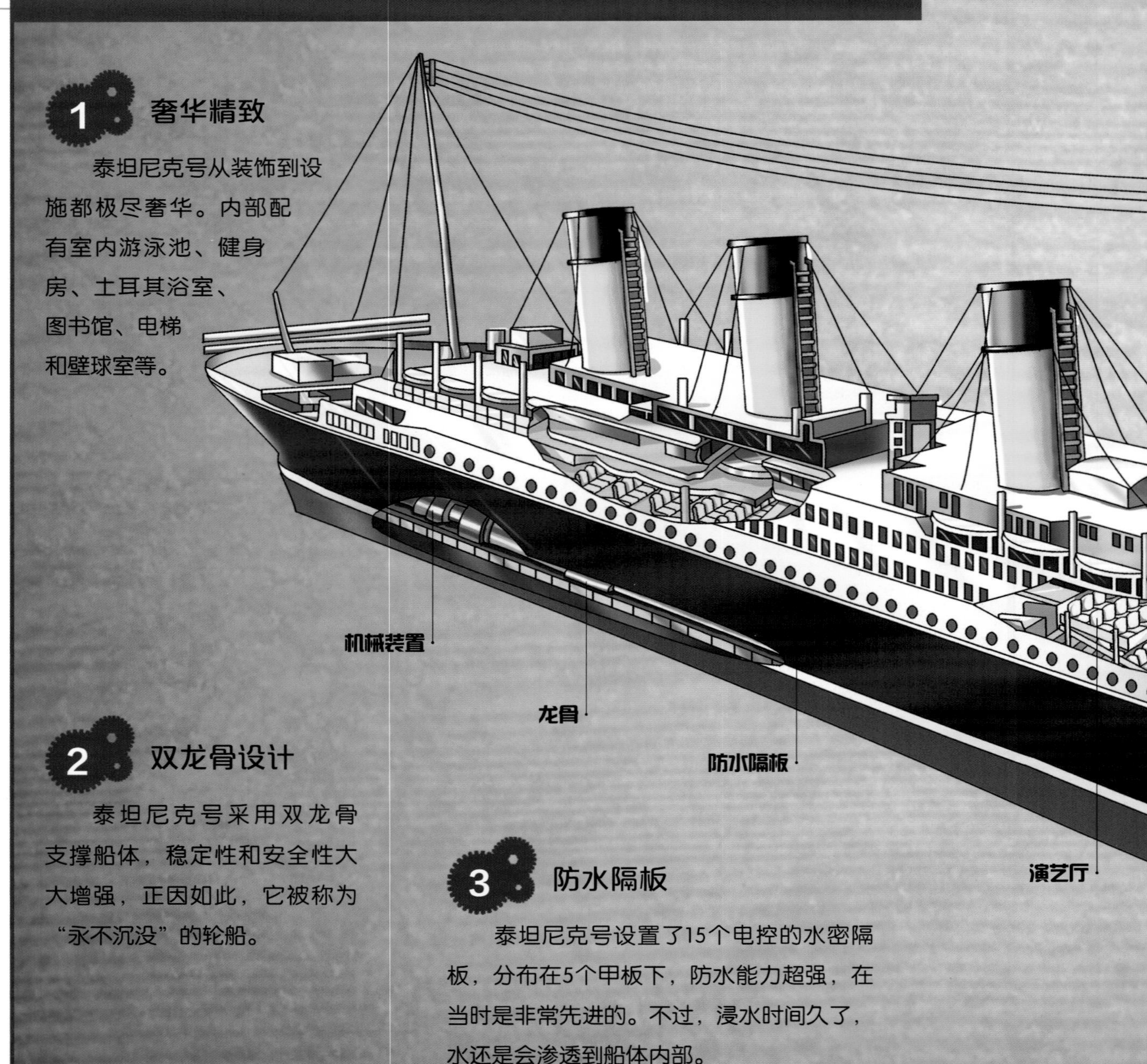

2 双龙骨设计

泰坦尼克号采用双龙骨支撑船体，稳定性和安全性大大增强，正因如此，它被称为“永不沉没”的轮船。

3 防水隔板

泰坦尼克号设置了15个电控的水密隔板，分布在5个甲板下，防水能力超强，在当时是非常先进的。不过，浸水时间久了，水还是会渗透到船体内部。

4 救生艇

泰坦尼克号配备了16艘救生艇和4艘折叠船只，只可以容纳1 178名乘客，而它的设计容纳总乘客数量为3511名。发生灾难时，船上有船员及乘客2224名，救生艇显然是不够用的。

5 机械动力

泰坦尼克号是以煤作为燃料产生蒸汽从而推动蒸汽机工作提供动力的。泰坦尼克号上共装有159台煤炭锅炉，这些锅炉每天吞噬660吨煤炭，24小时源源不断地为泰坦尼克号提供蒸汽，驱动着邮轮上的3台大型蒸汽机工作，强大的动力使得泰坦尼克号的最大速度可达到43千米/时。

6 无线电室

泰坦尼克号专门设置了一个无线电室，用于接收各种信号。泰坦尼克号撞到冰山之前，无线电员就收到别船发来的有冰山的警告，只不过被船长给忽略了。这也是悲剧发生的原因之一。

7 瞭望台

船头安装一个桅杆瞭望台，可提前看到前面的障碍物，不过，在23:40发现冰山后泰坦尼克号再进行转向已经来不及了。

伊丽莎白二世女王号

伊丽莎白二世女王号竣工于20世纪60年代，其在建造时便经历了无数坎坷，就连首次航行也因技术故障而延期，直到1967年，才完成了首次下水航行。正式运营后，它还经历了几次改装，1982年马岛战争时，甚至被征用成为一艘运兵船。到2008年停运后，它停靠在阿联酋迪拜，成为一艘供旅客居住的漂浮的酒店。

1 双料冠军

伊丽莎白二世女王号自20世纪60年代末下水，运营至今已逾50年，堪称目前世界上仍在运营的最古老的邮轮。尽管经历了40多年的海上穿梭，但它从造型上来说仍是全球船业的经典之作。它拥有迄今为止世界上最大的船用发动机，曾荣膺“世界上最大的邮轮”和“最好的跨大西洋邮轮”的称号。

2 外观现代化

伊丽莎白二世女王号船头与船尾都很尖锐，船中甲板分层规整，整体采用红黑白黄搭配，外观时尚精致，极具现代感。

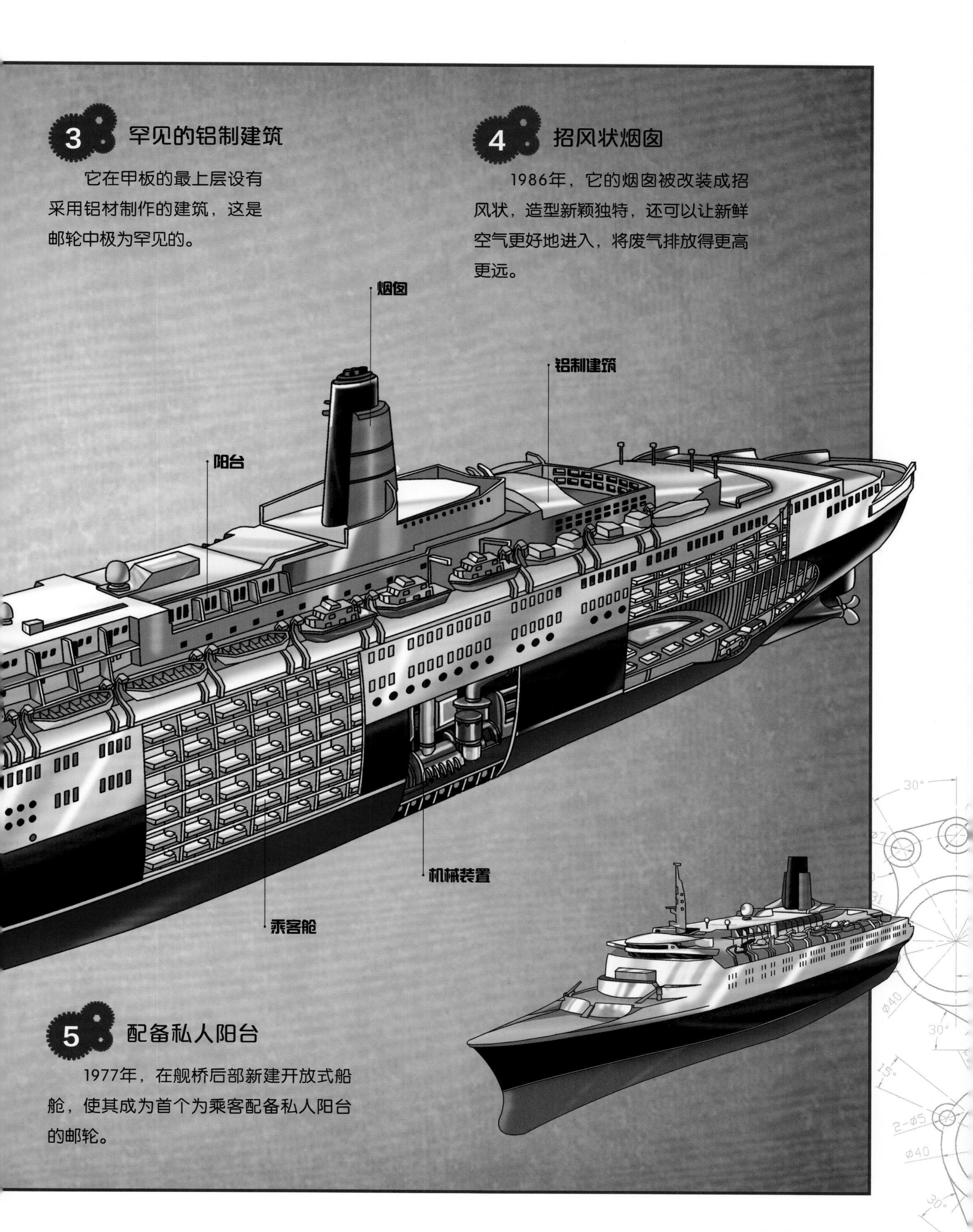

3 罕见的铝制建筑

它在甲板的最上层设有采用铝材制作的建筑，这是邮轮中极为罕见的。

4 招风状烟囱

1986年，它的烟囱被改装成招风状，造型新颖独特，还可以让新鲜空气更好地进入，将废气排放得更高更远。

5 配备私人阳台

1977年，在舰桥后部新建开放式船舱，使其成为首个为乘客配备私人阳台的邮轮。

长江黄金系列豪华邮轮

2013年，长江黄金系列豪华邮轮正式投入运行，它们的配套设施非常豪华，很快便成为长江邮轮中最受欢迎的一个系列。目前，长江黄金系列邮轮投入运行的有七艘，分别是黄金一号、黄金二号、黄金三号、黄金五号、黄金六号、黄金七号、黄金八号。它们都来往于宜昌和重庆之间，沿途停靠港口很多，乘客可以在每个停靠港下船观光并休息，其中最具代表性的是2011年建造的黄金一号。

1 邮轮尺寸

黄金一号长为136米，宽为19.6米，几乎逼近长江航道的通行极限，是长江邮轮中尺寸最大的。

2 设施豪华

长江黄金一号是长江邮轮中最为豪华的一艘，它集合了“吃住行游购娱”六大旅游要素。它是配备私人停机坪的邮轮，可以在船上打高尔夫的邮轮，配有冲浪泳池的邮轮，配有商业步行街的邮轮，配有大型双层影剧院兼同声传译会议厅的邮轮。

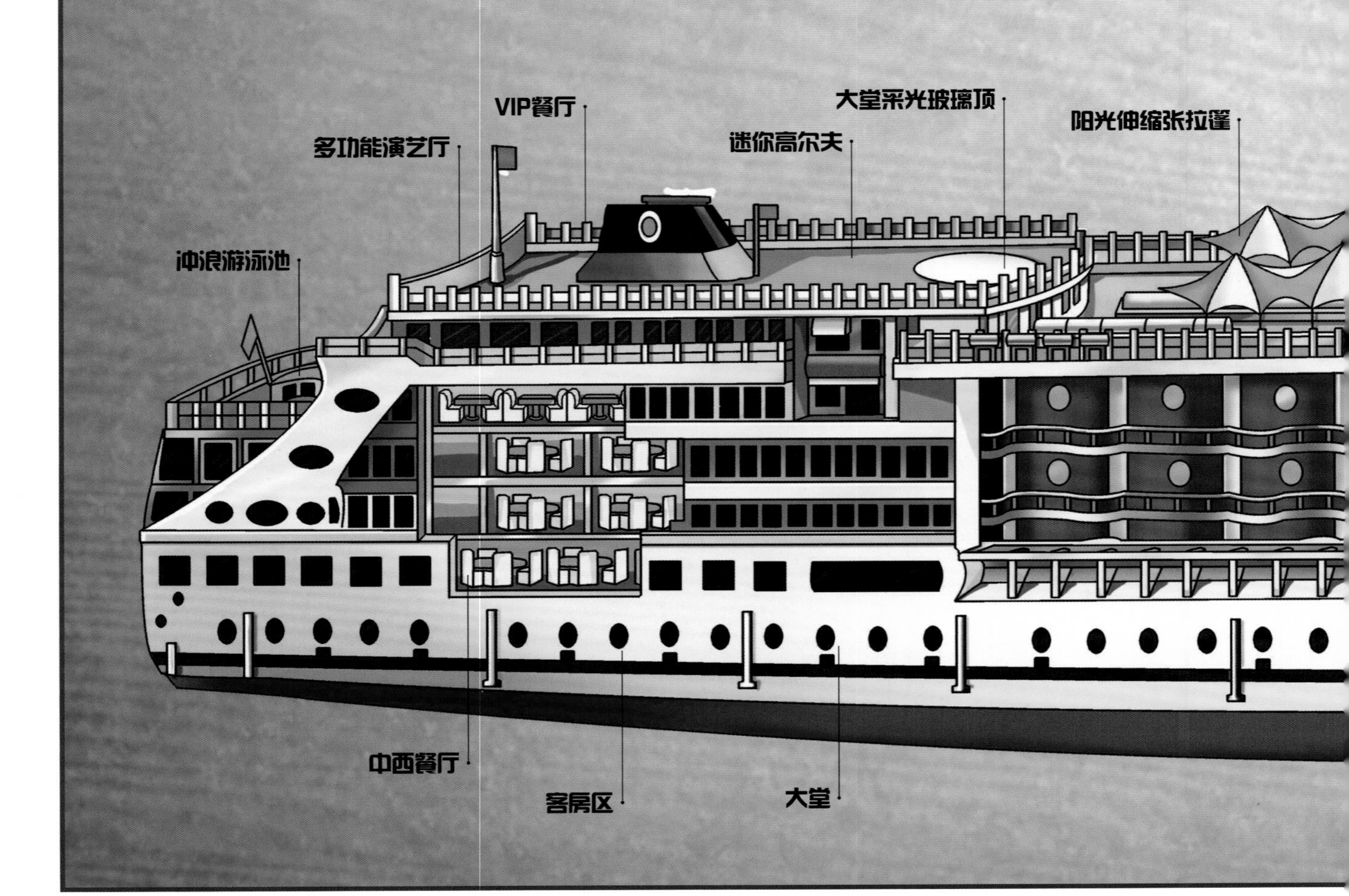

3 建造速度

黄金一号的建造速度是长江邮轮中最快的，全船打造只花费了13个月，远远少于行业惯例的1年半至2年的建造时长。

4 极致的视觉体验

黄金一号的航行路线是“中国十大风景名胜”之一的长江三峡。乘坐邮轮，人们可以观赏到长江三峡中最雄伟险峻的瞿塘峡、以幽深秀丽著称的巫峡、以滩多水急闻名的西陵峡以及宏伟的三峡大坝等景点，纵览三峡风貌，从而获得“舟行碧波上，人在画中游”的美妙视觉体验。

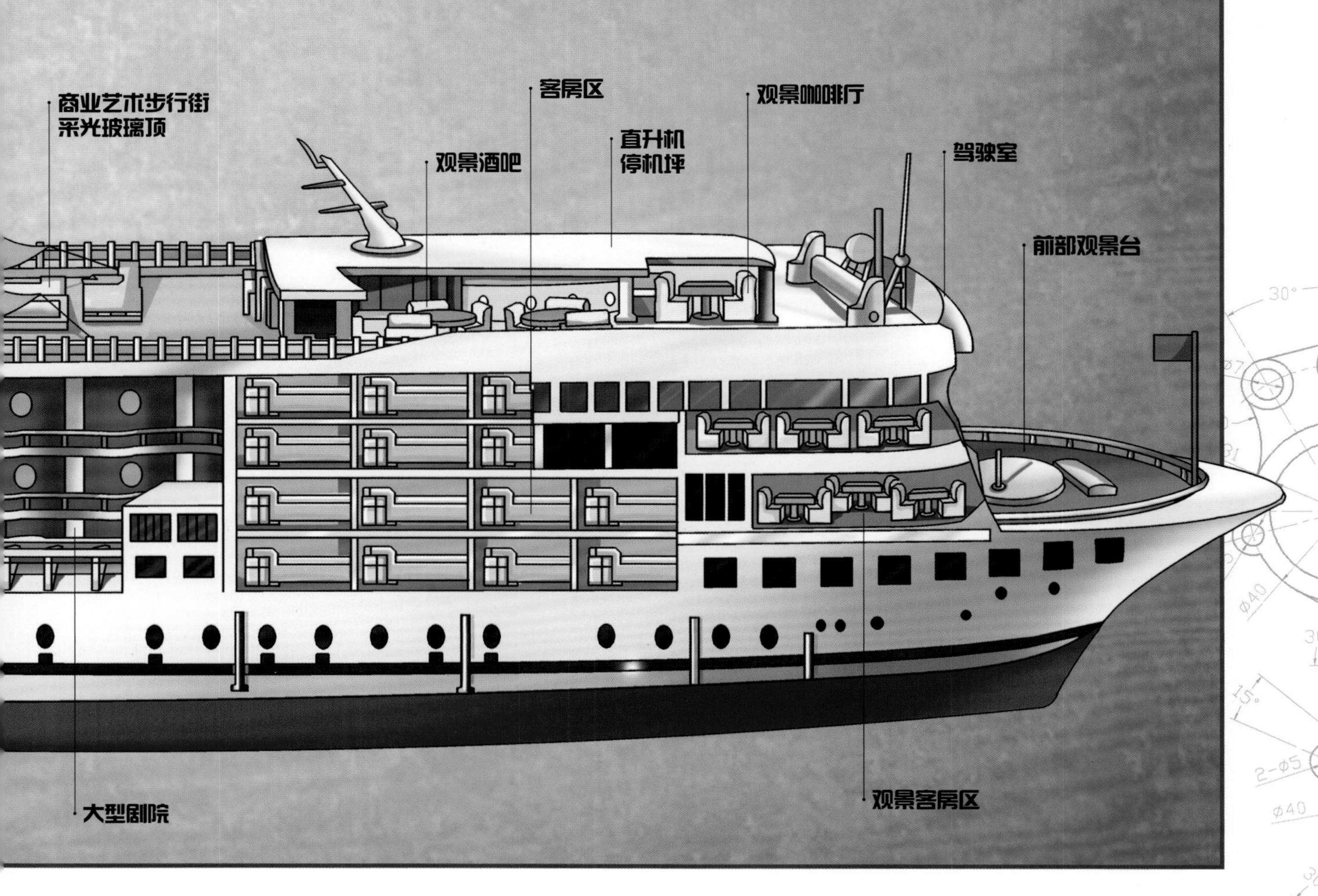

诗歌号豪华邮轮

诗歌号由法国圣纳泽尔船厂建造，耗费3.6亿美元，是一艘大型豪华邮轮。它隶属于意大利的地中海邮轮公司，于2007年8月首次下水，主要在地中海区域航行，其设施齐全，装饰华丽，再加上其主要航行区域——地中海沿岸风景怡人，备受旅客们的喜欢。

1 疗养院

诗歌号比较独特的地方是设置了疗养院，疗养院中配备了各种疗养仪器，甚至有专人为乘客制作营养餐，是一些慢性疾病患者疗养的好去处。

2 机械设备

诗歌号采用的是柴油发动机，同时船体配有双螺旋推进器。双螺旋推进器可将发动机的功率转化为推动力，使诗歌号的航速最高达43千米/时。

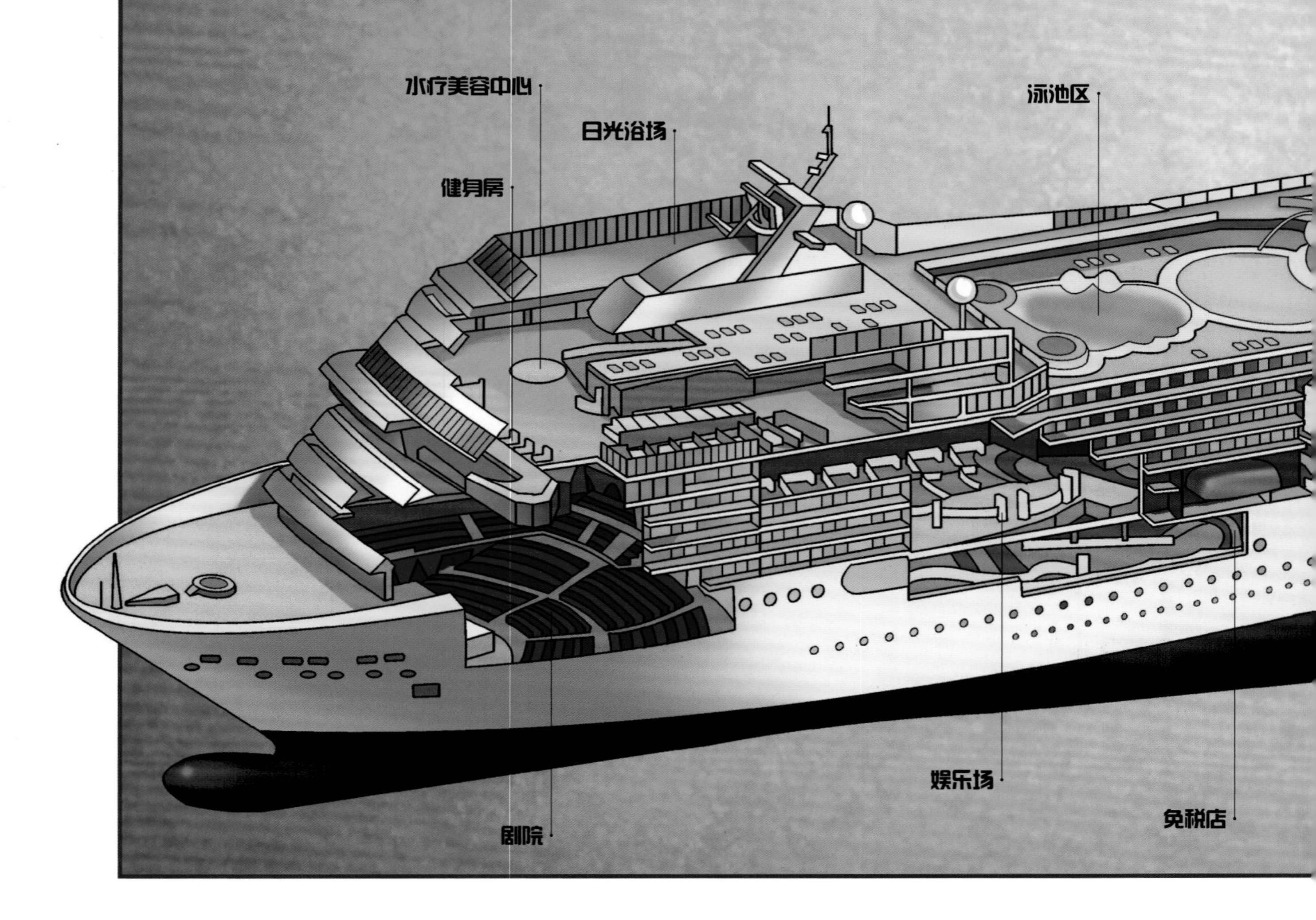

3 设施齐全

诗歌号的设施非常齐全，不仅有美容院、健身房、慢跑跑道，还有大量的旅馆和休闲娱乐室，厨房也很大，其中配备顶级的厨师，为乘客们提供舒适的娱乐环境和高质量饮食。这也是诗歌号常年乘客满员的原因之一。

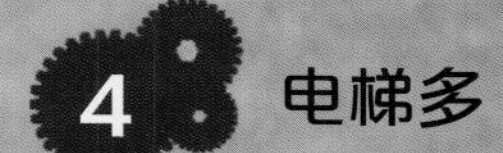

4 电梯多

诗歌号的活动层数有11层，设有13个甲板，可搭乘旅客数量为3605名。为了使众多旅客上下楼更加方便，诗歌号居然配备了13部电梯，是同类型轮船中配备电梯最多的之一。

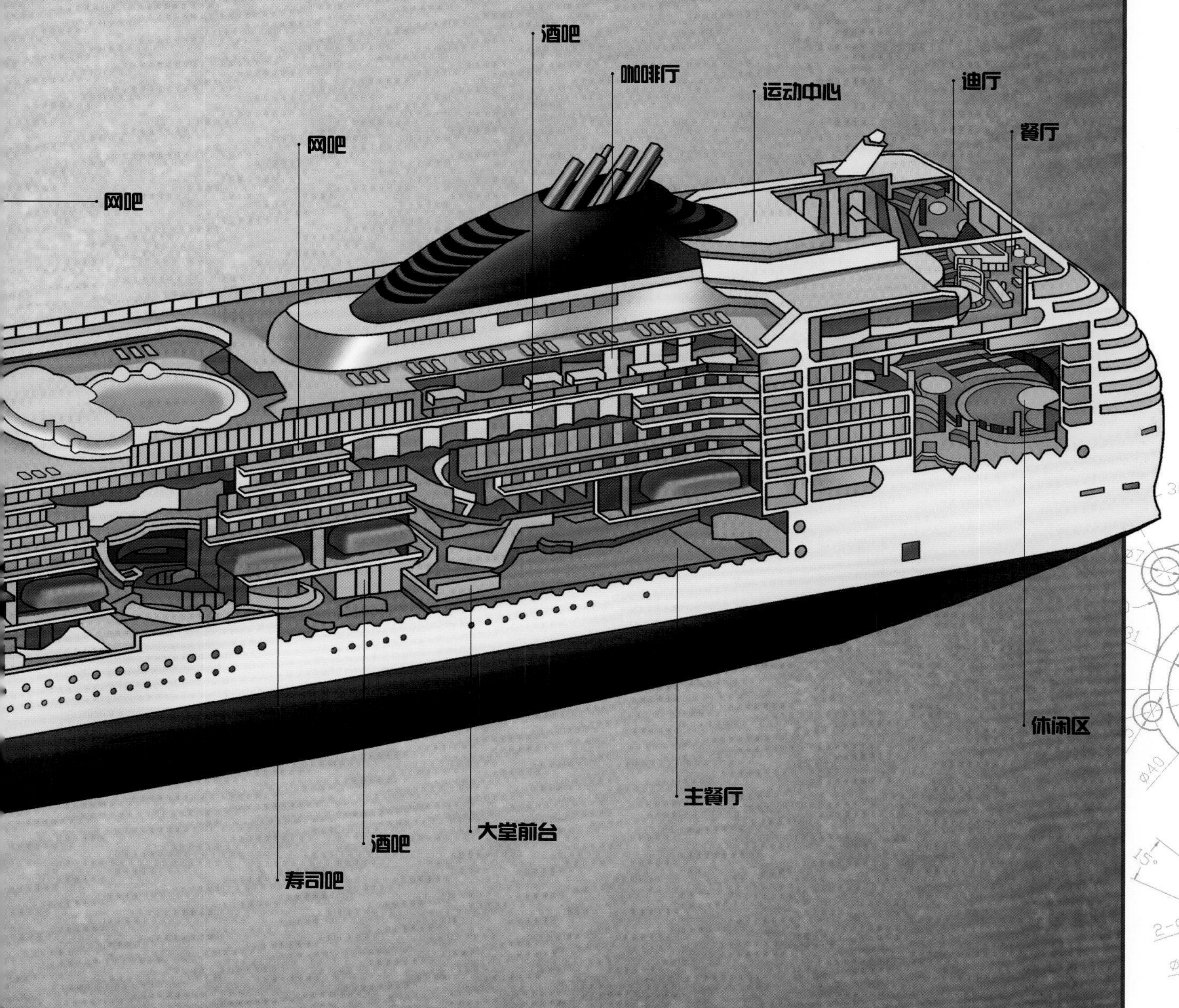

海洋绿洲号豪华邮轮

海洋绿洲号邮轮由美国皇家加勒比邮轮公司建造，比泰坦尼克号还要大3倍以上，创造了邮轮建造史上的又一个奇迹。它于2008年1月正式下水，在2009年12月完成了处女航，航线为加勒比海到佛罗里达海岸。它在邮轮第8层的中心区域，建了一个“中央公园”，“公园”中栽种着各种植物，绿意盎然，从而被称为海洋绿洲号。

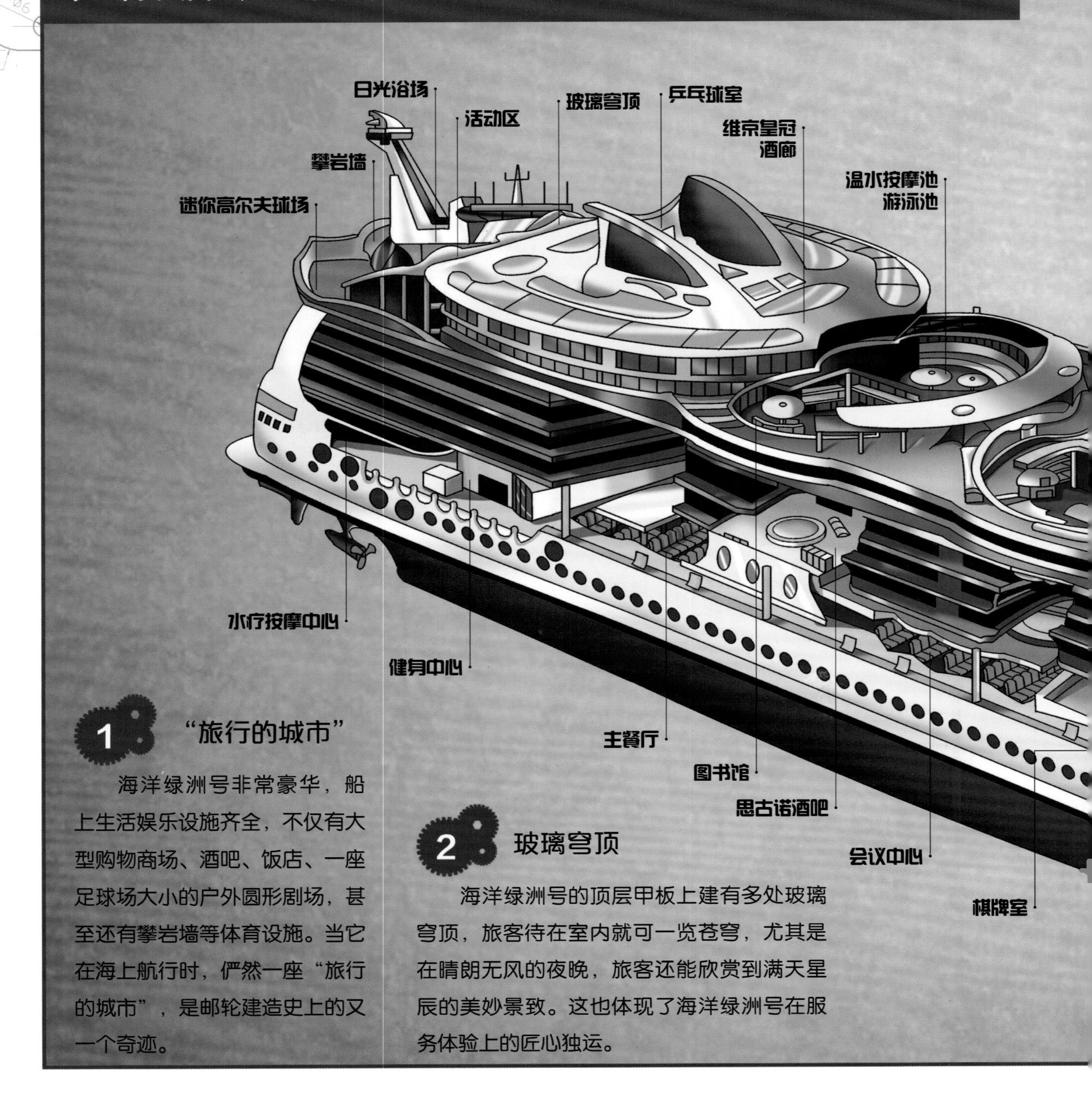

1 “旅行的城市”

海洋绿洲号非常豪华，船上生活娱乐设施齐全，不仅有大型购物商场、酒吧、饭店、一座足球场大小的户外圆形剧场，甚至还有攀岩墙等体育设施。当它在海上航行时，俨然一座“旅行的城市”，是邮轮建造史上的又一个奇迹。

2 玻璃穹顶

海洋绿洲号的顶层甲板上建有多处玻璃穹顶，旅客待在室内就可一览苍穹，尤其是在晴朗无风的夜晚，旅客还能欣赏到满天星辰的美妙景致。这也体现了海洋绿洲号在服务体验上的匠心独运。

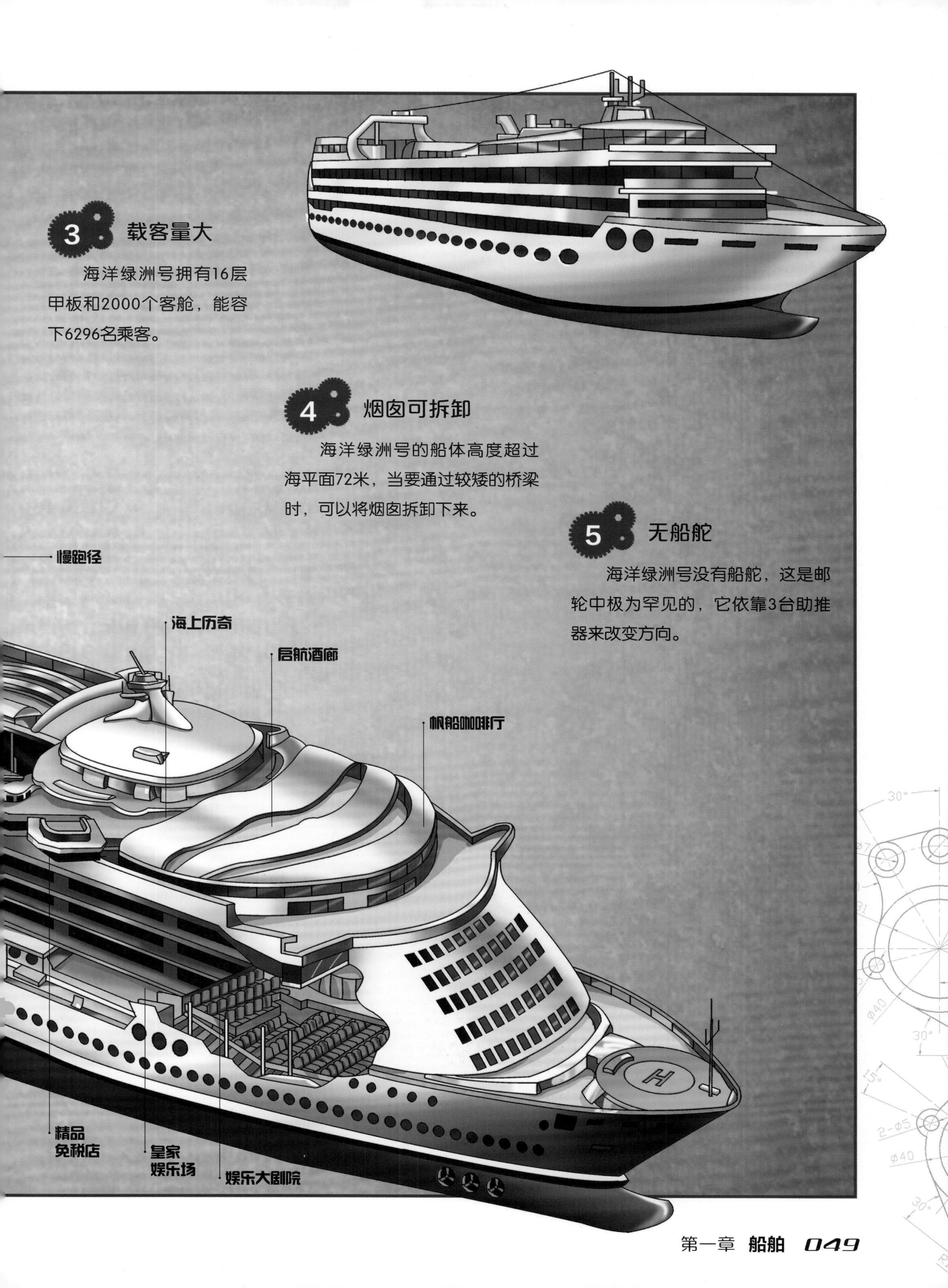

3 载客量大

海洋绿洲号拥有16层甲板和2000个客舱，能容下6296名乘客。

4 烟囱可拆卸

海洋绿洲号的船体高度超过海平面72米，当要通过较矮的桥梁时，可以将烟囱拆卸下来。

5 无船舵

海洋绿洲号没有船舵，这是邮轮中极为罕见的，它依靠3台助推器来改变方向。

救生艇

救生艇是船上非常重要的应急救生设备，也是临海国家设置的海上搜救队必备的工具。最早的救生艇构造比较简单，是完全敞开的，不仅不能遮风挡雨，艇员们还得把自己绑在座位上划船，艇与人都极易被风浪倾覆。随着科技的发展，现代的救生艇无须艇员自己划船，艇上配备多个座位，而且还自带座位扶正功能，安全系数非常高，如图中的特伦特级救生艇。

1 动力强劲

救生艇的尺寸都不会很大，但是动力十足。特伦特级救生艇配备了两台高于588千瓦的柴油机，其燃油舱容量达4100升，航速非常快，可达25节，约为46千米/时。

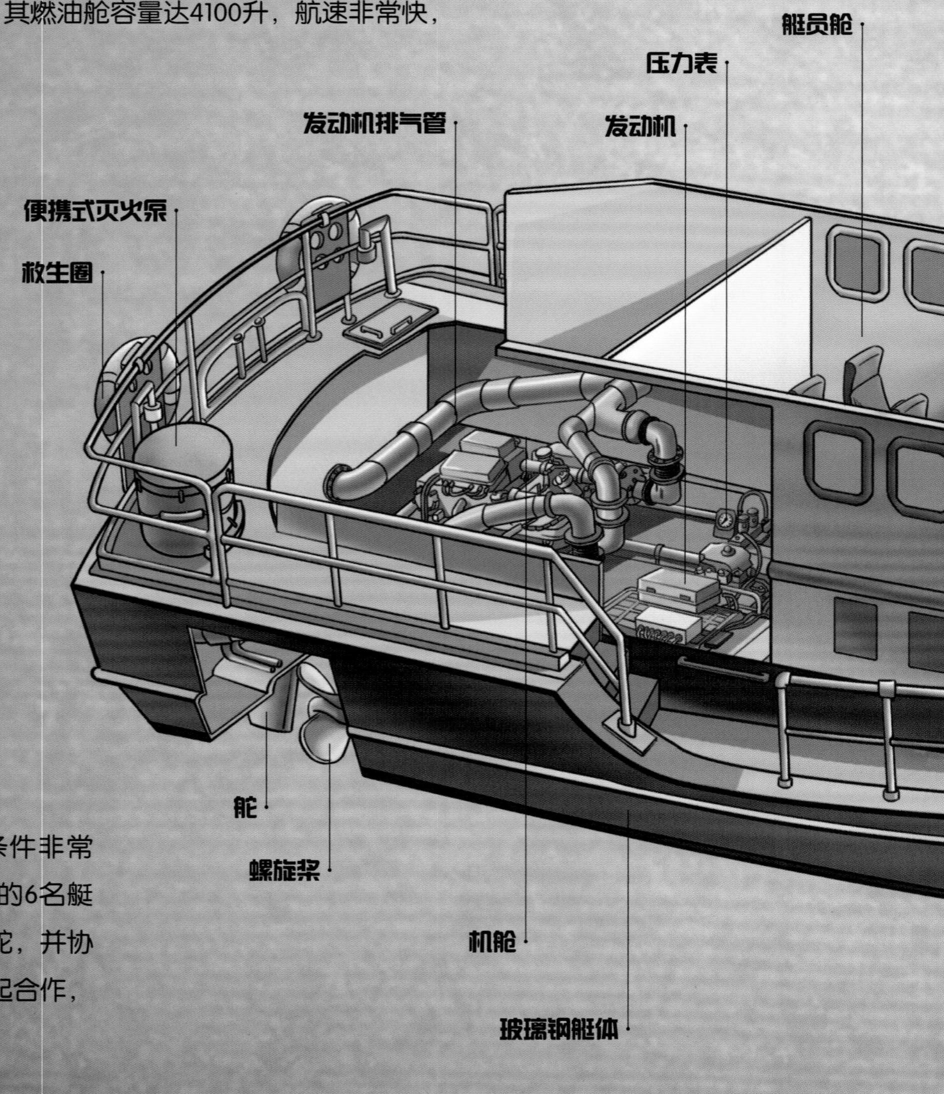

2 救生圈

救生圈是救生艇上的必备用具之一。它可以在救生艇发生意外时，助艇员漂浮在水上等待救援。此外，它也可以帮助落水者漂浮在水面上，为施救者争取时间。特伦特级救生艇一般配备有数个甚至数十个救生圈。

3 出海条件

特伦特级救生艇的出海条件非常严格，必须配备包括艇长在内的6名艇员。在海上航行时艇长负责掌舵，并协调好每个艇员的工作分配，一起合作，尽最大可能减少失误。

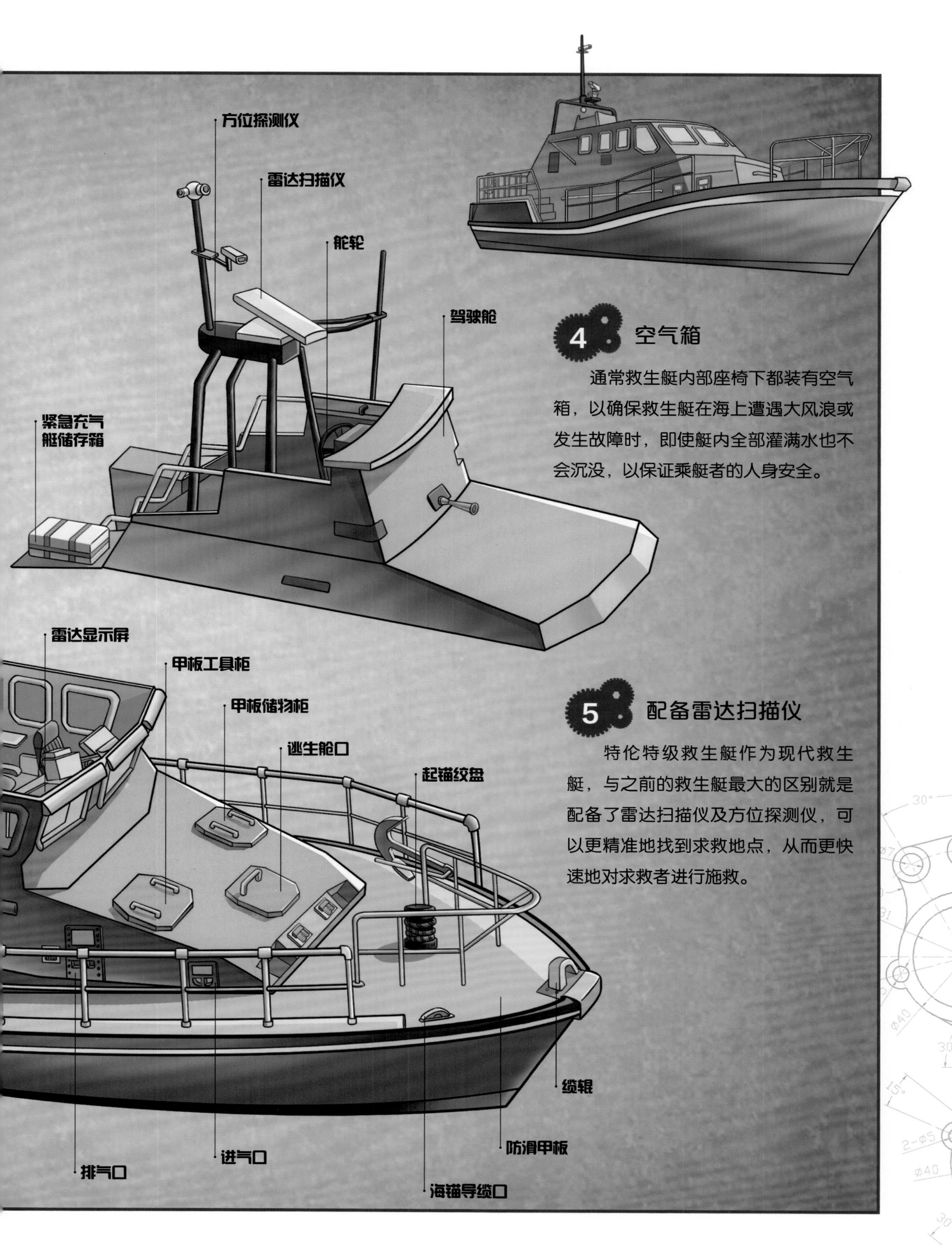

4 空气箱

通常救生艇内部座椅下都装有空气箱，以确保救生艇在海上遭遇大风浪或发生故障时，即使艇内全部灌满水也不会沉没，以保证乘艇者的人身安全。

5 配备雷达扫描仪

特伦特级救生艇作为现代救生艇，与之前的救生艇最大的区别就是配备了雷达扫描仪及方位探测仪，可以更精准地找到求救地点，从而更快速地对求救者进行施救。

消防船

消防船是一种用来扑灭火灾的专用船只。它通常被涂成鲜艳的红色，装备有各种消防和救生工具，如直接进行灭火的高压水炮。此外，它还装备了大功率发动机，以便尽快到达火灾地点。它能够凭借小巧灵活的优势到达大船无法靠近的地点开展救援活动。

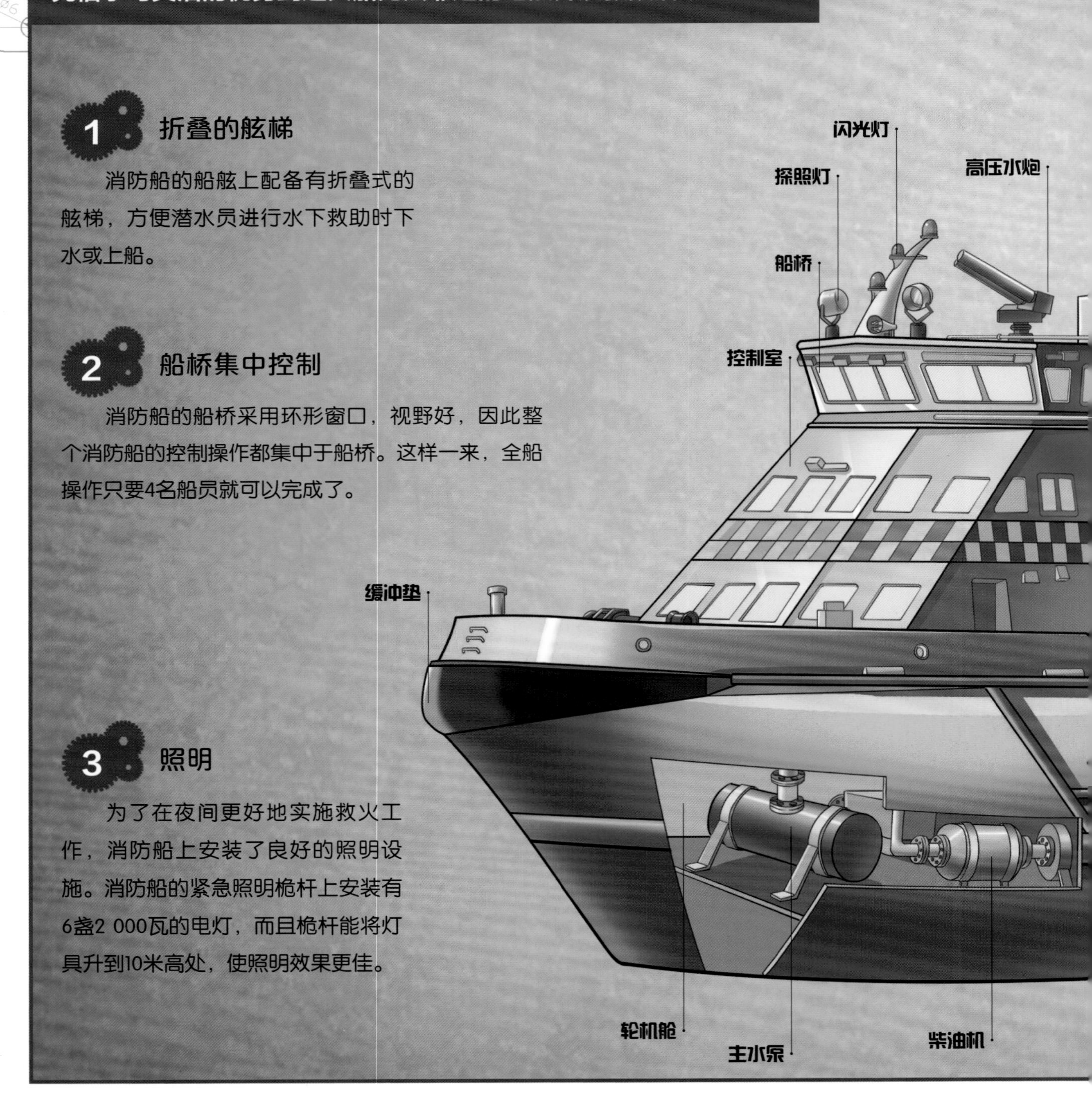

1 折叠的舷梯

消防船的船舷上配备有折叠式的舷梯，方便潜水员进行水下救助时下水或上船。

2 船桥集中控制

消防船的船桥采用环形窗口，视野好，因此整个消防船的控制操作都集中于船桥。这样一来，全船操作只要4名船员就可以完成了。

3 照明

为了在夜间更好地实施救火工作，消防船上安装了良好的照明设施。消防船的紧急照明桅杆上安装有6盏2 000瓦的电灯，而且桅杆能将灯具升到10米高处，使照明效果更佳。

4 高压水炮

高压水炮是消防船非常重要的灭火工具，可直接向失火处喷出大量的水或泡沫灭火剂。它依靠强大的水泵工作，每分钟能喷出1万升水或2.1万升泡沫灭火剂，灭火能力非常强大。

5 工具齐全的急救舱

为了更好地对伤员实施紧急救治，位于船尾部的急救舱里通常配备了6副担架，还有便携式手术台，四周的舱壁上还设置了存放各种药品及其他医疗设备的小柜。急救舱的设备和工具均非常齐全。

6 港口中的“非主流”

一般来说，港口内的消防船数量都不多，一般的大港通常备有两艘左右的中型消防船，即使最繁忙的港口也只配备4~5艘而已，所以比起港口中数量较多的拖船和其他工作船，消防船真的是非“主流”。

气垫船

气垫船诞生于20世纪50年代，是一种依靠高压空气在船底和水面（或地面）间形成气垫，以使船体全部或部分脱离支撑面，从而大大减小船体的阻力，实现高速航行的船。它的类型很多，应用也很广泛，可用于高速短途客运、休闲旅游、执勤巡逻、救援抢险、商业运输、勘察测量、军事等方面。

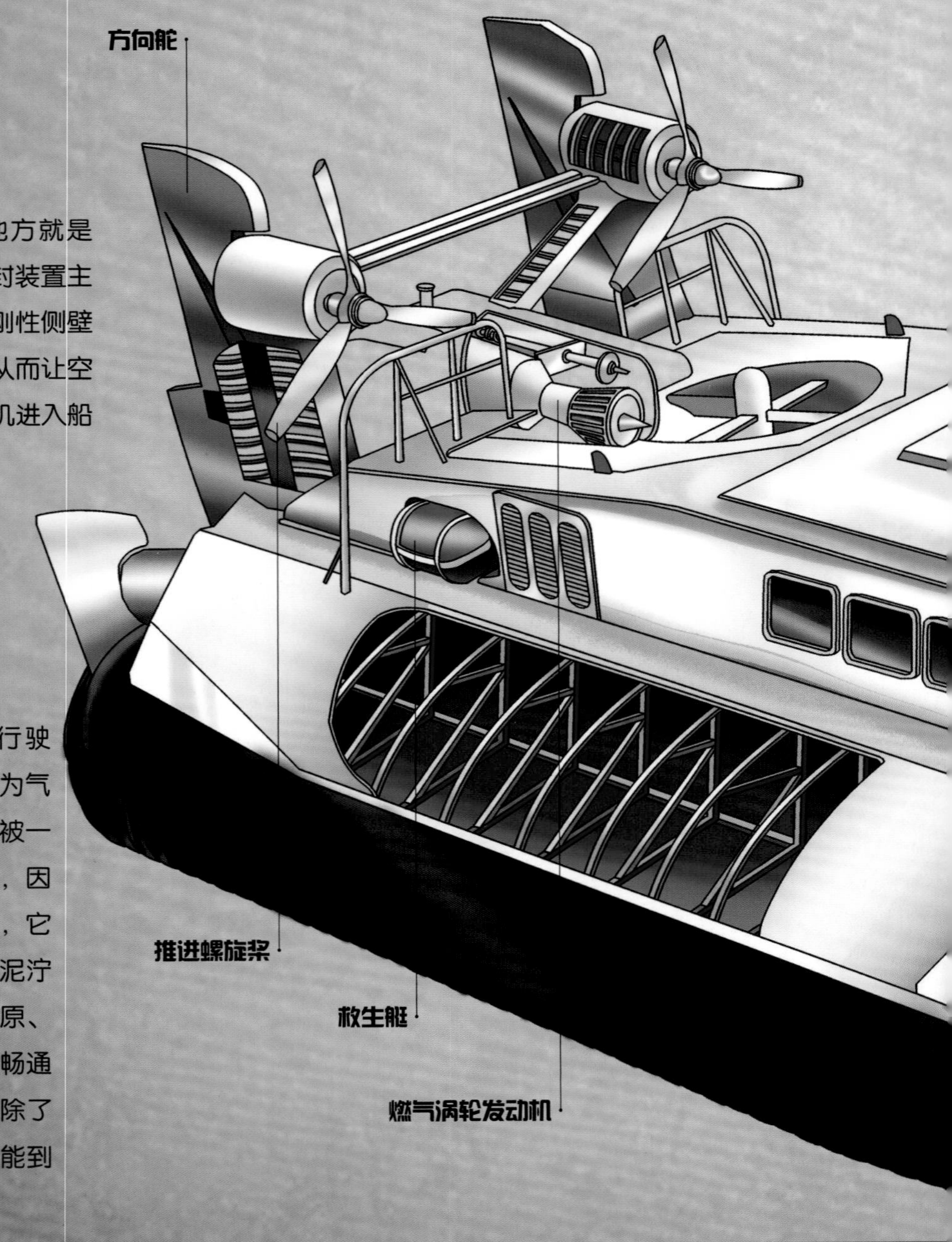

1 气封装置

气垫船最与众不同的地方就是拥有气封装置。气垫船的气封装置主要由船底周围的柔性裙边和刚性侧壁等组成，可限制气体逸出，从而让空气能顺利地通过大功率鼓风机进入船底，撑起一定高度的气垫。

2 水陆两栖

气垫船除了能在水上行驶外，还可以在陆上行驶。因为气垫船在行驶时，与地面之间被一层气垫隔开，摩擦力相当小，因此气垫船可以适应各种地形，它不仅可以平稳地行驶在崎岖泥泞的道路上，就是在沼泽、草原、沙漠或结冰的海面上都可以畅通无阻。在众多交通工具中，除了直升机外，应该要数气垫船能到的地方最多了。

3 动力强劲

气垫船采用航空发动机、高速柴油机或燃气轮机为动力装置，动力非常强劲，因此行驶速度非常快。

4 船底材料

气垫船的船底围裙由高强度尼龙橡胶布制成，磨损时可以及时更换，非常方便。

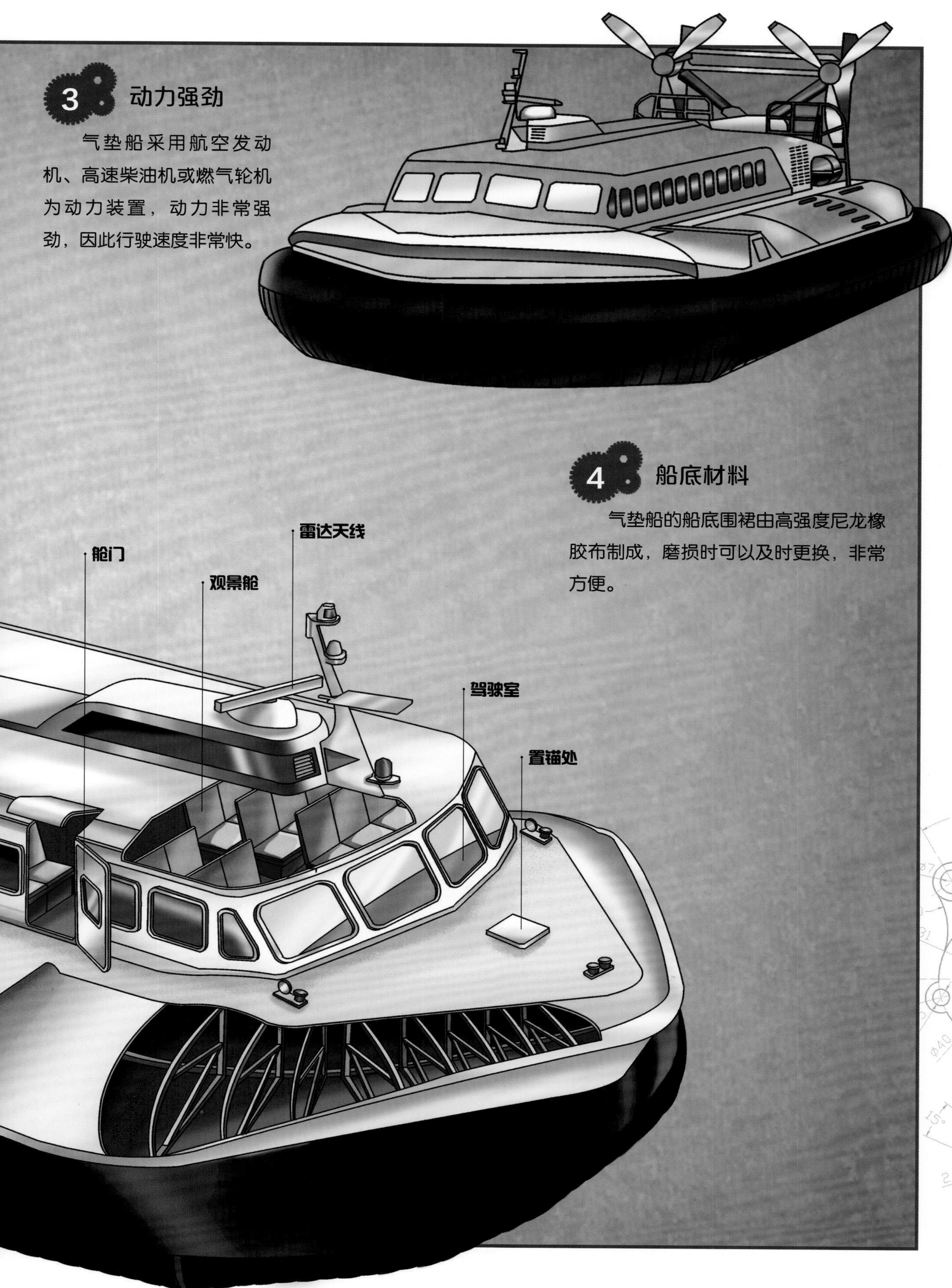

拖船

拖船是一种用来拖带其他船只或浮动建筑物的船舶。它的船身较小，但是功率较大，能拖动比它大几倍的船只。根据工作的区域，拖船可以分为海洋拖船、内河（如长江）拖船和港作拖船。其中，海洋拖船又可分成远洋拖船和沿海拖船。

1 缓冲轮胎

拖船上绑了很多轮胎，这些轮胎其实都是旧的或破的轮胎，用来减少拖船靠岸时的冲击力，从而保护船体。

2 螺旋桨的船底凹部

船舶吃水深度指船舶浸在水里的深度，它间接反映了船舶在行驶过程中受到的浮力。拖船安装螺旋桨的船底凹部通常呈隧道形，就是为了让螺旋桨直径能大于拖船的吃水深度。一旦螺旋桨开始工作，凹部被水充满，螺旋桨便全部浸在水中，从而充分发挥了发动机的功率，提高了推进效率。

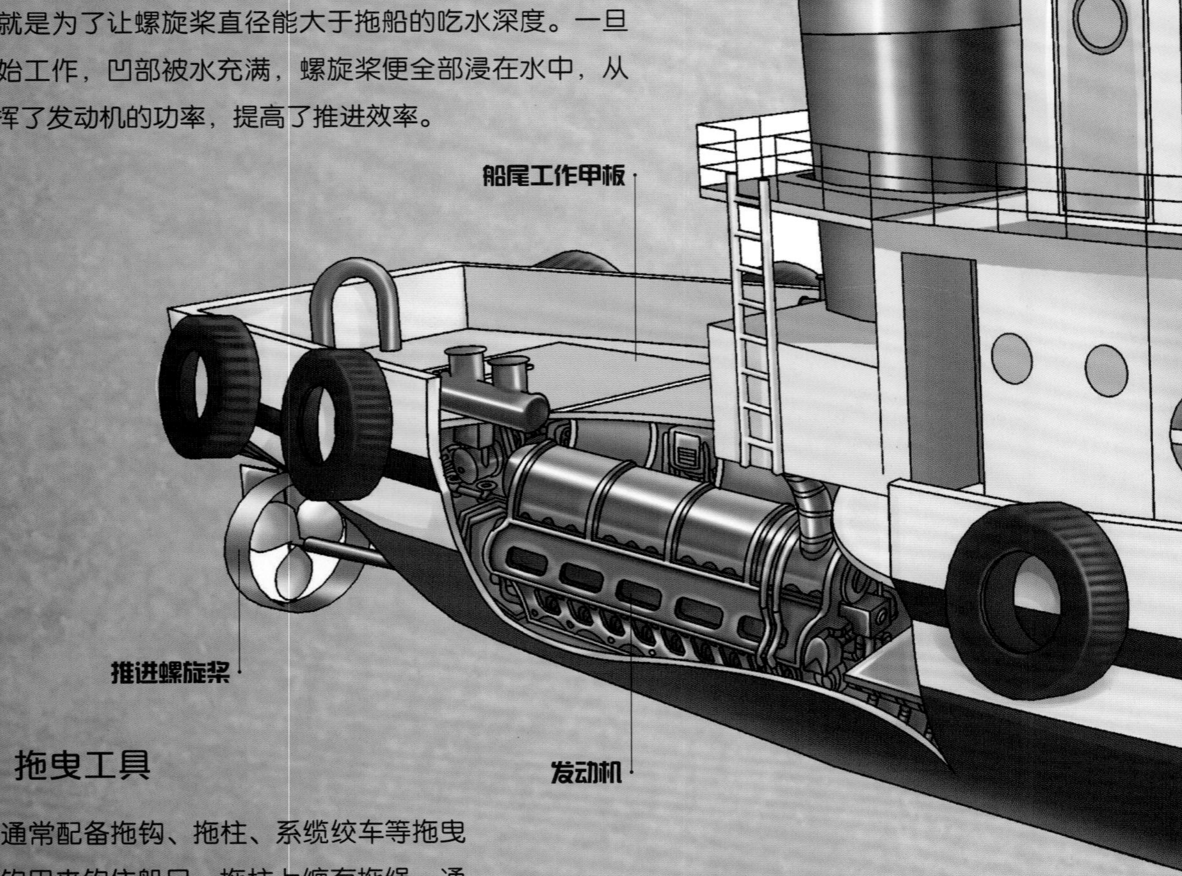

3 拖曳工具

拖船通常配备拖钩、拖柱、系缆绞车等拖曳设备。拖钩用来钩住船只；拖柱上缠有拖绳，通过收放拖绳来控制自身与被拖的船之间的距离；系缆绞车用来系住被拖船只的缆绳，从而使其被拖船拖曳着前行。

4 不可或缺的港口船舶

通常当有大型船舶即将进出港口时，它们是不会直接驶进或离开港口的，而是等待拖船来进行拖曳，因为大型船舶在港口如果依靠自身动力进行掉转船头、靠泊码头、离岸等动作时，由于港口附近水比较浅且其船身庞大，不仅效率不高，还容易出事故。所以，拖船是港口不可或缺的船舶。

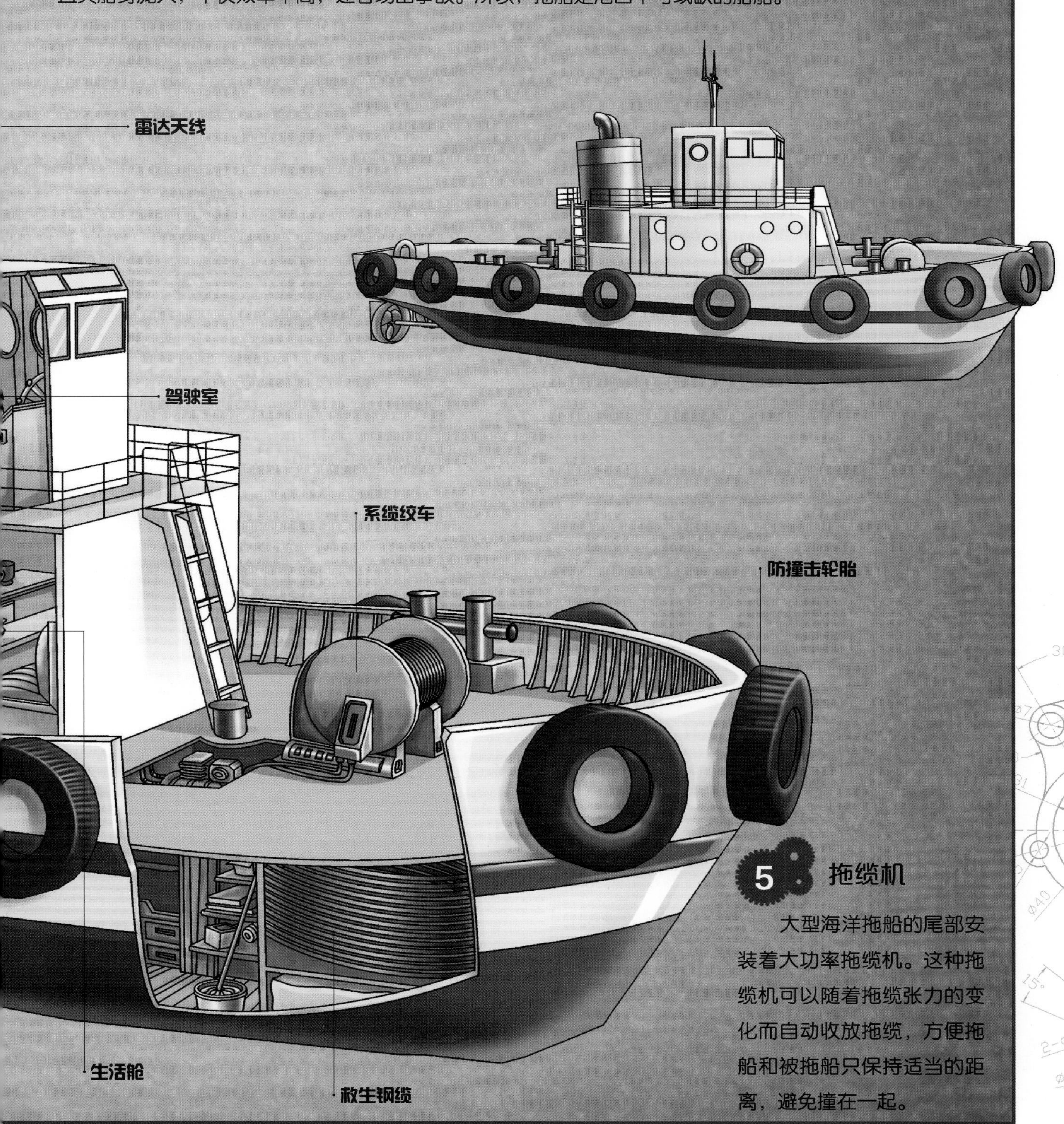

5 拖缆机

大型海洋拖船的尾部安装着大功率拖缆机。这种拖缆机可以随着拖缆张力的变化而自动收放拖缆，方便拖船和被拖船只保持适当的距离，避免撞在一起。

泰科信心号

泰科信心号是一艘深海电缆敷设船。它由新加坡吉宝新满利公司建造，泰科通信公司运营，于2001年正式下水。它配备了双螺旋桨，最高航速约为24千米/时。

1 电缆敷设技术

进行深海电缆敷设时，电缆通过导向装置由船尾放入海中，可以根据需要不断下拉。

2 动态定位系统

泰科信心号配备了康斯博格西姆拉德SDP21动态定位系统，可以在敷设电缆时对电缆进行实时定位，也可以对船舶本身进行定位。

3 水下机器人

泰科信心号还配备了先进的水下机器人，工作人员只要在船上对它进行远程操作，就可以让它按照指令进行海床工程或挖掘深埋电缆的工作。

4 存放电缆

敷设电缆的船只自然需要装载电缆，泰科信心号将电缆放在货舱里，其装载电缆的能力非常强大，可以装下重达5 465吨电缆。

5 电缆敷设须一气呵成

由于电缆敷设时要一次性把一根电缆完全敷设到海底，因此泰科信心号在敷设过程中，需要通过水下监视器等设备进行监视和调整，通过对船的航行速度、电缆释放速度的掌控来控制电缆的入水角度以及敷设张力，避免由于弯曲半径过小或张力过大而损伤电缆。在此过程中，需要警戒船24小时现场监护和警戒，确保施工期间不受外来船舶的干扰。

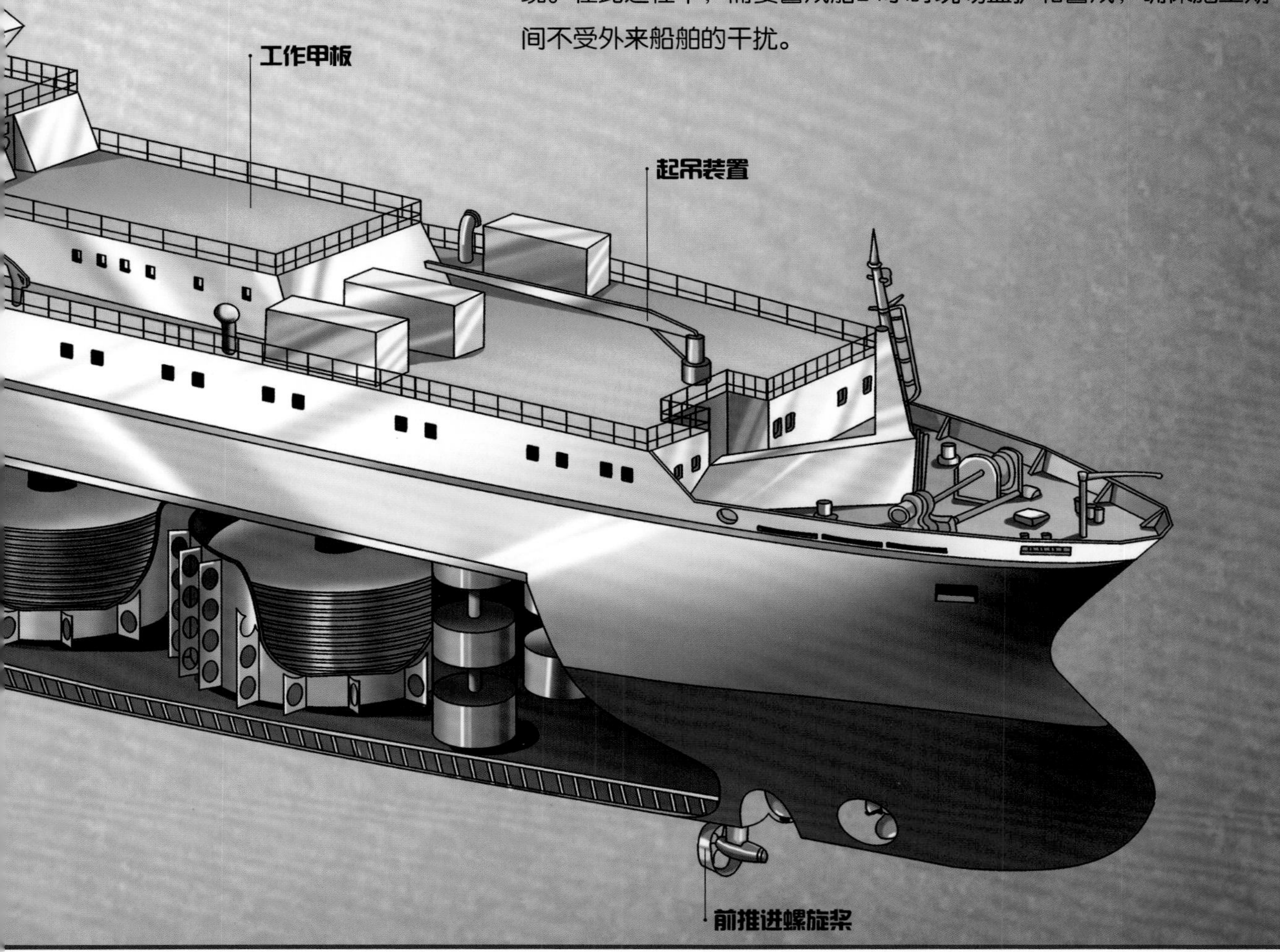

克里斯特维号

克里斯特维号是一艘现代挖泥船，它由比利时波斯卡里斯挖掘公司运营，于2008年5月正式下水，除了负责清挖水道与河床淤泥，以便其他船舶顺利通过外，还用于运河加深、浅滩重建等大规模工程。

1 推进器

克里斯特维号的船头和船尾都安装有推进器，这使得它即使装载了很多挖出的淤泥，也依然能保持较快的速度航行。它的最高航速约为24千米/时。

2 挖泥任务

克里斯特维号作为一艘挖泥船，它的任务包括：挖深、加宽和清理现有的航道和港口；开挖新的航道、港口和运河；疏浚码头、船坞、船闸及其他水工建筑物的基槽以及将挖出的泥沙抛入深海或堆填于陆上洼地造田等。

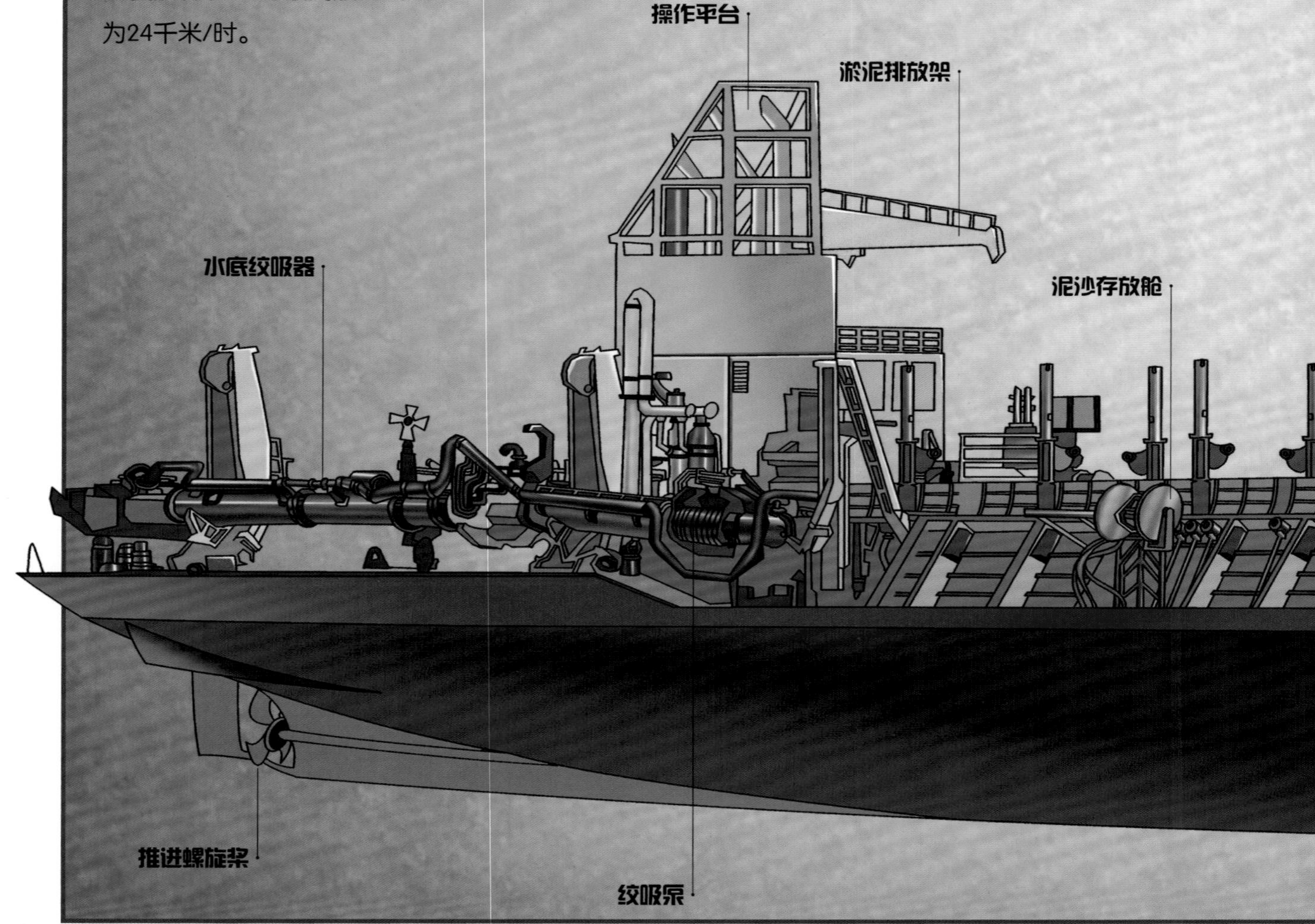

3 具有自航能力

挖泥船一般分为自带航行能力和不带航行能力的两种。克里斯特维号具有自航能力，可以在能通行较大船舶的航道上施工。

4 工作深度

克里斯特维号的工作深度为水下33米，能挖掘5 600立方米的淤泥，挖泥能力属于中等水平。

5 抽吸淤泥

将粗大的软管和轮船的动力装置相连，将软管置于淤泥中，启动动力装置即可抽吸淤泥。

詹姆斯·克拉克·罗斯号

詹姆斯·克拉克·罗斯号属于典型的考察船，实验设备配备齐全，主要用于搭载研究人员去南极地区进行海洋考察，对地球物理研究做出了很大的贡献。它以詹姆斯·克拉克·罗斯爵士的名字命名，于1990年完成首次下水航行。

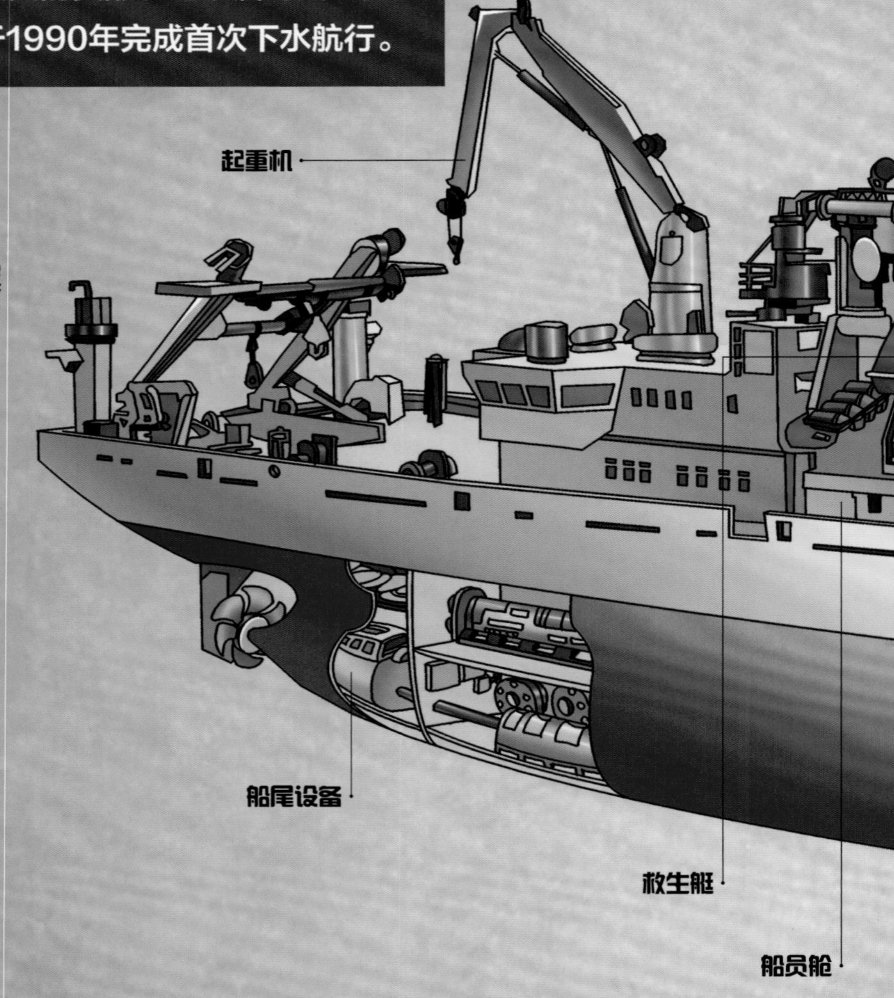

1 坚固的船头和船尾

詹姆斯·克拉克·罗斯号非常坚固，船头和船尾穿过1.5米厚的碎冰区或3米厚的冰层区都不成问题。

2 配备数台起重机

在它的船头和船尾上共安装有好几台起重机，有的用来升起和放下科研设备；有的用来升起货物；有的搭配上拖网架和液压吊杆，用来放考察仪器或拖网。

3 移动的气象站

在它的船头最前面的支架上，安装了多种科研设备，用来实时记录风速、湿度、大气压和其他气象数据，就像个移动的气象站一样。

4 独特的船舱门

詹姆斯·克拉克·罗斯号的船员舱与休息室均采用液压水密舱门，不仅密封性好，可以御寒，更耐撞、耐磨，可以避免撞击力直接传到船舱内部。这是詹姆斯·克拉克·罗斯号的突出特征。

5 推进器

詹姆斯·克拉克·罗斯号的船首和船尾都安装了推进器，这使得船只活动更加灵活，而且推进器还可以帮助船只保持船身稳定。

P074
汉德利·佩奇客机
P076
波音314客机
P078
波音747客机
P080
协和式客机
P088
以色列“狮”式战斗机
P090
“幻影”2000战斗机
P092
鹞式战斗机
P094
星式战斗机
P102
B-52“同温层堡垒”
战略轰炸机
P104
“掠夺者”攻击机
P106
A-10“雷电”攻击机
P108
“黑鸟”侦察机

第二章 飞机

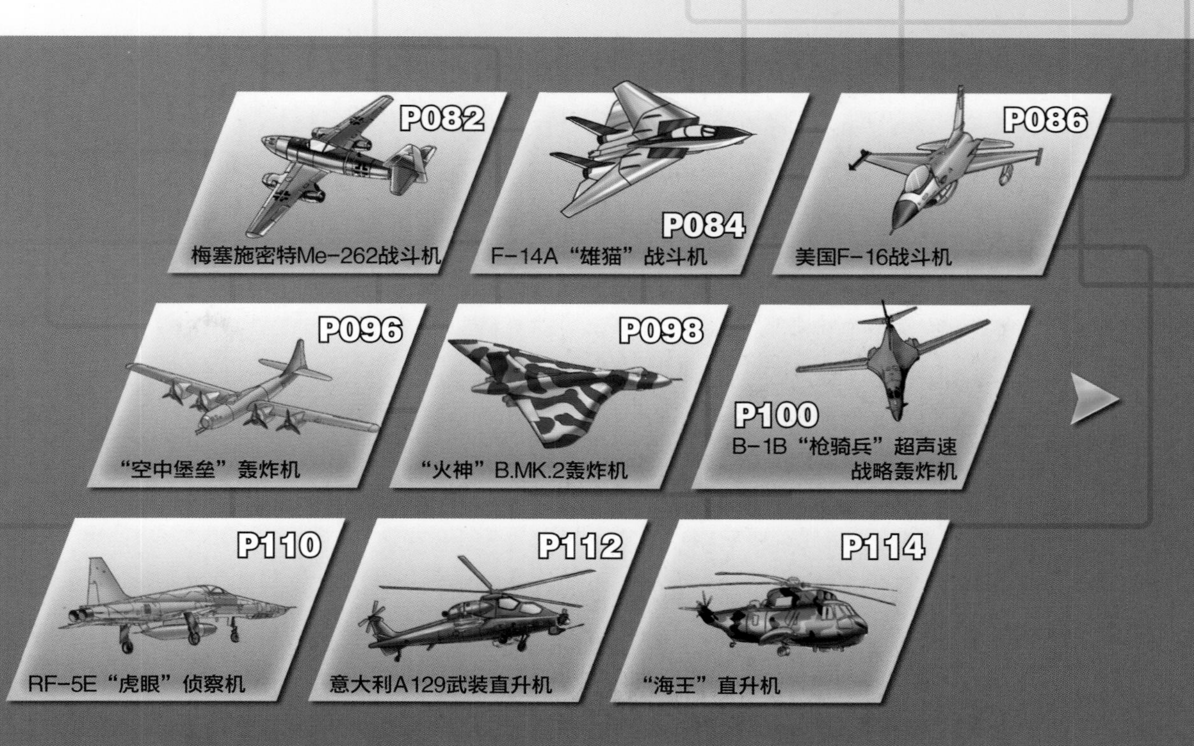
P082
梅塞施密特Me-262战斗机
P084
F-14A“雄猫”战斗机
P086
美国F-16战斗机
P096
“空中堡垒”轰炸机
P098
“火神”B.MK.2轰炸机
P100
B-1B“枪骑兵”超声速战略轰炸机
P110
RF-5E“虎眼”侦察机
P112
意大利A129武装直升机
P114
“海王”直升机

飞机的发展史

早在远古时代，人类就梦想着像鸟儿一样在天空飞翔，而且这个梦想从未停止过。随着科技的发展，蒸汽机、电动机、内燃机等动力装置相继问世，莱特兄弟于1903年驾驶一架自制飞机成功飞上天空，开创了人类依靠动力飞行的先河。自此以后，飞机进入了迅速发展时期，各种用途的飞机纷纷出现，如侦察机、战斗机、轰炸机、舰载机、客机等。发展至今，飞机的性能、外观和速度较以前都有了质的飞跃。

最早尝试飞行

古希腊神话中就有关于人类尝试飞行的故事。大约公元前3500年，艺术家代达罗斯跟他的儿子伊卡洛斯就开始尝试飞行。他们用蜡将羽毛粘在自己的胳膊上，但是因为距离太阳太近，伊卡洛斯胳膊上的蜡被晒化，中途跌落到地面，不过他的父亲却成功着陆了。

效仿动物的翅膀

1060年，英国修士艾尔默效仿鸟类，把翅膀固定在四肢上尝试飞行，结果坠落在地面上，摔伤了大腿。由此可以看出，人类光靠扇动翅膀并不能成功飞行。

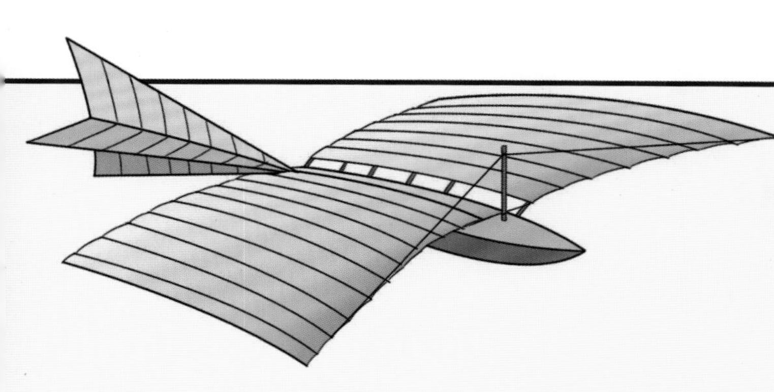

滑翔机的雏形

1853年，英国工程师乔治·凯利制造出了一架滑翔机，但却没有实现真正的飞行，并且在试飞时还把他家的马车夫吓坏了。

第一架滑翔机

1900—1902年，美国莱特兄弟经过1000多次滑翔试飞，终于于1903年成功制造出了第一架依靠自身滑动而产生动力进行载人飞行的滑翔机。从此，飞机的发展进入了新的阶段。

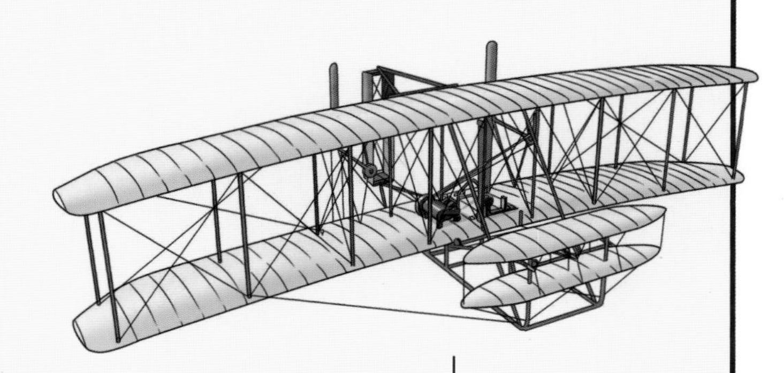

悬挂式滑翔机

德国人奥托·利连撒尔吸取凯利的经验，把帆布悬挂在柳木上，制成了悬挂式滑翔机。不过，这种滑翔机很脆弱，他在试飞1000余次之后的又一次试飞时，遭遇了一次狂风，滑翔机坠毁，奥托·利连撒尔本人也不幸遇难。

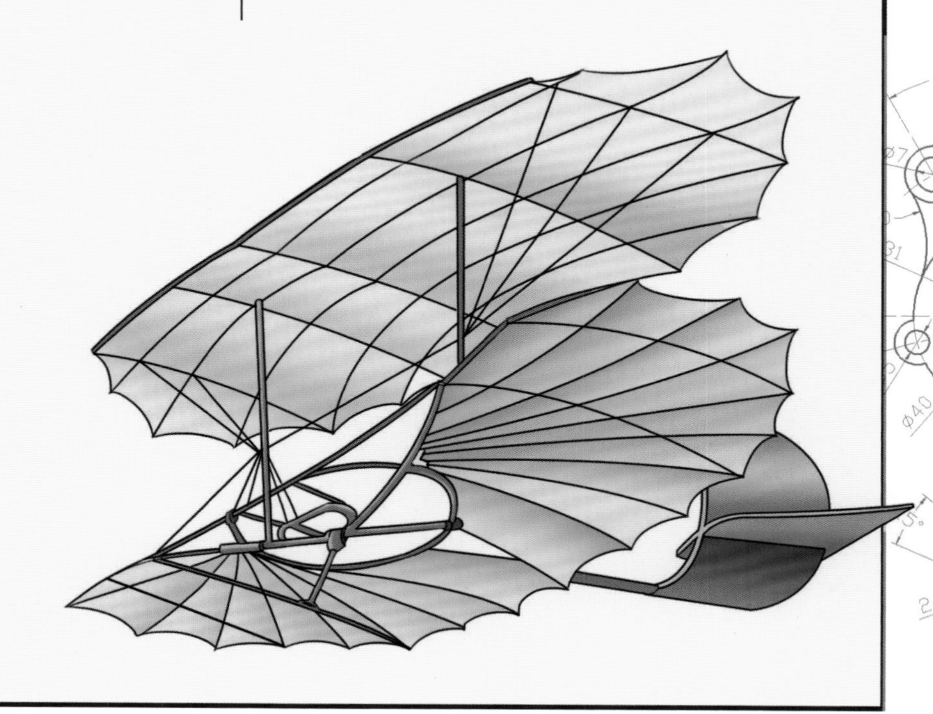

复翼飞机

1907年，法国的加布里埃尔·瓦赞研制出了一种装有两套翅膀的复翼飞机。这种飞机的推进器安装在飞机的尾部，飞行高度可达海拔1000米。

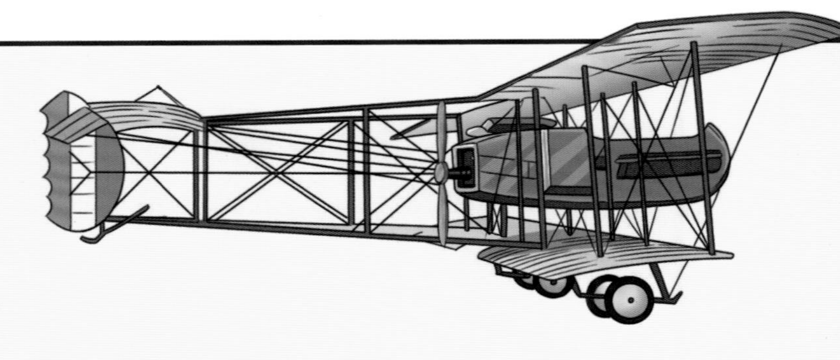

F40型复翼飞机

1913—1918年，第一次世界大战期间，此飞机作为侦察机和轰炸机展示出了极强的军事价值，主要用于搜集敌军情报或对攻击目标投掷炸弹。

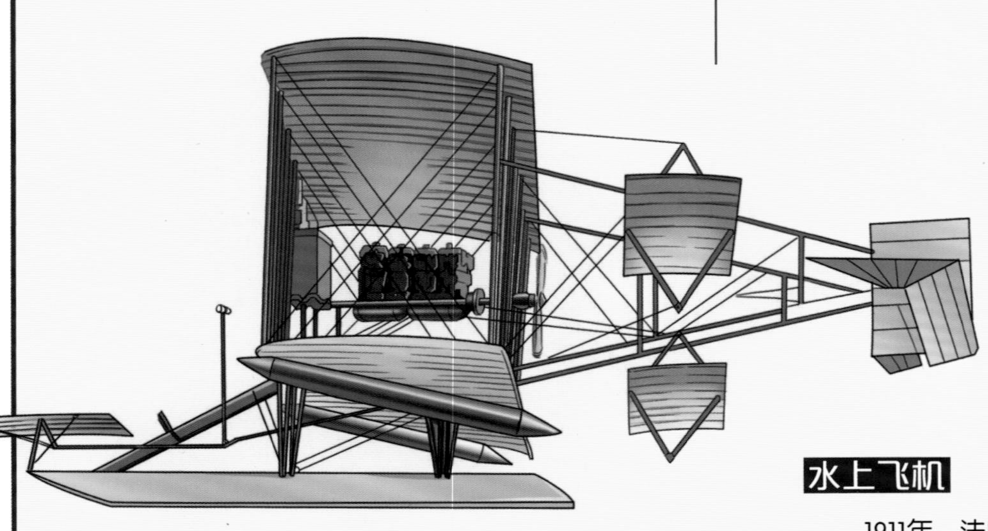

水上飞机

1911年，法国人格伦·柯蒂斯在复翼飞机上装上浮子，成功研制出了第一架真正意义上的水上飞机。这种飞机可在水上起降，根本无须飞机跑道。

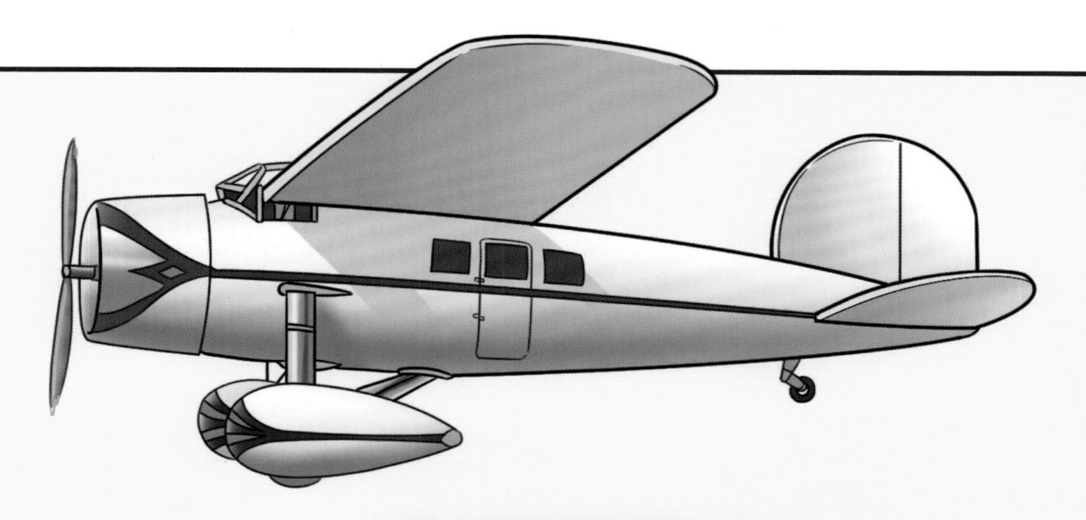

洛克希德“维加”单翼机

1927年，美国的洛克希德“维加”单翼机成为固定航班用机，速度可达177千米/时，载客量仅为6名，不过，它的机翼采用悬臂式，机身为流线型，外观极具现代感。

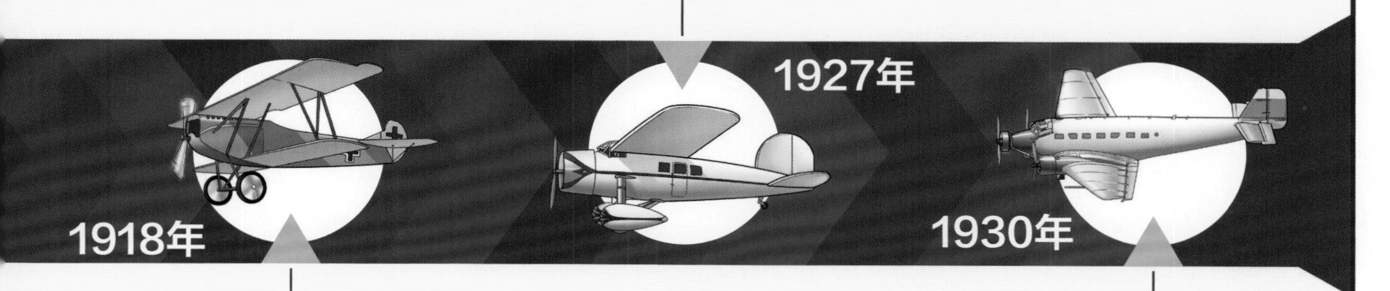

军用螺旋桨飞机

1918年，最先制造军用飞机的佛克尔公司研制出了安装着机关枪的螺旋桨飞机D.VII，这种飞机的发动机为活塞式，通过空气螺旋桨将发动机产生的动力转化为推进力实现飞行。D.VII是第一次世界大战中最强大的飞机。

容克52三引擎飞机

在两次世界大战的间歇期，大型机成为飞机制造的发展方向。1930年德国容克公司制造的先进的三引擎飞机容克52就是这个时期飞机的典型代表。同年，英国人惠特尔发明了第一台涡轮喷气发动机，通过喷管高速喷出的燃气即可产生反作用推力，这种发动机的出现为喷气式飞机的发展奠定了基础。

波音247型飞机

1933年，波音247型飞机成功试飞，标志着现代飞机的诞生。它不再使用帆布或木质结构，而是采用全金属的框架和外壳，大大增强了飞机的坚固性，这在当时是非常先进的技术。

英国“喷火”战斗机

1939年，第二次世界大战的爆发推动了飞机的发展。英国研制成功的“喷火”水上飞机成为同盟军非常著名的飞机之一。这种飞机所使用的喷火式发动机是大功率活塞式发动机，所提供的强大动力可以让飞机爬升到海拔12 000米的高空。

道格拉斯DC-3型飞机

1935年，可以搭载30名乘客的道格拉斯DC-3型飞机研制成功，它采用的倾斜机翼大大减少了阻力，降低了飞机的制造成本，也使运营更为经济，从而成为第一架通过机票费用进行营利的新生代飞机。

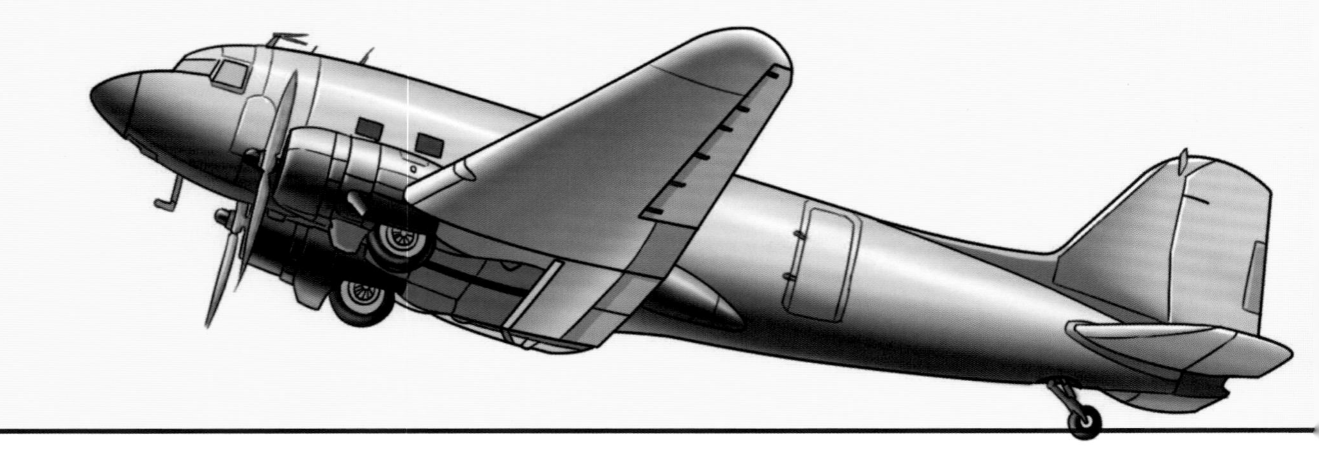

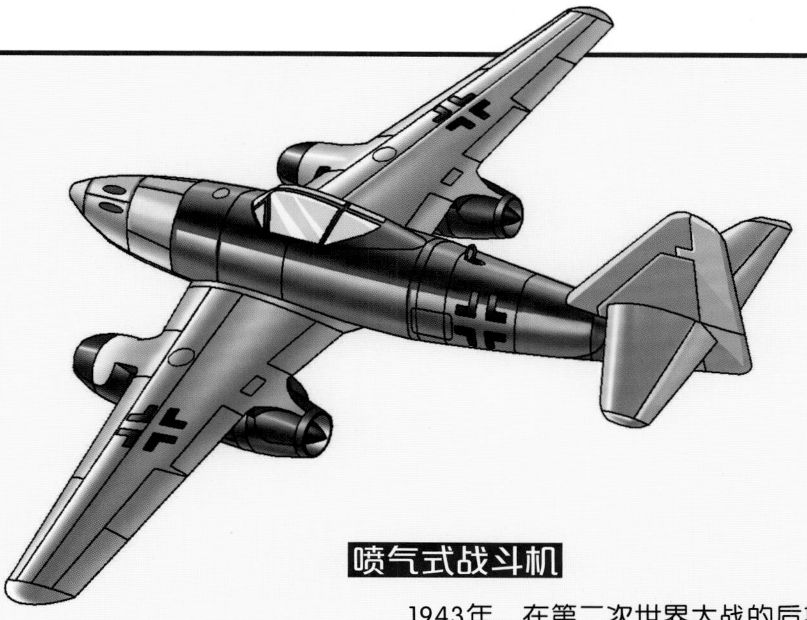

喷气式战斗机

1943年，在第二次世界大战的后期，德国成功研制出世界上第一架喷气式战斗机——梅塞施密特战斗机Me-262，它的战果非常出色。

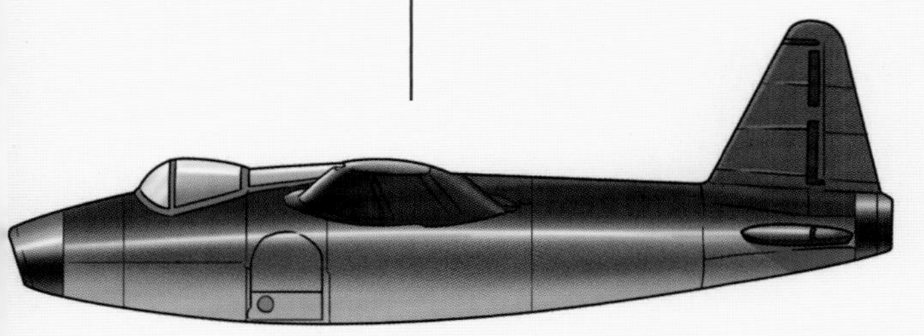

超声速飞机

一直以来，飞机的速度没办法突破声速，直到1947年，贝尔X-1型火箭推进式飞机研制成功，该机型动力充足，飞行速度可超声速。

He-178喷气式飞机

1939年，德国设计师奥安充分应用英国人惠特尔于1930年发明的涡轮喷气发动机，于8月27日制成了世界上第一架喷气式飞机——He-178喷气式飞机，通过喷管高速喷出的燃气即可产生反作用推力推动飞机飞行。从此，飞机的发展进入了喷气式时代。

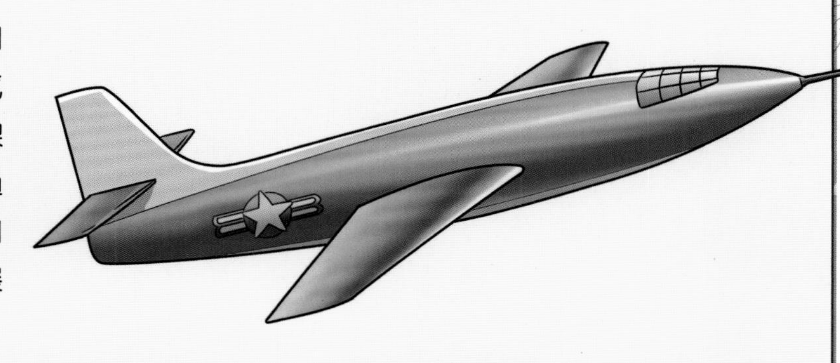

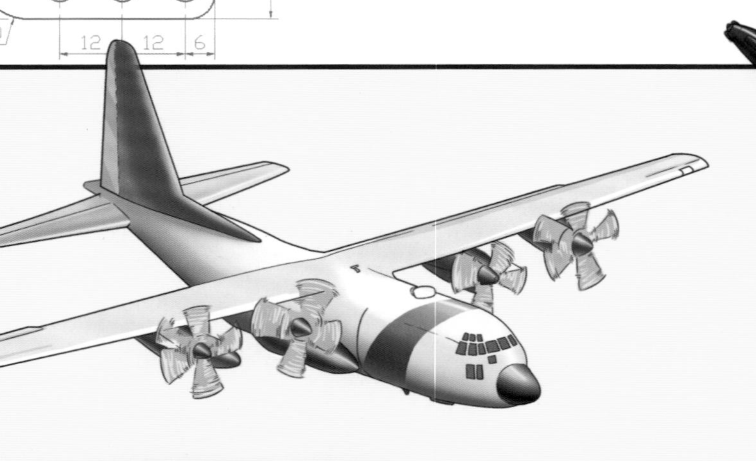

“大力神”C-130运输机

飞机采用喷气式发动机后，运载能力大大增强。1954年研制成功的洛克希德C-130军用运输机的最大载重量可达15吨，甚至可以运载装甲车辆、火炮和卡车等大型货物，而且在仅有1 200米长的粗糙跑道上就可以顺利起飞。

鹞式战斗机

1969年，诞生了一种可以将喷气式发动机推动力向下导出的喷管，从而实现了无须任何跑道而垂直起降的战斗机——鹞式战斗机。这种技术在当时世界上是领先的。

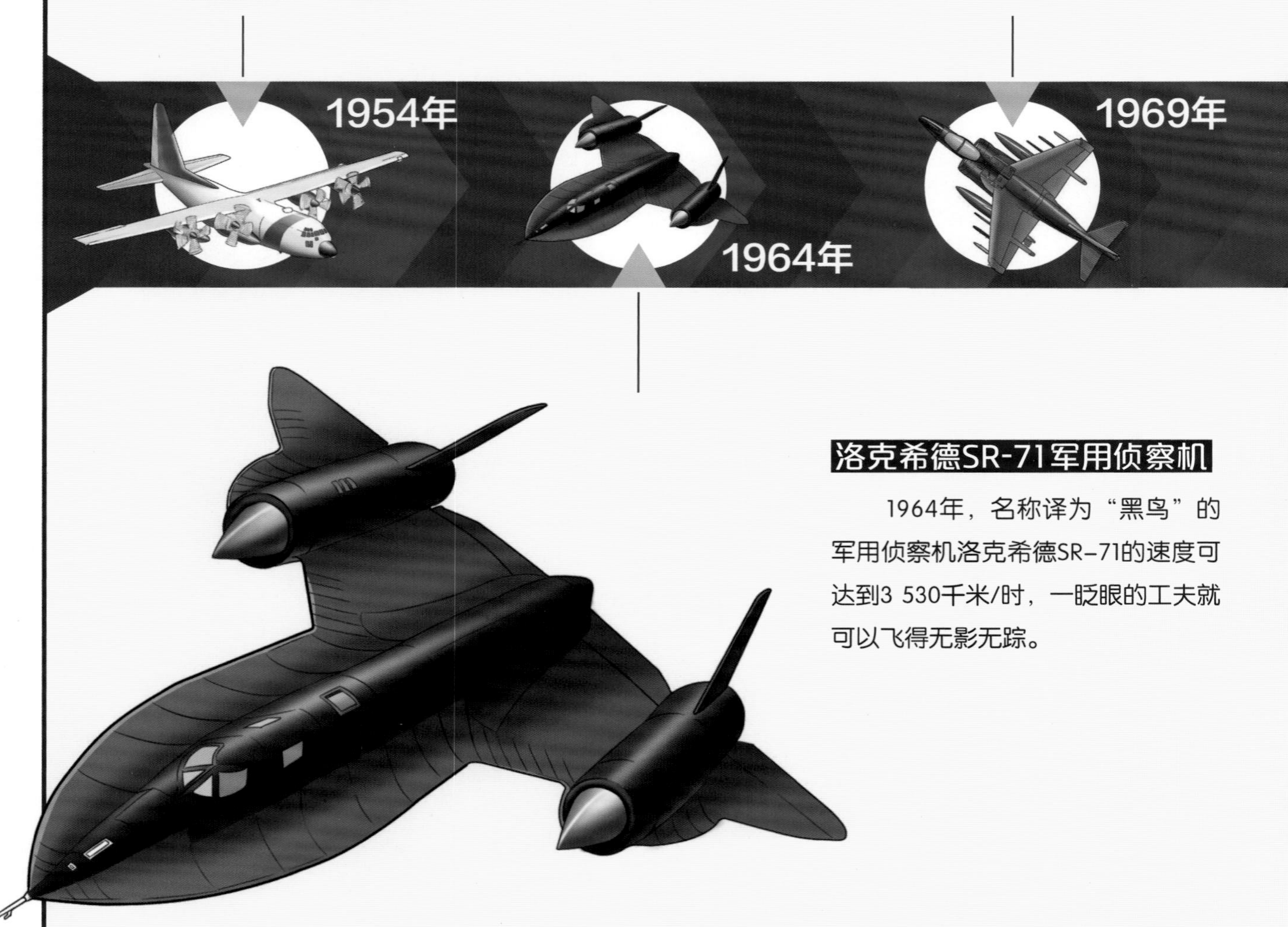

洛克希德SR-71军用侦察机

1964年，名称译为“黑鸟”的军用侦察机洛克希德SR-71的速度可达到3 530千米/时，一眨眼的工夫就可以飞得无影无踪。

F-117A“夜鹰”隐形战斗机

1983年，隐形战斗机F-117A研制成功，该飞机不会显现在雷达的屏幕上，因此难以被捕捉和发现，实现了军事飞机的“隐形”功能，是当时最为先进的军事飞机。

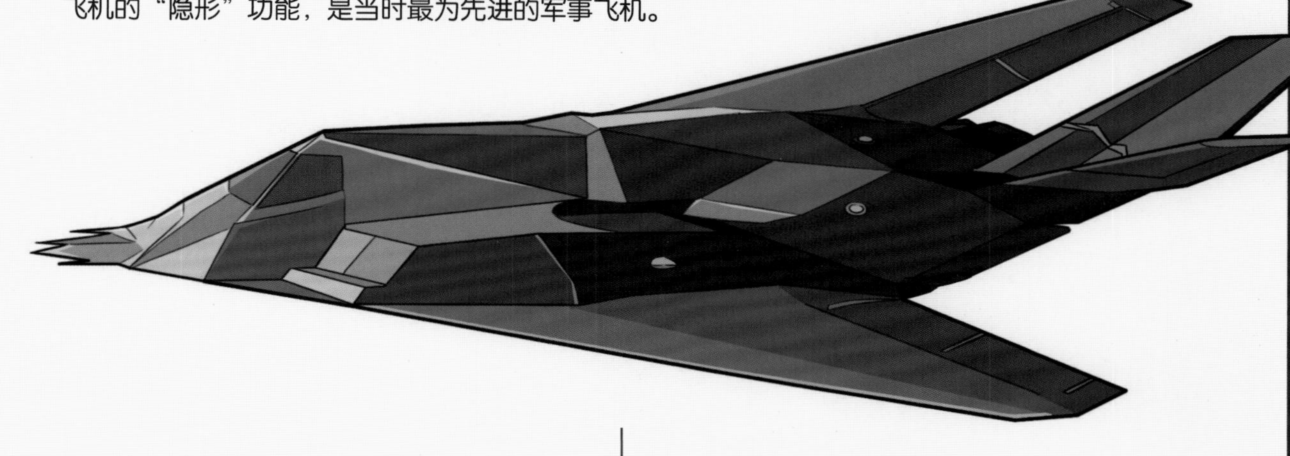

全球鹰

21世纪，飞机制造技术更为先进，最大的技术突破是研制出了无人驾驶的飞机，如美国诺斯罗普·格鲁曼公司生产的全球鹰，它在无人驾驶的情况下，可以从美国跨越太平洋飞到澳大利亚，创下了飞机发展史上的伟大壮举。

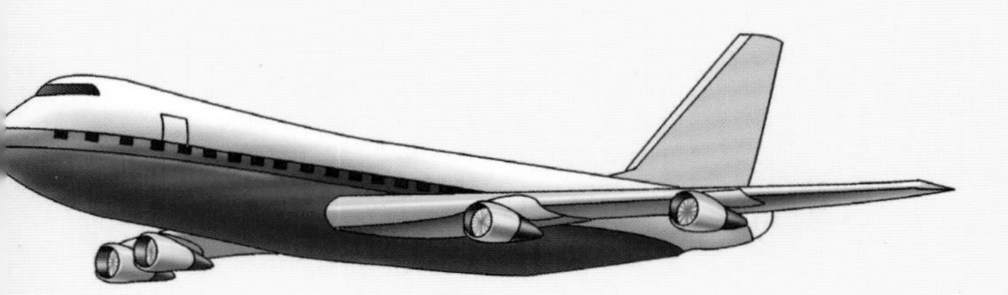

波音747

随着科技的进步，飞机的营运成本不再那么高昂，越来越多的人选择乘飞机出行，这促进了飞机体积不断增大。1969年，波音747扩大了客舱，能搭载400名乘客，飞机载客量实现了一次大的飞跃。

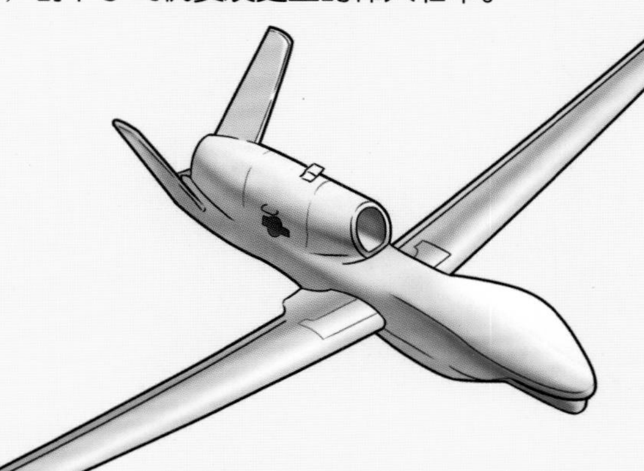

▸▸汉德利·佩奇客机

汉德利·佩奇客机42系列是世界上最早的用于载客的大型飞机。第一架原型机于 1930 年 11月 14 日首飞成功，被命名为“汉尼拔”。这种飞机最高的速度约为120千米/时，给当时的乘客们留下了非常难忘的人生体验。

1 独特的机翼位置

汉德利·佩奇客机的下机翼比上机翼短，位置高于客舱的窗口。这样设计是为了不影响乘客俯视地面的风景。

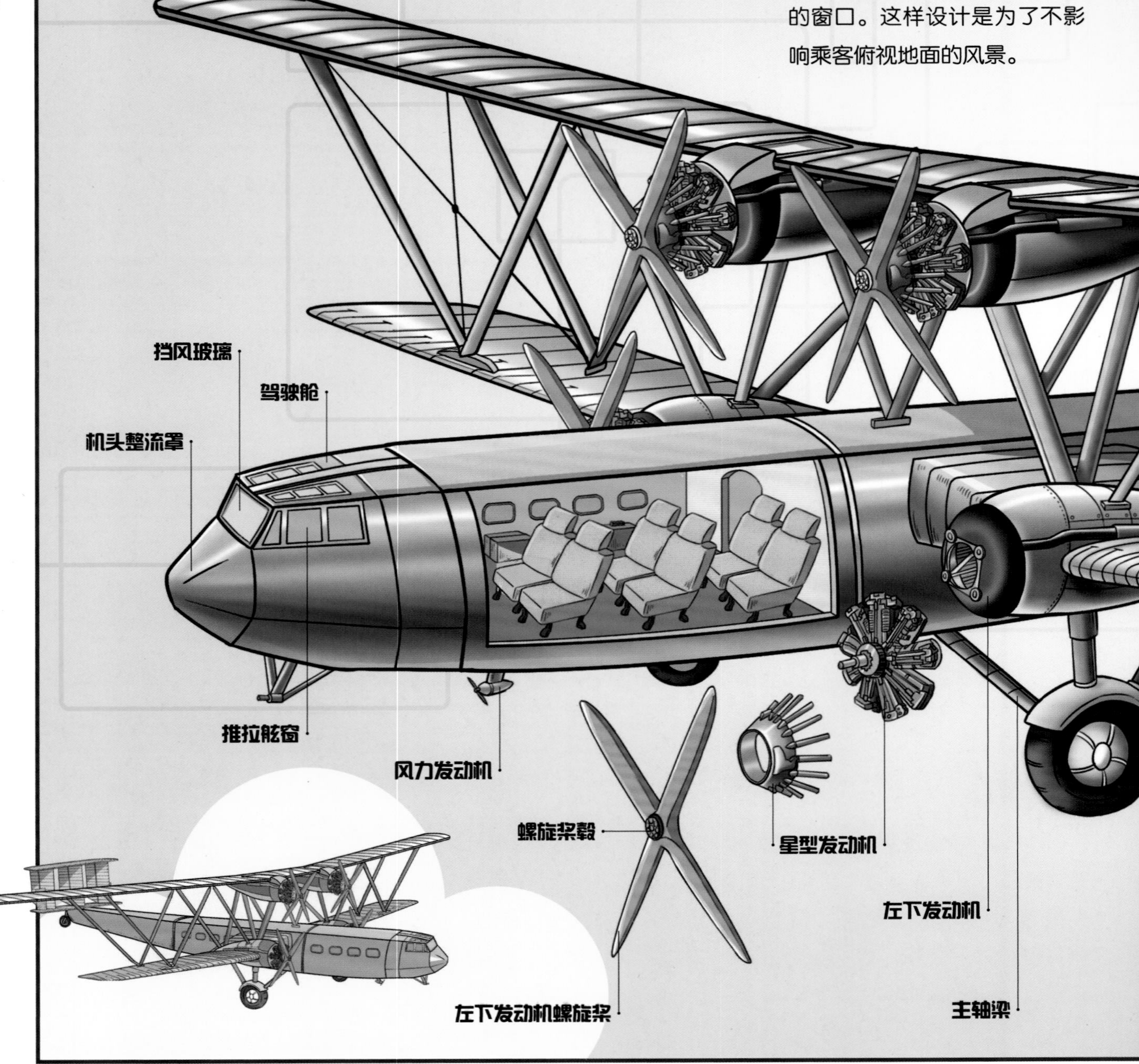

2 分隔式客舱

汉德利·佩奇客机的客舱划分为前后两个部分，分别位于机翼前后，前部客舱可以乘坐6人（后来变成12人），后部可以乘坐12人。

3 飞机重量轻

汉德利·佩奇客机机身的2/3由密度较小的波纹铝板制造，机身后段及机翼表面则由织物蒙皮覆盖，使得整个机身重量大大减轻。

4 分组飞行

汉德利·佩奇客机42系列共生产了8架，被分成两组，每组各4架。其中一组飞东方航线，另一组飞欧洲航线。

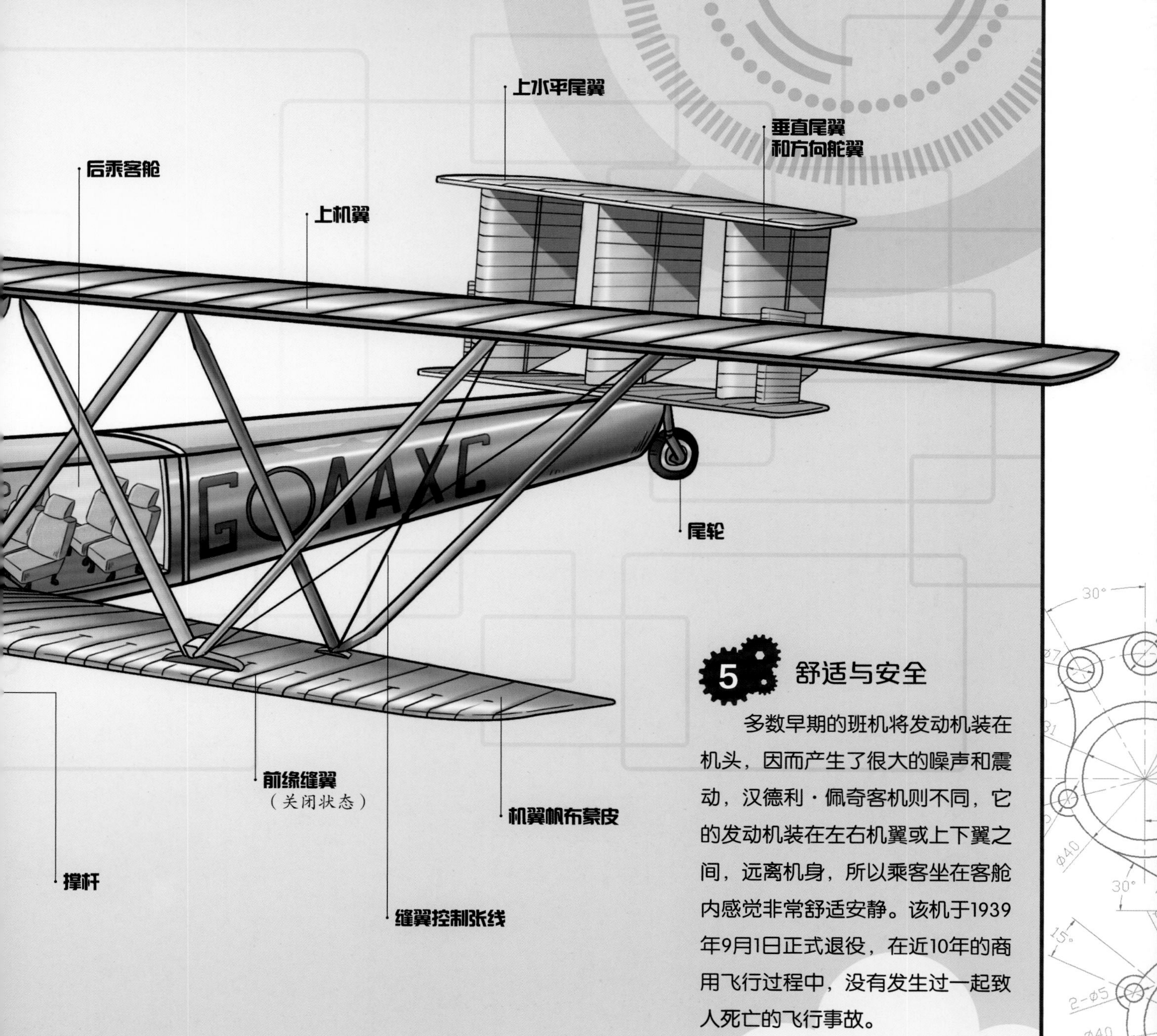

5 舒适与安全

多数早期的班机将发动机装在机头，因而产生了很大的噪声和震动，汉德利·佩奇客机则不同，它的发动机装在左右机翼或上下翼之间，远离机身，所以乘客坐在客舱内感觉非常舒适安静。该机于1939年9月1日正式退役，在近10年的商用飞行过程中，没有发生过一起致人死亡的飞行事故。

▶▶波音314客机

波音314客机是一种在水上起降的载客飞机，由波音公司于1938年研发生产。它是当时最大、最豪华的民航飞机之一，被命名为“飞剪号”。乘坐该飞机飞越大西洋的机票价格相当昂贵，堪称“富人的旅行”。在二战期间，飞剪号被运用在战场上，用来运送人员和物资，飞行于世界各地。

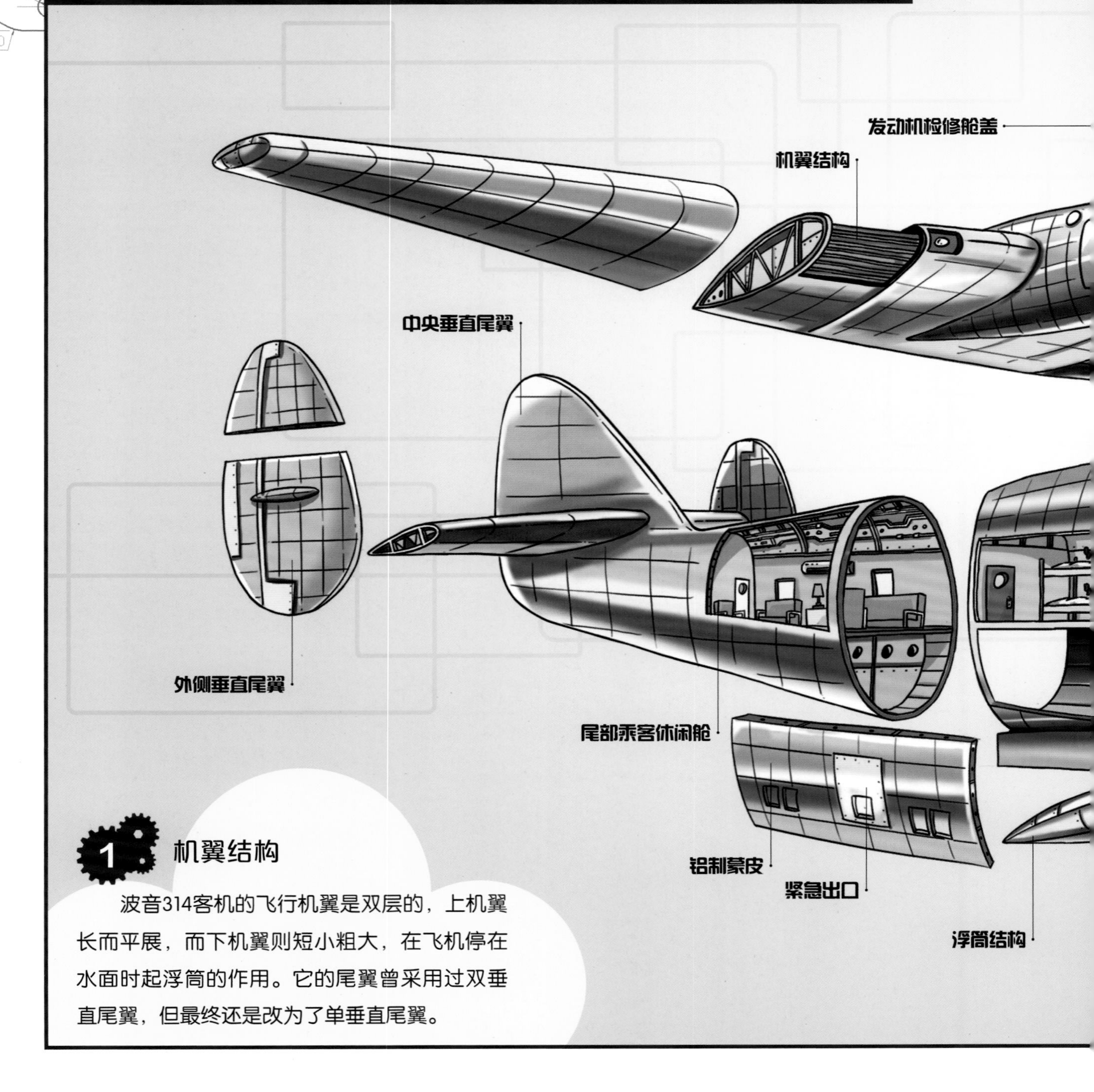

1 机翼结构

波音314客机的飞行机翼是双层的，上机翼长而平展，而下机翼则短小粗大，在飞机停在水面时起浮筒的作用。它的尾翼曾采用过双垂直尾翼，但最终还是改为了单垂直尾翼。

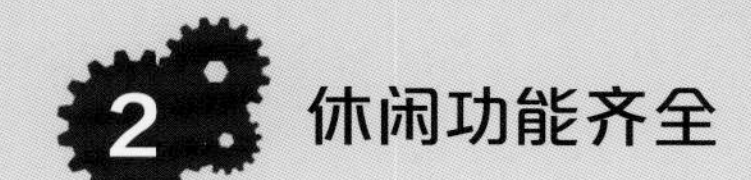

休闲功能齐全

波音314客机上配备了沙发休息舱和旅客卧铺舱，另外还设有一个酒吧和一个大型娱乐室。波音公司是最早推出客舱服务的航空公司，当美丽的空姐们穿梭在铺着亚麻桌布的餐桌之间，为乘客们送来一道道美味佳肴时，那情景是多么令人向往。

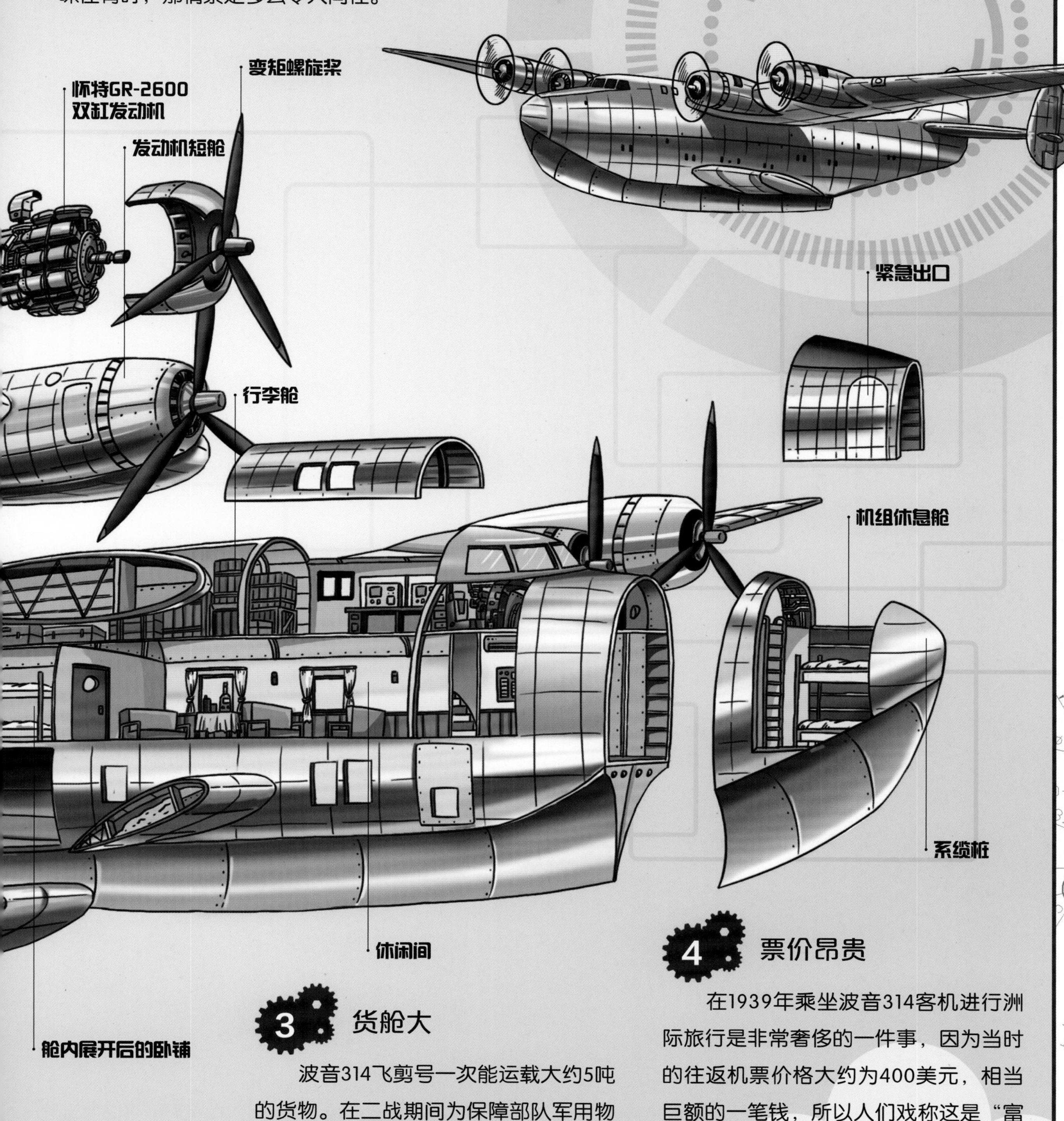

4 票价昂贵

在1939年乘坐波音314客机进行洲际旅行是非常奢侈的一件事，因为当时的往返机票价格大约为400美元，相当巨额的一笔钱，所以人们戏称这是“富人的旅行”。

3 货舱大

波音314飞剪号一次能运载大约5吨的货物。在二战期间为保障部队军用物资和给养立下了汗马功劳。

波音747客机

波音747是世界上第一款宽体民用飞机。它体形巨大，载客量惊人，一次可运送350名乘客。自1970年正式运营到欧洲空客A380飞机出现前，波音747一直是世界上载客量最大的飞机，这个纪录保持了37年之久。这种客机还推出了很多款改进型，如波音747SP、波音747F型等。

1 独特的外形

波音747客机有双层客舱，上层客舱的长度只占机身的1/3，并向上凸起，看上去就像飞机头部肿起了一个大包。

2 起落架

波音747起落架结构由4组4轮小车式主起落架和一组位于机头部的双轮前起落架组成。

3 双通道

波音747客机是宽体飞机，飞机截面直径超过了6米。设计者认为这个宽度足以容纳一行9~10个经济舱座位和两条通道，这对于整个航空界而言是全新的理念，于是世界上首架双通道飞机诞生了。

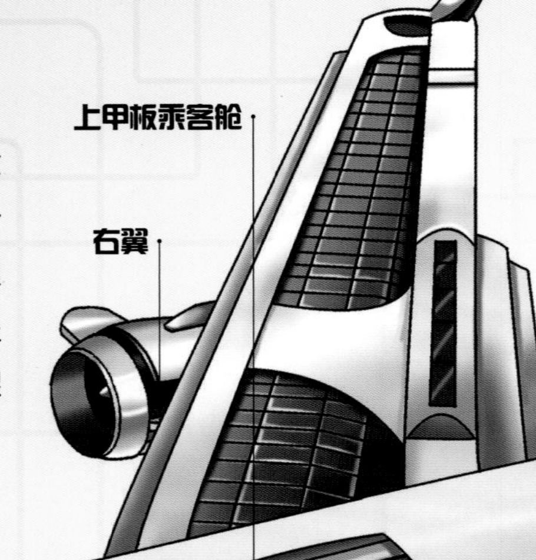

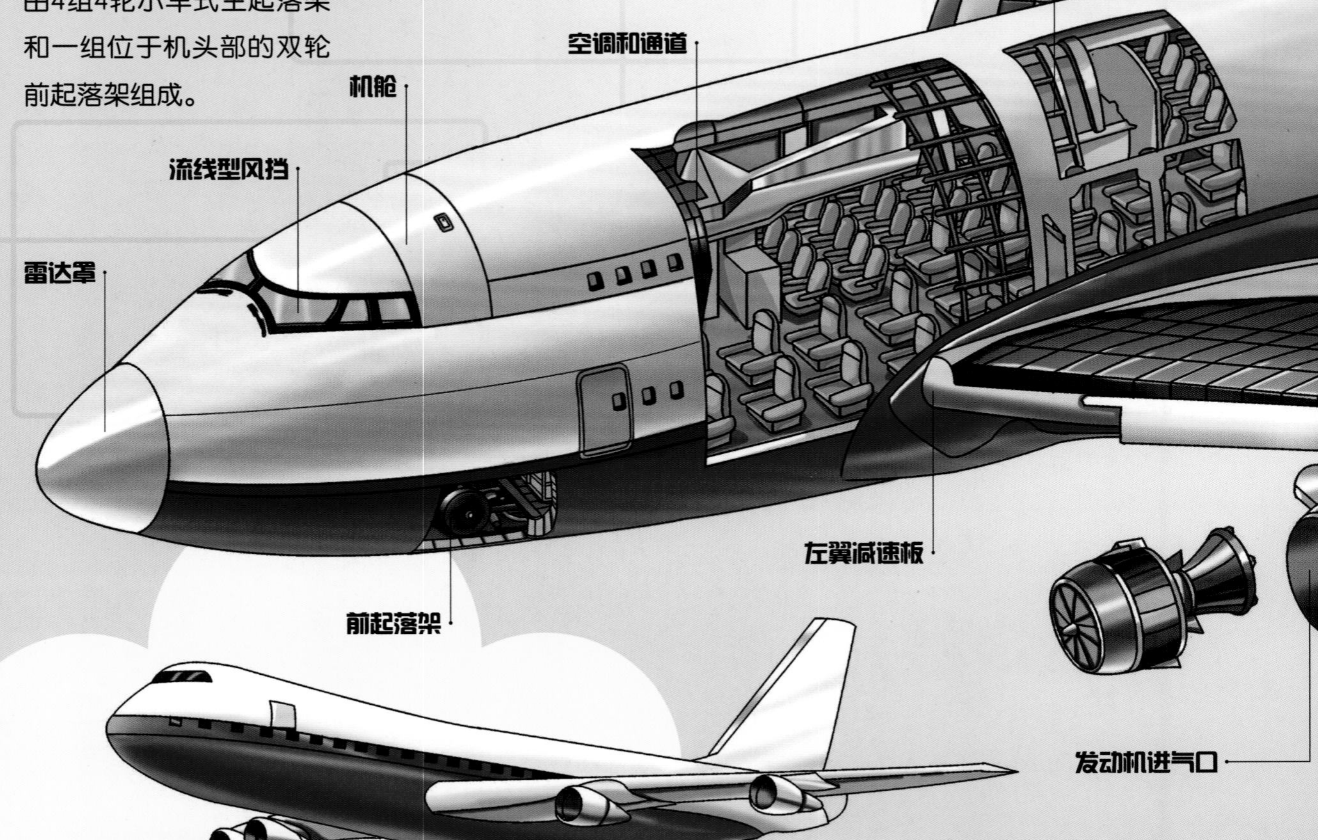

4 载客量

波音747系列飞机中载客量最大的是747-400D型飞机，它是特别为日本国内航线设计的高容量客运型飞机，客舱可载客568名。

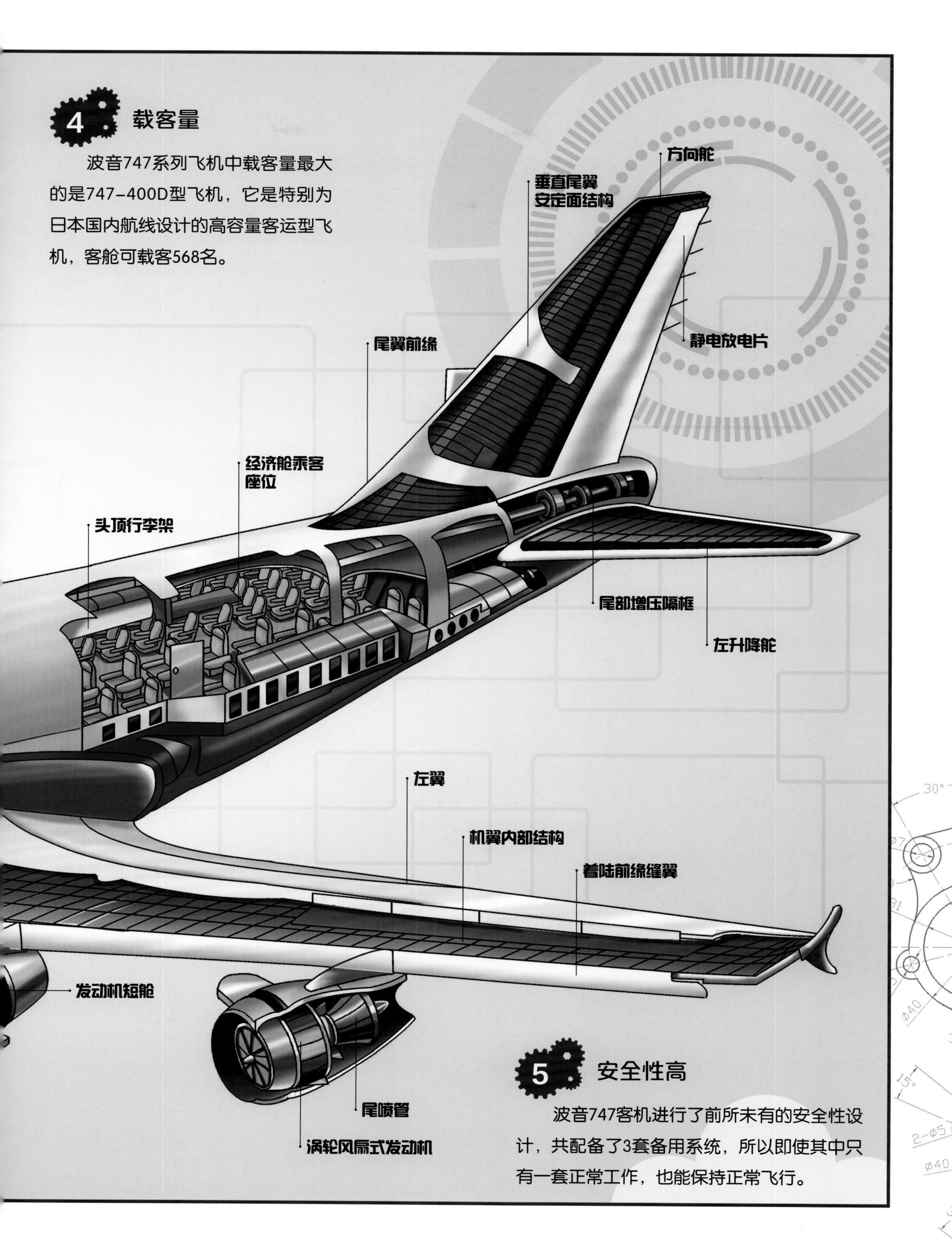

5 安全性高

波音747客机进行了前所未有的安全性设计，共配备了3套备用系统，所以即使其中只有一套正常工作，也能保持正常飞行。

▶▶协和式客机

协和式客机是由法国和英国联合研制的中远程超声速客机，于1969年首飞，1976年投入服务。它是世界上极少数采用超声速技术的民用客机之一。协和式客机一共只生产了20架，主要执行从伦敦希思罗机场到巴黎戴高乐国际机场之间的定期往返航线。其通体为白色，整体看上去就像只美丽的白天鹅，被誉为世界上最漂亮的飞机。虽然协和式客机比普通民航客机快很多，但其维护成本大，耗油量大，所以机票价格远远高于普通民航客机，加上它起飞和降落时有巨大的噪声，以及乘坐的舒适度和安全性并不理想，所以在2003年底，协和式飞机全部退役了。

1 外形特点

协和式客机的机身细长，机头尖尖的，飞行时犹如一根钢针，高速刺向空气之中。起降时，机头可以往下调5~12度，以扩大飞行员的视野。

2 机舱

协和式客机机身细长，机舱内部相对较狭小，乘坐的舒适度不高。

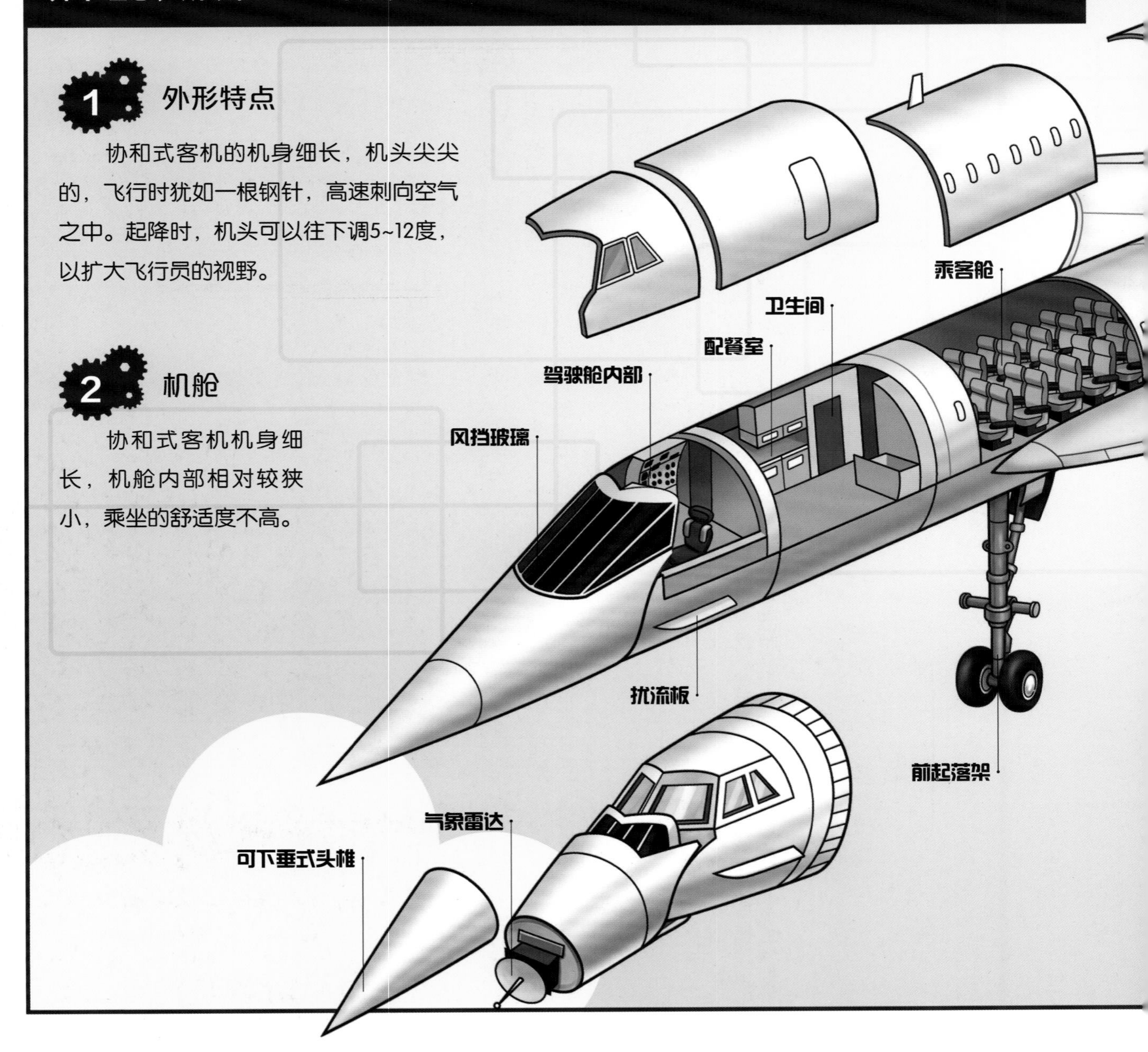

3 动力系统

为了适应超声速飞行，协和式飞机采用三角翼，机翼前缘为S形。飞机共有4台涡轮喷气发动机，飞行速度能超过声速的两倍，巡航速度为2 150千米/时。

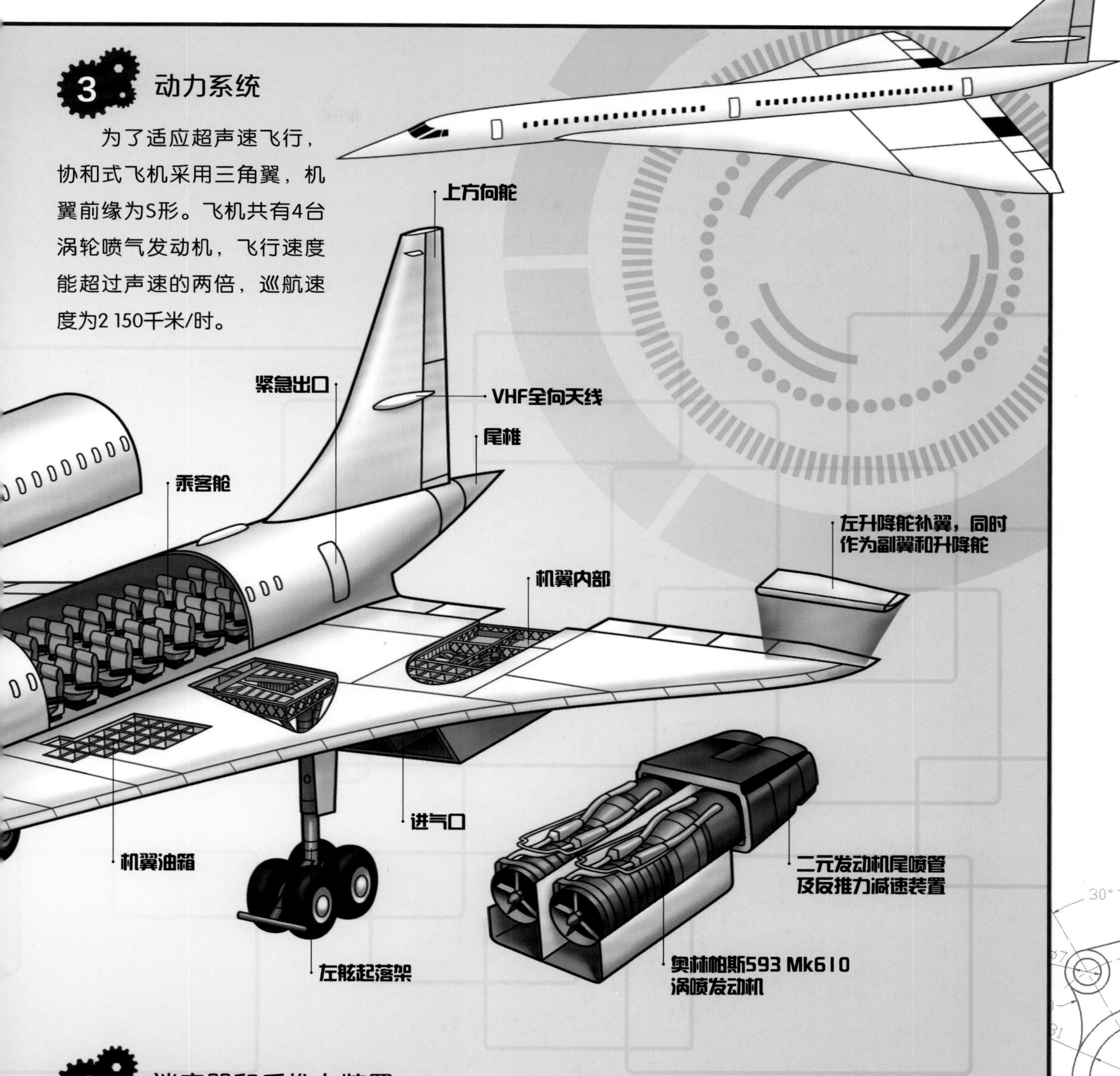

4 消音器和反推力装置

协和式客机超声速飞行时，会产生如同炸弹爆炸一样的音爆声。为了减少噪声，在发动机上安装了消音器。此外，为了减少飞机着陆时滑行的距离，还配备了反推力装置。

5 惊人的速度

该机能够在15 000米的高空以2.02倍声速巡航，从伦敦飞抵纽约仅需3个多小时，甚至曾创造过2小时52分59秒的最快纪录。而伦敦、纽约时差4个小时，所以乘客能够享受到“还未出发就已到达”的绝妙体验，对于分秒必争的商务人士，该机绝对是他们出行的首选。

▶▶梅塞施密特Me-262战斗机

梅塞施密特公司是德国一家非常著名的飞机制造商，所开发的飞机在二次世界大战中有着出色的表现。梅塞施密特的前身为巴伐利亚飞机制造厂，后改名为巴伐利亚飞机公司。传奇航空设计师威利·梅塞施密特在1938年重组该公司，梅塞施密特股份公司诞生了，至此，所产飞机名字字头的缩写变成了“Me”，即“梅塞施密特”的英文缩写。

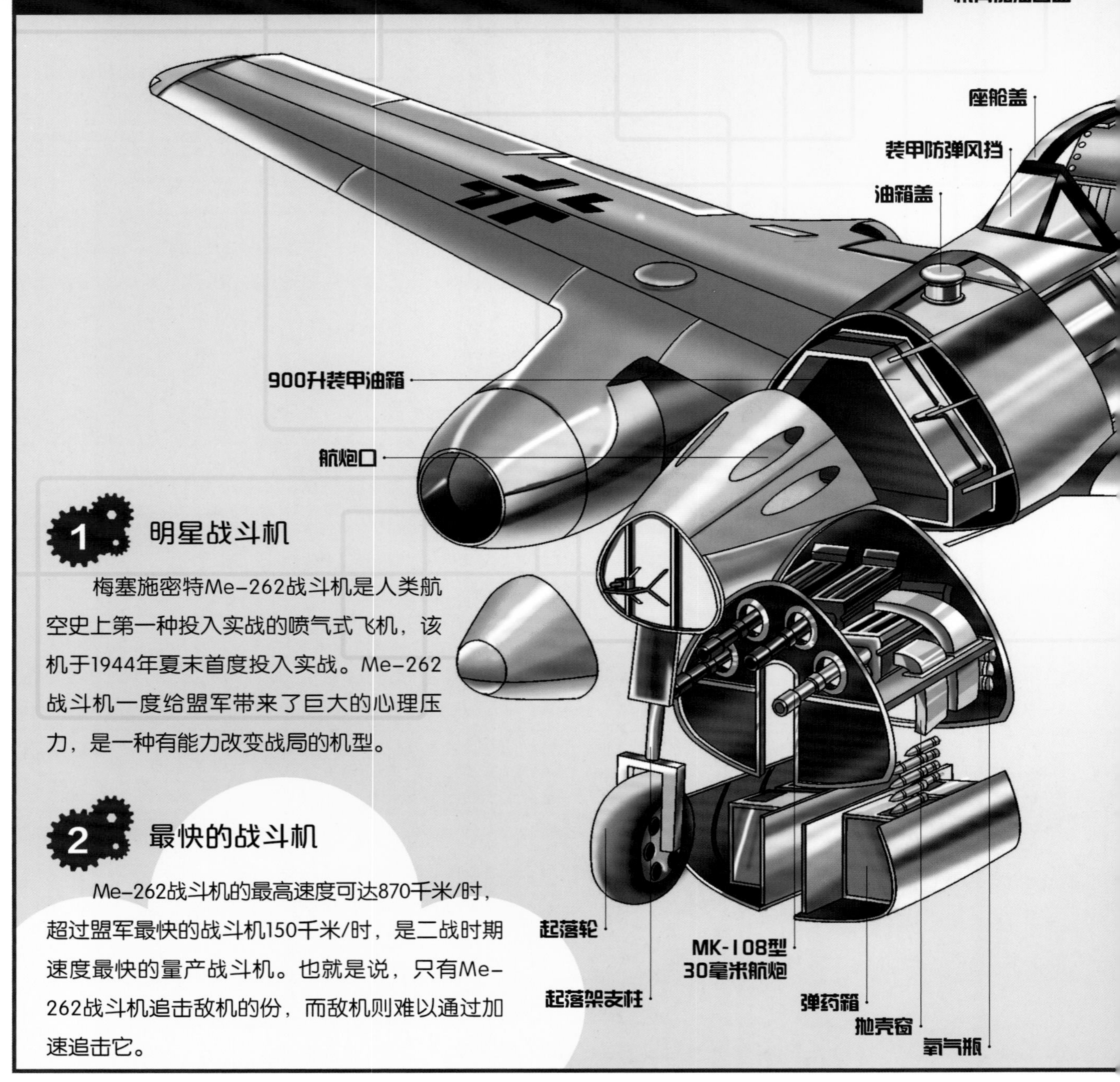

1 明星战斗机

梅塞施密特Me-262战斗机是人类航空史上第一种投入实战的喷气式飞机，该机于1944年夏末首度投入实战。Me-262战斗机一度给盟军带来了巨大的心理压力，是一种有能力改变战局的机型。

2 最快的战斗机

Me-262战斗机的最高速度可达870千米/时，超过盟军最快的战斗机150千米/时，是二战时期速度最快的量产战斗机。也就是说，只有Me-262战斗机追击敌机的份，而敌机则难以通过加速追击它。

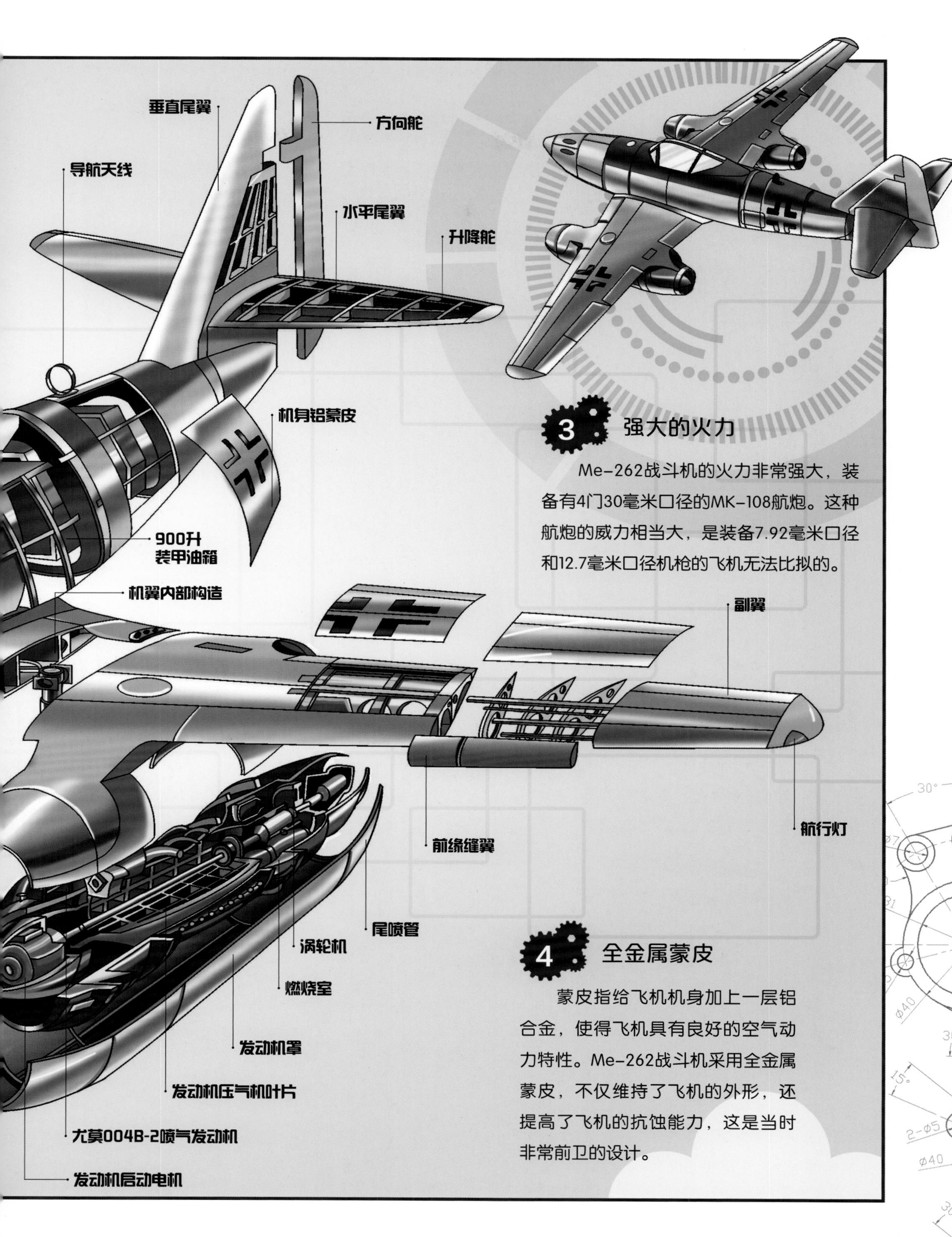

3 强大的火力

Me-262战斗机的火力非常强大，装备有4门30毫米口径的MK-108航炮。这种航炮的威力相当大，是装备7.92毫米口径和12.7毫米口径机枪的飞机无法比拟的。

4 全金属蒙皮

蒙皮指给飞机机身加上一层铝合金，使得飞机具有良好的空气动力特性。Me-262战斗机采用全金属蒙皮，不仅维持了飞机的外形，还提高了飞机的抗蚀能力，这是当时非常前卫的设计。

F-14A“雄猫”战斗机

F-14A“雄猫”战斗机是美国海军曾使用的一款超声速及远程截击用重型舰载战斗机，主要用于升空巡航，防止敌方袭击舰队，保卫沿岸的领空。这种战斗机可供两人乘坐，装备有强大的武器，能非常快地从船舰甲板弹射升空。自从20世纪70年代F-14A诞生以来，这种高速战斗机曾经成为美国海军舰队远程防空的主力。

1 可变机翼

“雄猫”战斗机的机翼可以水平移动，通过机载的计算机控制机翼向前后收放，以适应飞行中遇到的各种情况。

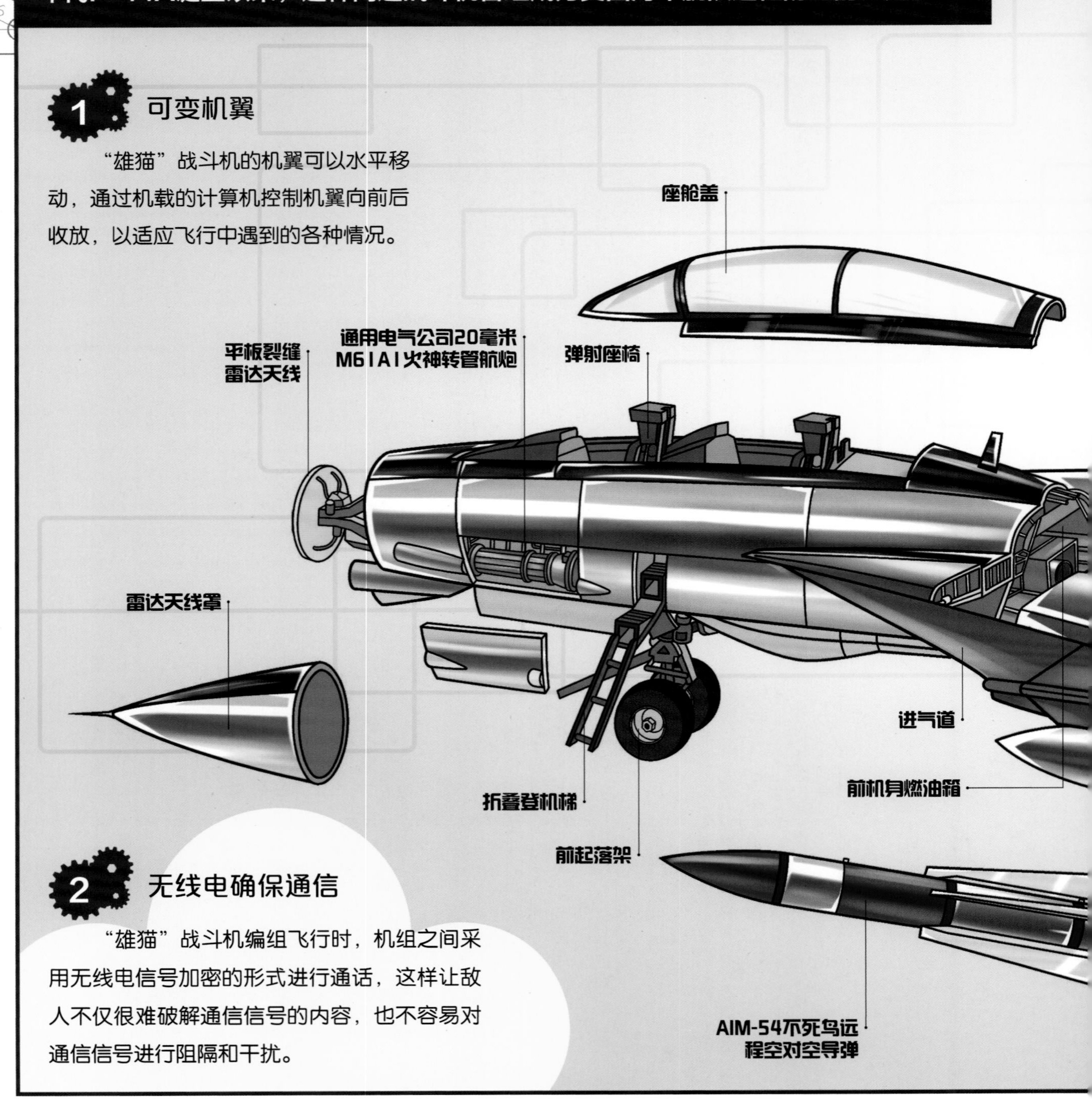

2 无线电确保通信

“雄猫”战斗机编组飞行时，机组之间采用无线电信号加密的形式进行通话，这样让敌人不仅很难破解通信信号的内容，也不容易对通信信号进行阻隔和干扰。

3 特殊使命

该机在战时主要用于执行远程截击、战斗巡逻、禁区空中巡逻等任务。当执行远程截击任务时，该机通常可以挂载6枚AIM-54升空巡逻；执行战斗巡逻任务时，可挂载4枚AIM-54、2枚AIM-7或2枚AIM-9；而进行禁区空中巡逻任务时，则可挂载4枚AIM-7和2枚AIM-9。

4 高科技反攻击装置

“雄猫”战斗机装有先进的反导弹系统，当被敌方的导弹制导雷达锁定时，它可以立刻用携带的反辐射导弹沿着敌方雷达波进行逆向发射反击。除此之外，还可以抛射大量的羽毛状的金属箔条来欺骗敌方的雷达制导导弹，从而摆脱敌方导弹的攻击。

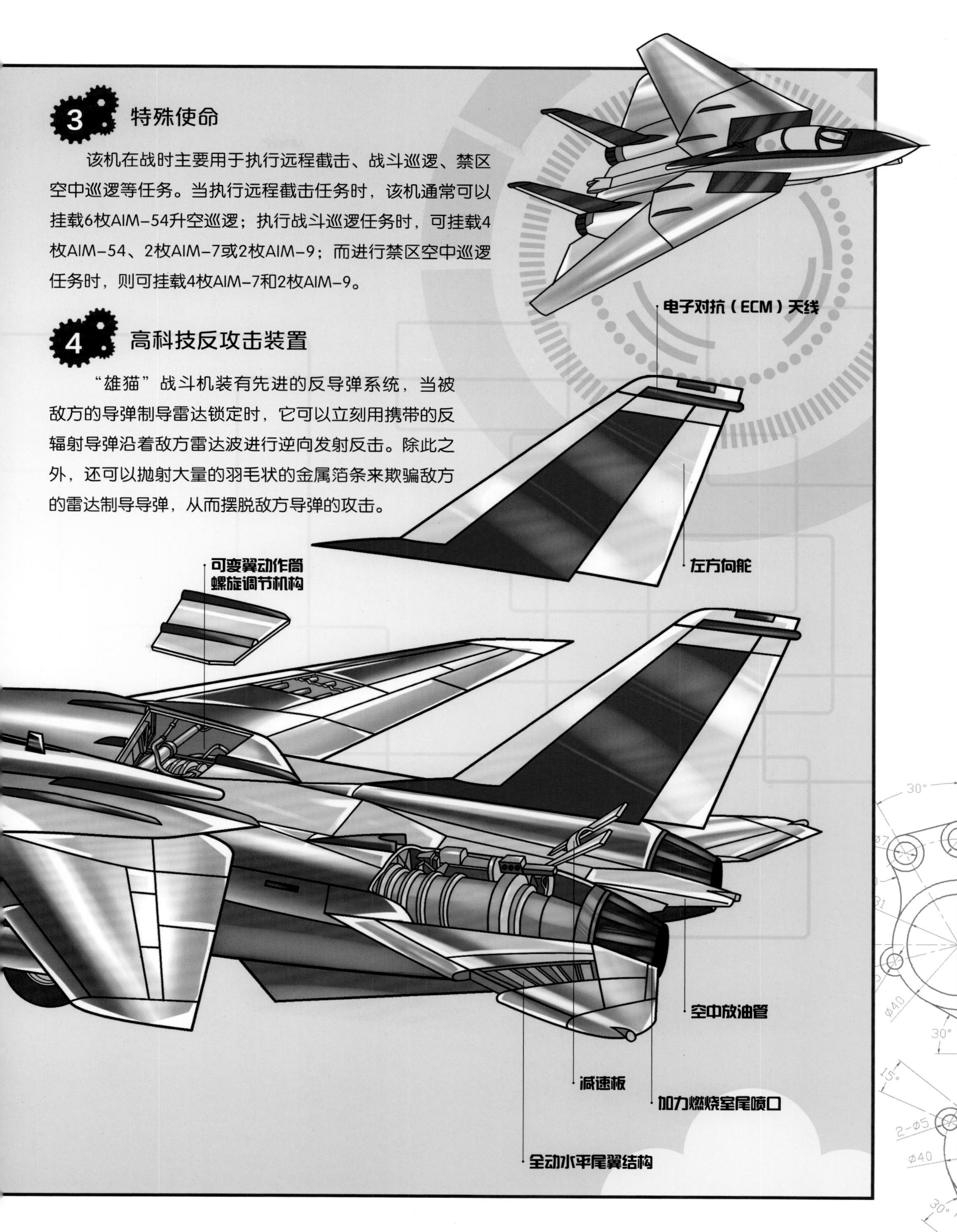

▸▸美国F-16战斗机

F-16战斗机是世界上最成功的轻型战斗机机种之一，它只配备了一台发动机，结构简单，价格便宜，但性能可靠，于1978年末正式成为美国空军装备，后逐渐成为美国空军主力战斗机之一。F-16备受世界各国的欢迎，从1976年开始批量生产，到现在共生产了约4 600架，其中用于出口给其他国家的战斗机就超千架，因此被称为“国际战斗机”。

1 大幅度优化视距

F-16的座舱盖采用气泡式，360°透明，这大大开阔了驾驶员的视野。此外，前后座舱由两块透明玻璃板隔开，均可获得非常好的视野。F-16这种大幅度优化视距的设计，是其一大亮点。

2 动力装置

F-16战斗机的发动机的进气道位于飞机的腹部，这一设计使飞机进行机动飞行时，进气流所受的干扰最小，还能避免吸入机炮的烟雾。

3 边条翼

F-16战斗机采用一种新型的机翼——边条翼，即在约25~45度的后掠角的机翼根部前缘处，加装一个后掠角很大的细长翼，从而形成复合机翼，这种边条翼大大改善了机翼的升力特性。

4 翼身融合体

美国F-16战斗机的机翼机身结合处经过仔细整流，平滑过渡，使机翼与机身能圆滑地结合在一起。这样设计减小了机身波阻，提高了升阻比和跨声速颤振边界，还增强了刚度，使飞机具有良好的机动性。翼身融合体的设计在当时是较为先进的。

5 放宽静稳定度

F-16战斗机在总体布局上采用了“放宽静稳定度”的技术。静稳定度是指气动中心到飞机重心的距离，而放宽静稳定度就是飞机的重心比普通飞机的重心更靠前，所以，尾翼无须质量多好，也不用多大的面积，就可以保证整架飞机的稳定性，这在大大减少整架飞机的重量的同时，也让F-16在超声速状态下具有了较高的升力。

▶▶以色列“狮”式战斗机

“狮”式战斗机是以色列为满足本国空军的要求，而专门设计的一种轻型多功能战斗机，于1979年开始研发，1986年12月31日第一架“狮”原型首次试飞成功。后因为经费和技术的关系，1987年8月，以色列停止了“狮”式战斗机的研制。虽然该机没有投入正式生产，但它具有机动性好、能高速突防、轰炸准确度高等特点，在现代航空史上写下了浓重的一笔。

1 翼身融合

“狮”式战斗机使用“翼身融合”的设计概念，把机身和机翼结构融为一体，整体机身犹如飞行翼，这有利于提升飞机的升力和燃油效率。

2 鸭式布局

“狮”式战斗机采用鸭式布局的气动方式，即将水平尾翼移至主翼前方的机头两侧，不仅可以用较小的翼面实现同样的操纵效能，而且前翼与机翼可以同时产生升力，与水平尾翼会产生向下的压力相比，性能大大提高。

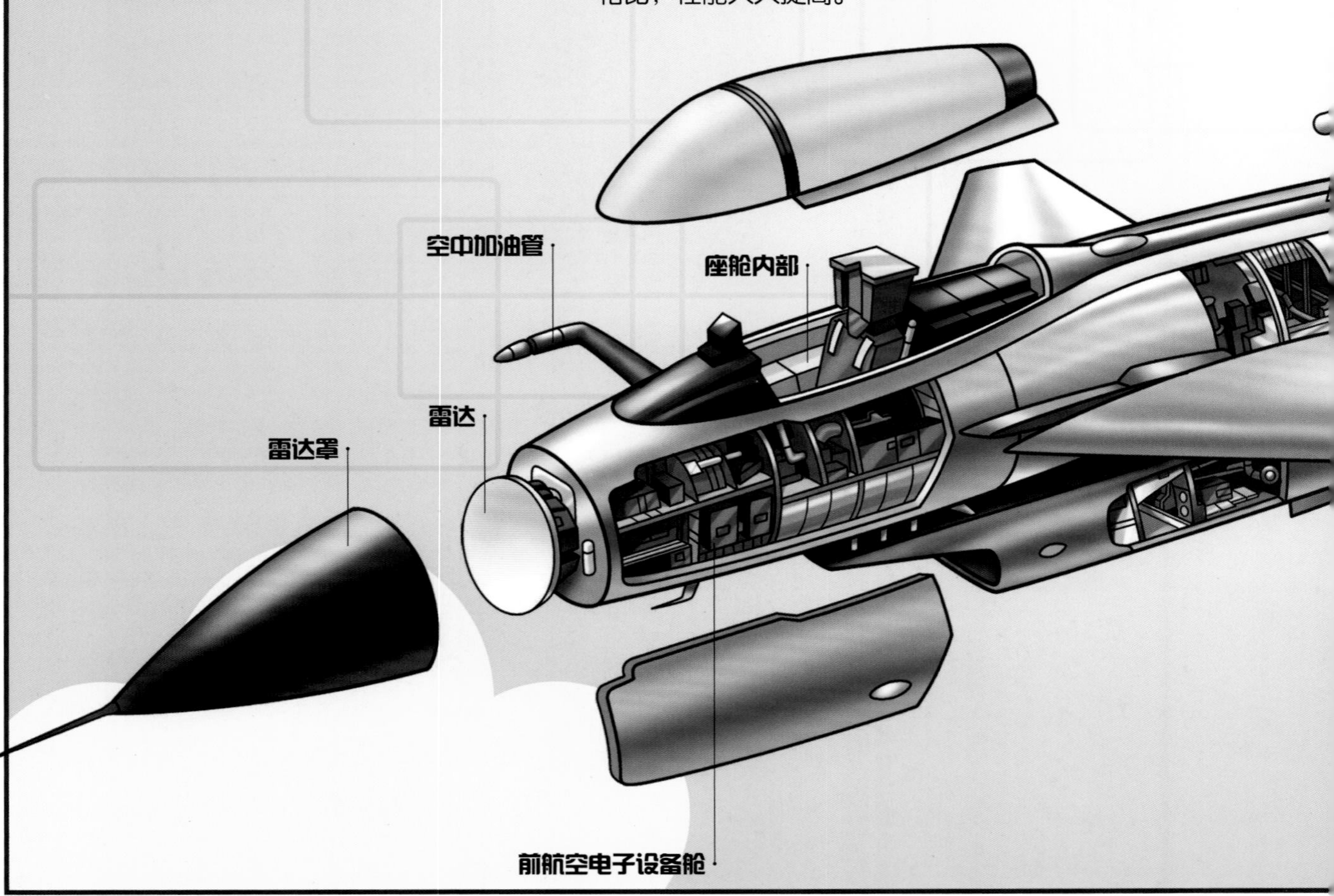

3 先进座舱

“狮”式战斗机的座舱采用气泡式挡风玻璃，使飞行员获得良好的视野，而传统的垂直座椅和中置控制杆布局，更利于飞行员控制飞机飞行。“狮”式战斗机选择先进的大内存任务计算机，用于平视显示器、数字雷达、存储管理等综合航空电子设备。

4 可调节进气道

“狮”式战斗机的进气道位于机腹下面，由调节板调节进气流量，能为发动机提供不同飞行状态所需的气流，非常适合高性能空中作战。除此之外，可调节的进气道也提高了飞行时的发动机推力，使得该机获得更好的爬升效果和高速性能。

▶▶“幻影”2000战斗机

“幻影”2000战斗机由法国达索公司于20世纪80年代研制生产，主要用于拦截敌方的飞机和导弹。与早期的战斗机相比，它在性能方面有了重大进步。它不仅速度快，而且低速稳定性和爬升性能也非常优良，再加上它配备了强大的雷达和计算机技术装备，可以自动准确地测出自身与目标的距离，因此，可以快速而准确地拦截高空目标，是当时备受瞩目的战斗机。

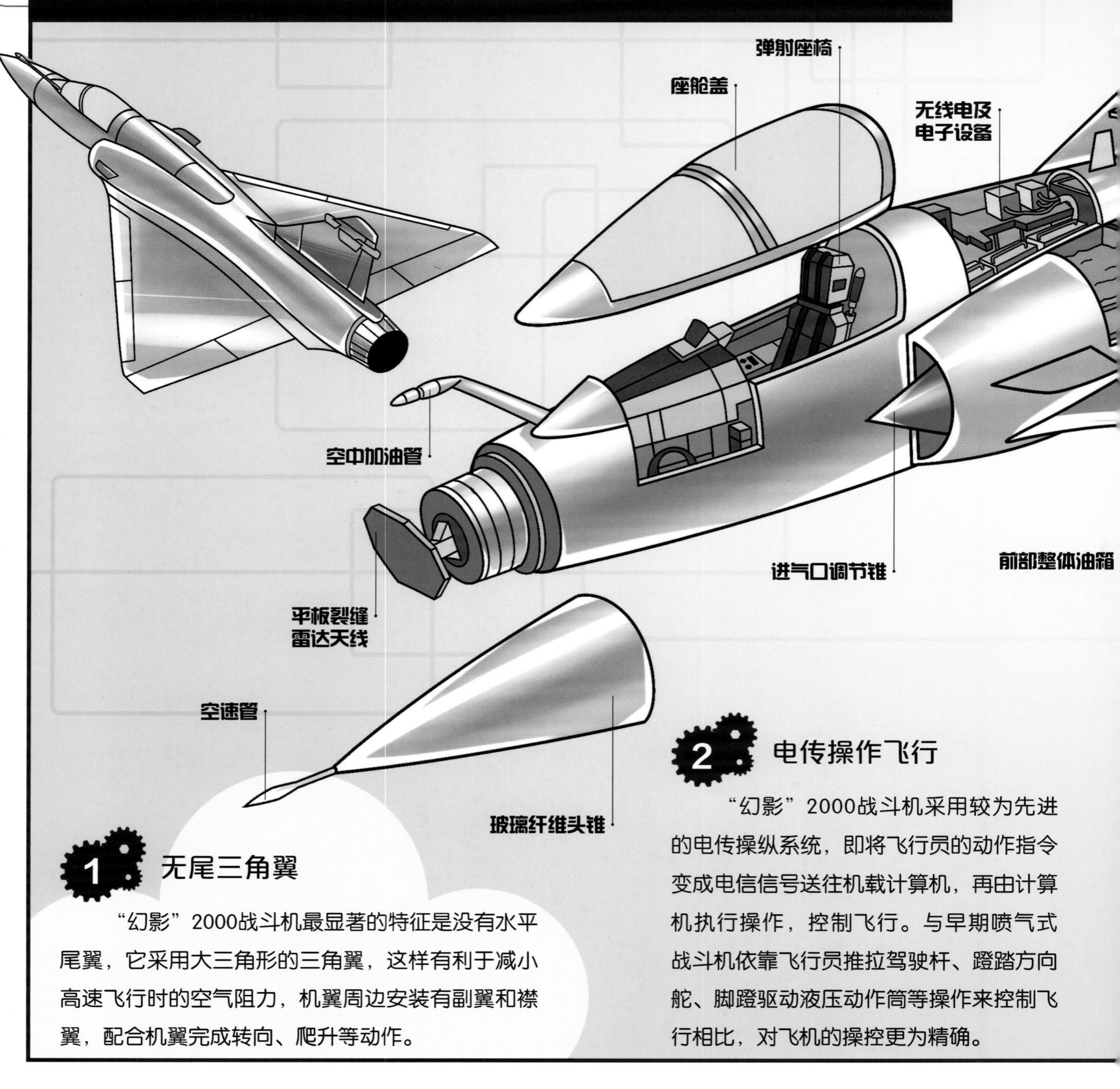

1 无尾三角翼

“幻影”2000战斗机最显著的特征是没有水平尾翼，它采用大三角形的三角翼，这样有利于减小高速飞行时的空气阻力，机翼周边安装有副翼和襟翼，配合机翼完成转向、爬升等动作。

2 电传操作飞行

“幻影”2000战斗机采用较为先进的电传操纵系统，即将飞行员的动作指令变成电信信号送往机载计算机，再由计算机执行操作，控制飞行。与早期喷气式战斗机依靠飞行员推拉驾驶杆、蹬踏方向舵、脚蹬驱动液压动作筒等操作来控制飞行相比，对飞机的操控更为精确。

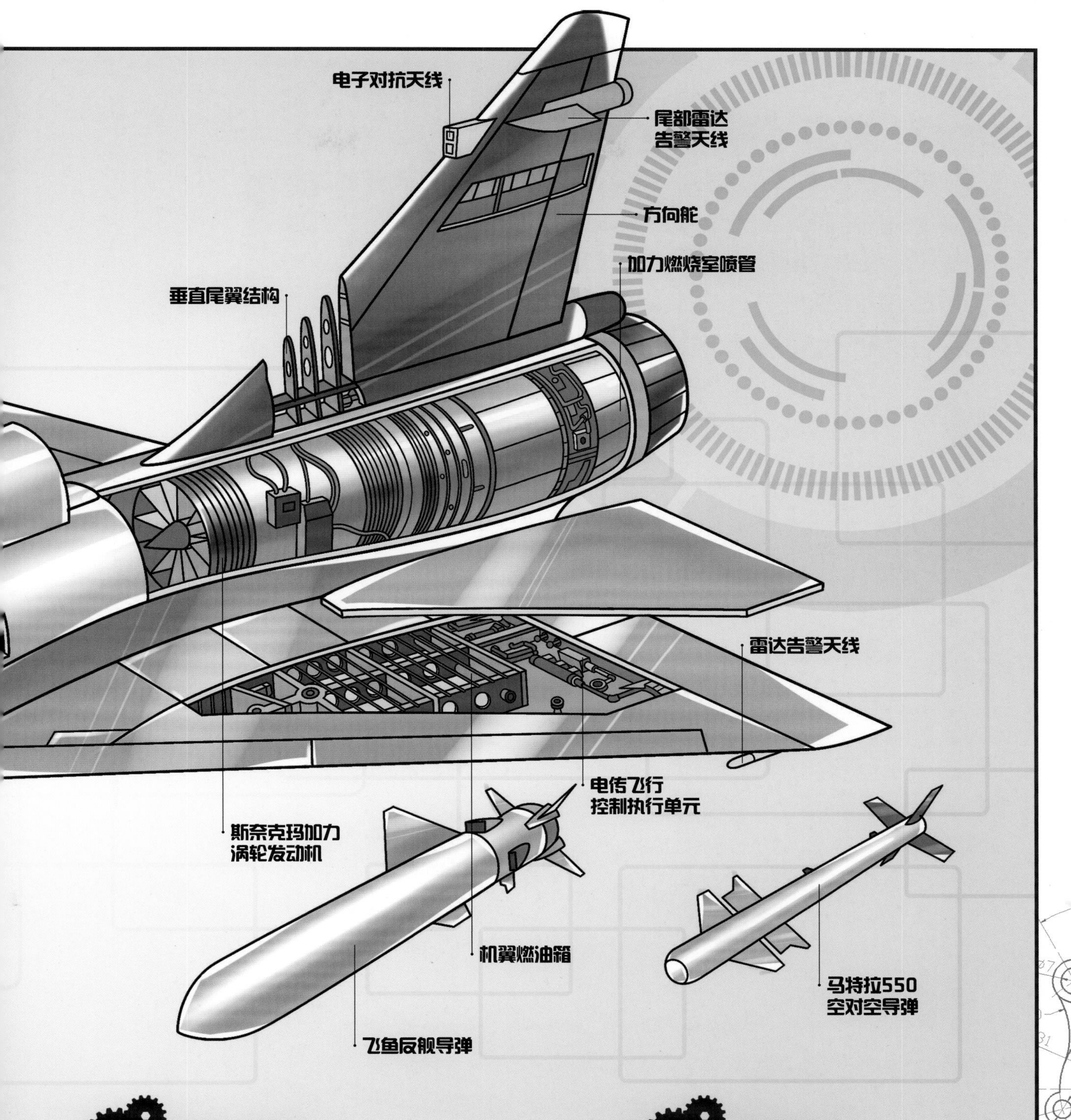

高科技导弹

“幻影”2000战斗机的机翼和机身下混合挂载了各种导弹。除了当时比较常用的通过雷达感应命中目标的雷达制导导弹和通过红外线传导的红外线制导导弹外，还配备了能沿着激光光束命中目标的高科技激光制导炸弹。

4 动力装置

“幻影”2000战斗机配备的是M53发动机，这是世界上唯一能够批量生产的单轴式涡轮风扇发动机。M53发动机的结构十分简单，由10个可更换的单元体组成，易于维护。

▶▶鹞式战斗机

鹞式战斗机是一种可以垂直起降的固定翼战斗机。世界上第一架鹞式战斗机是英国研制的，于1969年开始在英国空军服役。其主要使命是海上巡逻、舰队防空、攻击海上目标、侦察和反潜等。2013年12月15日，服役近半个世纪的英国产鹞式战斗机正式退役。

1 独特的起飞与降落方式

鹞式战斗机的机身前后有4个可旋转的动力喷气口。当飞机起飞时，喷气口中的喷管转向地面喷射气流，使飞机从地面升空，然后喷管转向后方，推动飞机往前飞行；降落时，飞机首先在减速板制动的作用下悬停或飘浮在空中，然后以这个姿态缓缓下降，最终轻轻地着陆。

2 驾驶技术高

普通喷气式战斗机只有起飞和降落两种操作模式，而鹞式战斗机的飞行员则必须控制好4个旋转式喷气管的旋转角度和喷气力度，来保持飞机平衡和提供所需要的升力。如果是在夜间或航行中的军舰甲板上起降，飞行员需要考虑的因素就更多了。

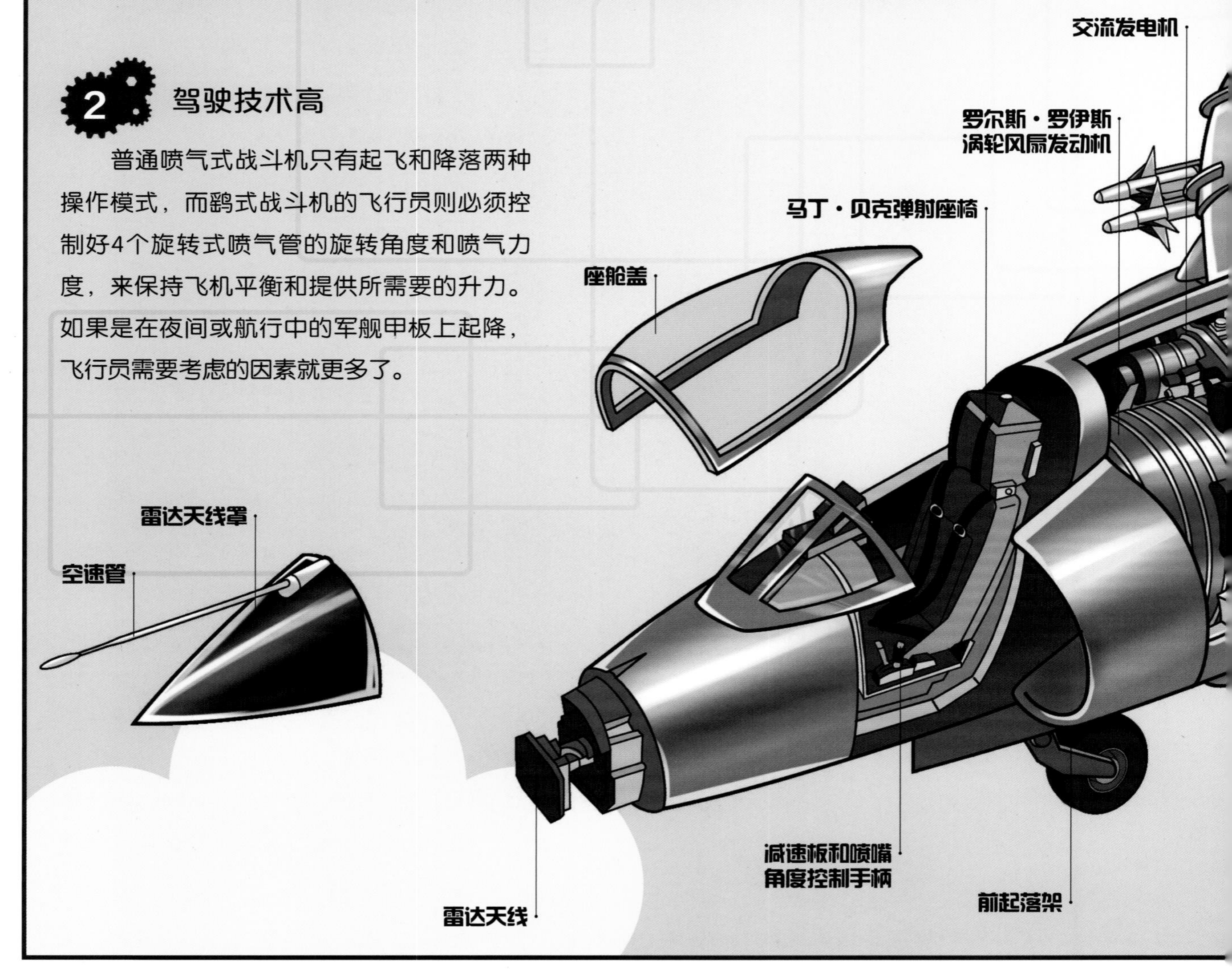

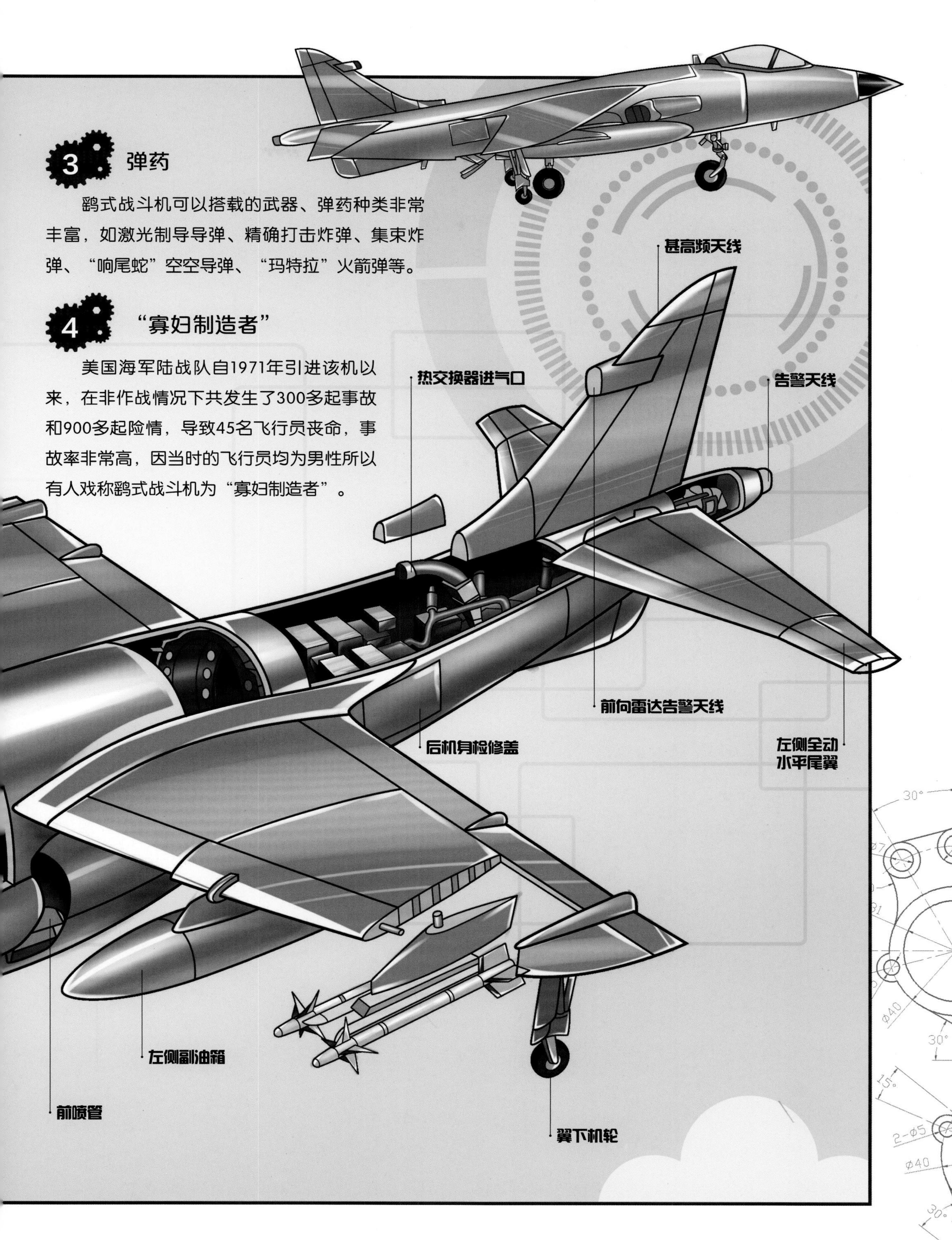

3 弹药
鹞式战斗机可以搭载的武器、弹药种类非常丰富，如激光制导导弹、精确打击炸弹、集束炸弹、“响尾蛇”空空导弹、“玛特拉”火箭弹等。
4 “寡妇制造者”
美国海军陆战队自1971年引进该机以来，在非作战情况下共发生了300多起事故和900多起险情，导致45名飞行员丧命，事故率非常高，因当时的飞行员均为男性所以有人戏称鹞式战斗机为“寡妇制造者”。
甚高频天线
热交换器进气口
告警天线
前向雷达告警天线
后机身检修盖
左侧全动
水平尾翼
左侧副油箱
前喷管
翼下机轮

星式战斗机

F-104星式战斗机是世界上第一架拥有两倍声速的战机，由美国洛克希德公司设计制造，于1958年成为美军装备。因为F-104星式战斗机飞行速度极快，外形小巧而细长，所以被人称作“有人驾驶导弹”。目前最后一个使用国家——意大利，已经将所有的F-104S退出现役，结束了星式战斗机超过50年的服役生涯。

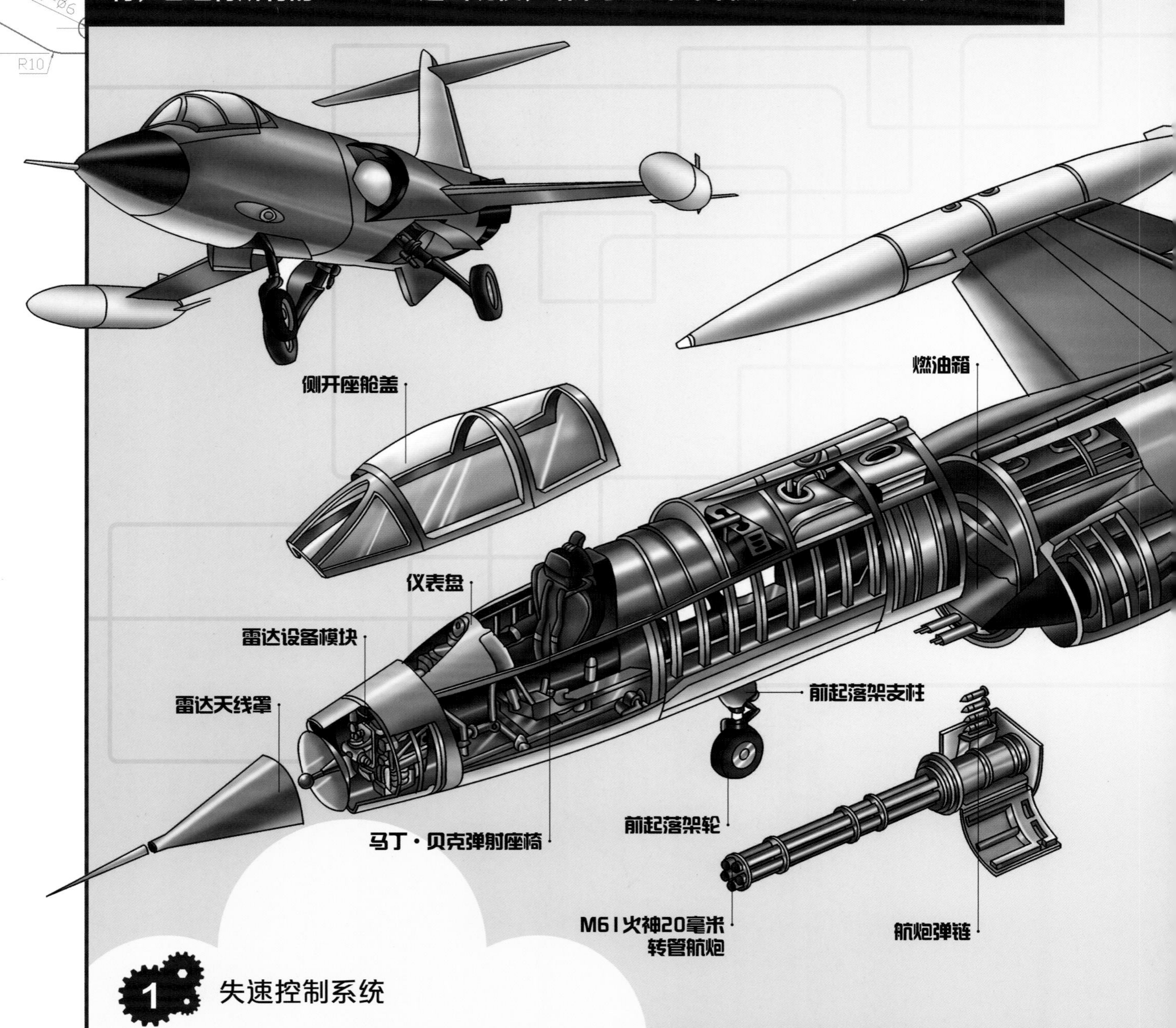

1 失速控制系统

失速指飞机处在某种飞行状态时，空气的升力小于飞机的重力，这种情况非常危险。F-104星式战斗机失速时，机上的失速控制系统会令操纵杆产生震动，并自动推杆，迫使飞机调整飞行状态以免失速坠落。

2 “飞行棺材”

F-104星式战斗机因为机身长、机翼短小，升力自然受限制，遇到发动机熄火等故障时不能像大飞机那样滑翔降落，而是像一块废铁那样直直掉落，造成机毁人亡的惨剧。德国空军曾大量装备该机，但因为联邦德国山区气流不稳，容易导致发动机故障，曾出现过在一天内摔毁4架的惨剧，于是该机有了“飞行棺材”的绰号。

3 “响尾蛇”空空导弹

F-104星式战斗机的左右机翼尖部各悬挂1枚“响尾蛇”空空导弹，这种导弹是以红外线作为引导方式的空对空导弹，它可以循着敌方战斗机尾喷管的热量对敌机进行跟踪和打击，精准度高，威力大。

4 T型尾翼

F-104星式战斗机的尾翼采取T型布局，平尾尾臂较长。这种设计让飞机高速水平飞行时，阻力小且很平稳。

▶▶ “空中堡垒”轰炸机

B-17轰炸机是第二次世界大战初期美国空军的主要战略轰炸机。它不仅载弹量大而且坚固可靠，战场上一些B-17轰炸机在经受了令人难以置信的破坏以后，还能幸存下来并飞回机场，挽救了不少机组成员的生命，因而被人称为“空中堡垒”。

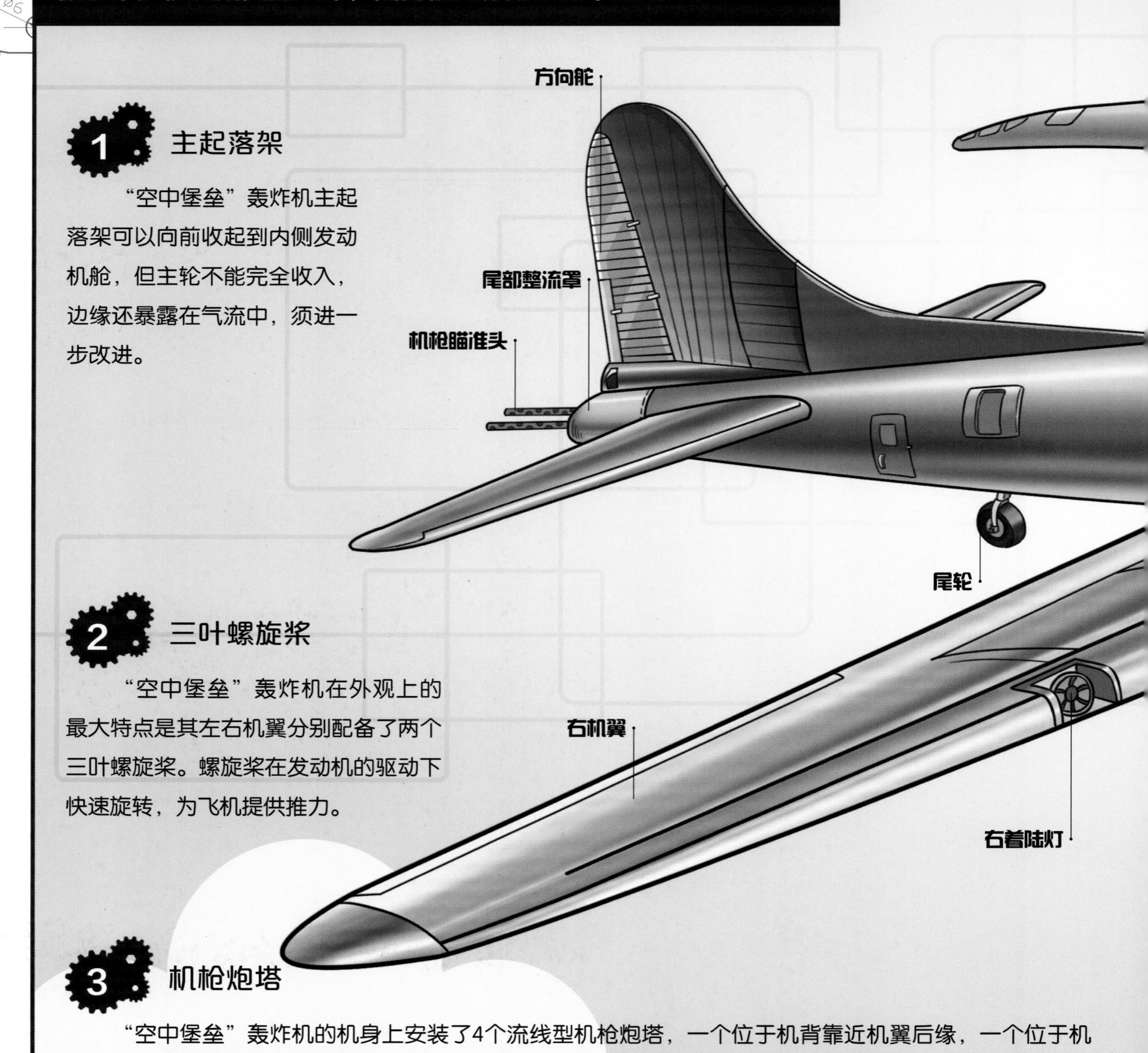

1 主起落架

“空中堡垒”轰炸机主起落架可以向前收起到内侧发动机舱，但主轮不能完全收入，边缘还暴露在气流中，须进一步改进。

2 三叶螺旋桨

“空中堡垒”轰炸机在外观上的最大特点是其左右机翼分别配备了两个三叶螺旋桨。螺旋桨在发动机的驱动下快速旋转，为飞机提供推力。

3 机枪炮塔

“空中堡垒”轰炸机的机身上安装了4个流线型机枪炮塔，一个位于机背靠近机翼后缘，一个位于机腹机翼后，另外两个分别安装在后机身腰部两侧。机枪可通过内部的支架进行自由转动，每个支架可以安装一挺7.62毫米或12.7毫米口径的机枪，威力势不可当，令人生畏。

4 雷达瞄准具

“空中堡垒”是世界上第一种装有雷达瞄准具的轰炸机，能够在高空中精确投弹，提高了攻击的命中率。该机的出现使人们有了战略轰炸的意识。1940年，该机在欧洲战场上因轰炸德国柏林而闻名于世界。

5 尾轮

“空中堡垒”轰炸机的尾轮位置非常低，升降舵放下时会接触到地面。为了避免飞机停放在地面时升降舵暴露在外造成损坏，故飞机停放时升降舵并不会完全调节出来，而是被锁在中间位置，因此，在起飞之前，飞行员需要先解除锁定。

▶▶“火神”B.MK.2轰炸机

“火神”轰炸机是一种中程战略喷气轰炸机，与“勇士”轰炸机和“胜利者”轰炸机一起构成了英国战略轰炸机的三大支柱。它于1947年开始研制，于1952年8月第一次试飞成功，并于1956年开始装备英国空军，直到1991年才退役，是三大支柱中服役时间最长的轰炸机。其最重要的两种改型为“火神”B.MK.1和B.MK.2，图中所示即为“火神”B.MK.2。

1 奇特的外形

“火神”轰炸机的机翼从前缘开始向后逐渐加大，形成像鸟翼的一个弧形前缘，加上翼根弦很长，包裹着大部分机身，使该机远远看上去就像一只在天空中奋力展翅的雄鹰。

2 三角翼无尾飞机

“火神”轰炸机采用三角翼，即机翼的平面形状呈三角形，具有后掠角大、结构简单的特点。“火神”轰炸机是世界上最早一款投入使用的采用三角机翼、无平尾的飞机。

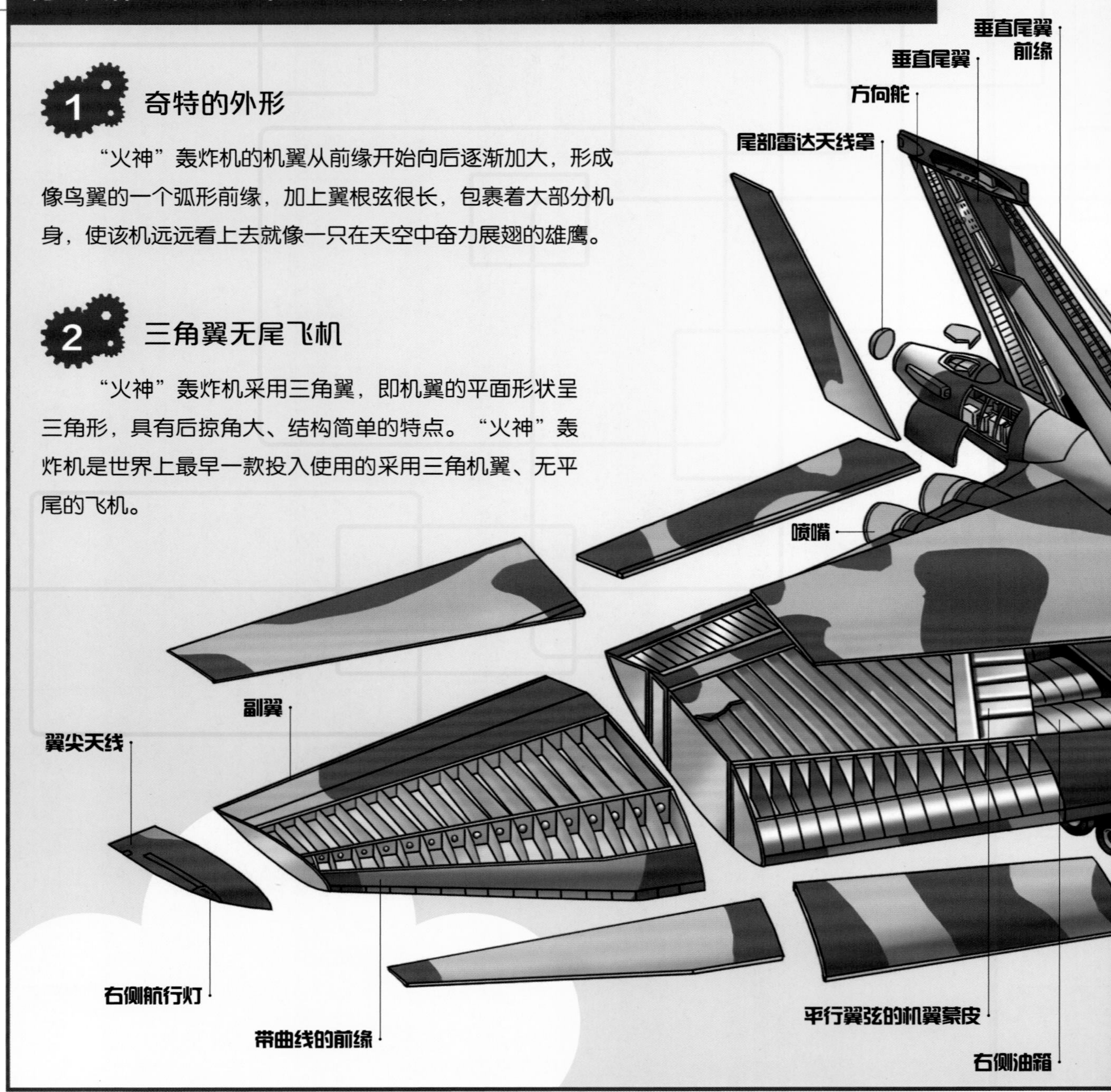

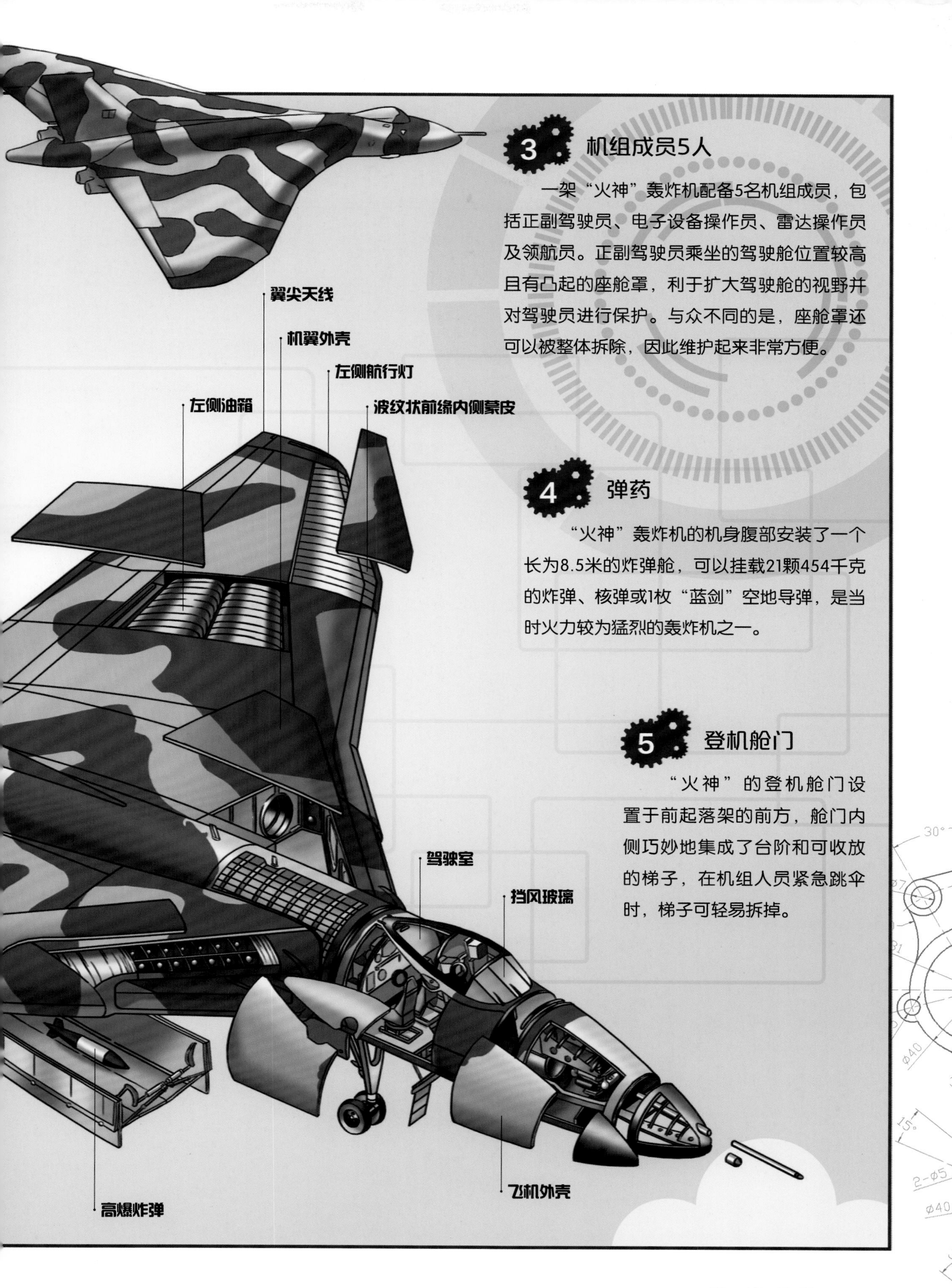

3 机组成员5人

一架“火神”轰炸机配备5名机组成员，包括正副驾驶员、电子设备操作员、雷达操作员及领航员。正副驾驶员乘坐的驾驶舱位置较高且有凸起的座舱罩，利于扩大驾驶舱的视野并对驾驶员进行保护。与众不同的是，座舱罩还可以被整体拆除，因此维护起来非常方便。

4 弹药

“火神”轰炸机的机身腹部安装了一个长为8.5米的炸弹舱，可以挂载21颗454千克的炸弹、核弹或1枚“蓝剑”空地导弹，是当时火力较为猛烈的轰炸机之一。

5 登机舱门

“火神”的登机舱门设置于前起落架的前方，舱门内侧巧妙地集成了台阶和可收放的梯子，在机组人员紧急跳伞时，梯子可轻易拆掉。

▸▸B-1B“枪骑兵”超声速战略轰炸机

B-1“枪骑兵”轰炸机是20世纪70年代研制成功的一种重型远程战略轰炸机。它于1974年进行首次试飞，并于1985年开始服役。B-1B“枪骑兵”超声速战略轰炸机是B-1“枪骑兵”轰炸机的主要改型，主要用于低空高速突防。到2013年还有60多架“枪骑兵”轰炸机服役于美国空军，成为美国空军战略威慑的主要力量之一。

1 机翼承力组件

B-1B采用机翼作为主要的承受力量的组件。因此，该机机翼绝大部分用钛合金制造，翼套大型整流罩则采用玻璃纤维制造。

2 先进的航电系统

为增强低空突防能力，B-1B采用复杂的航电系统，如自动飞行控制系统，负责导航、武器管理和投放的进攻性航电系统，防御性航电系统。其中进攻性航电系统无须任何光学和激光瞄准具，即可精确投放传统炸弹。

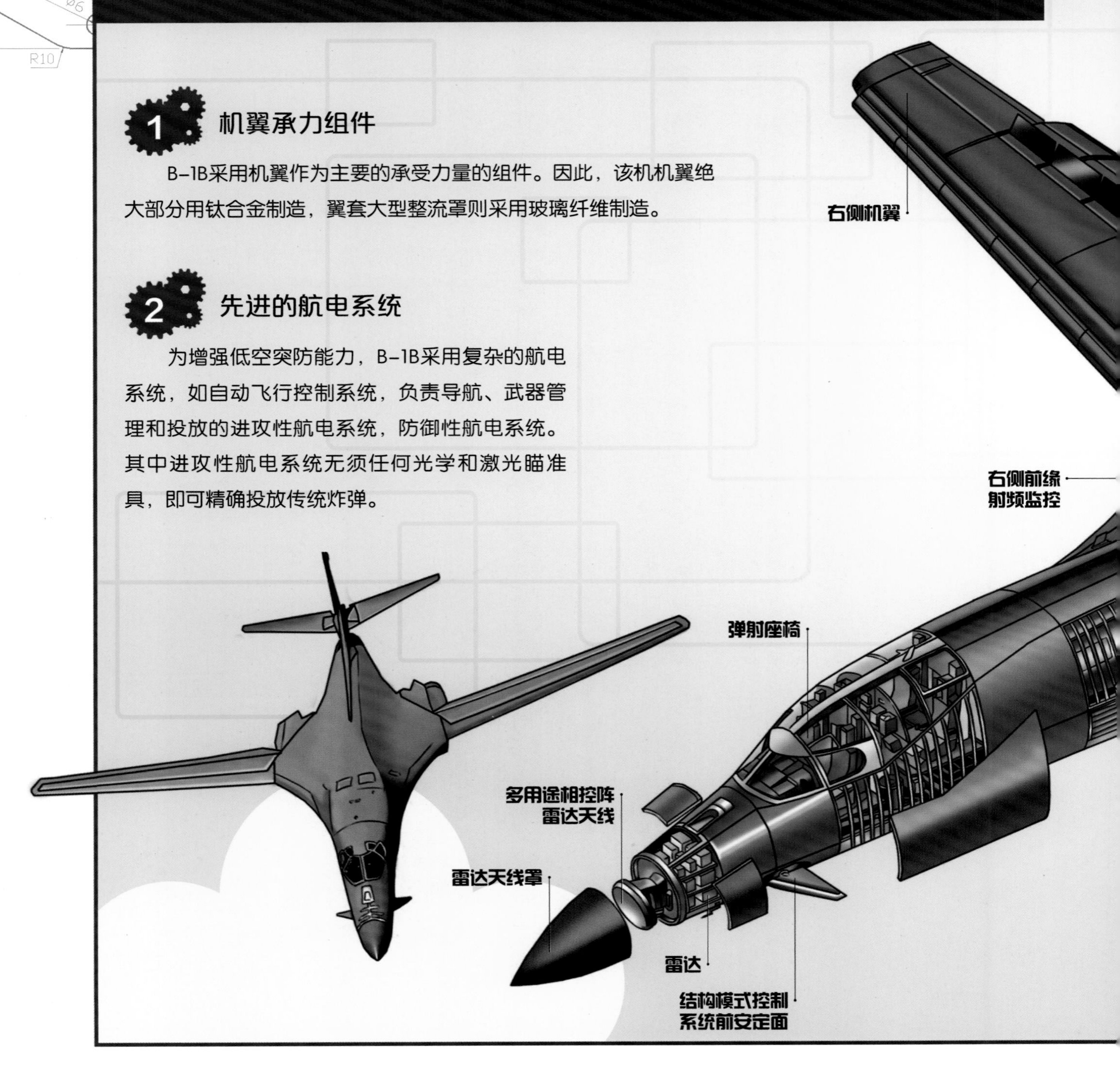

3 固定进气道

B-1B采用固定进气道，两组发动机短舱斜切进气口，背靠背面向两侧。进气口内有一组挡板用来折射雷达波，以免直射发动机风扇叶片上。

4 起落架

B-1B双轮前起落架有液压转向装置，向前收入机头下方的起落架舱中。主起落架安装在机腹下方发动机短舱之间，采用4轮小车式机轮，向上收入机腹。该机的起落架在飞行时收起，可有效减少飞机飞行时的阻力。

B-52“同温层堡垒”战略轰炸机

B-52亚声速远程战略轰炸机，俗称“同温层堡垒”，是一款配备了8台发动机的轰炸机，是美国战略轰炸机当中能发射巡航导弹的机种，是美国空军战略轰炸机的主力之一。美国空军现在准备让B-52一直服役至2050年，服役时间将长达90年。

1 弹舱天花板

B-52的弹舱天花板同时也是油箱地板，非常平整，两侧还设有加强筋用来提高整体结构的强度。

2 突防能力增强

B-52装备了美国第一种战略空地导弹——AGM-28“大猎犬”巡航导弹，突防能力大大增强。该导弹尺寸巨大，可携带400万吨当量的核弹头，用来攻击敌方雷达或战略目标，在敌方严密的防控体系上打开缺口。

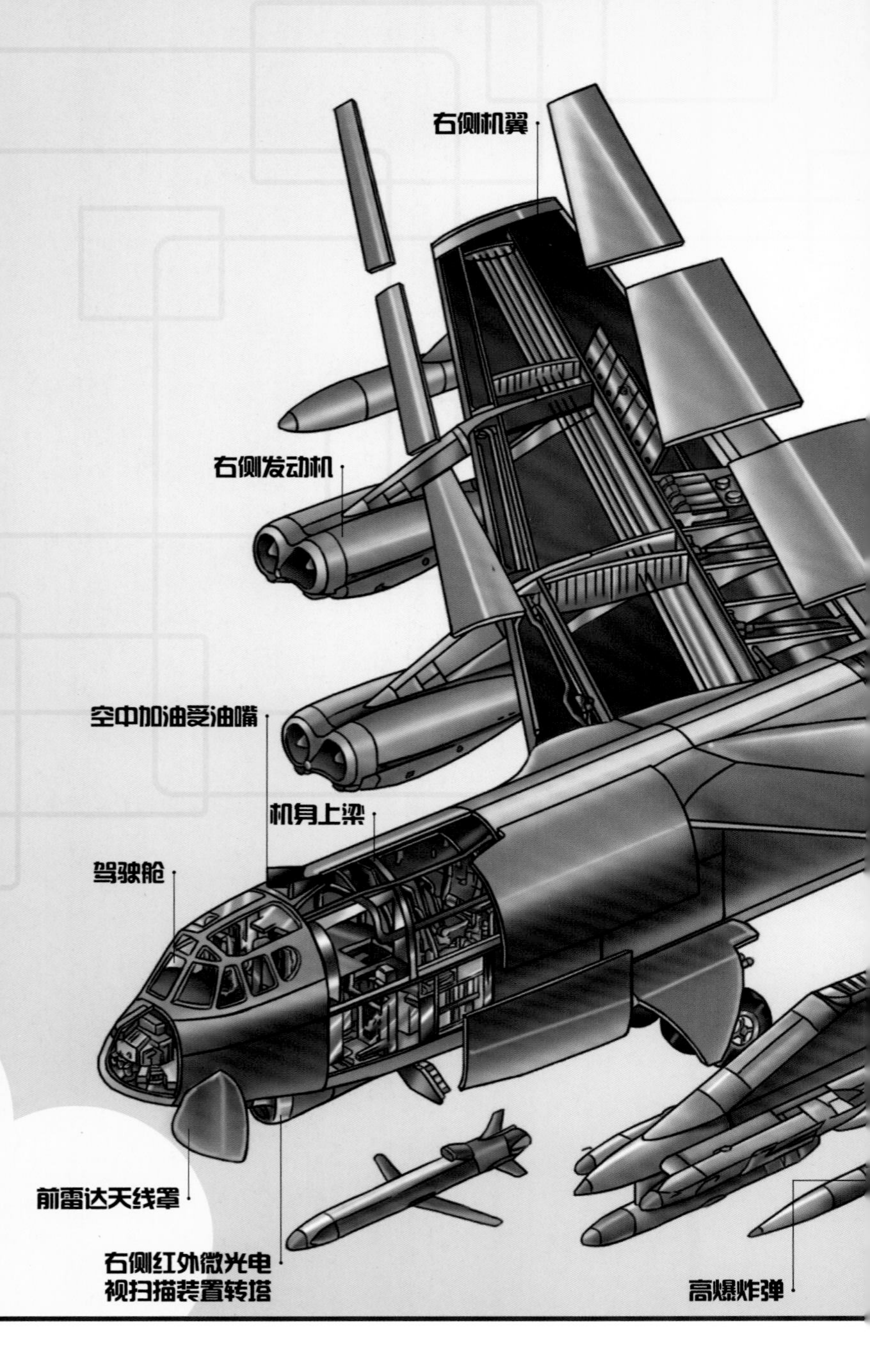

3 机身横截面为矩形

B-52机身横截面大致为矩形，与卵形横截面相比，弹舱的有效容积更大。

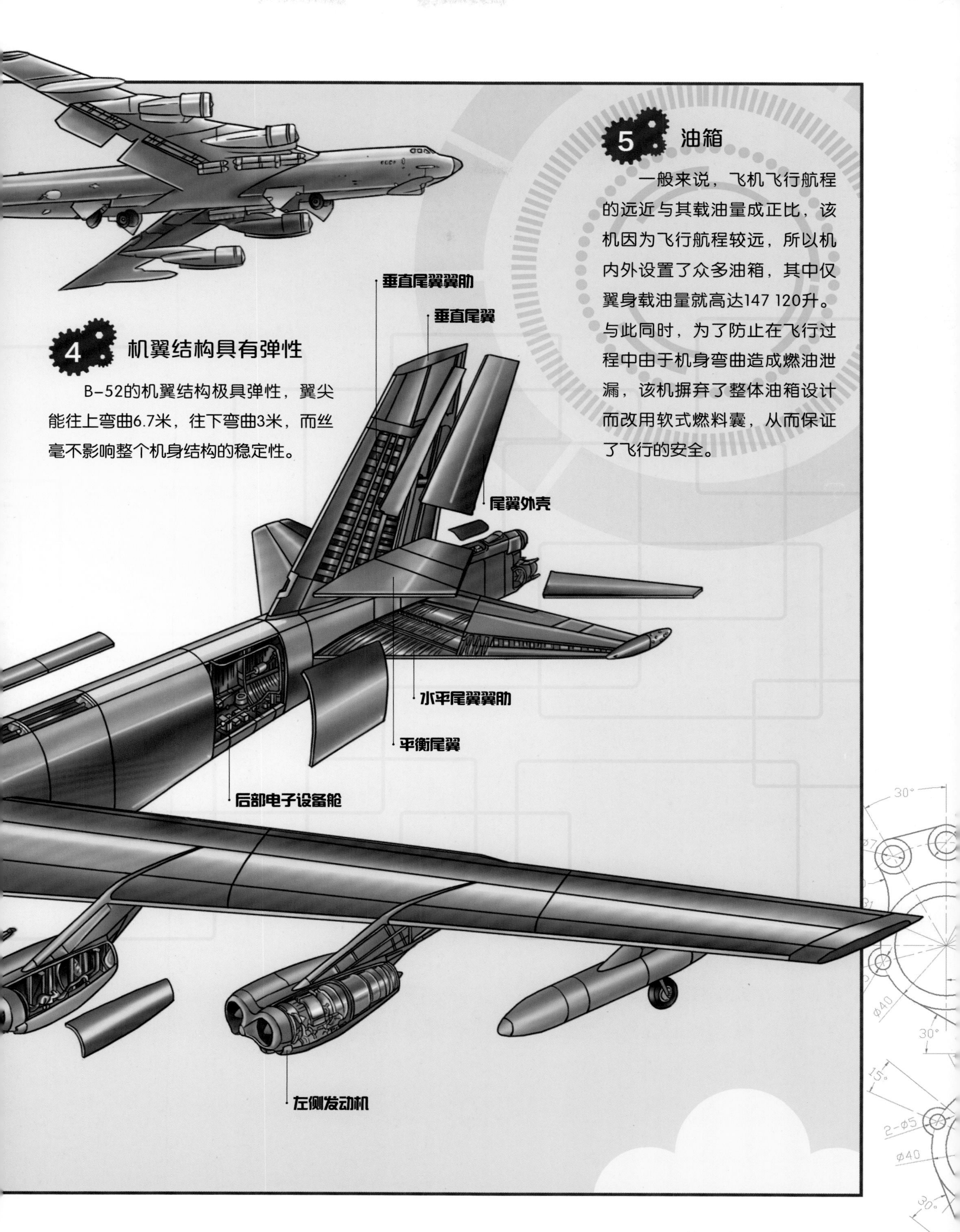

4 机翼结构具有弹性

B-52的机翼结构极具弹性，翼尖能往上弯曲6.7米，往下弯曲3米，而丝毫不影响整个机身结构的稳定性。

5 油箱

一般来说，飞机飞行航程的远近与其载油量成正比，该机因为飞行航程较远，所以机内外设置了众多油箱，其中仅翼身载油量就高达147 120升。与此同时，为了防止在飞行过程中由于机身弯曲造成燃油泄漏，该机摒弃了整体油箱设计而改用软式燃料囊，从而保证了飞行的安全。

"掠夺者"攻击机

"掠夺者"攻击机开始研制于20世纪50年代中期，首架原型机于20世纪50年代末试飞成功，是20世纪60年代英国海军的杀手锏之一。它是当时的英国海军为快速突破敌军舰载雷达和防空导弹的防御，而集中科技力量研制的一种低空高速舰载攻击机。

1 尾锥

"掠夺者"攻击机的尾锥由两块减速板构成，在液压系统的作用下可向左、右两侧打开，对于俯冲时减速非常有用。

2 可收放前三点式起落架

"掠夺者"攻击机采用前三点式起落架，即两个支点(主轮)对称地安置在飞机重心后面，第三个支点(前轮)安置在机身前部。它的起落架均可以收放，其中主起落架可以向内侧收入发动机短舱下方的轮舱内，前起落架可以向后收入前机身座舱下面，减小了飞行时的阻力。

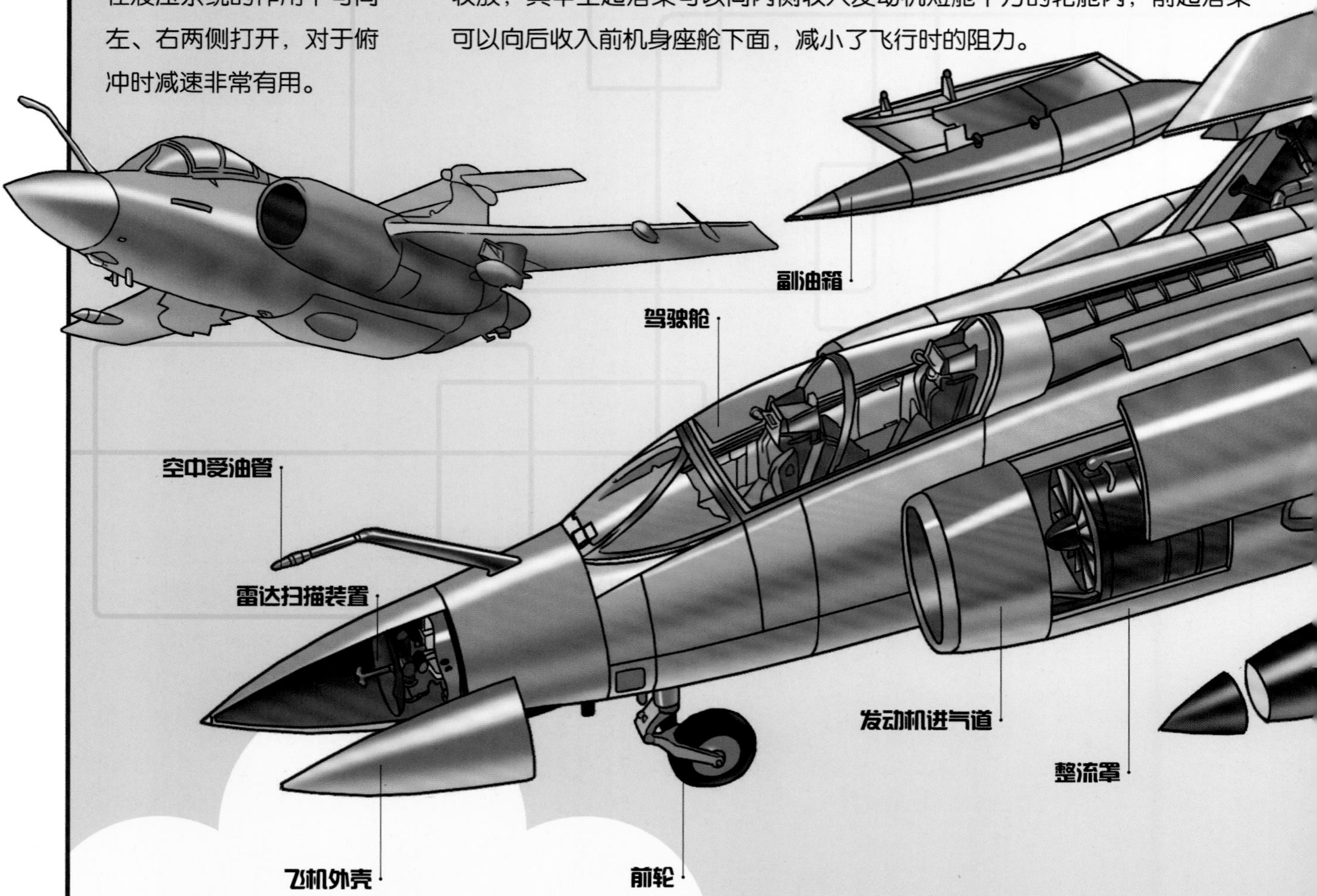

副油箱
驾驶舱
空中受油管
雷达扫描装置
发动机进气道
整流罩
飞机外壳
前轮

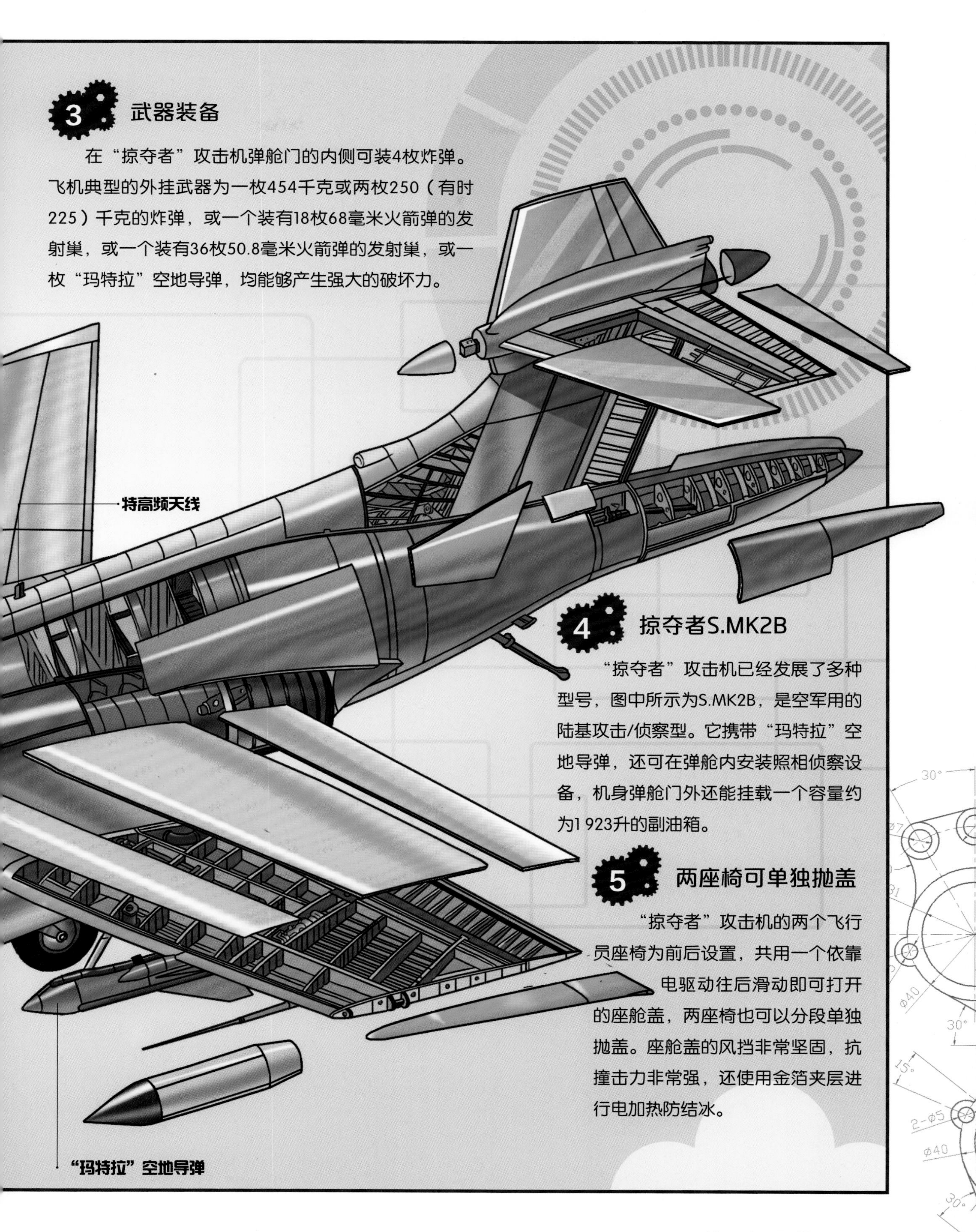

3 武器装备

在“掠夺者”攻击机弹舱门的内侧可装4枚炸弹。飞机典型的外挂武器为一枚454千克或两枚250（有时225）千克的炸弹，或一个装有18枚68毫米火箭弹的发射巢，或一个装有36枚50.8毫米火箭弹的发射巢，或一枚“玛特拉”空地导弹，均能够产生强大的破坏力。

4 掠夺者S.MK2B

“掠夺者”攻击机已经发展了多种型号，图中所示为S.MK2B，是空军用的陆基攻击/侦察型。它携带“玛特拉”空地导弹，还可在弹舱内安装照相侦察设备，机身弹舱门外还能挂载一个容量约为1 923升的副油箱。

5 两座椅可单独抛盖

“掠夺者”攻击机的两个飞行员座椅为前后设置，共用一个依靠电驱动往后滑动即可打开的座舱盖，两座椅也可以分段单独抛盖。座舱盖的风挡非常坚固，抗撞击力非常强，还使用金箔夹层进行电加热防结冰。

▶▶A–10“雷电”攻击机

A–10“雷电”攻击机诞生于20世纪70年代，是一种负责对地面部队提供支援的攻击机，现在依然为美国空军所装备。它依靠强大的火力、坚厚的装甲，专门对地面进行攻击，具有作战效能高、价格便宜、载弹量大、能在前线简易跑道上起降等优点。

吊尾式发动机布局

A–10的两个发动机短舱安装在飞机尾部，称作吊尾式发动机布局。这种设计不仅简单，还减轻了结构重量，且最大限度地避免了发动机在飞机起飞和降落时吸入异物。

两个垂直尾翼

A–10配了两个垂直尾翼，不仅大大提高了飞行的稳定性，而且在作战中即便有一个垂直尾翼被破坏，飞机依旧可以操纵。

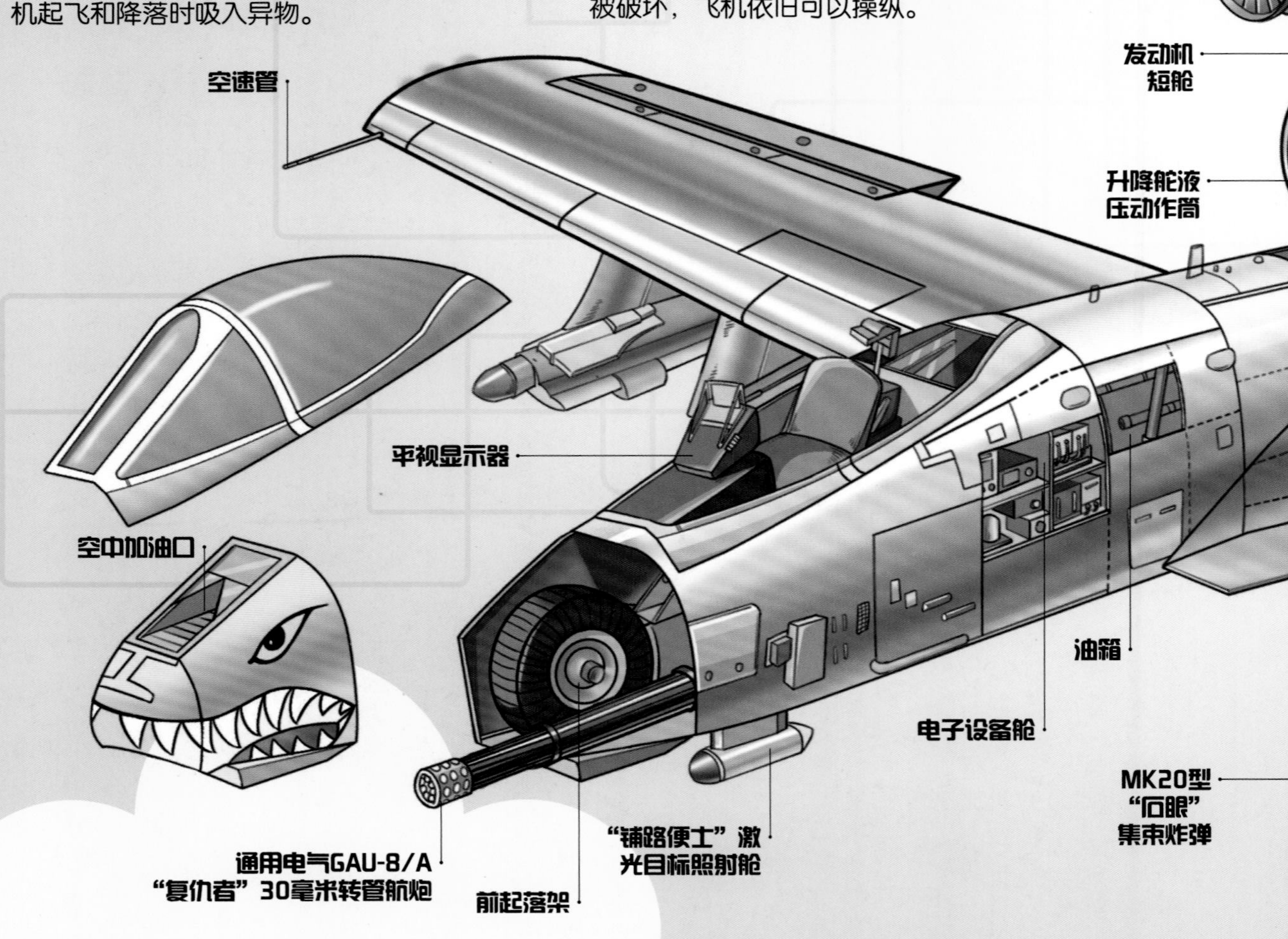

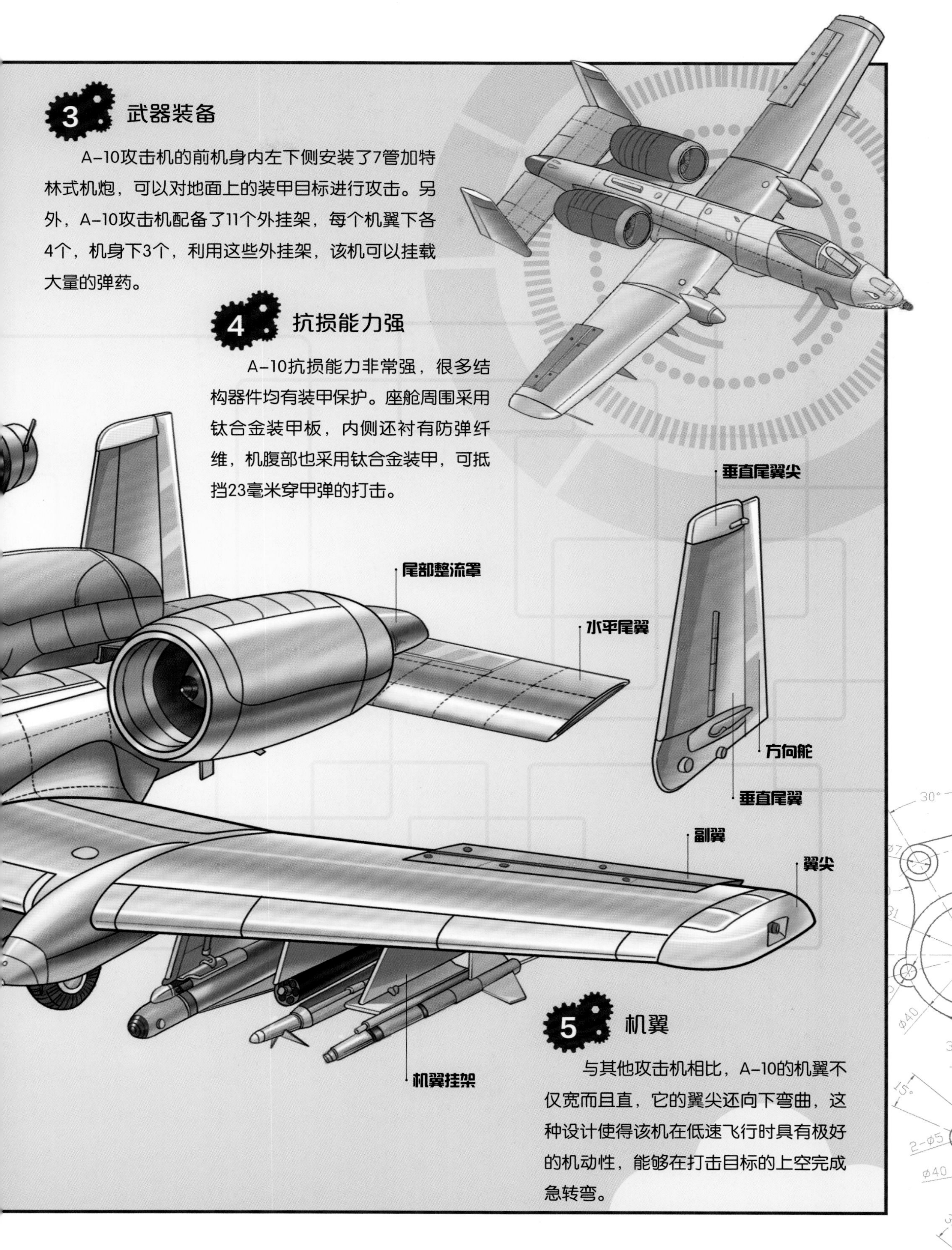

3 武器装备

A-10攻击机的前机身内左下侧安装了7管加特林式机炮，可以对地面上的装甲目标进行攻击。另外，A-10攻击机配备了11个外挂架，每个机翼下各4个，机身下3个，利用这些外挂架，该机可以挂载大量的弹药。

4 抗损能力强

A-10抗损能力非常强，很多结构器件均有装甲保护。座舱周围采用钛合金装甲板，内侧还衬有防弹纤维，机腹部也采用钛合金装甲，可抵挡23毫米穿甲弹的打击。

5 机翼

与其他攻击机相比，A-10的机翼不仅宽而且直，它的翼尖还向下弯曲，这种设计使得该机在低速飞行时具有极好的机动性，能够在打击目标的上空完成急转弯。

“黑鸟”侦察机

SR-71侦察机是世界上最快的喷气式载人飞机，速度超过3倍声速，在执行侦察任务时，一旦遭到导弹袭击，只需稍微加速就可以摆脱导弹。SR-71侦察机是20世纪60年代由美国研制出来的，由于全身涂成暗蓝色（趋近黑色），故被称为“黑鸟”侦察机。

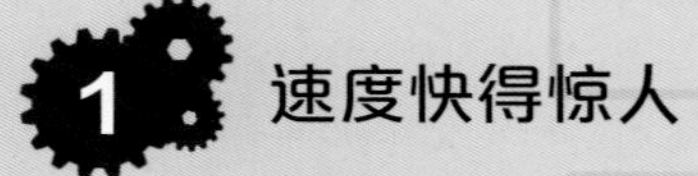

1 速度快得惊人

“黑鸟”配备了两台配有加力燃烧室的J58发动机，动力强劲，当飞行速度提高时，发动机的效率也随之提升。该机最高速度达3 500千米时，创下飞行速度的世界纪录。

2 体格超强

“黑鸟”机身和机翼由耐高温钛合金制造。

3 特制的飞行服

由于“黑鸟”飞行高度和速度都超出人体可承受的范围，所以驾驶该机的飞行员必须穿外观与宇航员类似的全密封的飞行服。这种飞行服穿戴困难，需要在别人的帮助下才能穿戴完毕。

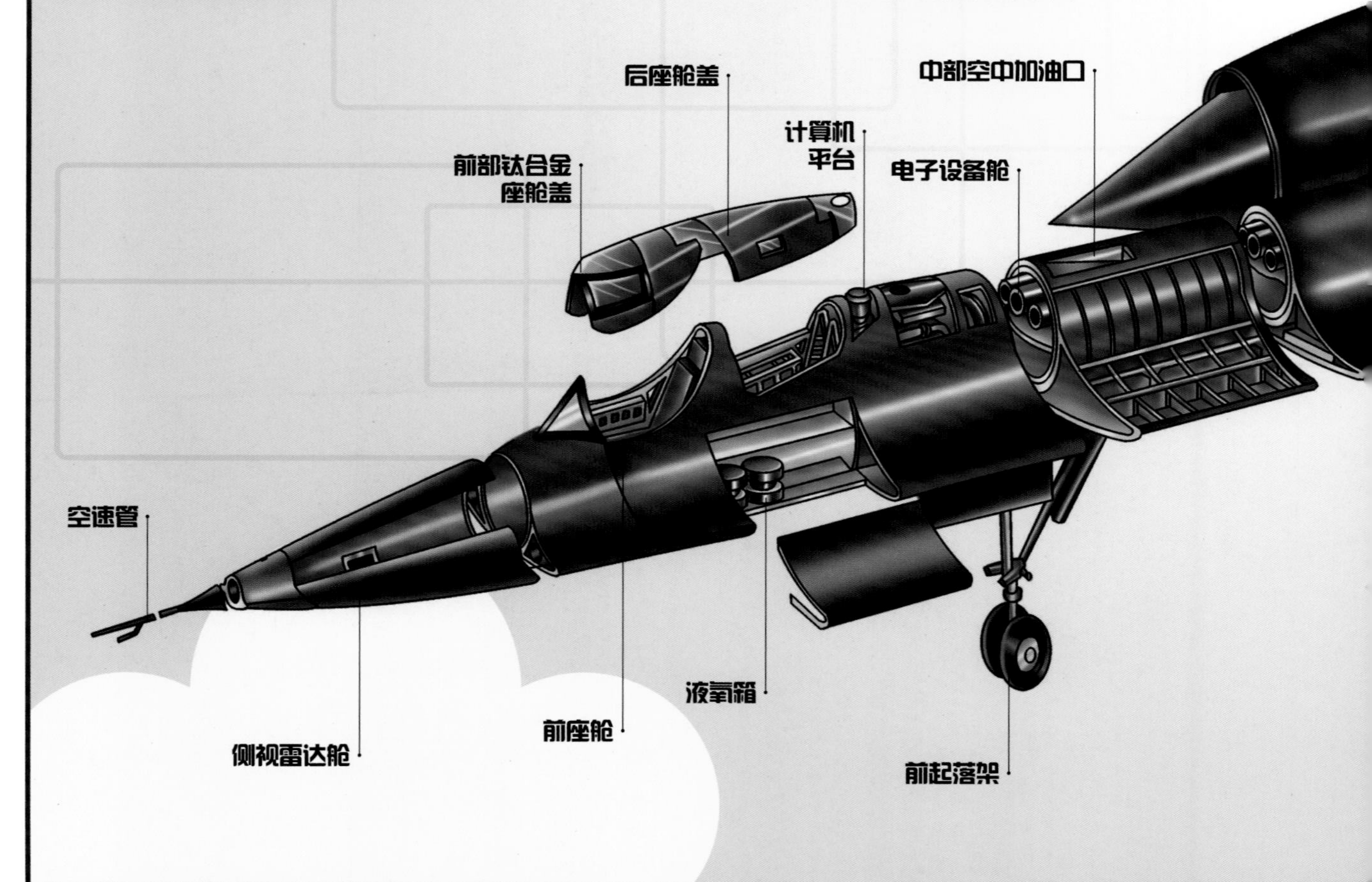

4 独特的暗蓝色

“黑鸟”的整个机身都被涂了一层暗蓝色吸波材料，有一定隐身作用，为侦察提供了条件。此外，涂成暗蓝色还可以更好地散发由于高速飞行与空气摩擦而产生的高温高热。

5 使用成本过高

虽然“黑鸟”侦察机是史上最快的载人飞机，其作为战略侦察机的优势仍非常明显，但该机的使用成本过高，因为它的耗油率非常高，每次执行任务都需要调动多架加油机在全球各地空域中进行空中加油。因而随着太空卫星技术的发展和冷战的结束，该机最终还是走上了退役之路。

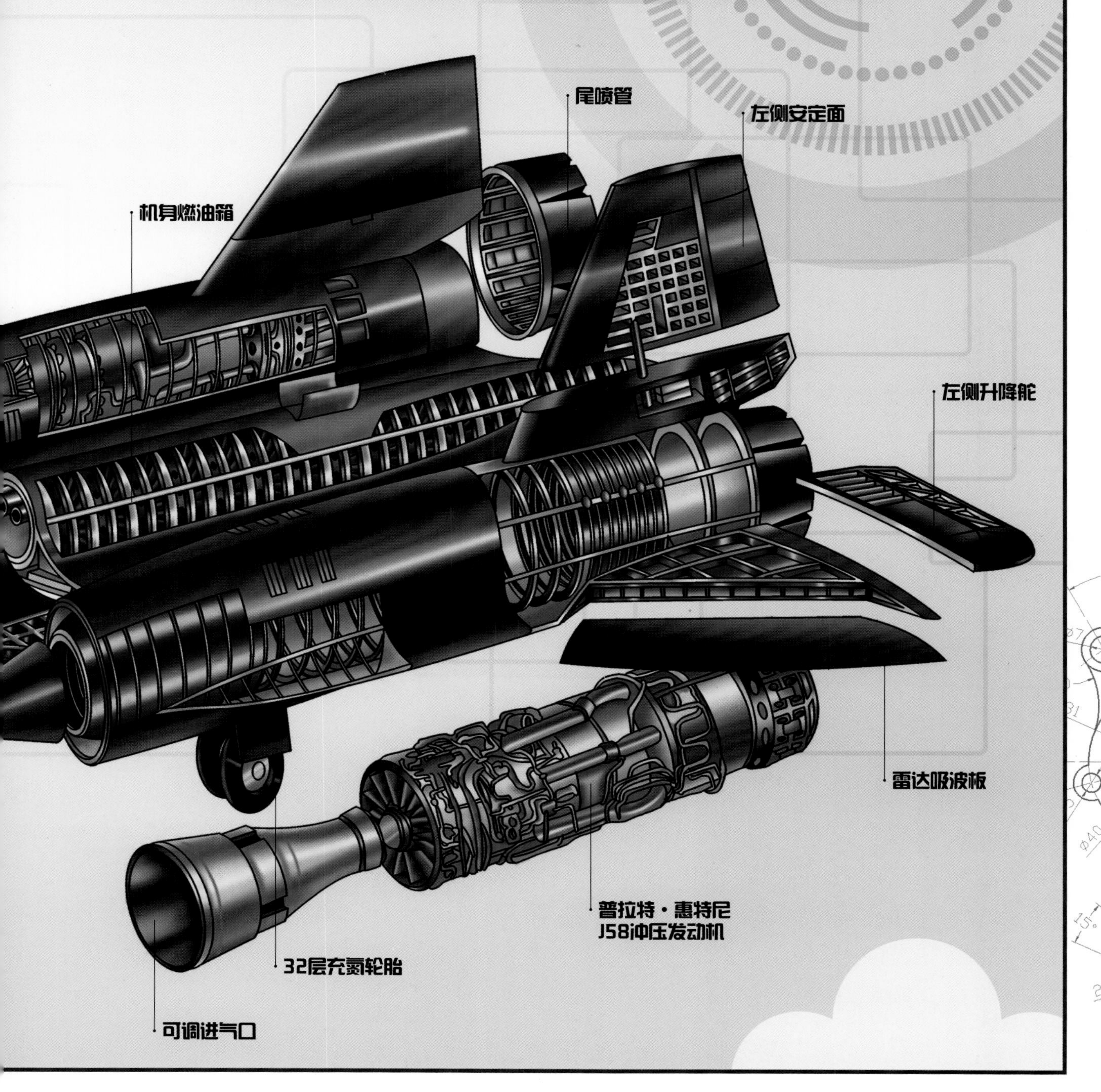

▶▶RF-5E“虎眼”侦察机

F-5战斗机是美国20世纪70年代研制生产的轻型战术战斗机，该机绰号“虎”，故被称为虎式战斗机。F-5战斗机有很多型号，其中A型是早期生产型；E型是单座轻型战术战斗机；RF-5E是侦察型，因其在机头处配有照相系统，像只眼睛，所以也被称为“虎眼”侦察机。该机的突出特点是造价低廉、容易维护、使用费用低。

1 4部摄像机

“虎眼”侦察机安装了4部摄像机，能执行高、中、低空的照相侦察任务。

2 照相机的装置空间

“虎眼”侦察机在F-5E战斗机的基础上减少了一门机炮，机头也加长了20厘米，从而获得了充足的侦察照相机的装置空间。

3 挂载能力强大

“虎眼”侦察机配备了两门20毫米的航炮，拥有防空外形的飞弹装挂，可挂载AIM-9“响尾蛇”空空导弹，也可以携带多种对地攻击武器，如MK82/MK84炸弹、CBU24集束炸弹、“小斗犬”空地导弹、“小牛”空地导弹等。强大的挂载能力，有利于保证“虎眼”侦察机执行侦察任务时的安全。

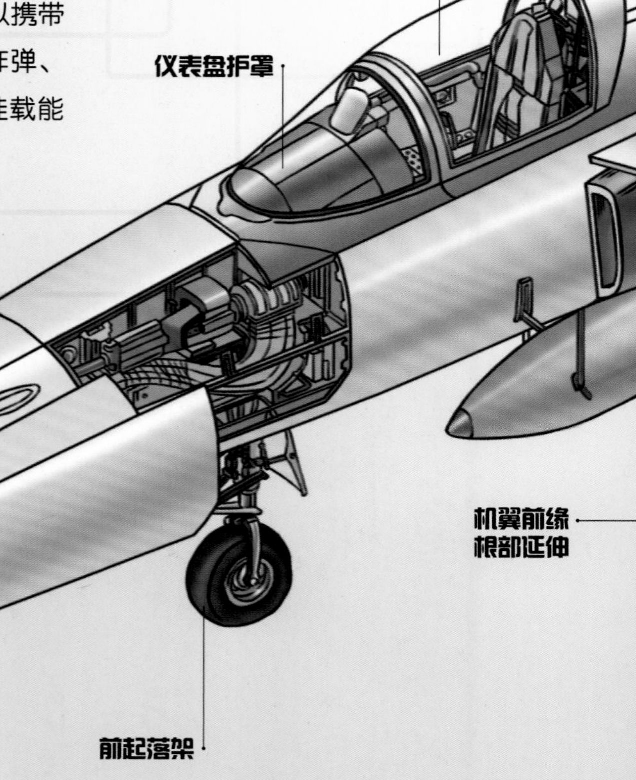

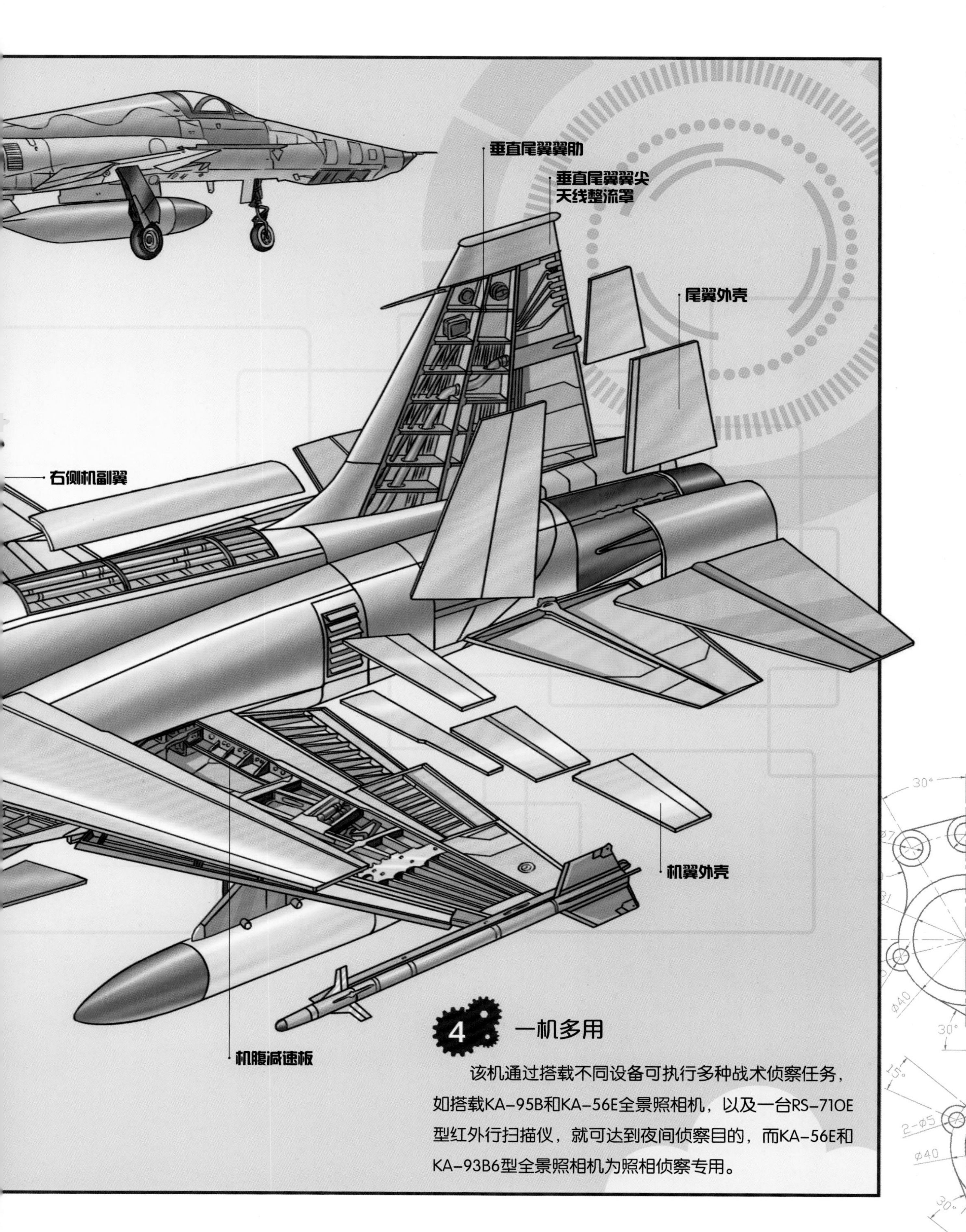

4 一机多用

该机通过搭载不同设备可执行多种战术侦察任务，如搭载KA-95B和KA-56E全景照相机，以及一台RS-71OE型红外行扫描仪，就可达到夜间侦察目的，而KA-56E和KA-93B6型全景照相机为照相侦察专用。

▶▶意大利A129武装直升机

A129武装直升机是意大利研制的轻型专用武装直升机，绰号“猫鼬”。1983年9月15日，A129原型机首次正式试飞，1987年12月以后，A129武装直升机及其改进机型陆续投入意大利军方服役。其中国际版的A129武装直升机性能更加优良，在国际军用直升机市场上备受瞩目。

1 强劲动力

A129（国际版）选用了美国为“科曼奇”直升机新研制的CTS-800-OA涡轮轴发动机。旋翼系统也由4片桨叶改成5片桨叶，增大了旋翼系统的拉力，使全机最大起飞重量由4 100千克提高到5 100千克，有地面效应条件下悬停高度由3 750米提高到4 206米，在4 200米以上也能起飞执行任务。

2 尾桨和平衡翼

A129的尾部安装了尾桨和平衡翼，增加了平衡性和可操控性。

3 后三点式起落架

A129采用后三点式起落架，即起落架的两个支点（主轮）对称地安装在飞机重心前面，第三个支点（尾轮）则安置在飞机尾部。这种起落架可以有效防止当直升机以很大的正俯仰角非正常状态着陆时，尾桨撞击到地面。

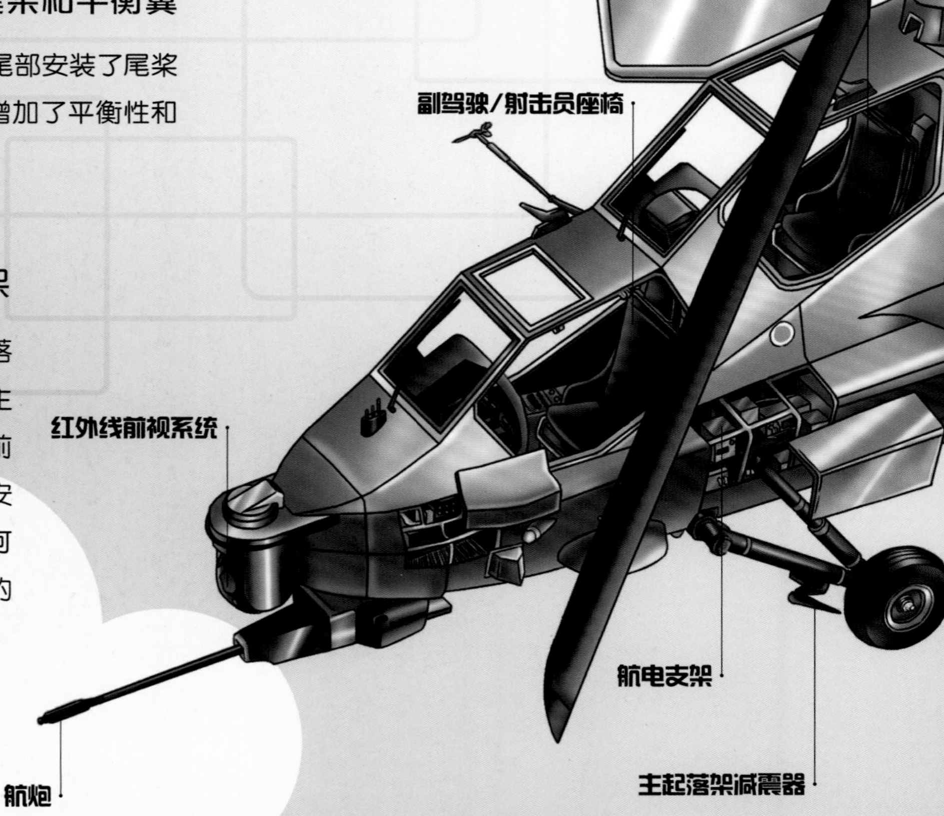

4 超低空执行任务

A129配备了机载控制系统、全球定位导航系统及电子地图，用来保证它在10～15米的超低空执行作战任务时，避免撞上的障碍物。

5 座舱串列式布局

A129的座舱采用了纵向串列式座舱，副驾驶或射手在前，飞行员在较高的后舱内，使飞机变得狭长，从而减少了受到的空气阻力。座舱盖及座舱之间的隔离板采用38毫米厚的防弹玻璃，能抵御口径为12.5毫米枪弹的攻击。

“海王”直升机

“海王”直升机是美国20世纪60年代生产的双引擎反潜直升机，服役于美国海军和其他多国部队。其中S-61海王直升机是一款被用作海上救援和搜索的民用版直升机，机上配备了急救药品和绞车等救援设备。

1 便于救援的绞车

绞车是“海王”进行救援的有力工具。当飞机到达求救者的上空并调整到正确位置时，绞车手操作位于舱门边上的绞车，放下救生员和钢缆，当救生员抱住被救人员后，利用钢缆可以将他们一起吊进直升机机舱。

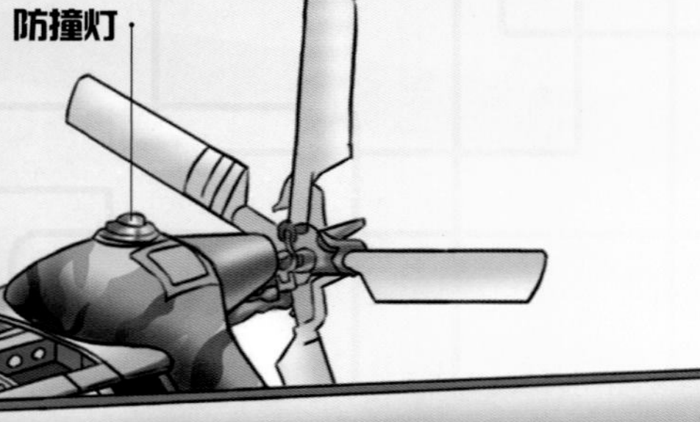

2 配有2台发动机

“海王”上装了2台罗尔斯·罗伊斯涡轮轴发动机，驱动由5叶旋翼及5叶尾桨组成的旋翼系统。即使其中一台发动机发生故障，“海王”仍然可以利用另外一台发动机进行飞行。

3 旋翼系统

“海王”直升机采用了由5叶旋翼及5叶尾桨组成的旋翼系统，这在直升机制造史上的一大创举。此旋翼系统主要是由驾驶员通过直升机的操作系统改变旋翼的总距和各桨片的桨距，使直升机在飞行中依靠旋翼的旋转产生升力，实现前飞、后飞、左侧飞、右侧飞等方向飞行以及悬停等。

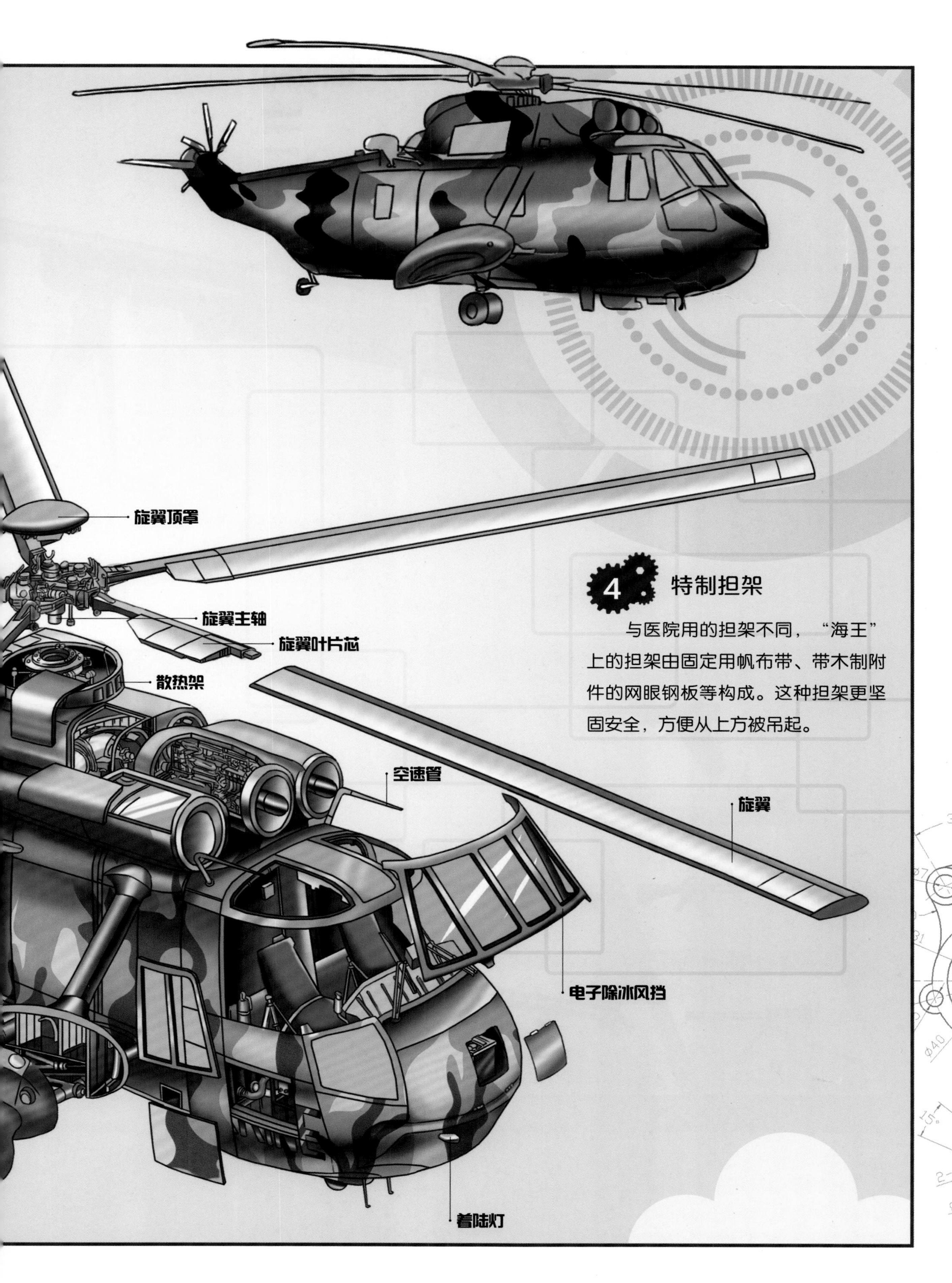

4 特制担架

与医院用的担架不同，“海王”上的担架由固定用帆布带、带木制附件的网眼钢板等构成。这种担架更坚固安全，方便从上方被吊起。

P126
德国鲁格P-08手枪
P128
韦伯利1912MKI型手枪
P130
德国HK-USP手枪
P132
美国鲁格P-85手枪
P140
M16A1步枪
P142
M14步枪
P144
M21狙击步枪
P146
卡拉什尼科夫AK-74
突击步枪
P154
勃朗宁12.7毫米重型机枪
P156
刘易斯1型机枪
P158
维克斯MK1型机枪
P160
以色列乌兹（UZI）9毫米
冲锋枪

第三章 枪械

P134
沙漠之鹰手枪
P136
施泰尔AUG突击步枪
P138
AKM突击步枪
P148
MG34型机枪
P150
英国布伦式轻机枪
P152
M60机枪
P162
MP5A3冲锋枪
P164
PPSh-41冲锋枪
P166
汤普森M1冲锋枪

枪械的发展史

枪械的发展与火药的产生有着密不可分的关系。中国是世界上最早发明火药的国家，北宋时期火药被投入战场，随着火药制造技术的不断进步，为了更好地利用火药，各种枪炮被发明。枪械的产生彻底改变了人类自远古以来绵延数千年的战争模式。如今，枪械虽然样式五花八门，用途也各有不同，但还是主要分为步枪、手枪、冲锋枪和机枪。

步枪的发展历程

步枪是步兵单人进行肩射的长管枪械，主要用于发射子弹杀伤暴露的有生目标，主要类型包括突击步枪和狙击步枪。最早的步枪应是中国南宋时期发明的竹管突火枪，它也是世界上最早的管形射击火器。该枪的枪身由竹子制成，发射弹药后，极易灼伤射手。

手枪的发展历程

手枪是一种能单手握持发射的小型枪械，用于杀伤近距离内的有生目标，是近战和自卫的好帮手。它起源于14世纪初中国发明的小型铜制火铳——手铳。手铳口径约为25毫米，长约30厘米，通过点燃引线，将填入的火药引燃，从而从铳口射出铁丸跟火焰，杀伤敌人。

冲锋枪的发展历程

冲锋枪是双手持握、发射手枪子弹的单兵连发枪械，又称短机枪。它的射速高且火力猛。冲锋枪产生于19世纪末20世纪初，当时人们为了解决步枪和手枪的不足，研发制造出这种火力较猛的单兵近战武器。

机枪的发展历程

机枪是以扫射作为主要发射方式的武器，能够稳定地连续射击。它通常需要架在双脚架或三脚架上，才能稳定地攻击有生目标或坦克等装备。1851年，世界上第一挺手动机枪由比利时人法尚普斯设计成功，并用于1870年、1871年的普法战争。20世纪初期，各国纷纷开始研究攻击力强大的机枪，出现了很多新型的机枪，其中最著名的是德国研发生产的MG-34式机枪。

荷兰火绳枪

15世纪初，最原始的步枪，也就是火绳枪在欧洲出现。这种枪通过燃烧的火绳来点燃火药进行射击，在火器发展史上具有里程碑式的意义，是现代步枪的直接原型。

火铳

元代时，人们将竹子替换成金属材质，从而发明了金属管形射击武器——火铳。火铳中不仅装填有火药，还装有球形铁弹丸或石球，开创了在金属管形火器中装填弹丸的先例。

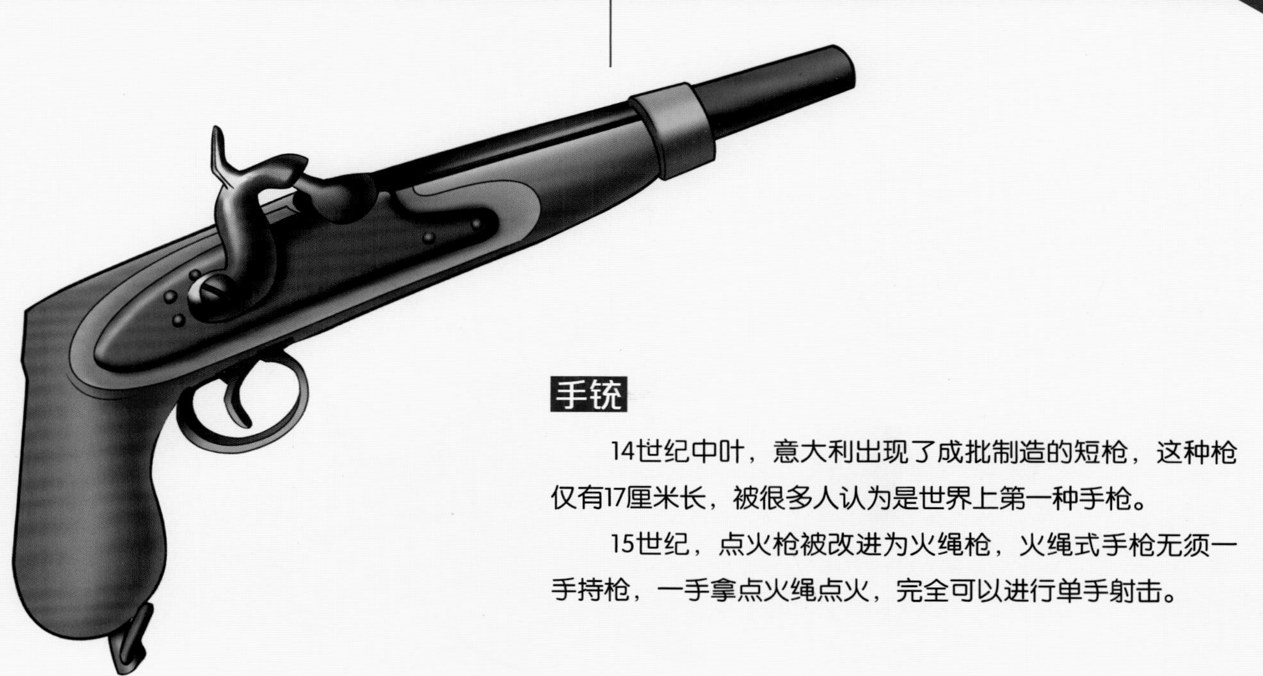

手铳

14世纪中叶，意大利出现了成批制造的短枪，这种枪仅有17厘米长，被很多人认为是世界上第一种手枪。

15世纪，点火枪被改进为火绳枪，火绳式手枪无须一手持枪，一手拿点火绳点火，完全可以进行单手射击。

燧发枪

16世纪初，燧发枪取代了火绳枪，该枪主要对点火装置进行了改进。其在转轮打火枪的基础上，去掉了发条钢轮，在击锤的钳口上安一块燧石，传火孔边装一个击砧，射击时，扣动扳机，在弹簧的作用下，燧石会重重地打在火门边上，从而冒出火星，引燃火药击发。

左轮手枪

1835年，美国柯尔特发明了首把转轮手枪，即左轮手枪，此后世界各国纷纷研制出了不同口径的左轮手枪，如英国的韦伯利11.6毫米左轮手枪，俄国的纳甘M1895式7.62毫米左轮手枪等。这些左轮手枪已装备了撞击底火和线膛枪管，对瞎火弹处理非常简便而且安全可靠。

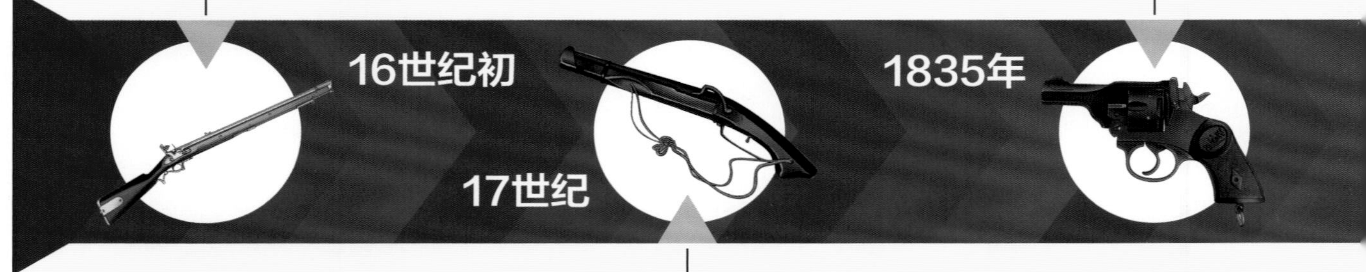

燧发式手枪

17世纪，燧发式手枪取代了火绳手枪，它已初具现代手枪的一些特点，如击发机构具有击锤、扳机、保险等装置。1812年，第一把击发式手枪诞生。这种手枪属于前装式手枪，操作起来很不方便，发射速度也偏慢。1825年，美国人亨利·德林杰发明的德林杰手枪，运用雷汞击发火帽装置，手枪的射击性能得到了大大的提高。

德莱赛M1841针发枪

从16世纪到18世纪这300年间，由于技术条件受限，步枪均为前装枪，即子弹装在前面枪口处，使用起来费时费力，非常麻烦。

19世纪40年代，德国成功研制出德莱赛击针后装枪，即子弹从枪械后面装进去，这是最早的机柄式步枪。

加特林机枪

加特林机枪是一种手动型多管旋转机关枪，是在世界范围内大规模使用的第一种实用化的机枪。20世纪50年代以后，加特林原理首先被美国经重新改良后应用在枪械及小口径航炮和防空炮上。使用该机枪，射速普遍可达到每分钟每管1000发以上。

MP18冲锋枪

1914年，世界上第一支冲锋枪——维拉·佩罗萨冲锋枪由意大利人研制成功。该枪射速太高，精度差且笨重，所以并不实用。因此，人们公认德国人施迈塞尔于1918年设计的MP18冲锋枪才是第一种真正意义上的冲锋枪。这种枪适合单兵使用，由于火力猛烈，很快成为德国军队的武器装备。

鲁格手枪

1893年，德国制造了第一支实用的博尔夏特7.63毫米自动手枪。德国人鲁格对该枪进行了改进，研制出世界闻名的鲁格手枪。

1893年

19世纪90年代末

1918年

毛瑟98式步枪

19世纪90年代末，枪弹开始采用无烟火药制造，步枪的口径逐渐变小，一般为6.5~8毫米，射程、精度和弹头的初速均有所提高。德国在1898年生产的毛瑟步枪就是当时步枪的经典代表。

汤普森M1928A1式

20世纪20~30年代是冲锋枪初步发展时期。这一时期的冲锋枪产品型号少，结构较为复杂，体积和重量均偏大，安全性和可靠性也较差，生产数量也不是很多。主要枪型有德国的伯格曼MP18式和MP38式，美国的汤普森M1928A1式及苏联的PPD-1934/38式。

AK-47突击步枪

第一次世界大战后，各国加紧对步枪自动装填的研制，到第二次世界大战后期，涌现了很多性能优良的自动装填步枪。其中，随着中间型枪弹的诞生，重量轻、射速高、枪身短的全自动步枪研制成功，这种步枪也叫突击步枪，最典型的代表就是AK-47突击步枪。

20世纪20~30年代

20世纪40年代

1947年

MP38式

20世纪40年代是冲锋枪发展的全盛时期。在这一时期，冲锋枪的种类、性能和数量都有了很大的发展，在第二次世界大战中发挥了重要作用，最典型的是德国的MP38式。这款冲锋枪采用冲压、焊接和铆接工艺，简化了结构，并设置了专门的保险机件，是世界上第一种折叠式金属托冲锋枪。

ZK476式冲锋枪

20世纪50年代，冲锋枪的结构更加新颖，性能也得到了更大的改善，如捷克斯洛伐克研制的ZK476式。ZK476式采用独特的包络式枪机，是世界上首支将弹匣安装在握把内的冲锋枪。

M14自动步枪

第二次世界大战结束后，各国的步枪开始往武器系列化和弹药通用化方向发展，并于20世纪50年代，完成了战后第一代步枪的换装。其中，美国的M14自动步枪是这一时期的典型代表。

20世纪60年代开始，随着美国M16小口径自动步枪的问世，步枪的发展步入小口径化阶段，具有初速高、连发精度好、携弹量多等优点。

短枪管自动步枪

20世纪70年代，人们开始将小短枪管自动步枪作为冲锋枪使用，如美国柯尔特CAR－15式、德国HK53式等，都能更好地完成任务。

20世纪70年代

21世纪

20世纪60年代

英格拉姆M10式冲锋枪

20世纪60年代，冲锋枪往短小轻便型发展，出现了很多可以进行单手射击的轻型、微型冲锋枪。这类枪安装有消声器，有利于特种部队或保安部队在特殊环境下作战，如美国的英格拉姆M10式和德国的MP5SD式等。

通用机枪

MG34式7.92毫米通用机枪是世界上第一种通用机枪，可安装在坦克和装甲车上变为高射机枪。这种枪能够轻易地更换枪管。从21世纪开始，机枪往高射速、轻重量的方向发展，性能变得越来越牢靠。

德国鲁格P-08手枪

德国鲁格P-08手枪是乔治·鲁格于1898年设计的，最早的用户是瑞典军队，1908年被德国陆军大量使用。鲁格P-08是一战、二战中最具有代表性的手枪，也是世界上第一把制式军用半自动手枪，它携带方便，适合在狭小空间内使用，主要用于战场上个人防身，受到前线士兵的喜爱，在战场上供不应求。

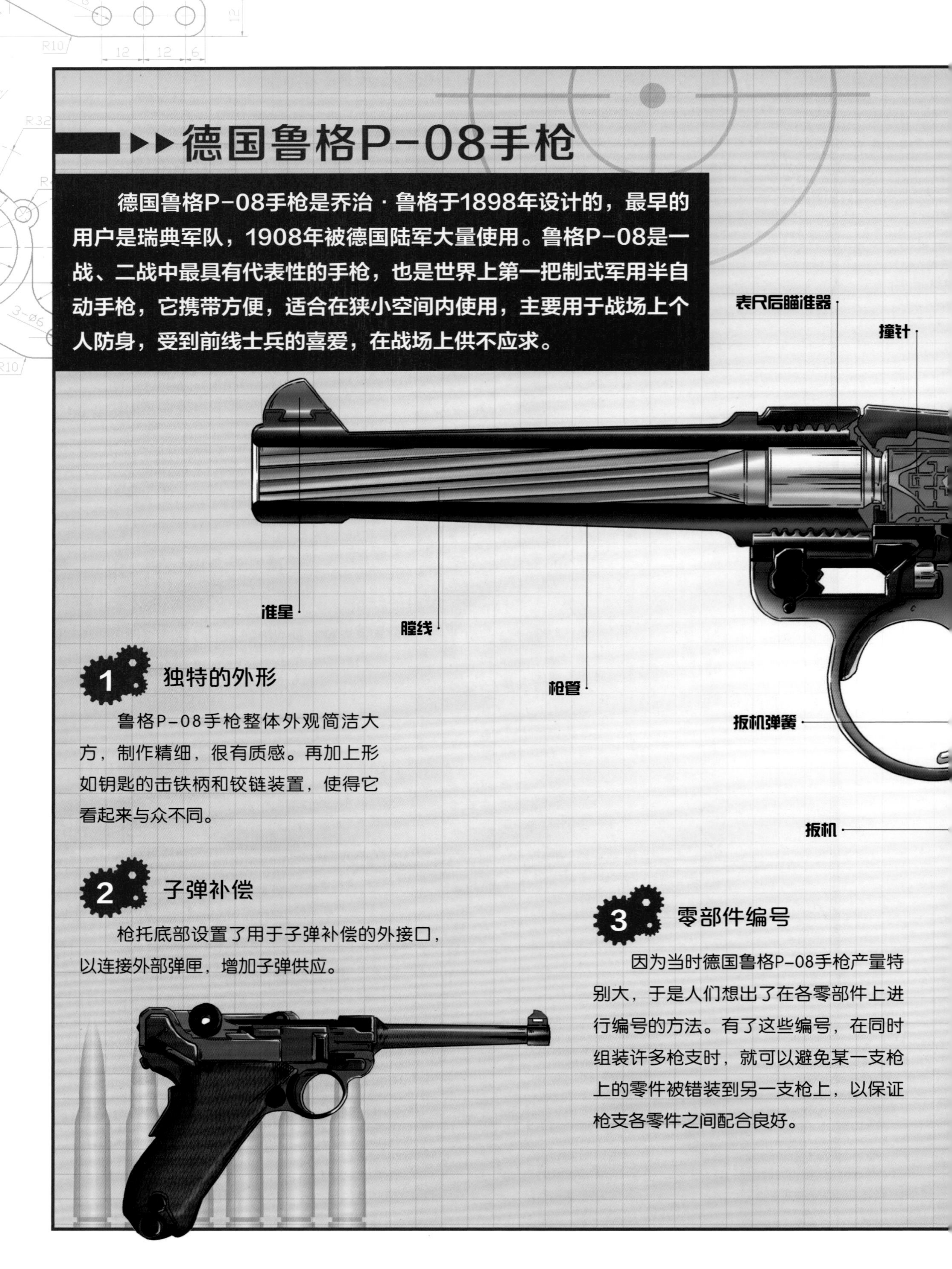

1 独特的外形

鲁格P-08手枪整体外观简洁大方，制作精细，很有质感。再加上形如钥匙的击铁柄和铰链装置，使得它看起来与众不同。

2 子弹补偿

枪托底部设置了用于子弹补偿的外接口，以连接外部弹匣，增加子弹供应。

3 零部件编号

因为当时德国鲁格P-08手枪产量特别大，于是人们想出了在各零部件上进行编号的方法。有了这些编号，在同时组装许多枪支时，就可以避免某一支枪上的零件被错装到另一支枪上，以保证枪支各零件之间配合良好。

4 制作精良

德国鲁格P-08手枪制作非常精密，很多配件需要手工雕刻，制作耗时长，因此无法进行大批量生产。所以，为了满足战场的需求，1917年底，其精美的抛光被取消了，最初安装的枪柄保险也被拆了下来。

5 肘节式起落闭锁设计

德国鲁格P-08手枪最突出的特点，是采用了独特的肘节式起落闭锁设计。在射击前，该枪的闭锁机构锁住枪的后膛，子弹击发产生的后坐力迫使闭锁机构向上折叠，并联动弹射栓张开，子弹便由弹匣自动填装入枪膛。然后，回位弹簧会使铰锁机构归位，锁住枪的后膛，为下次射击做好准备。

6 “炮型”手枪

该枪可以连接外部枪托，换上长枪管，使用时将枪托靠在肩部，既可以当手枪使用，也可以当短步枪使用，故也被称为“炮型”手枪。

▶▶韦伯利1912MKI型手枪

韦伯利1912MKI手枪是一种外形笨拙、性能却非常可靠的手枪。此枪于1912年开始被警察使用，到1914年，英国皇家海军和皇家海军陆战队开始装备这种手枪。此枪发射口径11.2毫米的子弹，子弹偏重，威力非常猛烈，适合近距离作战。不过，强大的后坐力也会令枪手不适，因此，士兵们并不是特别喜欢这种武器。

1 枪身重

这种枪有大有小。其中大型的，块头较大，非常重，即使子弹用光后，也可以当铁块用来与敌人近身搏击。

2 自动弹射装置

它的一大亮点是配备了一个自动抛壳装置。子弹击发后，在后坐力的推动下，抛壳窗打开，将空弹壳弹出枪外。

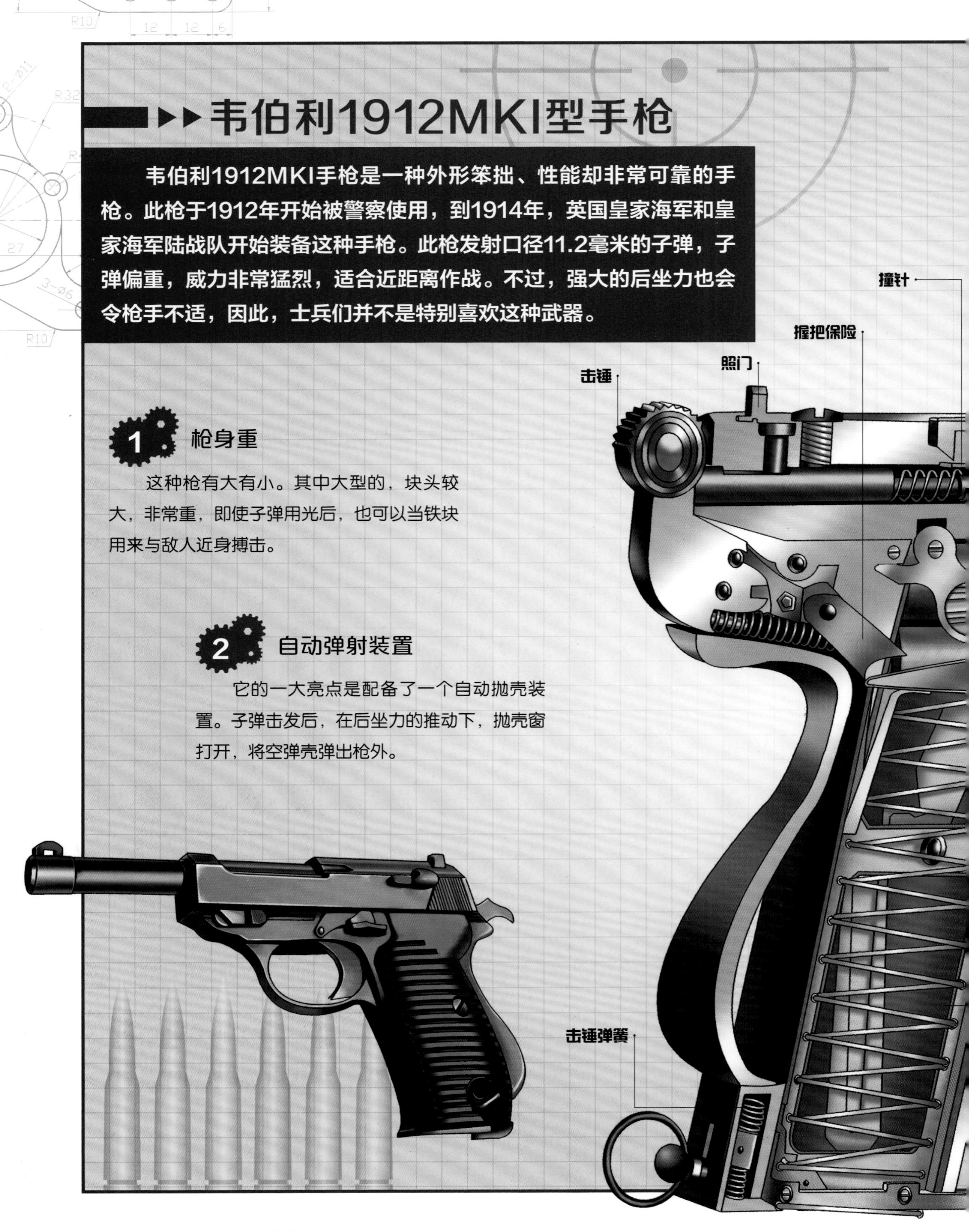

3 木制枪托

韦伯利1912MKI手枪配备平底的木制枪托，在较远距离射击时，使用枪托可以大大提高射击精度。

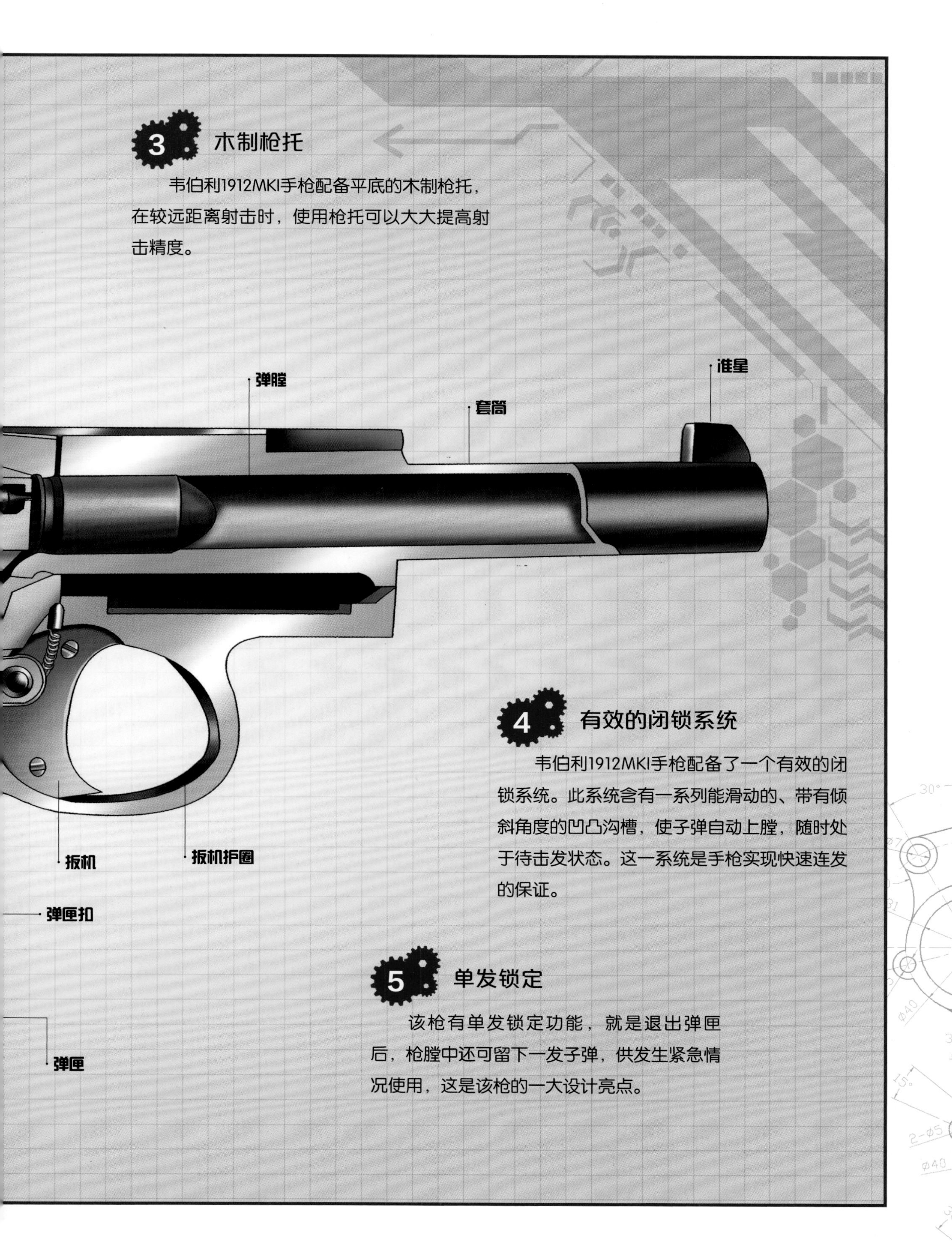

4 有效的闭锁系统

韦伯利1912MKI手枪配备了一个有效的闭锁系统。此系统含有一系列能滑动的、带有倾斜角度的凹凸沟槽，使子弹自动上膛，随时处于待击发状态。这一系统是手枪实现快速连发的保证。

5 单发锁定

该枪有单发锁定功能，就是退出弹匣后，枪膛中还可留下一发子弹，供发生紧急情况使用，这是该枪的一大设计亮点。

▶▶德国HK-USP手枪

德国HK-USP手枪，是由德国HK公司于1993年研制成功并生产的通用自动装填手枪，主要包括两种口径：10.16毫米和9毫米。HK-USP手枪主要由枪管、套筒、套筒座、复进簧组件和弹匣5个部分组成，做工非常细致，一些细节考虑得很到位，如在套筒座前部设置卡槽，方便安装激光瞄准镜；握把底部两侧配备弧形凹槽，方便取出弹匣。

1 独特的复进簧组件

德国HK-USP手枪的复进簧组件非常有特色，“特”在复进簧内安装了一个后坐缓冲系统。该系统主要构件为短弹簧，可抑制复进簧开始压缩前的初始后坐力，降低零部件间的冲击力，从而减小后坐力对射手的冲击。

2 耐腐蚀特殊处理

德国HK-USP手枪的零部件大多采用金属材质，并在外表面涂了一层黑色渗碳氮化氧化保护层，内部零件则涂有特殊的道氏合金麻粒防腐层，大大提高了枪身的耐腐蚀能力，同时还减少了零件间的摩擦阻力。

3 可选用多种扳机机构

德国HK-USP手枪设计的另一亮点是可选用多种扳机机构，如传统的双动/单动型、无手动保险的双动/单动型、有手动保险的双动型、简化的双动型扳机。

4 多种用途

德国HK-USP手枪首创了护弓前缘多用途沟槽，可以用来加挂专用的激光瞄准镜或强光手电筒。这种设计使得该枪成为第一把拥有完整配件、可执行反恐或特种任务的枪种。

套筒耐磨防锈特殊处理
高精度照门
击锤
左手模式控制杆
用聚合物增强的双排不锈钢
弹夹逐渐变为单排，以便可
靠地供弹和迅速地更换弹匣
刻有花纹的防滑握把
有助于换弹匣的指槽
防滑刻纹
左右手可操作的弹夹卡榫
弹匣弹簧垫板
弹匣加长垫板

美国鲁格P-85手枪

鲁格P-85手枪是美国鲁格公司最先进的发射口径9毫米帕拉贝鲁姆手枪弹的手枪，于1987年开始投入生产。其采用后坐力操作系统，非常坚固耐用，发射20 000发子弹后，不仅枪械受力件不会破损，就连结构内部的运动件也无明显的磨损痕迹。该枪后被其多款改进型所替代，于1991年停产。

1 结构简单

鲁格P-85全枪仅有56个零件，且每个零件都不复杂，分解组装均非常方便。

2 套筒座

美国鲁格P-85手枪采用铝合金轻质材料精密铸造成形，这一制造工艺使该枪的零部件达到了极高的精度和强度，同时成本也大大降低。该枪的套筒座表面还涂有黑色的硬质层，无光泽，这样不仅增加了套筒座的韧性和耐磨性，还大大提高了其隐蔽性。

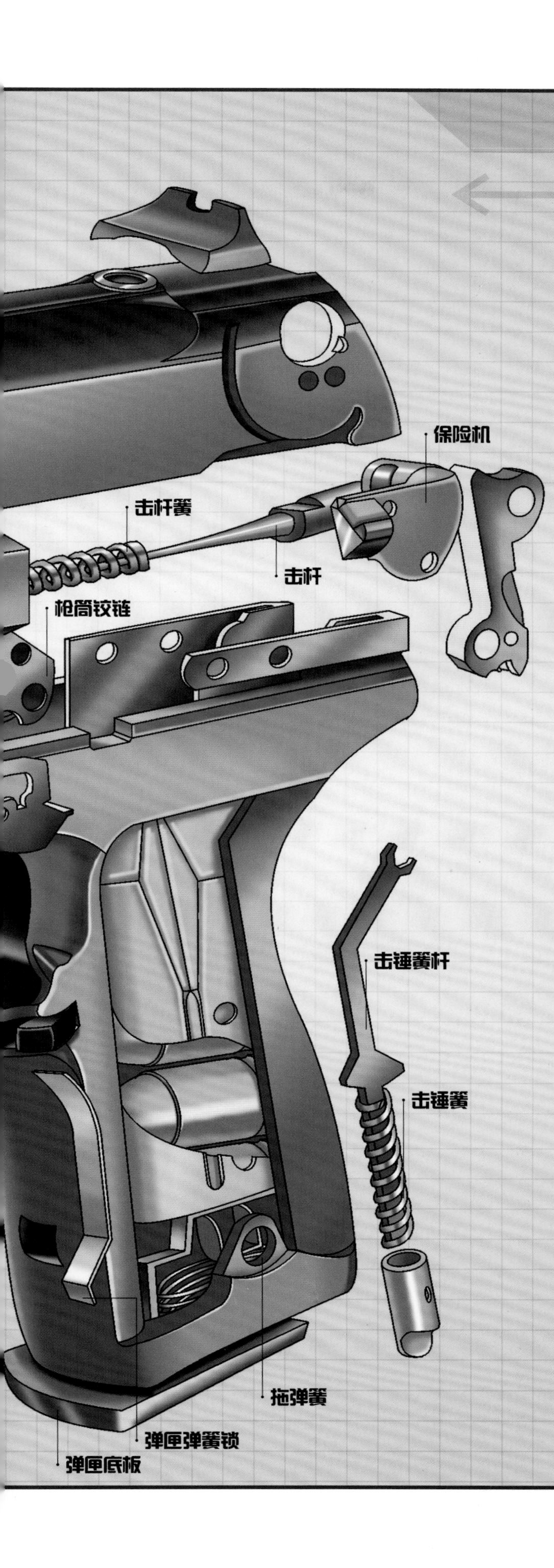

3 设计独特的瞄准具

鲁格P-85的准星呈刀形，有两个横销固定于套筒上，配备的方形缺口照门和套筒滑动过盈配合，一旦遇到风偏影响，照门可以通过横向移动进行修正，有利于射手快速发现目标并获得准确的瞄准图像。

4 保险装置

该枪采用新式击针和待击保险装置。待击保险装置主要是一个击锤待击解脱杆组成，按压这个操作杆，击锤就可以处于安全锁定状态，起到保险作用。

5 耐用性好

鲁格P-85的套筒与不锈钢枪管结合得非常牢固，当两者一起后坐一段距离后，枪管会从其锁定位置往下浮动，而套筒继续后坐，完成抽壳和抛壳过程。设计巧妙，而且非常耐用。

沙漠之鹰手枪

沙漠之鹰手枪以技术先进和威力巨大著称，于1982年正式面世，一经面世就迅速引起了很大的反响。1983年，这种手枪开始由以色列军事工业公司进行生产和销售，并于1985年正式出现在美国手枪市场上。该枪设计新颖，外形美观，威力巨大，深受枪支爱好者的疯狂喜爱。

准星

枪管

灵巧的保险阻铁

沙漠之鹰滑座后部安装的保险阻铁非常灵巧，不仅可以锁定撞针，还可以断开扳机和击锤装置的接触，而且左右手都可以触摸到它，非常方便。

影视常客

沙漠之鹰彪悍的外形以及巨大的发射力量，深受好莱坞动作片的青睐。当剧情需要有强大威慑力的手枪时，该枪几乎都是首选道具。该枪在1984年放映的电影《龙年》中完成了自己的银幕处女秀，从此以后，该枪在美国近500部电影、电视剧中亮相，由此可见该枪的独特魅力。

射手需训练

沙漠之鹰威力强大，想要使用这种手枪，射手需要接受正规的训练，否则容易发生事故。

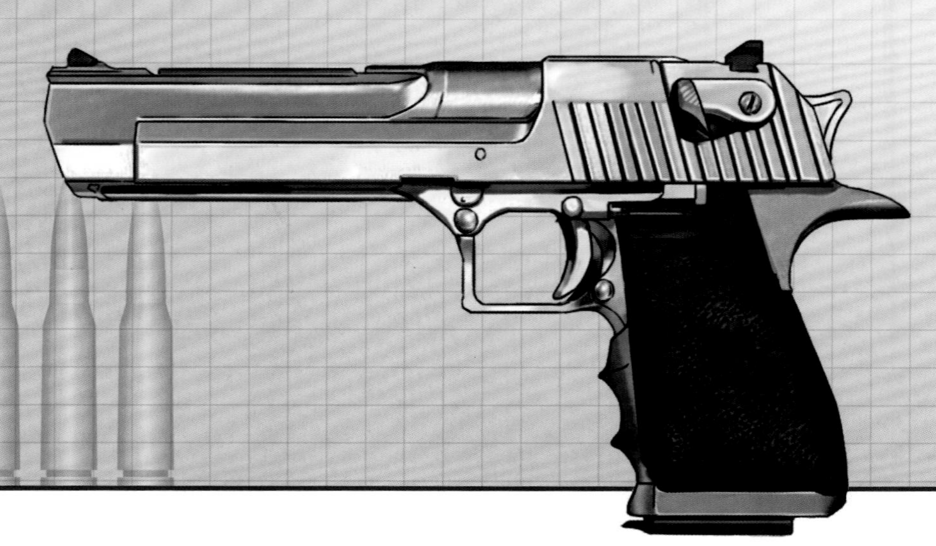

4 几点独特的设计

沙漠之鹰还具备以下几点与众不同的设计：扳机可调整，可以配备不同型号的固定瞄准器；扳机护柄左右手均可使用；可以根据需要安装特殊的枪把。

5 枪管可互换

沙漠之鹰存在多种长度的枪管，如152毫米、203毫米、254毫米和356毫米。其中，152毫米的枪管为标准枪管。这些枪管完全可以进行自由互换使用。

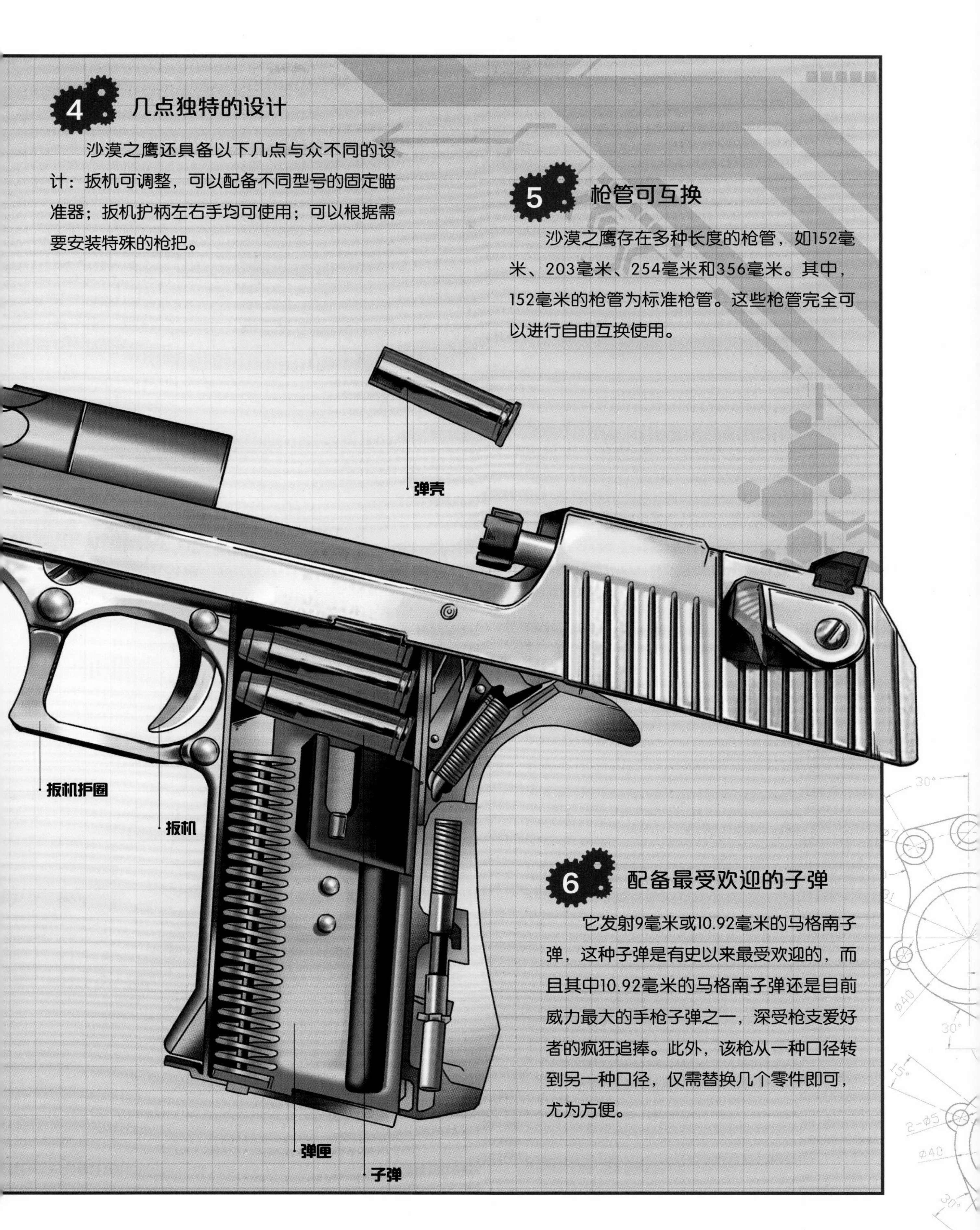

6 配备最受欢迎的子弹

它发射9毫米或10.92毫米的马格南子弹，这种子弹是有史以来最受欢迎的，而且其中10.92毫米的马格南子弹还是目前威力最大的手枪子弹之一，深受枪支爱好者的疯狂追捧。此外，该枪从一种口径转到另一种口径，仅需替换几个零件即可，尤为方便。

▶▶施泰尔AUG突击步枪

施泰尔AUG5.56毫米突击步枪是奥地利陆军从1977年开始使用的突击步枪，由古老的施泰尔公司制造。这种步枪灵巧、轻便，不仅在奥地利本国很受欢迎，在国外也很受青睐，很多国家都喜欢用它来武装军队及执法部门。因此，这种枪出口到世界很多国家，如马来西亚、澳大利亚、新西兰、爱尔兰等。

1 外形时尚

施泰尔AUG5.56毫米突击步枪采取了极为少见的扳机设置于弹匣前面的无托结构设计，减轻了整枪重量的同时，使枪身结构也变得更为简洁大方；再加上使用了尼龙和非金属材料点缀其中，看起来非常时尚。

2 坚固耐用

早期的施泰尔AUG5.56毫米突击步枪非常坚固，即使被一辆10吨重的卡车碾过，仅有塑料制的套筒盖子有点损坏，依旧能正常射击。

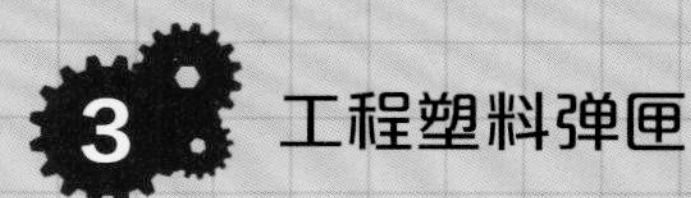

3 工程塑料弹匣

这种枪的弹匣采用工程塑料制成，耐摩擦而且不需要润滑，有较长的寿命周期，大大降低了维护费用。

4 模块式的武器系统

模块式武器系统是这款突击步枪所采用的核心技术。武器系统被模块化，使它身上的很多器件可以进行更换，从而变成其他类型的枪械。如更换枪管、工作部件或弹匣，就可以将它改装成一支冲锋枪、卡宾枪、狙击专用步枪或轻型机关枪等。此外，这样的系统使枪支修理变得非常简单，只要将出问题的模块换掉即可。

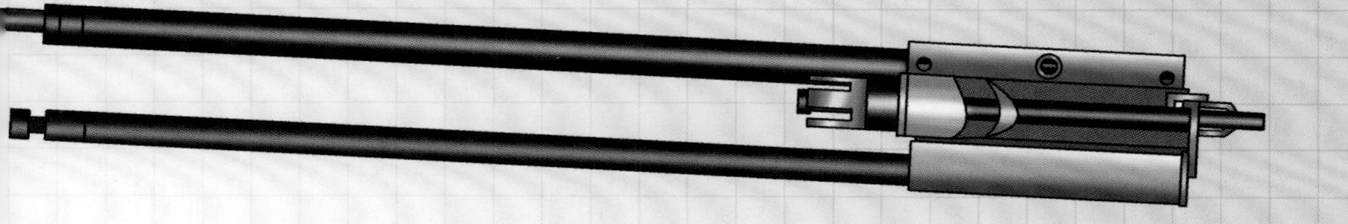

AKM突击步枪

AKM突击步枪即卡拉什尼科夫突击步枪，是苏联于20世纪50年代末对AK-47突击步枪进行改进而成的。与AK-47突击步枪不同，它后坐力更小，安全性更佳，是历史上生产数量最多的一种轻武器，几乎参加了20世纪下半叶发生的所有战争，即使现在，仍有生产。

1 冲铆机匣

AKM突击步枪用冲铆机匣代替了AK-47第3型的铣削机匣，生产成本大大降低。此外，这种新的机匣重量比AK-47第1型的冲压机匣和第3型的铣削机匣都要轻，这大大降低了该枪的整体重量，使它在实际作战中更加方便携带。

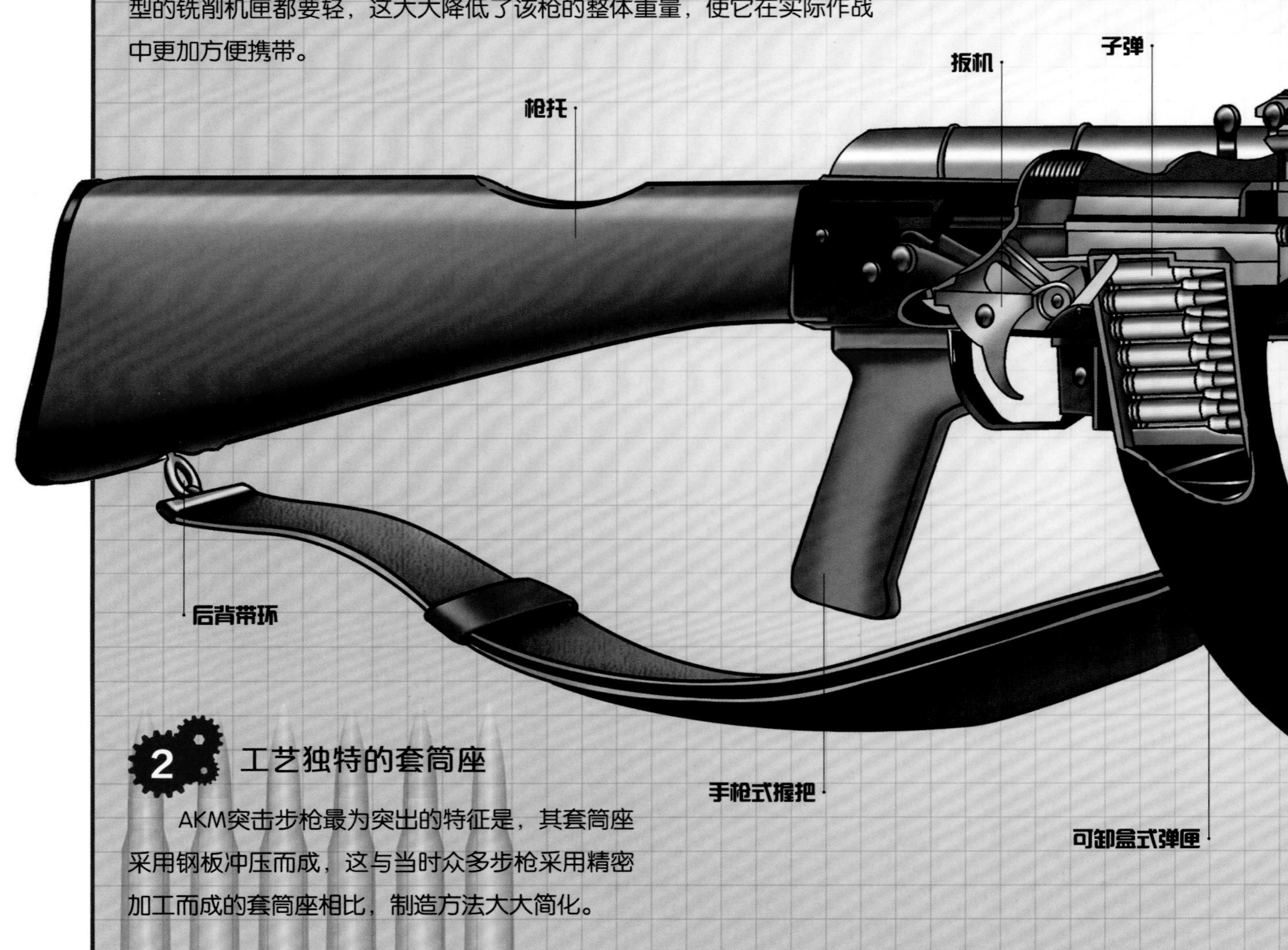

2 工艺独特的套筒座

AKM突击步枪最为突出的特征是，其套筒座采用钢板冲压而成，这与当时众多步枪采用精密加工而成的套筒座相比，制造方法大大简化。

3 枪口防跳器

后来，设计师还对AKM进行了改良，其中最为突出的就是第3型AKM，在枪口处用螺丝连接了一个斜切口形的枪口防跳器，降低了连射时的散布精度。

4 重量轻

AKM突击步枪不装弹时重为3.15千克，装上子弹后也只有3.98千克，是重量最小的突击步枪之一。这主要得益于其采用了冲铆机匣及用树脂合成材料制造的枪托、护木和握把。

5 击锤延迟体创新技术

AKM突击步枪的扳机组上增加了一套“击锤延迟体”，这是该枪的又一重要特征，也是其制造技术上的创新。运用这套击发组件，该枪在击发时可以使击锤延迟几毫秒后再往前运动，以保证枪机框在前方完全停住后再打击击针，从而消除了任何可能的哑火现象。

M16A1步枪

M16A1步枪是美国在M16的基础上增加了一个枪机辅助闭锁装置而来的，它诞生于1966年，起源于20世纪50年代中期最具创新意识的大威力军用步枪——AR-10突击步枪，成为当时美国陆军的标准军用步枪。该枪采用小口径5.56毫米的子弹，是世界上第一种被列入正式装备的小口径步枪，也是美国对越战争中的“偶像步枪”。

1 大量使用塑料制品

M16A1步枪所有的附件均采用尼龙材质，并大量使用了塑料制品，与上一代沉重的木制的步枪M14相比，M16A1轻了很多。此外，为了避免枪管内部生锈和腐蚀，M16A1特意在枪膛中镀上了一层铬。

2 一物多用的携带把手

M16A1步枪套筒座上的携带把手不仅可为士兵携带枪支所用，还可以当作前瞄准具的底座使用。

镀铬技术

M16A1最初设计时采用的是弹膛镀铬，后来干脆将枪膛完全镀铬。枪膛镀铬后不容易生锈，而且也减少了由于锈斑、沙、污垢或机械加工带来的摩擦。同时弹膛内残留的污垢很容易随着挤压动作与弹壳一起抛出，从而延长了枪支的使用寿命。

4 3发连射取代全自动射击

这款步枪采用气体驱动自动装填装置，可选择自动发射模式，不过，为了节约弹药，该枪采用3发连射代替了全自动射击。

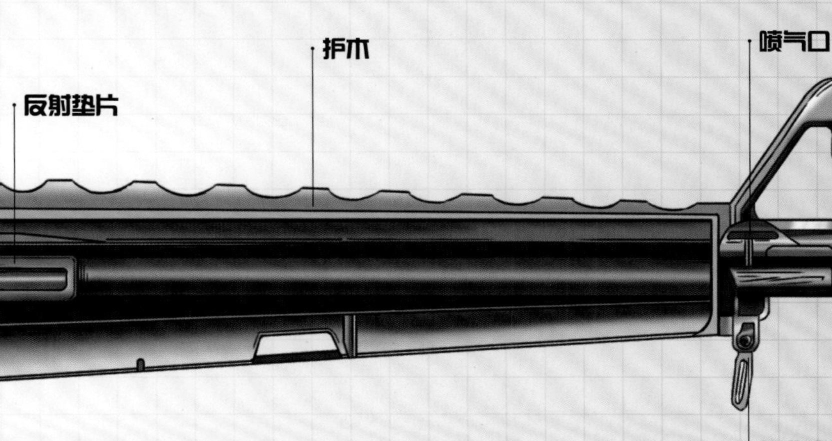

5 子弹口径小

M16A1步枪发射口径为5.56毫米的子弹，是最先使用这种小口径子弹的步枪之一，这也是M16A1步枪最为突出的特征。子弹口径变小，士兵们能携带的子弹数量，是之前装备大口径如7.62毫米步枪的士兵所携带子弹数量的两倍。自问世以来，它便成为一种评估其他的5.56毫米口径半自动突击步枪的衡量标准。

6 容易拆卸，清洗方便

M16A1步枪的拆卸非常方便，只要松动拆卸栓，转动枢轴栓的前端，就可以将其拆卸下来进行清洗、维护或修理。

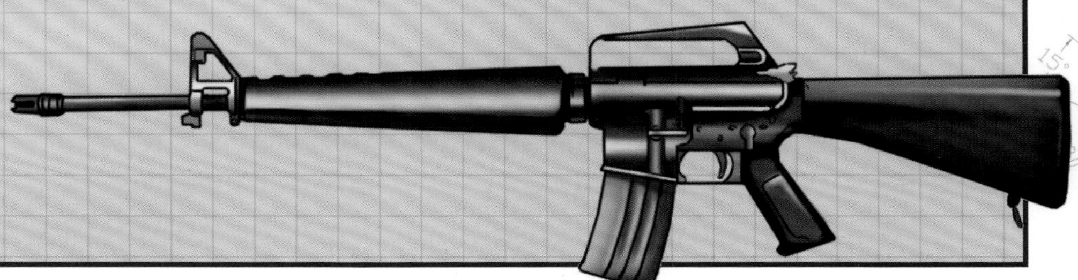

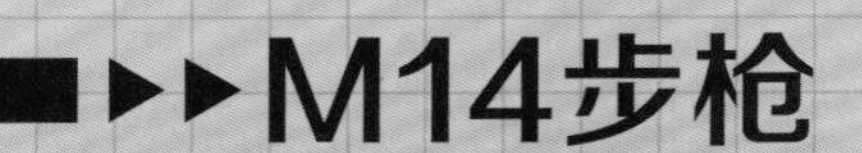

M14步枪

M14步枪是20世纪50年代末和60年代初，美国在越战早期时使用的自动步枪。它是在M1半自动步枪的基础上设计出来的，于1957年开始进行批量生产。它制作精良，使用了当时制造业中先进的加工和处理技术。可惜的是，该枪在越战后期就被M16突击步枪所取代了。

1 又长又重

M14步枪全长1 126毫米，枪管长559毫米，是当时步枪中长度比较突出的步枪，它的重量也比同时期的步枪重，不装弹时重达4.1千克。

2 空仓挂机结构

M14步枪设有空仓挂机结构，这是M14最为突出的特征，有了这个结构，当最后一发子弹发射后，枪会被机匣左侧的空仓挂机扣住，提醒士兵弹仓已空。

击针尾座

半手枪式握把

后背带环

3 组件精密

M14步枪的各个组件制造非常精良，机匣采用8620钢铸造，寿命可达45万发；枪管使用铬钼合金钢或不锈钢制造，耐磨耐腐蚀。

4 带有手枪枪把和双脚架

1968年，美国对M14进行改进，研制出了M14A1步枪。M14A1步枪最突出的特征就是配备了手枪枪把和双脚架，而且手枪枪把与前置式枪把合并在一起，成为步兵火力支援的有力武器。

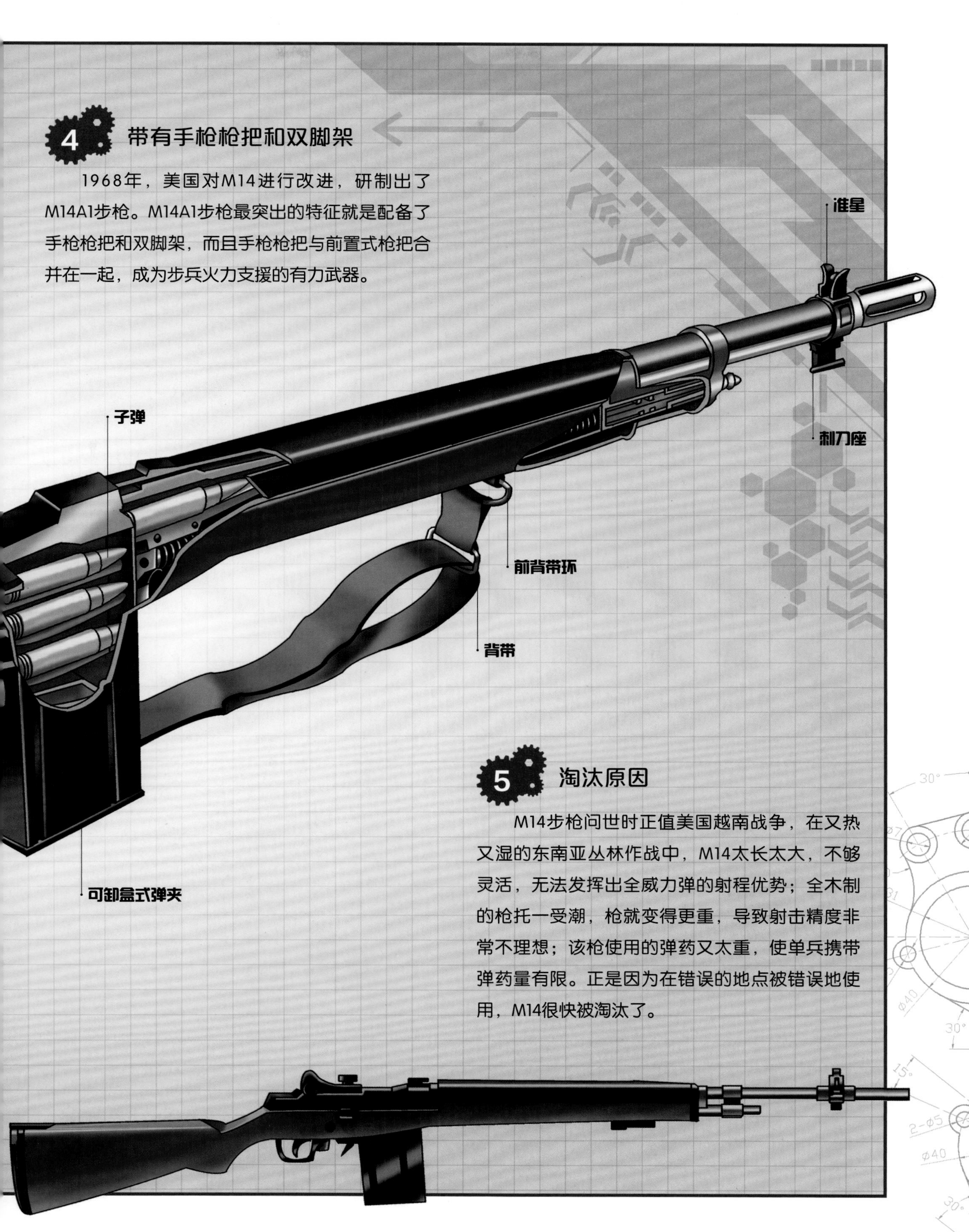

5 淘汰原因

M14步枪问世时正值美国越南战争，在又热又湿的东南亚丛林作战中，M14太长太大，不够灵活，无法发挥出全威力弹的射程优势；全木制的枪托一受潮，枪就变得更重，导致射击精度非常不理想；该枪使用的弹药又太重，使单兵携带弹药量有限。正是因为在错误的地点被错误地使用，M14很快被淘汰了。

M21狙击步枪

M21狙击步枪是在M14自动步枪的基础上改进研制而得的，于1969年开始装备美国军队，是越南战争后期美国陆军、海军和海军陆战队通用的狙击步枪。它经过多次改进后，服役到1988年。这款狙击步枪采用更重的枪管，稳定性更强，是当时进行远距离射击的好武器，受到了士兵的喜爱。

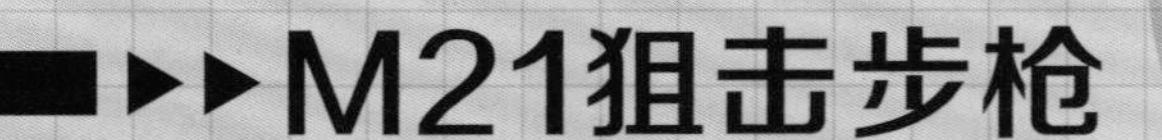

1 玻璃纤维护木

M21狙击步枪的木制枪托加入环氧树脂，硬度更大，并用玻璃纤维将木制枪托和枪管固定，稳定性更强，且更符合人体工程学的原理。

2 远距离精确射击

M21狙击步枪的瞄准距离达300米，使用7.62毫米的子弹可以将距离820米远的目标击毙，适合进行远距离射击。

3 做工精良

M21狙击步枪是在名枪M14自动步枪的基础上改进而来的，在改造时除了取消全自动射击功能外，在材料部件的选择，加工、装配的工艺以及枪械的射击精度等方面都做了必要改进，因此整体性能有了显著提高，更受到使用部队的欢迎。

4 “寂静的射杀”

M21狙击步枪外接消声器，不仅不会影响子弹的初速，而且可以将气体泄出的速度降低到声速以下，悄无声息地就将目标击毙而不暴露。

5 可调放大瞄准镜

M21狙击步枪上配备了先进的雷德菲尔德可调放大瞄准镜。枪手可以通过瞄准镜上的放大控制按钮调节放大器，直到瞄准镜上的十字准线水平标记指向真人大小的目标的头盔或腰部，再扣动扳机，从而更精准地击中目标。

卡拉什尼科夫AK-74突击步枪

卡拉什尼科夫AK-74突击步枪是由苏联著名枪械设计师米哈伊尔·季莫费耶维奇·卡拉什尼科夫设计的AK系列自动步枪中的一种，是在AKM突击步枪的基础上加以改进而成的。它发射5.45毫米的子弹，是苏联装备的第一种小口径步枪，于1977年列装于军队。该枪继承了卡拉什尼科夫自动步枪的传统特点，结构简单，操作简单可靠，故障少。

1 独特设计的子弹

AK-74发射5.45毫米的小口径子弹。这种子弹的弹头是空心的，当弹头击中目标后，弹头会发生变形，随后重心往后偏移，但子弹的推动力持续向前，使子弹在目标体内部发生翻滚，杀伤力极大。

2 射速高

AK-74因为使用5.45毫米的小口径子弹，子弹重量轻，所以射程较远，有效射程达400米。子弹初速度为900米/秒，比该系列的其他突击步枪都快。

3 弹匣

卡拉什尼科夫AK-74突击步枪的弹匣为弧形，采用聚合材料制作而成，减轻了整枪的重量，使其携带更为方便，且非常结实耐用，能够经受恶劣条件的考验。该枪的弹匣容弹量有5发、30发和35发三种。弹匣安装非常容易，卸弹匣时则需要通过扳机护圈前的弹匣扣来实现。该枪在开锁和没有挂机的情况下，弹匣是不能卸下来的。

4 枪口装置

卡拉什尼科夫AK-74突击步枪的枪口装置是由整体机加工出来的圆柱形双室结构，具有制退、消焰、防跳作用。这也是该枪与AKM突击步枪在外形上的最大区别。

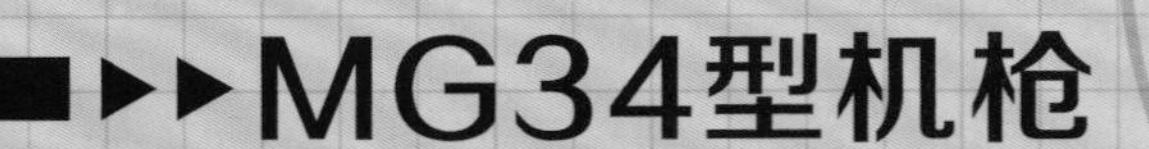

MG34型机枪

MG34型机枪是一种通用型机枪，于20世纪30年代由奥伯多夫制造厂的毛瑟枪设计人员研制出来。它可以安装在双脚架或较重的三脚架上进行持续射击，火力很猛，一问世便大受欢迎，直到1945年，都处于供不应求的状态。

1 射速快，火力猛

MG34型机枪的射速很快，可达800~900发/分，火力比同时期的机枪要猛烈很多，可以有效地打击低空飞行的飞机。

2 枪管

为了防止持续射击时枪管过热，MG34型机枪备有两根后备枪管，大概在连续射击250发子弹后，就需要立即更换枪管。MG34的枪管很容易更换，但是当枪管灼热时，绝不能徒手更换枪管，而需要戴上类似石棉手套的保护工具来完成。

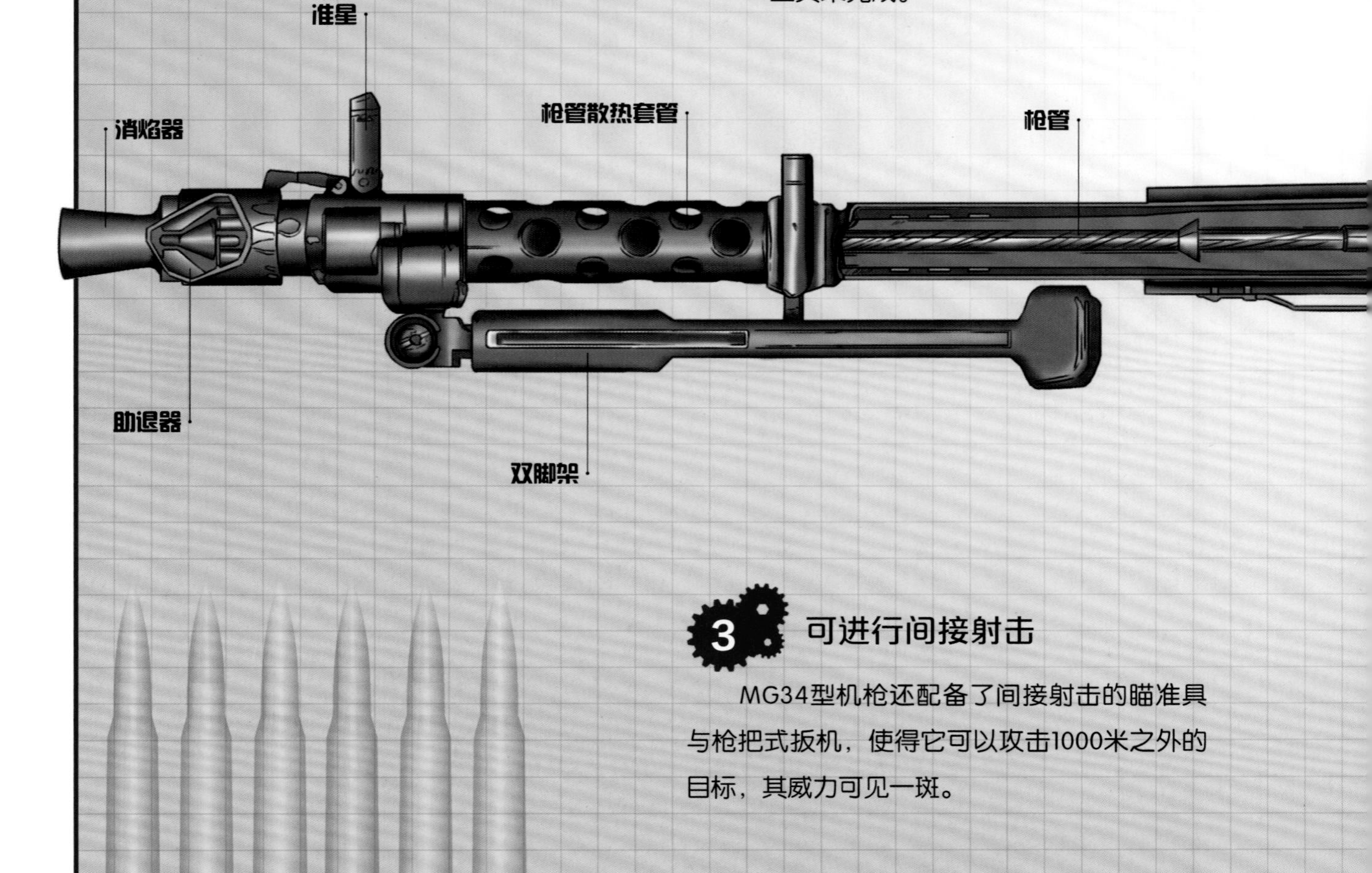

3 可进行间接射击

MG34型机枪还配备了间接射击的瞄准具与枪把式扳机，使得它可以攻击1000米之外的目标，其威力可见一斑。

4 先进的供弹方式

MG34型机枪是第一种采用子弹带供弹的轻型机枪，一个子弹带就可装下250发子弹，不仅子弹容量非常大，而且换弹带的速度明显比换传统弹匣的速度快多了。这与同时期的其他机枪相比，可谓非常先进。

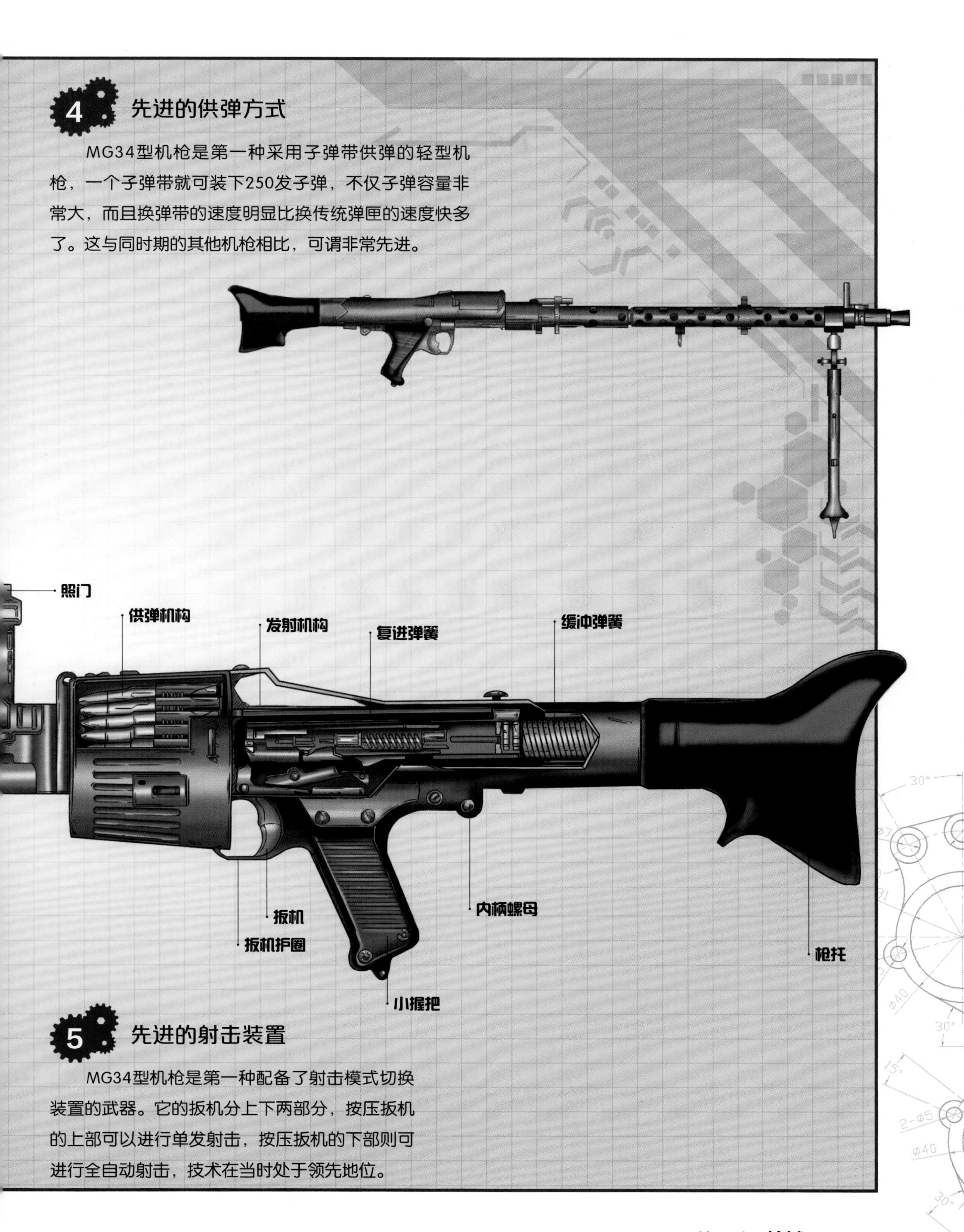

5 先进的射击装置

MG34型机枪是第一种配备了射击模式切换装置的武器。它的扳机分上下两部分，按压扳机的上部可以进行单发射击，按压扳机的下部则可进行全自动射击，技术在当时处于领先地位。

▶▶英国布伦式轻机枪

布伦式轻机枪是由捷克斯洛伐克枪械设计师哈力克设计的，1933年被英国军方选中，并根据英国军方的要求改进而来，于1935年被英国正式列为制式装备。它的适应场景非常广，可用于攻击也可用于支援火力，被战争证明为最好的轻机枪之一。

1 拉机柄可折叠

布伦式轻机枪在射击时，拉机柄不会随枪机一同前后移动，拉机柄可折叠；行军时，将拉机柄折回，可以避免被扯挂。这一设计是该枪的一大亮点。

2 消焰器

布伦式轻机枪的枪管口安装有喇叭状消焰器，而因枪管与导气管均偏短，所以取消了枪管散热片。

3 可轻易更换枪管

此枪使用提把与枪管固定栓元件，可以快速更换枪管。

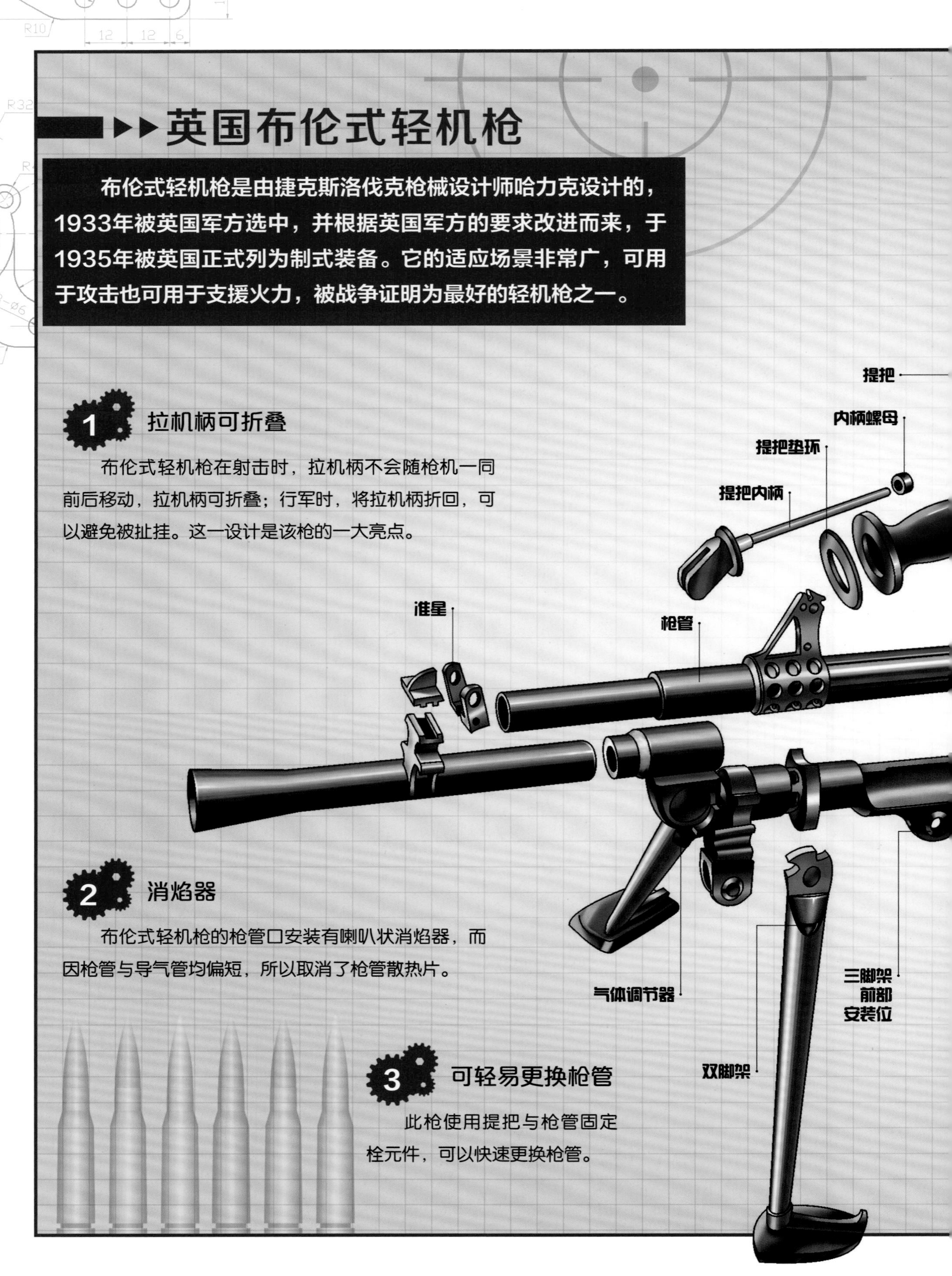

4 弧形弹匣和盘式弹匣

布伦式轻机枪的弹匣为弧形，并位于机匣的正上方，但用于防空时，为了提高装弹量，该枪则会配备极为少见的盘式弹匣。

5 瞄具

布伦式轻机枪采用的是觇孔式瞄具，不过因为弹匣安装在枪管上方，因此瞄具设在了枪管左侧，而弹匣从上方插入，这样一来，射手卧姿射击时，即使在很低的位置也能够很好地瞄准、射击，这意味着射手能够更好地隐蔽自己，这一点深受前线战士的喜爱。

M60机枪

M60机枪是美国陆军第一代通用型机枪。它是美国普林菲尔德兵工厂研制开发的，设计工作起始于第二次世界大战末期。但是在最开始，这种机枪设计不够理想，又大又重，操作不够灵活，并没有取得成功，后经过多次研制改进，才于20世纪50年代末作为支援武器首次装备美国陆军。

1 远距离火力支援武器

M60机枪为全口径武器，可以发射7.62毫米标准子弹，装在坚固的双脚架或三脚架上，威力倍增，是远距离火力支援的有力武器。此外，它的枪口附近的轻型双脚架可以沿枪管下侧向后折叠，这是该枪的一大设计亮点。

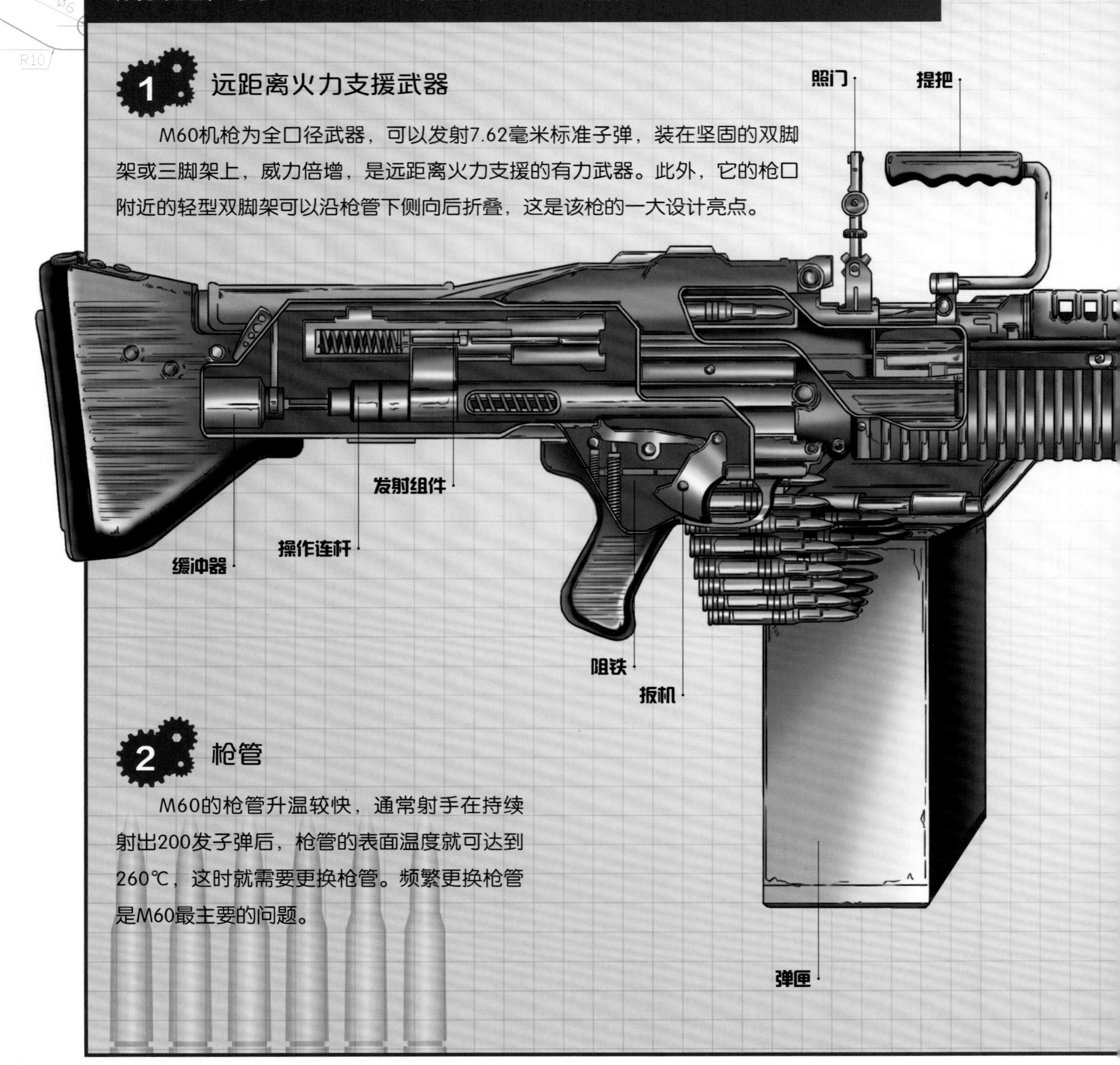

2 枪管

M60的枪管升温较快，通常射手在持续射出200发子弹后，枪管的表面温度就可达到260℃，这时就需要更换枪管。频繁更换枪管是M60最主要的问题。

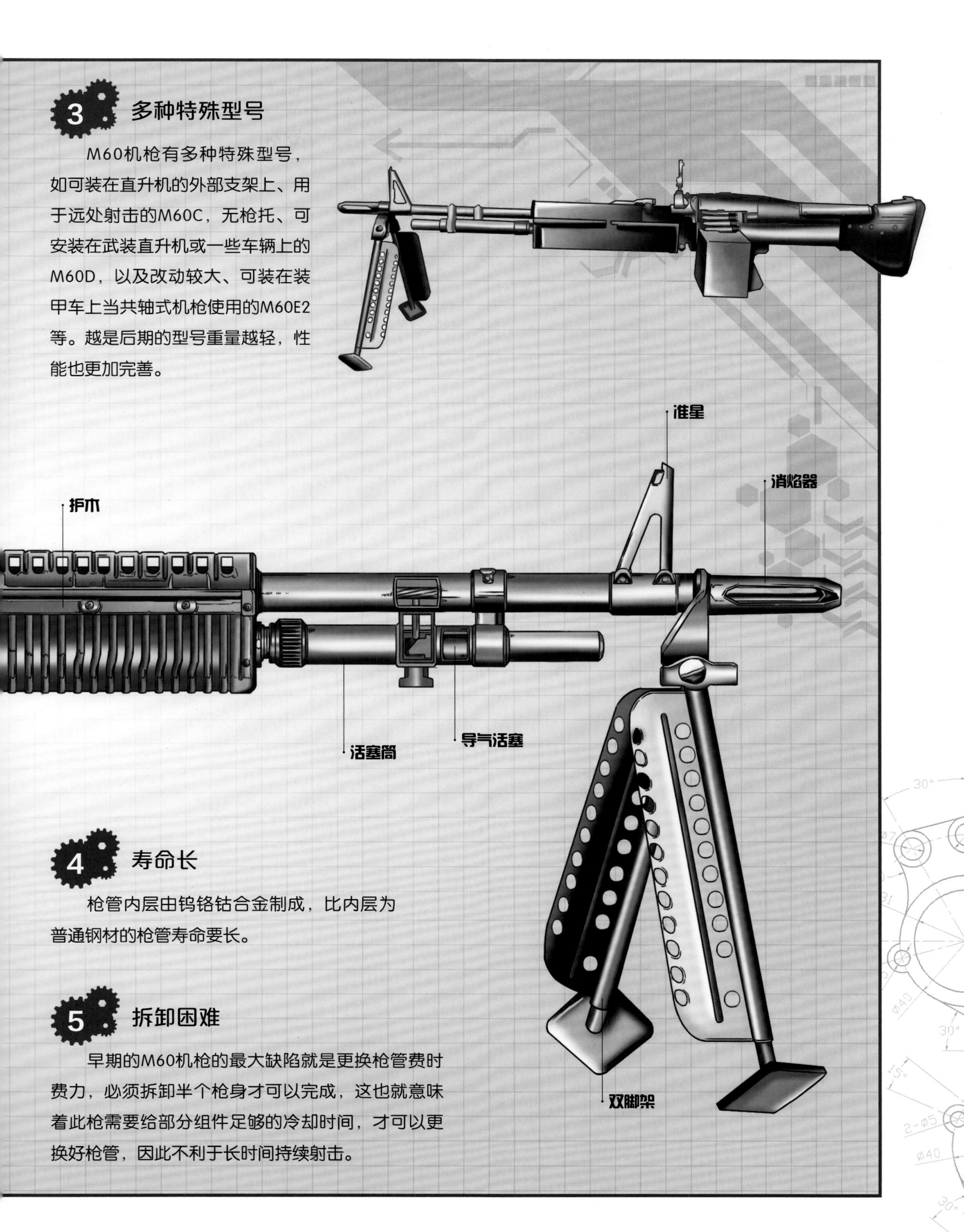

3 多种特殊型号

M60机枪有多种特殊型号，如可装在直升机的外部支架上、用于远处射击的M60C，无枪托、可安装在武装直升机或一些车辆上的M60D，以及改动较大、可装在装甲车上当共轴式机枪使用的M60E2等。越是后期的型号重量越轻，性能也更加完善。

4 寿命长

枪管内层由钨铬钴合金制成，比内层为普通钢材的枪管寿命要长。

5 拆卸困难

早期的M60机枪的最大缺陷就是更换枪管费时费力，必须拆卸半个枪身才可以完成，这也就意味着此枪需要给部分组件足够的冷却时间，才可以更换好枪管，因此不利于长时间持续射击。

勃朗宁12.7毫米重型机枪

第一批勃朗宁12.7毫米重型机枪于1921年开始生产，因威力猛烈，被作为辅助火力大量运用在坦克上，而成为坦克的“好伴侣”。勃朗宁12.7毫米重型机枪包括多种型号，如M1921、M2、M2HB等。其中，M2型是自机枪问世以来最成功的重型机枪之一。

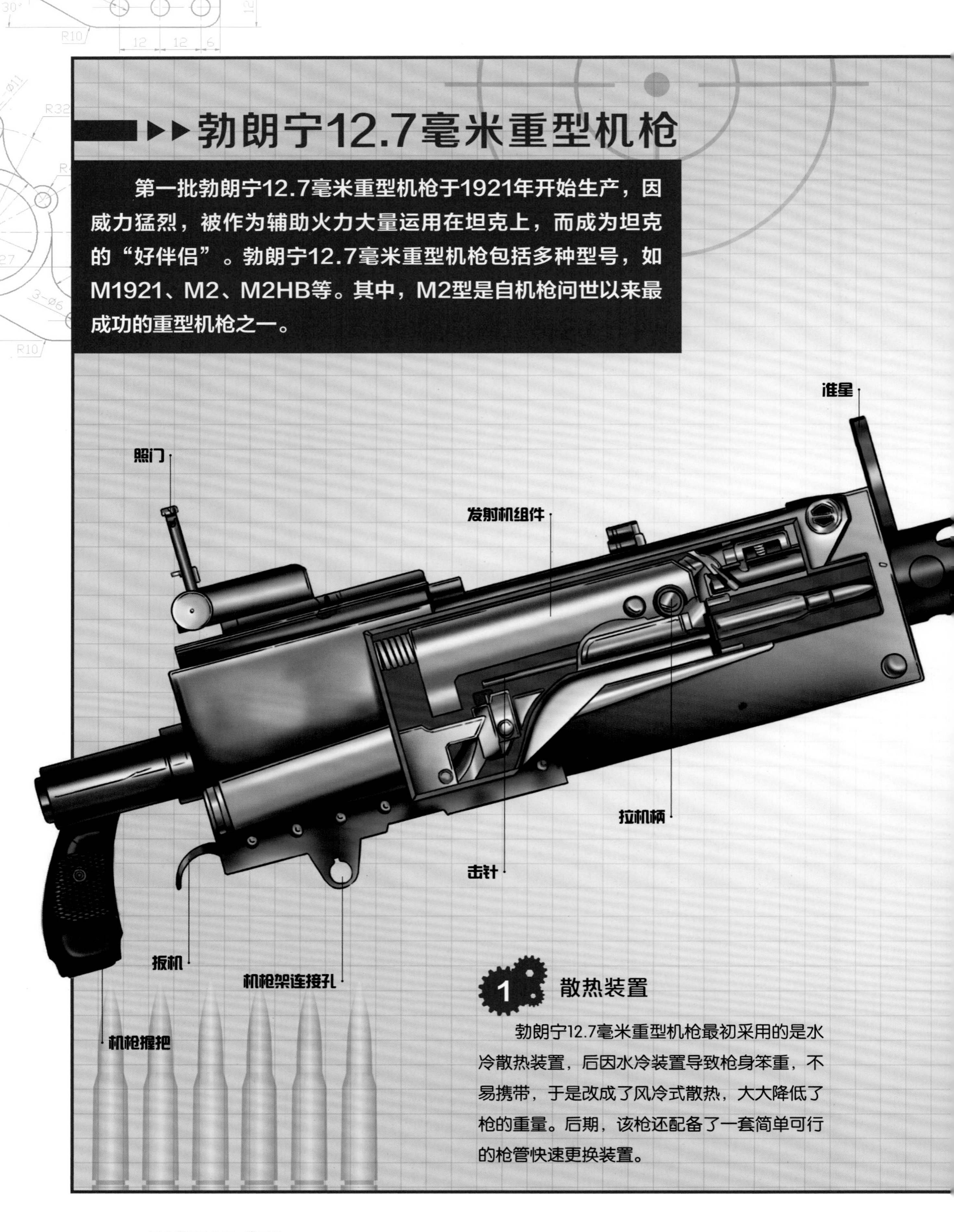

1 散热装置

勃朗宁12.7毫米重型机枪最初采用的是水冷散热装置，后因水冷装置导致枪身笨重，不易携带，于是改成了风冷式散热，大大降低了枪的重量。后期，该枪还配备了一套简单可行的枪管快速更换装置。

2 威力巨大

该枪能够发射12.7×99毫米大口径弹药，包括普通弹、穿甲弹、穿甲曳光弹、硬心穿甲弹等。该枪的射速基本稳定在每分钟440~550发，而弹头初速高达930米/秒，能够有效击穿200米内22毫米的装甲。该枪发射普通弹时的最大射程可达7.4千米，有效射程高达1.8千米。

3 多种使用方式

作为最著名的大口径机枪之一，勃朗宁12.7毫米重型机枪的M2HB型号，作为地面重型支援武器、高射武器、航空武器以及车载武器被广泛使用。

▶▶刘易斯1型机枪

刘易斯1型机枪是美国公司在刘易斯MK1机枪的基础上改进而来的，不过，有趣的是，该枪的设计师刘易斯在最开始向美国推销自己研发的刘易斯MK1机枪时，美军丝毫不感兴趣。最初接受并生产刘易斯MK1机枪的是比利时，后被英国陆军广泛使用，成为专门为英国军队生产的机枪，因其重量轻、性能好，受到了前线士兵的欢迎。当这种枪在欧洲大批量投入生产后，美国也意识到了该枪的潜在价值，最终改进并生产了刘易斯1型机枪。

1 空气冷却套管

刘易斯1型机枪外观上的最大特征是，枪管外包裹着一个粗大的空气冷却套管，当射击时，冷空气被吸入筒中为枪管散热，不过这一装置因为效果并不好而显得有点多余。

照门

发射组件

枪托

枪管散热片

子弹

扳机

复进齿轮

手枪式握把

2 气动操作武器

刘易斯1型机枪属于气动操作武器，在射击时，枪管里的高压气体往后推动活塞，活塞往后推动闭锁装置、机械装置，自动完成装弹，并使该枪随时处于射击状态。

3 开创“机枪+飞机”先河

刘易斯1型机枪是第一种正式装备空军的航空机枪，帮助谱写了军用飞机从侦察转向作战使用的新篇章。随后，各国先后将其搬上飞机。为了便于在飞机上进行射击，将其步枪式枪托换成了铁铲柄式的把手。

4 弹匣

刘易斯1型机枪采用鼓式弹匣，安装在枪身的上方，一次可装47发子弹。开火时，弹匣的轴承转动起来，顺利地将子弹推入枪膛，这是该枪与众不同的地方。

▶▶维克斯MK1型机枪

维克斯MK1型机枪是一种中型机枪，是在马克沁重机枪的基础上加以改进而来的，于1912年11月正式装备英国陆军，直到1968年才退役。它发射口径7.7毫米的子弹，能持续不断地进行发射，火力猛烈，雨点般密集的子弹攻击让其成为战场上的“王者”，被许多权威武器专家认为是第一次世界大战期间最优秀的机枪之一。

1 冷凝系统

这种机枪的冷却水槽最初的补水方式是从上面往内添水，后来，该枪配备了一个外部的冷凝罐，将冷凝罐和冷却水槽用一个软管相连，类似于汽车的散热系统，这样就不用频繁地为机枪加水了，射击效率提高了很多。

2 性能稳定

在1918年8月英军攻占海伍德的战争中，英军首次尝试使用维克斯MK1型机枪，当时共有10挺机枪投入实战，创造了在12小时内平均每挺机枪发射1万多发子弹的骄人纪录，并且射击期间没有出现一次卡壳，这也反映出了维克斯MK1机枪的超强稳定性。

3 可持续不停地射击

在弹药供应充足、枪管冷却系统状态良好的情况下，该枪可以持续不断地进行射击，几乎不会卡壳，让很多现代机枪都望尘莫及。

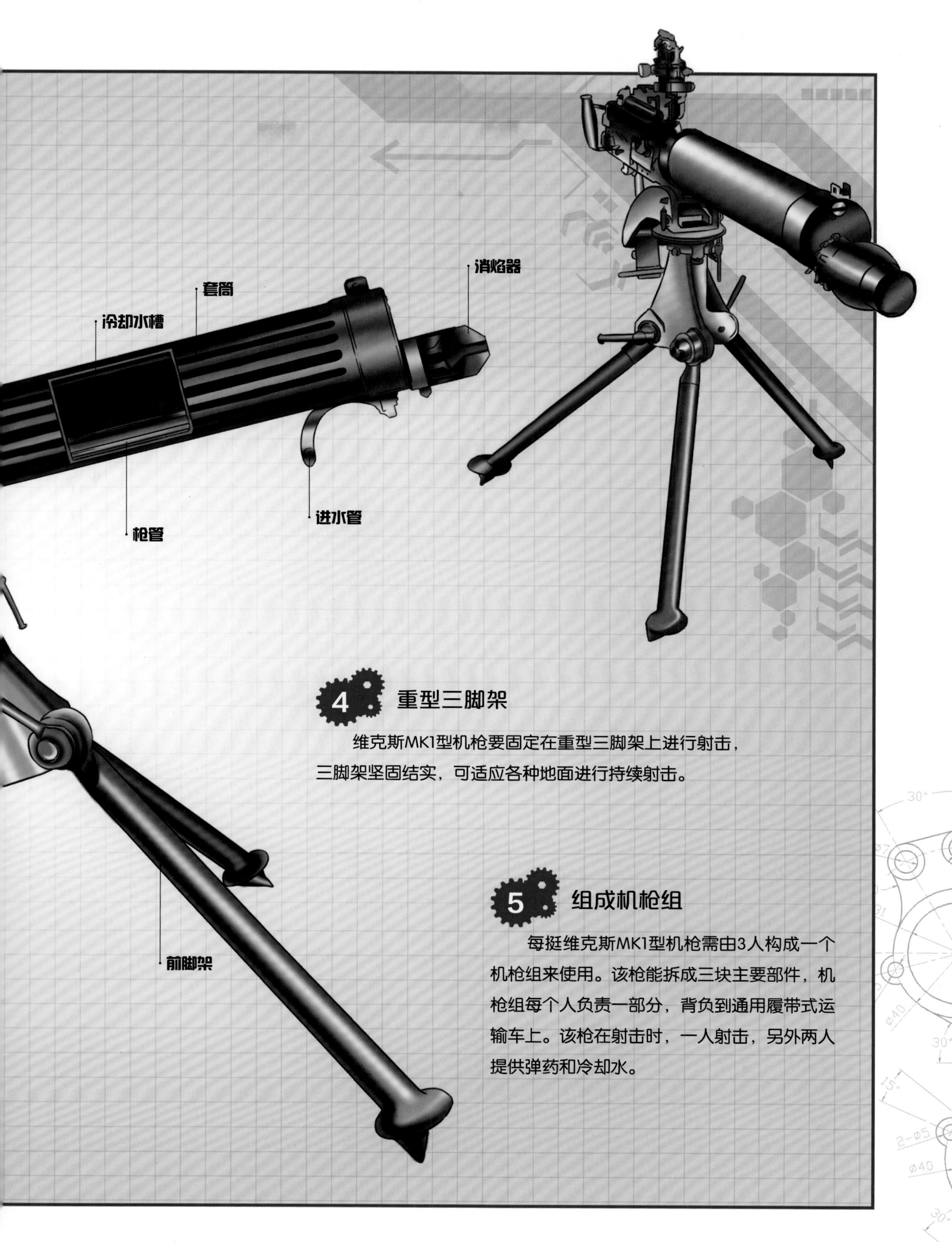

4 重型三脚架

维克斯MK1型机枪要固定在重型三脚架上进行射击，三脚架坚固结实，可适应各种地面进行持续射击。

5 组成机枪组

每挺维克斯MK1型机枪需由3人构成一个机枪组来使用。该枪能拆成三块主要部件，机枪组每个人负责一部分，背负到通用履带式运输车上。该枪在射击时，一人射击，另外两人提供弹药和冷却水。

▶▶以色列乌兹（UZI）9毫米冲锋枪

乌兹9毫米冲锋枪是一种小型冲锋枪，由以色列陆军中尉里约特纳特·乌兹·盖尔在1948年设计，1956年开始大量生产。该枪制造和维护都非常简单，然而性能却非常优越，放进水里，埋在沙下，甚至扔下悬崖，它依然完好无损。很快，乌兹9毫米冲锋枪便成为以色列的制式武器装备。后来，德国和比利时等国也装备了此枪。早期的乌兹9毫米冲锋枪只有木托式，后来为了方便，采用折叠式金属钢托。

1 枪管设计特殊

乌兹9毫米冲锋枪的枪机部分不是安装在枪管的后部，而是和枪管并列放置的，且弹匣安装在握把里，结构类似于手枪，从而大大缩小了该枪的整体长度。

2 装弹方便

乌兹9毫米冲锋枪的扳机位于枪身中部，盒式弹匣通过手枪式枪把插入。因为该枪前部结构类似手枪，且枪身较轻，所以感觉和手枪换弹匣差不多，即使在黑夜中也能非常轻松地完成装弹动作。

3 可快速撤换弹匣

乌兹9毫米冲锋枪用一个交叉式夹子或带子将两个弹匣夹在一起，一旦一个弹匣里的32发子弹用完，可以快速地换上另一个弹匣。

4 制造和设计都很简单

乌兹9毫米冲锋枪最为突出的特征就是制造和设计都很简单。该枪的主架是由金属整体冲压而成，避免了因为零件过多而组装麻烦的问题。退壳口装有自动关闭机构，子弹被击发后，退壳口会立刻关上，以防止沙尘进入机匣造成故障。如此简单的制造工艺，使得它在非常简陋的条件下也可以大量生产。

5 强大火力

不同于一般机枪被包裹起来的枪栓，乌兹9毫米冲锋枪的枪栓是裸露在机枪外的，也正因为如此，乌兹9毫米冲锋枪的射击精度极差。不过在有效射程内，乌兹9毫米冲锋枪所拥有的强大火力足以让目标无处藏身，所以它仍受到普遍欢迎。目前，全世界已有30多个国家和地区的警察和军队使用该枪。

MP5A3冲锋枪

德国MP5冲锋枪于1966年被德国警备队首次试用，随后被瑞士等50个国家的军、警部队所采用，成为20世纪70年代警卫们与恐怖分子对抗的有力武器。它是火力猛烈的全自动武器，身形较小，可以像半自动手枪那样隐藏在衣服下，被携带着出入公共场所而不引人注目。经过改进，该枪出现了多种款型，如MP5A3、MP5A4等，图中所示正是MP5A3。

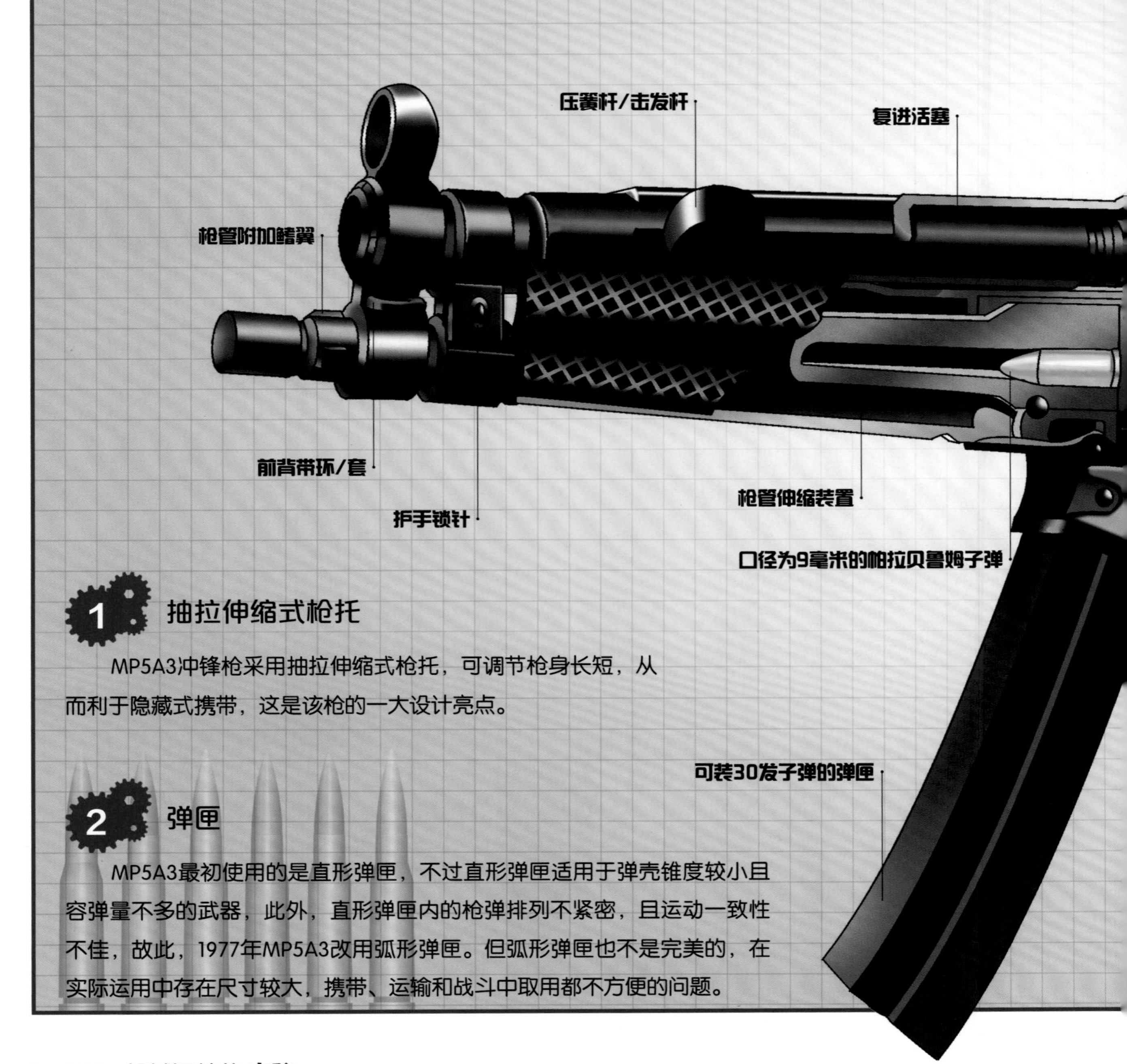

1 抽拉伸缩式枪托

MP5A3冲锋枪采用抽拉伸缩式枪托，可调节枪身长短，从而利于隐藏式携带，这是该枪的一大设计亮点。

2 弹匣

MP5A3最初使用的是直形弹匣，不过直形弹匣适用于弹壳锥度较小且容弹量不多的武器，此外，直形弹匣内的枪弹排列不紧密，且运动一致性不佳，故此，1977年MP5A3改用弧形弹匣。但弧形弹匣也不是完美的，在实际运用中存在尺寸较大，携带、运输和战斗中取用都不方便的问题。

3 采用滚柱闭锁

MP5A3冲锋枪采用滚柱闭锁，此闭锁属于不完全闭锁，具有射速高、火力猛、精确度好的特点。它的射速高达每分钟800发，火力猛烈，可以在非常短的时间内将顽强的对手打败。

4 后坐力小

MP5A3冲锋枪射击时产生的后坐力小，单手操枪也不是什么问题，所以我们经常会在电影中看到一个夸张的场景——一人双手各持一把MP5A3冲锋枪进行射击。

▶▶PPSh-41冲锋枪

PPSh-41冲锋枪又名“波波莎”冲锋枪，由苏联著名轻武器设计师斯帕金设计，并于1942年正式大规模装备苏联红军。该枪在第二次世界大战中屡建奇功，是二战中红军最优秀的武器之一。

1 大规模生产

PPSh-41冲锋枪制作简单，即使是乡村里设备简陋的作坊也可以生产。到1945年，该枪大概生产了500多万支，可谓当时生产数量最多的武器之一。

2 适合多种环境使用

在战场上，该枪完全不需要维修，也不需要清理，即使在尘土漫天的夏季和天寒地冻的冬季也可以保持干燥状态，击发装置甚至无须机油润滑，也不会被堵塞或结冰，适用于各种艰苦的环境。

3 单连发可调

PPSh-41冲锋枪的快慢机是手动可调的，扣压到不同位置将带来不同效果。向前扳为连发，向后扳为单发。这样，使用者可根据实际情况调整单连发状态。尤其是在战争情况下，可节省弹药，以备不时之需。

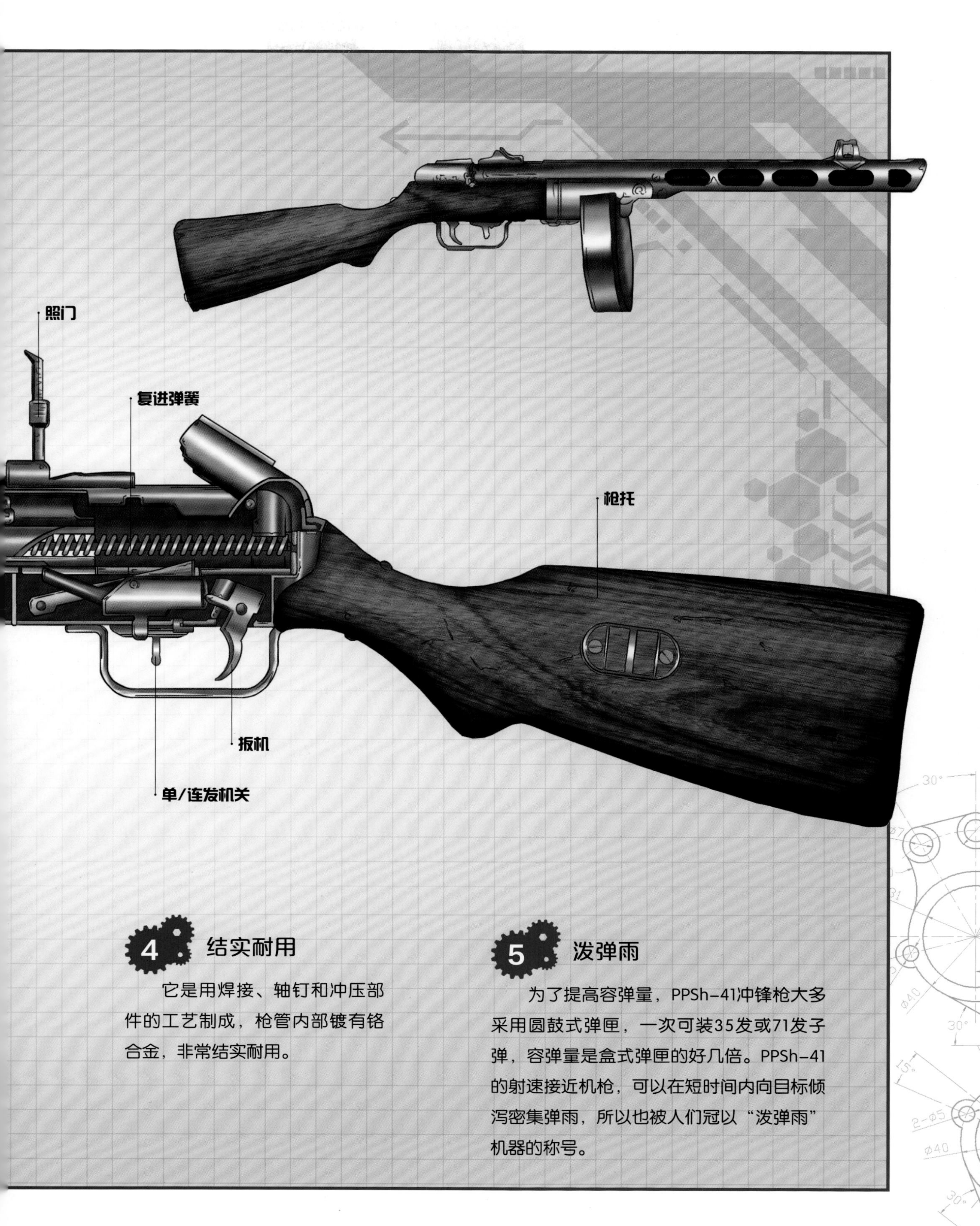

4 结实耐用

它是用焊接、轴钉和冲压部件的工艺制成，枪管内部镀有铬合金，非常结实耐用。

5 泼弹雨

为了提高容弹量，PPSh-41冲锋枪大多采用圆鼓式弹匣，一次可装35发或71发子弹，容弹量是盒式弹匣的好几倍。PPSh-41的射速接近机枪，可以在短时间内向目标倾泻密集弹雨，所以也被人们冠以“泼弹雨”机器的称号。

▶▶汤普森M1冲锋枪

汤普森M1冲锋枪是在汤普森M1928的基础上改进而成的，于1942年定型，它是美军装备中首支制式冲锋枪。该枪主要用于在残酷的堑壕战中进行近距离攻击，因此对威力和射程要求不是很高。它的设计非常简单，但枪身的重量却不轻，会给行军造成一定的负担，但因其坚固可靠，依然深受士兵们的欢迎。

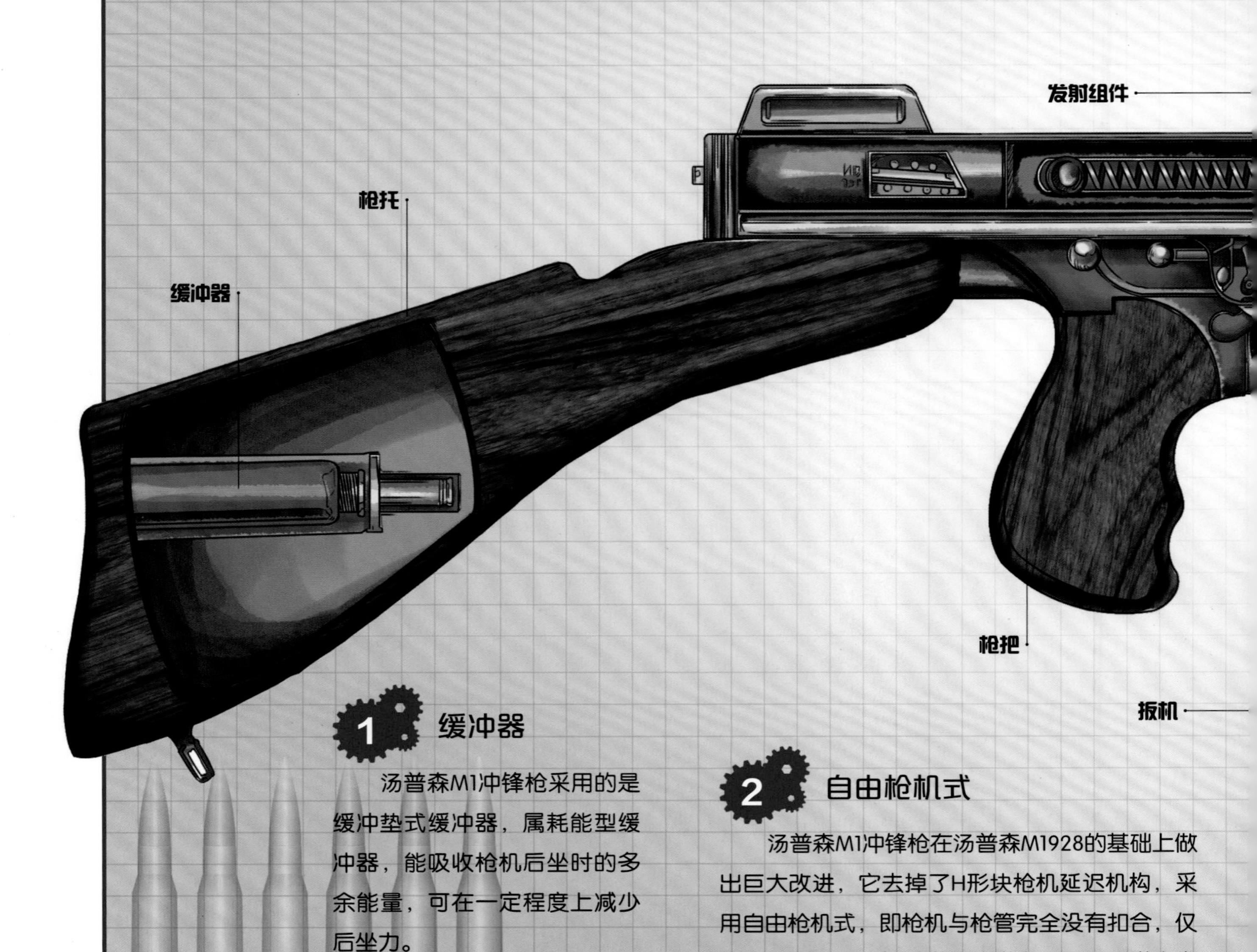

1 缓冲器

汤普森M1冲锋枪采用的是缓冲垫式缓冲器，属耗能型缓冲器，能吸收枪机后坐时的多余能量，可在一定程度上减少后坐力。

2 自由枪机式

汤普森M1冲锋枪在汤普森M1928的基础上做出巨大改进，它去掉了H形块枪机延迟机构，采用自由枪机式，即枪机与枪管完全没有扣合，仅靠枪机的重量及复进弹簧的弹力，阻止子弹击发后弹壳过快地向后运动造成的炸膛。

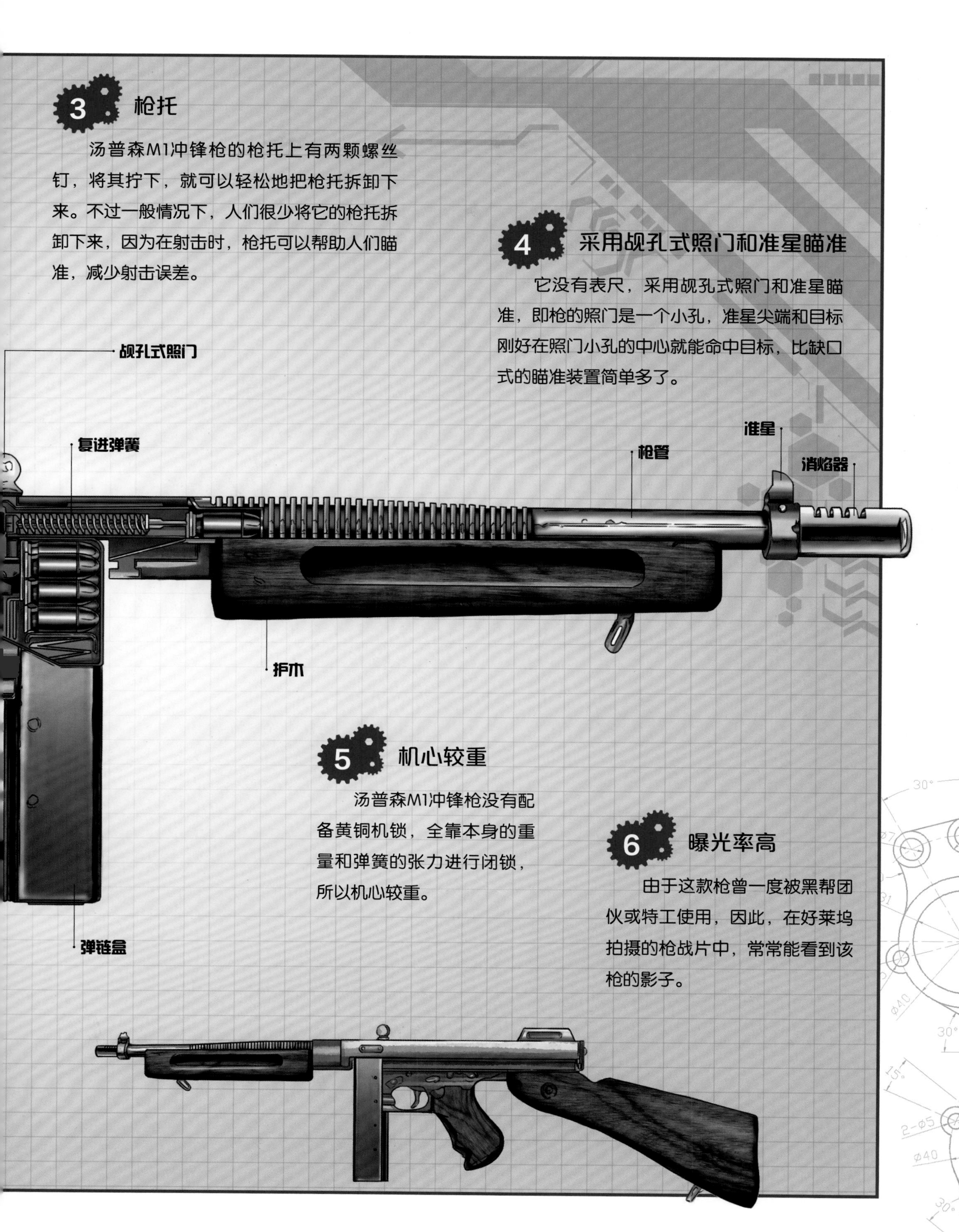

3 枪托

汤普森M1冲锋枪的枪托上有两颗螺丝钉，将其拧下，就可以轻松地把枪托拆卸下来。不过一般情况下，人们很少将它的枪托拆卸下来，因为在射击时，枪托可以帮助人们瞄准，减少射击误差。

4 采用觇孔式照门和准星瞄准

它没有表尺，采用觇孔式照门和准星瞄准，即枪的照门是一个小孔，准星尖端和目标刚好在照门小孔的中心就能命中目标，比缺口式的瞄准装置简单多了。

5 机心较重

汤普森M1冲锋枪没有配备黄铜机锁，全靠本身的重量和弹簧的张力进行闭锁，所以机心较重。

6 曝光率高

由于这款枪曾一度被黑帮团伙或特工使用，因此，在好莱坞拍摄的枪战片中，常常能看到该枪的影子。

P178
“俾斯麦号”战列舰
P180
“沙恩霍斯特号”战列舰
P182
“大和号”战列舰
“无畏号”战列舰
P192
“长滩号”巡洋舰
P194
“德弗林格号”巡洋舰
P196
“基洛夫号”巡洋舰
P198
“德·鲁伊特尔号”
巡洋舰
P206
“海龟号”潜艇
P208
德国214型潜艇
P210
“库尔斯克号”潜艇
P212
“维多利亚”级常规潜艇

第四章

军舰

军舰和潜艇的发展史

军舰和潜艇是海上作战的重要工具。军舰和潜艇技术是衡量一个国家海上军备实力的重要因素。由原先的构造简单、火力微弱到现在各方面均装备精良，军舰和潜艇的发展经历了几个非常重要的阶段。

军舰、潜艇的发展历程

军舰是海上作战的船只，船体由最初的木质外壳演变为金属外壳，而动力也由原来的风力逐渐演变为蒸汽机动力、内燃机动力及核动力等，并且武器装备也更加先进了。

1500年，意大利人伦纳德最早提出了“水下航行船体结构”的理论，为潜艇的诞生奠定了理论基础。

三排桨战船

三排桨战船是古代地中海文明，尤其是腓尼基人、古希腊人和罗马人所用的战船。在公元前7~4世纪，快速和敏捷的三排桨战船在地中海占据着主导地位。

帆船战船

约公元16年，军舰被称为战船，是在桨帆船的基础上发展起来的，故而被称为帆船战船。

“加利”型桨帆战船

13世纪，“加利”型桨帆战船诞生。它是一种长形战船，采用三角帆，上部建有一个作战指挥平台，称为战斗平台。在战船头部有一个三角形的船首，用来冲撞敌方战船。

“海龟号”潜艇

1776年，美国人布什内尔制造出了单人操纵的木壳潜艇，名为“海龟号”。它可潜至水下6米，停留时间约30分钟。艇体外部挂有一个炸药包，可偷偷潜入敌舰底部，将炸药包挂在敌舰外壳上，然后进行定时爆破。

第一艘潜水船

1620年，荷兰物理学家科尼利斯·德雷尔成功地制造出人类历史上第一艘潜水船，它的船体像一个木桶，外面覆盖着涂有油脂的牛皮，采用多根木桨来驱动，可载12名船员，能够潜入水下3~5米。德雷尔因此被称为“潜艇之父”。

“鹦鹉螺号”潜艇

1801年5月，法国人富尔顿建造了一艘名为“鹦鹉螺号”的潜艇。它的外壳是由铜金属制成，而框架则采用了铁金属，能潜至水下8~9米处。此款潜艇配备的武器是水雷。

“亨莱号”潜艇

“亨莱号”由一台铁锅炉改装而成，像一支细长的雪茄，依靠手摇曲柄来推动。它的纵向稳定性差，极易发生纵倾。

蒸汽船时代

进入蒸汽船时代，英国人设计了用铁甲覆盖船身的战舰，并设计了可以旋转的主炮，攻击火力大大增强。

蒸汽动力潜艇“潜水员号”

1863年，法国建成了一艘名为“潜水员号”的潜艇，它是第一艘摆脱人力动力、使用蒸汽动力的潜艇。它外形像海豚，可下潜到水下12米，在水下航行3小时，是20世纪以前建造的最大的一艘潜艇。

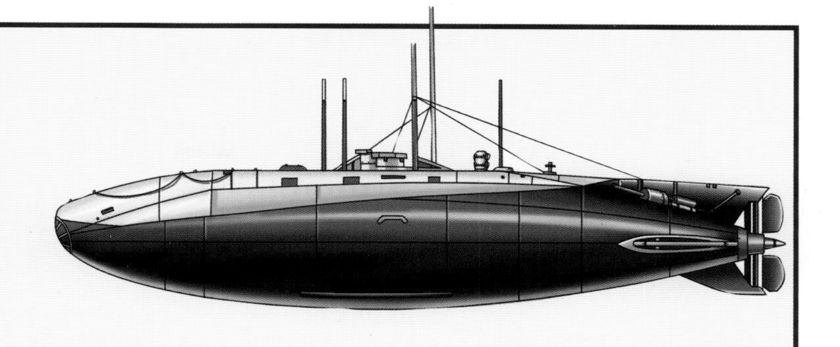

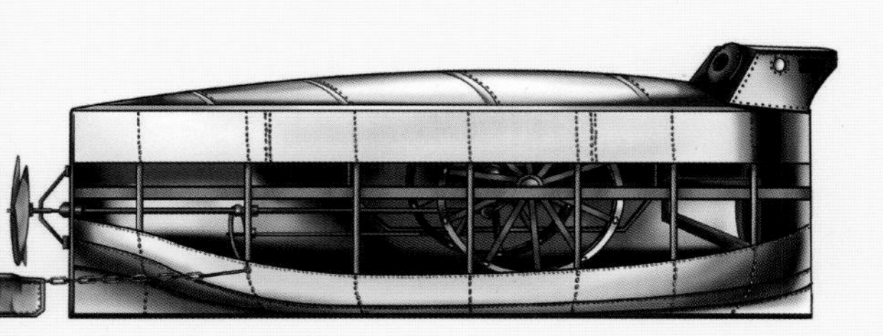

“潜水者号”潜艇

1893年，霍兰建成了“潜水者号”潜艇，它使用了“双推进装置”，即在水面航行时使用蒸汽推进装置，在水下航行时采用电动推进装置，是现代潜艇的雏形。

英国“君权”级战列舰

1890年英国建造的“君权”级战列舰，是近代各国战列舰设计的样板。它采用了三汽缸立式三胀式蒸汽机，并对暴露在外的火炮加上装甲外罩，从而形成了炮塔形式的主流装备。自此，军舰进入了快速发展时代。

德国U型潜艇

1906年初，德国人建造了U型潜艇。它由柴油机提供主动力，航速快，装备的武器也很丰富。在第二次世界大战期间，它“猎杀”了同盟国军队无数船只，给同盟国造成了巨大损失。

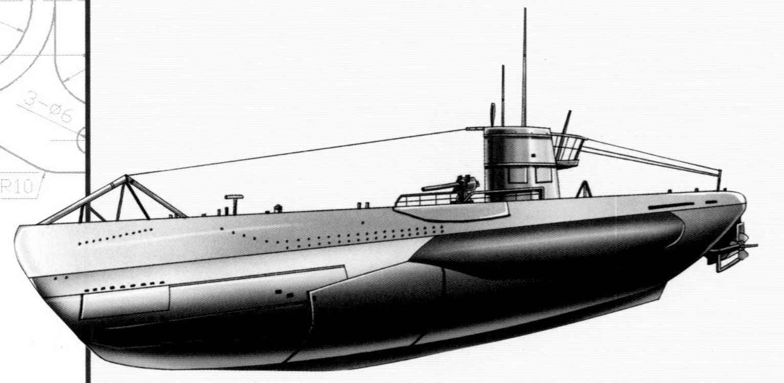

航空母舰最早的雏形

英国人将一艘老巡洋舰改装成了第一艘可容纳飞机的船只，即“水上飞机母舰”。这是航空母舰的雏形。

英国“不屈号”战列巡洋舰

1911年，英国“不屈号”战列巡洋舰诞生，它是一种把战列舰的强大火力和装甲巡洋舰的高机动性结合在一起的战舰。装甲和航速都非常优异，用以充当战略机动力量。

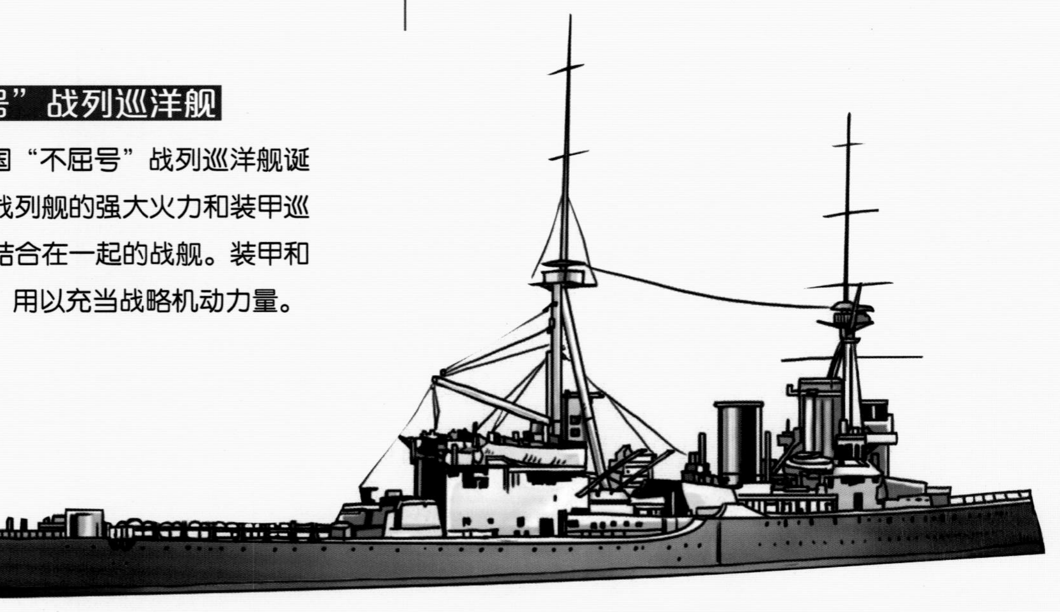

“鹦鹉螺号”核潜艇

1954年，“鹦鹉螺号”核潜艇成功下水。它身长98.7米，排水量为轻载3 215吨、水面3 533吨、水下4 092吨，最大航速46千米/时，潜深为150~230米。“鹦鹉螺号”的非同寻常之处在于它采用核反应堆作为动力源，可以在水下连续航行50天，航程可达3万海里。此外，艇上还装备了自导鱼雷。

“凤翔号”航空母舰

1922年，日本成功建成了世界上第一艘真正意义上的航空母舰——“凤翔号”。它设置有专供飞机起飞和降落的飞行甲板，有前后两个存放飞机的机库，可存放作战舰载机15架。此外，它还可以装载大量燃料，续航能力达到近万海里，是同时期军舰中极为罕见的。不过，它的动力还是由蒸汽涡轮机提供。

德国“沙恩霍斯特号”战舰

1935年3月，德国开始动工兴建“沙恩霍斯特号”战舰，于1938年5月完工。该舰搭载了3架舰载飞机，航速高达约60千米/时，装备了威力强大的2具三联装533毫米鱼雷发射管，在大西洋作战中表现非常出色。

“基洛夫”级核动力巡洋舰

“基洛夫”级核动力巡洋舰除了主船体外，就连复杂的上部结构都没有采用垂直的平面设计，全都设计成斜面，所以，它虽然体形庞大，但是雷达却很难捕捉到它，是隐形舰艇的雏形。

“鳐鱼号”核潜艇

“鳐鱼号”是美国海军成功建造的排水量小、造价低的攻击核潜艇，它的出现标志着美国发展原子核潜艇的试验阶段已经完成。此款核潜艇艇首还配备了6具533毫米鱼雷管，艇尾配备了2具533毫米鱼雷管，拥有先进的火控系统。

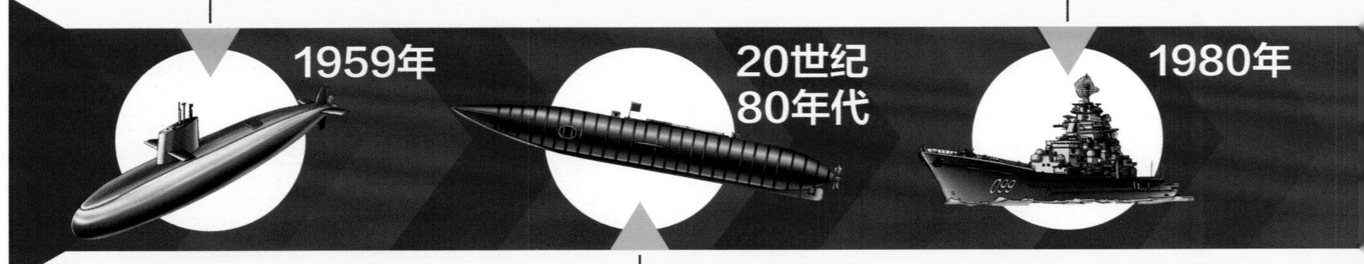

苏联“基洛”级潜艇

“基洛”级潜艇是苏联最成功的常规潜艇，是一种单轴推进的柴电潜艇。它采用泪滴形艇壳设计，从艇体外层使用吸音涂料、轮机安装于减震基座上、机舱采取隔音设施等方面来降低潜艇的噪声，是最早注重隐蔽性的潜艇之一。

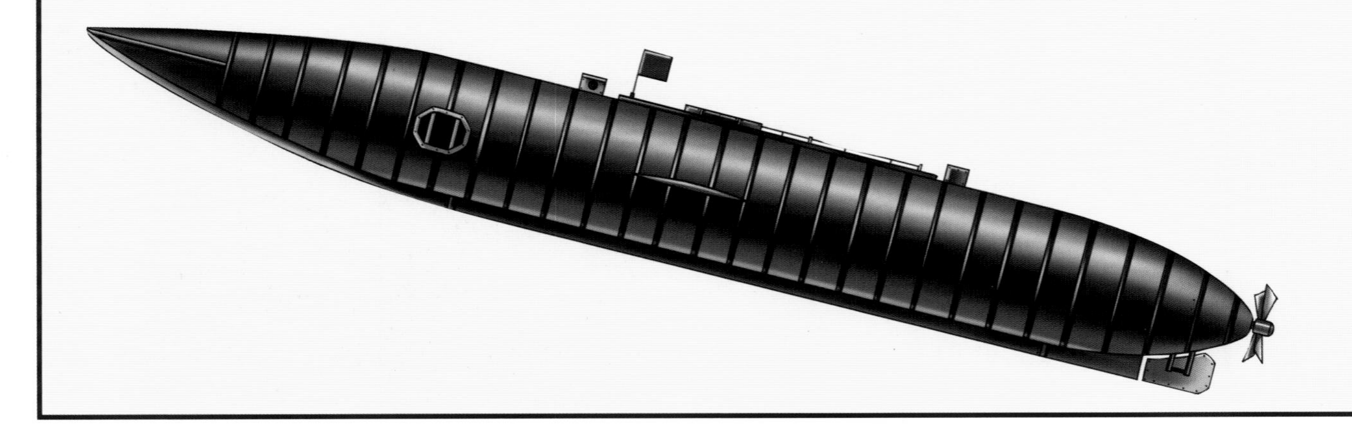

日本“春潮”级潜艇

“春潮”级潜艇由日本研制，其安全潜深为300米，艇体呈长水滴形，通过采用7叶大侧斜螺旋桨、敷设消声瓦、加装减震浮筏等措施，大大提高了低噪声性能。它是世界常规潜艇中最早安装拖曳线列阵声呐系统的，远程搜索和攻击能力都很强。此外，它还安装了AN/SQS-36C主动声呐，探测效能显著。

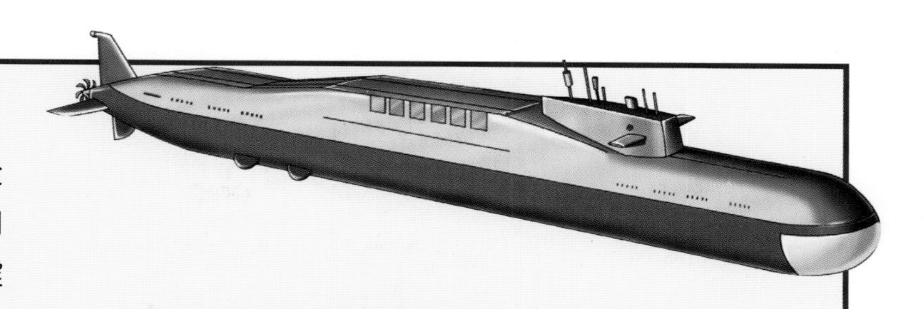

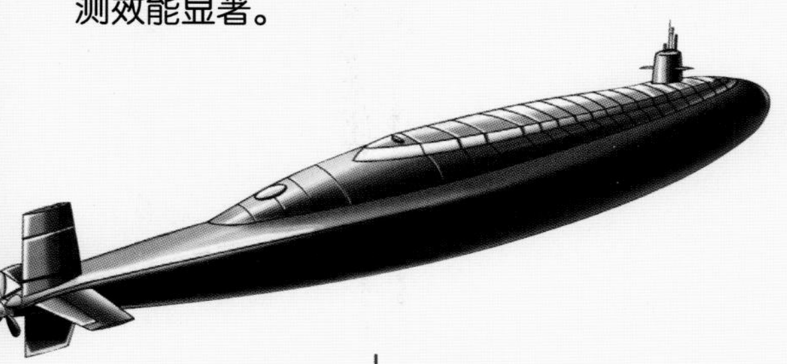

俄罗斯“尤里·多尔戈鲁基号”

“北风之神”级战略核潜艇属于第4代弹道导弹潜艇。其首艇“尤里·多尔戈鲁基号”于2013年正式服役。它的主动力装置采用1座OK-650型压水反应堆和1座汽轮机，动力非常强劲。此款潜艇还拥有2个低噪声推进电动机，既可以保证其在水下低速安静航行，也可以使它在浮冰之下安静地悬浮。另外，它还配备了16个导弹发射筒、16枚“圆锤”洲际导弹，火力非常强劲。

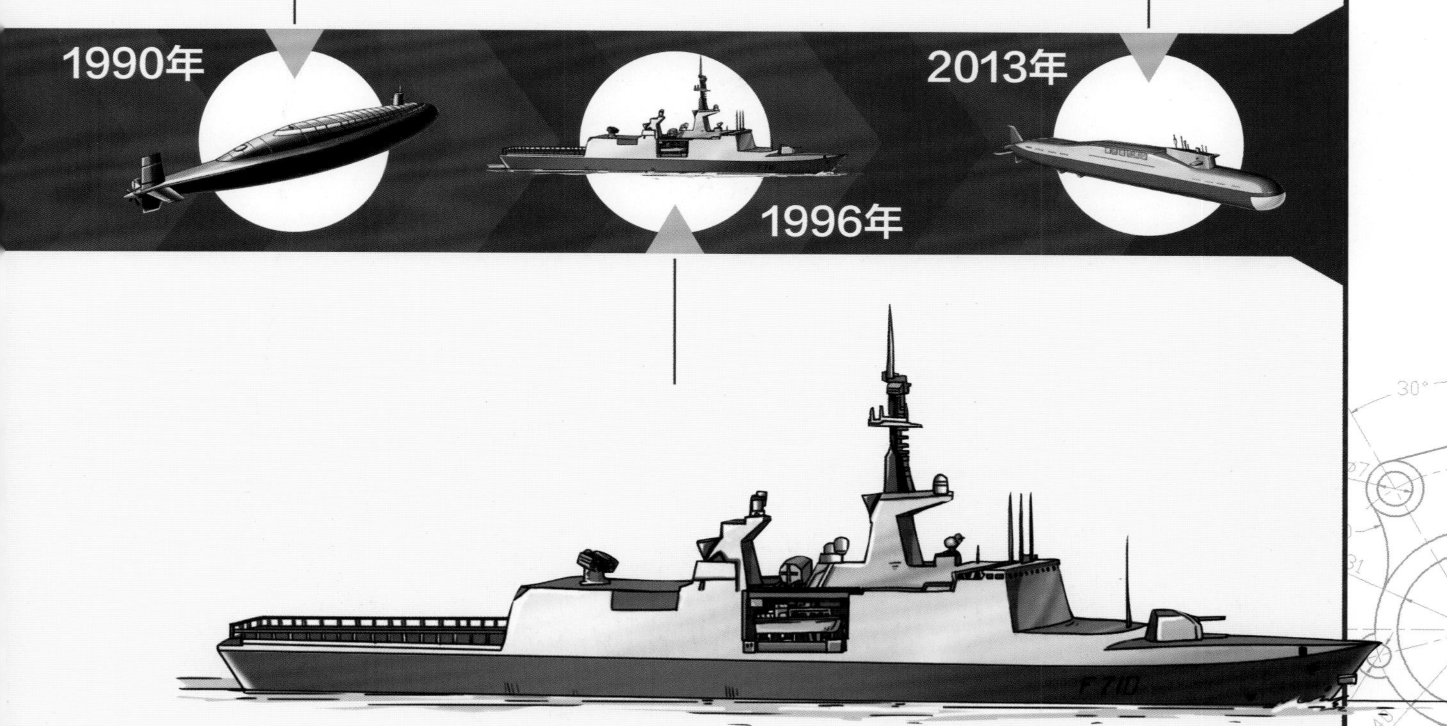

“拉斐特”级护卫舰

“拉斐特”级护卫舰，是全世界最早采用降低舰体高度以躲避雷达侦察的战舰，是现代隐形战舰中的佼佼者，在20世纪90年代对各国军舰的设计均产生了深远的影响。

▶▶“俾斯麦号”战列舰

“俾斯麦号”战列舰，是德国为摆脱《凡尔赛条约》对其海军发展的严格限制而秘密设计的。它于1935年开始建造，于1940年正式服役，是第二次世界大战中德国海军主力舰艇之一。1941年5月24日，“俾斯麦号”战列舰仅用了6分钟就击沉了英国皇家海军最大也是最著名的“胡德号”战列巡洋舰，因此名声大噪。但是好景不长，三天后，它就在英国海军航母、战列舰及巡洋舰的联合进攻下沉没了。

1 独特的平行船舵

“俾斯麦号”战列舰安装了两个大型的平行船舵，可以沿中心线进行转角为80°的旋转，使得“俾斯麦号”战列舰在高速下依然具有灵活的反应能力，转向性能非常优越。

2 动力强劲

“俾斯麦号”战列舰采用12台高压燃油锅炉驱动3组涡轮机，最大航速30节①，可以保证在航速19节的情况下，持续巡航8 000海里②。

注：①节是航海速度单位，1小时航行1海里的速度是1节。
②海里是计量海洋上距离的长度单位，1海里等于1 852米。

3 三个指挥所

“俾斯麦号”战列舰设置了三个指挥所，分别位于船头、前桅楼平台上部和船尾，每个指挥所均配备有测距仪和雷达，方便进行全方位观测敌情和指挥作战。

4 水上飞机

“俾斯麦号”战列舰上有4架阿拉朵Ar196型水上飞机，可以借助弹射器起飞。水上飞机，顾名思义，是指能在水面上起飞、降落和停泊的飞机。水上飞机主要执行侦察任务，在近现代战争中起着至关重要的作用，一定程度上决定了战争的成败。

5 主炮塔

舰首甲板和舰尾甲板都设有主炮塔。主炮可发射威力强大、适合中近距离作战的穿甲弹。在当时处于领先地位。

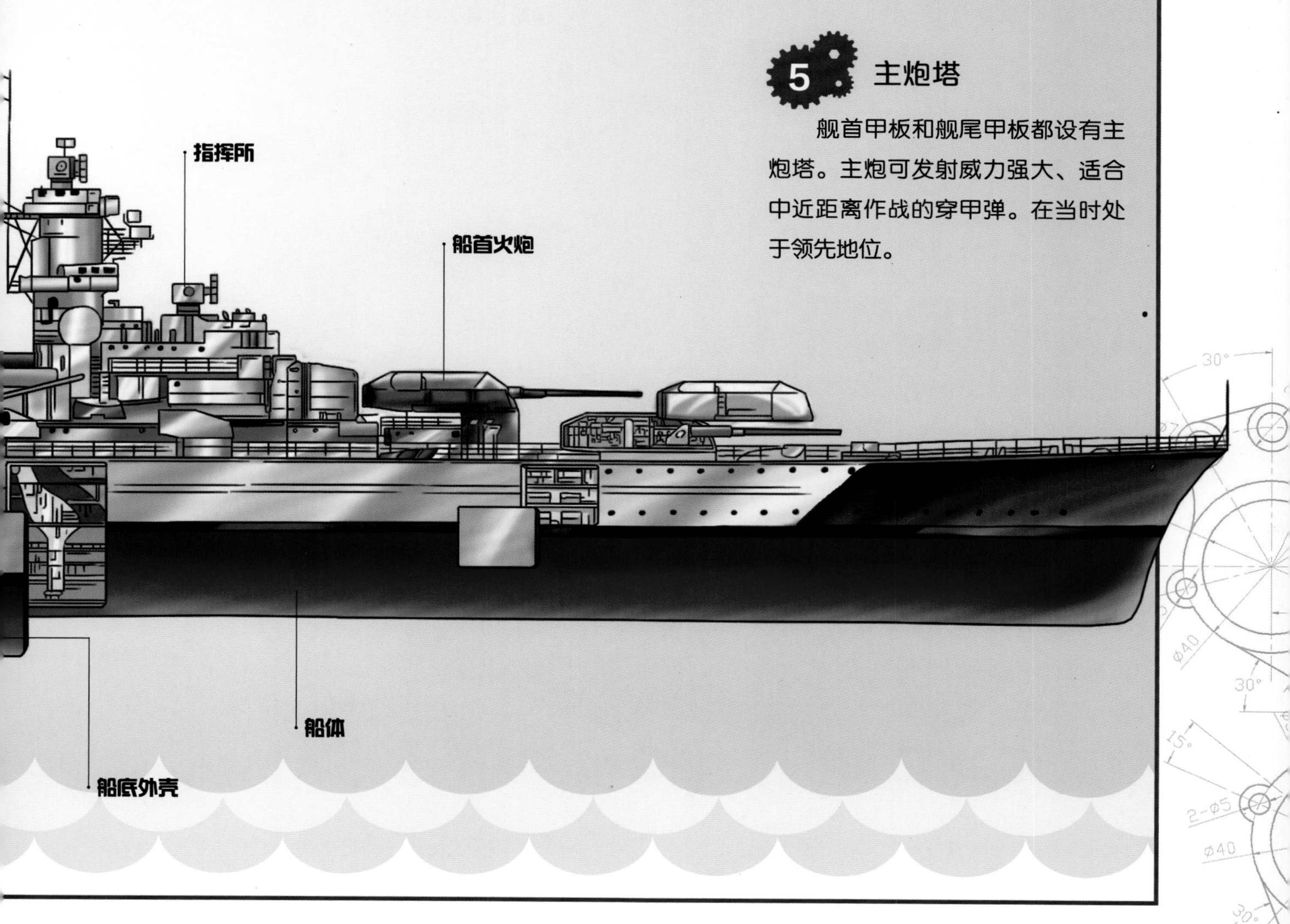

▶▶ “沙恩霍斯特号”战列舰

“沙恩霍斯特号”战列舰是德国20世纪40年代非常重要的战列舰之一。它于1936年10月3日正式下水。1940年6月8日，击沉了英国航母“光荣号”，还强行突破了英吉利海峡，从法国布雷斯特港驶回了德国。1943年12月25日，“沙恩霍斯特号”遭遇以战列舰“约克公爵号”为首的英国舰队拦截，被英舰击沉。

1 动力强大

“沙恩霍斯特号”战列舰是在特别强调军舰速度的情况下设计的。它配备了3台高温高压齿轮涡轮机，由12个鼓式锅炉提供动力，总功率可达118 000千瓦，最高航速接近32节。

2 航程远

“沙恩霍斯特号”战列舰的燃料舱能装下重达6 200吨的燃料，航程可达18 710千米。

3 武器装备

“沙恩霍斯特号”战列舰原计划要安装3门双联380毫米火炮，由于二战前的限制与战争爆发后的情势的影响，“沙恩霍斯特号”实际上配备的是280毫米火炮作为主炮。

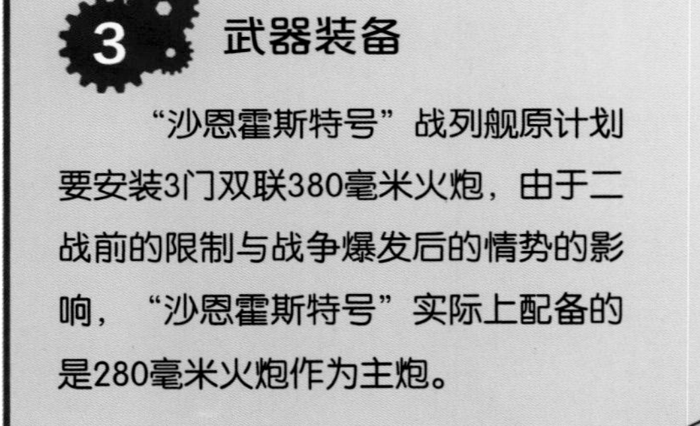

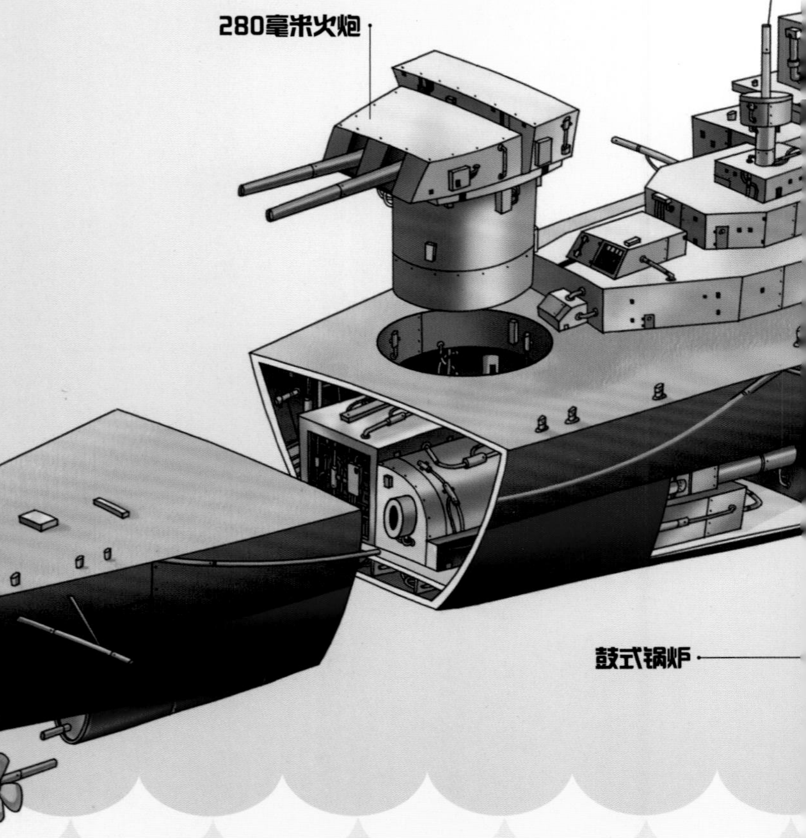

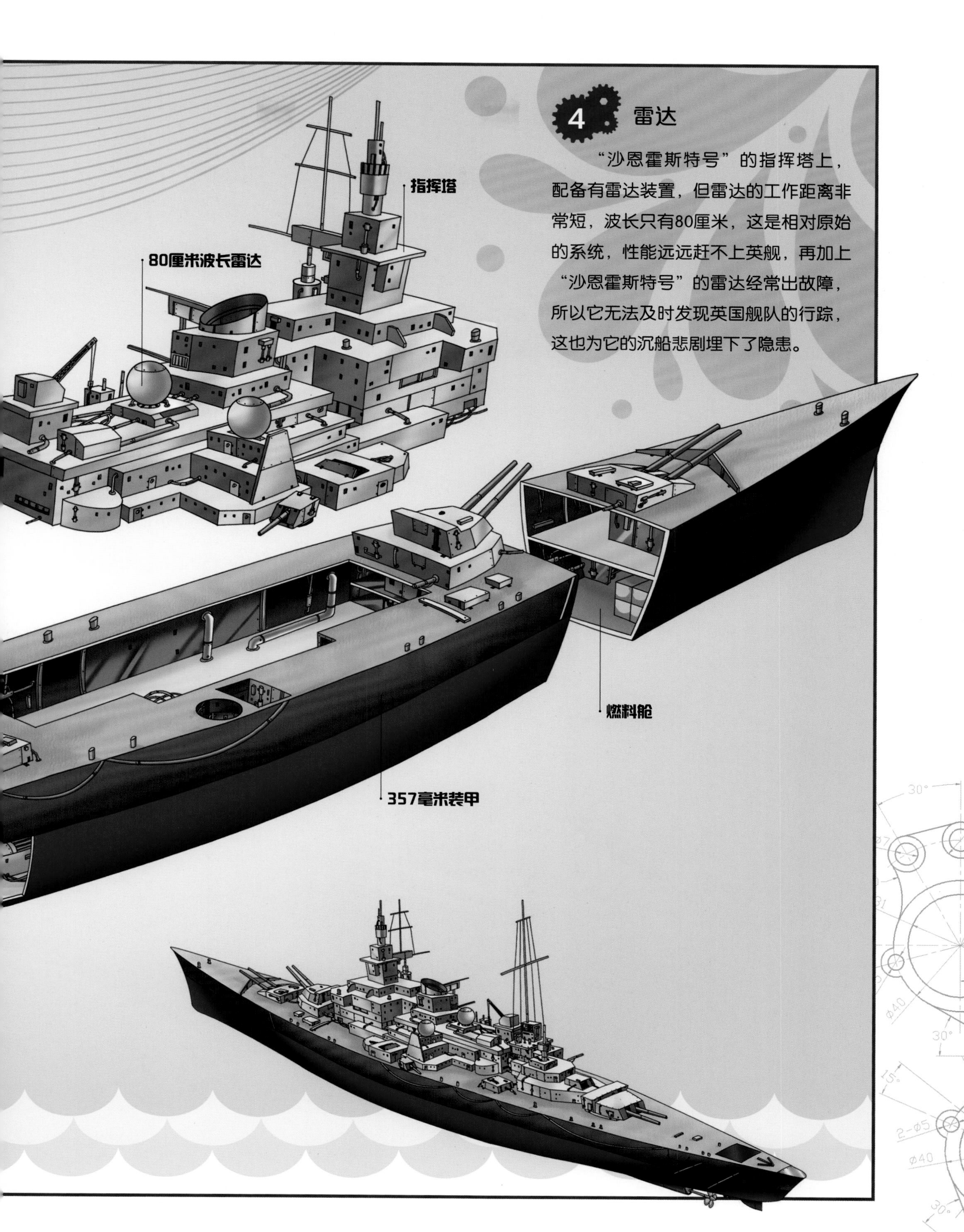

4 雷达

“沙恩霍斯特号”的指挥塔上，配备有雷达装置，但雷达的工作距离非常短，波长只有80厘米，这是相对原始的系统，性能远远赶不上英舰，再加上“沙恩霍斯特号”的雷达经常出故障，所以它无法及时发现英国舰队的行踪，这也为它的沉船悲剧埋下了隐患。

▶▶“大和号”战列舰

1941年12月16日，“大和号”被编入日本联合舰队，是日本联合舰队的旗舰，它是人类历史上最大的战列舰，被称为“世界第一战列舰”和“日本帝国的救星”。它多次参与战争，在莱特湾海战期间，遭遇六艘美国战列舰围攻，最终成功脱险。一年后，在九州岛西南50海里的地方，它被美国航母击沉，结束了短暂而璀璨的一生。

1 水下听音器

舰首位于水线下约3米的位置，呈球状，里面装有水下听音器，类似于今天的舰首声呐。

2 船尾弹射装置

船尾设置了两个飞机弹射器，协助飞机快速起飞。

3 舰船防护

“大和号”的装甲是整个战列舰史上最厚重的。其舷侧装甲向内倾斜20度，有良好的防弹作用。

4 强大的武器装备

“大和号”战列舰最大的特点就是武器装备强大。它的主炮塔重达2 818吨，配备的460毫米的火炮可以在1分钟内发射两枚1 473千克的炸弹，射程达41 148米。此外，它还携带了7架飞机，配备了24门127毫米和167门25毫米的防空炮，火力非常强劲。

5 弹药舱

“大和号”战列舰上配备了当时最大的火炮，这能够对敌舰造成较大杀伤力，但与此同时，这也给自身带来了重大威胁，一旦弹药舱遭到袭击，则必然船毁人亡。所以最初在建造时，为了防止弹药舱爆炸，“大和号”战列舰的弹药舱被设计成可以注水型弹药舱，但前提是船上水泵可以正常工作，否则一切都枉然。

▶▶“无畏号”战列舰

“无畏号”战列舰是世界上第一艘采用蒸汽轮机驱动的主力舰，它的出现，意味着以往旧式的桅杆高耸的风帆战列舰成为历史，标志着新的以蒸汽机为动力的战列舰的时代到来了。“无畏号”是英国皇家海军设计制造的，于1906年年底正式服役。第一次世界大战中，“无畏号”于1916年3月18日在北海海域撞沉过德国U29潜艇。1919年后退役。

1 蒸汽轮机

“无畏号”安装了18台三胀式蒸汽锅炉，4台帕森斯蒸汽轮机组，功率达到16 500千瓦，最高航速21节以上。

2 炮塔

装甲主炮塔上安装了12磅火炮，它们可以有效打击鱼雷艇。同时，指挥塔也会根据测距结果及时把射击误差的信息反馈给炮塔，让炮塔随时调整射击角度，这就极大提高了火炮的命中率。

3 防御装甲

“无畏号”装甲总重量约5 000吨，装甲钢采用了表面硬化处理，使得强度和抗穿透性显著提高。

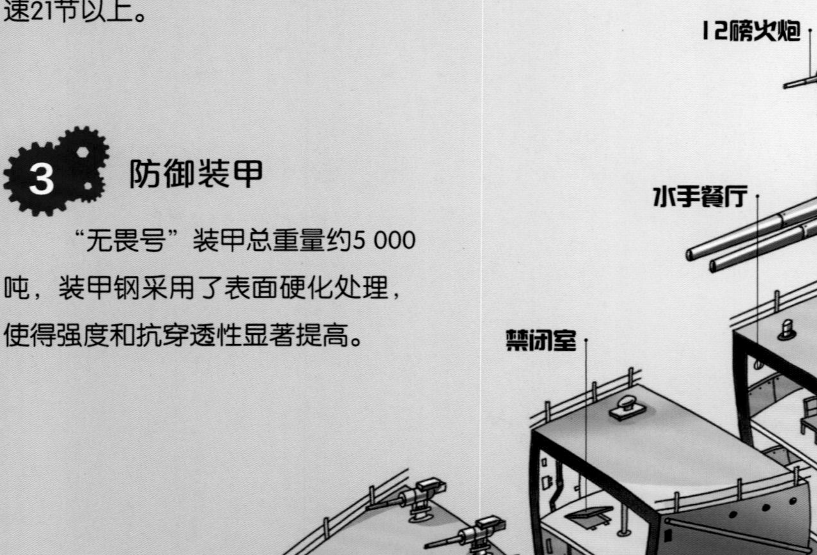

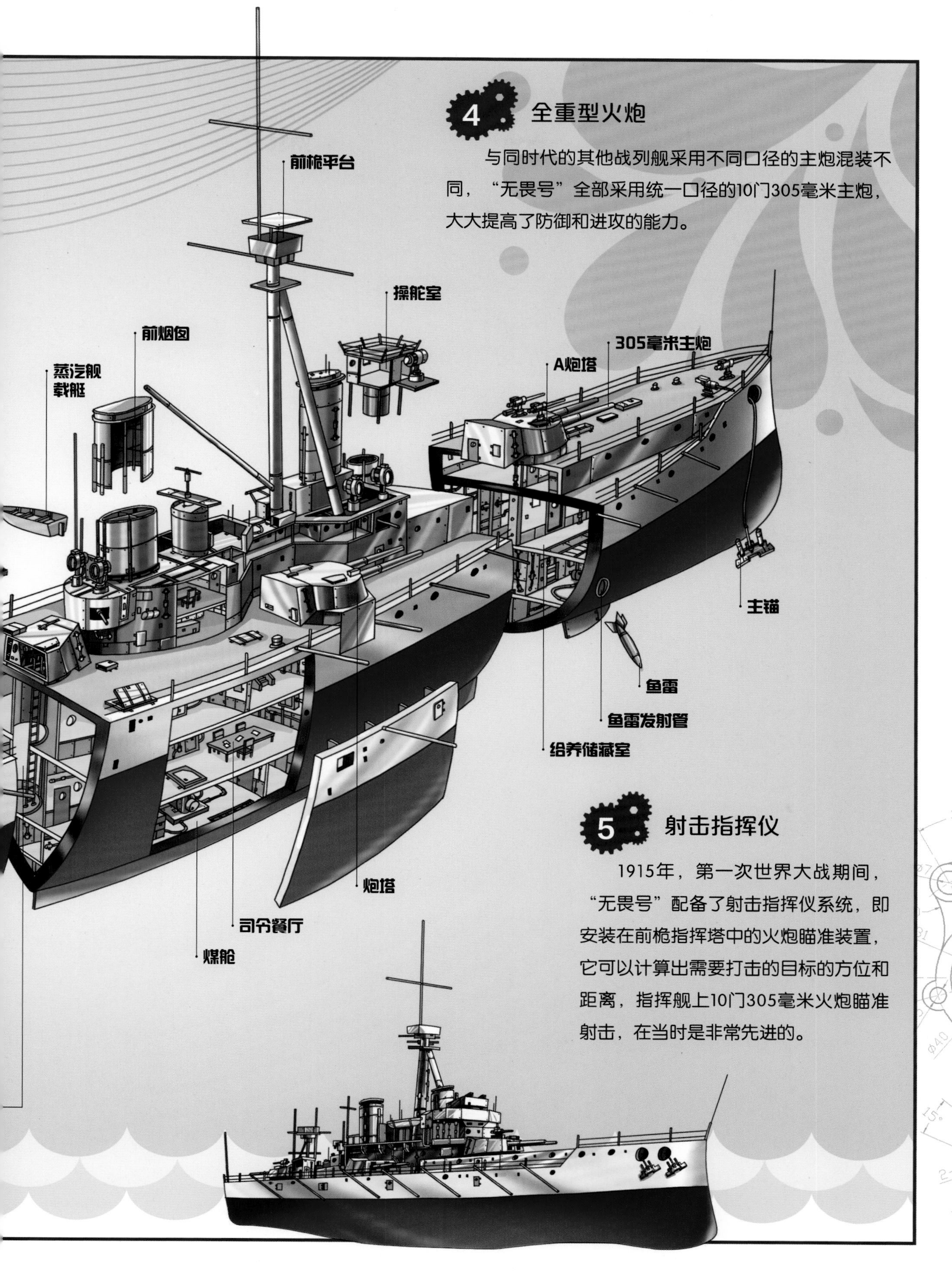

4 全重型火炮

与同时代的其他战列舰采用不同口径的主炮混装不同，“无畏号”全部采用统一口径的10门305毫米主炮，大大提高了防御和进攻的能力。

5 射击指挥仪

1915年，第一次世界大战期间，“无畏号”配备了射击指挥仪系统，即安装在前桅指挥塔中的火炮瞄准装置，它可以计算出需要打击的目标的方位和距离，指挥舰上10门305毫米火炮瞄准射击，在当时是非常先进的。

▶▶“哥萨克人号”驱逐舰

“哥萨克人号”是英国在20世纪30年代建造的“部族”级驱逐舰，自1938年服役以来，参加过多次军事行动。如1940年2月，从德国油船“阿尔特马克号”上成功营救出英军战俘；次年5月，参加了围攻德国“俾斯麦号”的行动，并协助其他舰艇一起将其击沉。遗憾的是，5个月后，它在执行一项护航任务途中，被德国的U-563潜艇发射的鱼雷击中，几天后不幸沉没。

1 独特的雷达安装位置

“哥萨克人号”将新增加的286M防空雷达天线安装在桅杆上，大大提高了防空能力。

2 先进的测距仪

“哥萨克人号”安装有测距仪，在对海、对陆攻击时，测距仪只用作测距，而在对空射击时则兼负瞄准射击任务。

3 强悍的火炮装置

“哥萨克人号”是第一艘将重点放在火炮上而非鱼雷上的英国驱逐舰。船上安装了Mk -XII型火炮，火力强悍。

“部族”级驱逐舰

“部族”级驱逐舰是二战中英国皇家海军最著名的一级驱逐舰，其设计目的是对抗其他国家的大型驱逐舰。“部族”级驱逐舰速度快，适航性能优越，船上还安装了飞箭式船首和轻型的天线桅杆与烟囱。

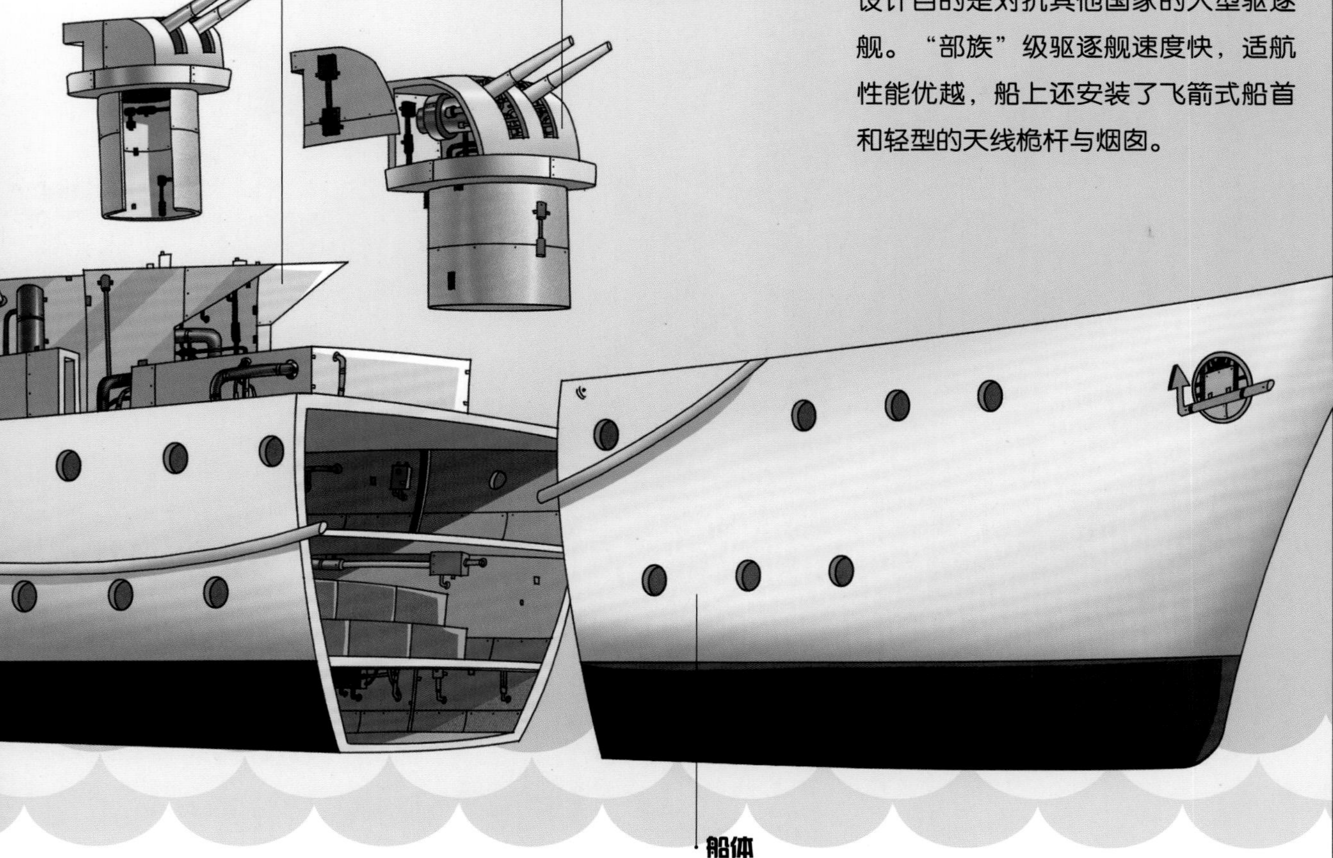

“弗莱彻号”驱逐舰

“弗莱彻号”是美国175艘“弗莱彻”级驱逐舰的首舰，它诞生于20世纪40年代追求高航速的时期，因其航速快、重量轻，也被人冠以“海上轻骑兵”的称号。“弗莱彻号”在第二次世界大战期间表现非常出色，它获得了15枚“战斗之星”勋章，战后岁月里又获得5枚。它是美国最成功的驱逐舰之一，直到1967年才退役。

1 生活设施配备齐全

“弗莱彻号”在中甲板室设有洗衣房和厨房，洗衣房内配备了洗衣机、风干机、熨衣板、晾衣架等一系列设备，厨房内的厨房家电，如烤箱、蒸汽锅、烧烤架、油炸锅等也一应俱全。更引人注意的是，船员们用餐后的餐具居然统一由自动洗碗机清洗。可以说，“弗莱彻号”是当时居住环境最为舒适的驱逐舰。

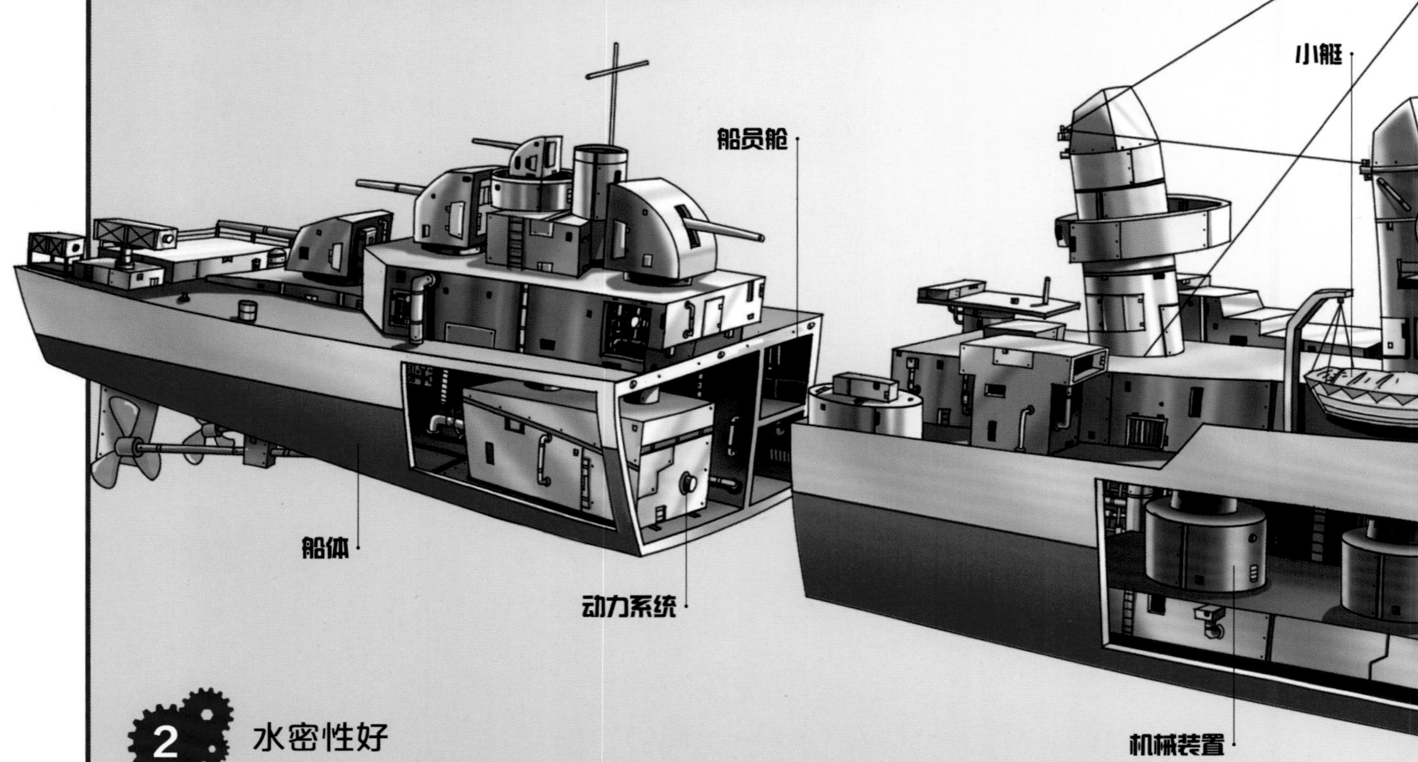

2 水密性好

“弗莱彻号”有14道水密隔舱，它们将舰体划分为15个水密区，所有水密舱门都开设在第1平台甲板以上，以确保水线以下舰体各区间的水密性。其中2道水密隔舱分别构成动力舱室的前壁和后壁，没有开设任何舱门，只能由主甲板上的开口进入锅炉舱和轮机舱，这使得整个动力舱成为一个独立的大水密区，确保舰体进水时动力系统的安全性。

3 应急柴油发电机

“弗莱彻号”装备了一台100千瓦的柴油发电机，为“弗莱彻号”丧失动力时提供应急电力。

4 航速高

“弗莱彻号”采用两座高性能蒸汽轮机、四台燃油锅炉及双轴双桨推进，大大增加了主机输出功率，从而提高了该船的航速。

5 平甲板船型

“弗莱彻号”的船型设计又回到了平甲板船型的路子上来，即主舱室挨着机舱布置在舰体前部或后部，从而大大缓解船体头重脚轻的情况，提高船体的稳定性。

“阿利·伯克”级导弹驱逐舰

“阿利·伯克”级导弹驱逐舰是美国最先进的驱逐舰之一，它也是世界上首先装备了“宙斯盾”作战系统的舰艇。从1988年伯克级驱逐舰首舰开工建设到目前，服役共计62艘。为了适应时代发展，不断融合新兴技术，“阿利·伯克”级导弹驱逐舰仍在不断建造。

1 “宙斯盾”系统

该级舰最引人注目之处当然是著名的“宙斯盾”系统。该系统包括各种高精度搜索定位雷达，能完成自动探测、跟踪、发射导弹等多种功能。

2 强劲的动力装置

该舰满载排水量8 422吨。主机为4台LM－2 500燃气轮机，总功率77 200千瓦，最大航速32节，能以20节的速度续航4 400海里。

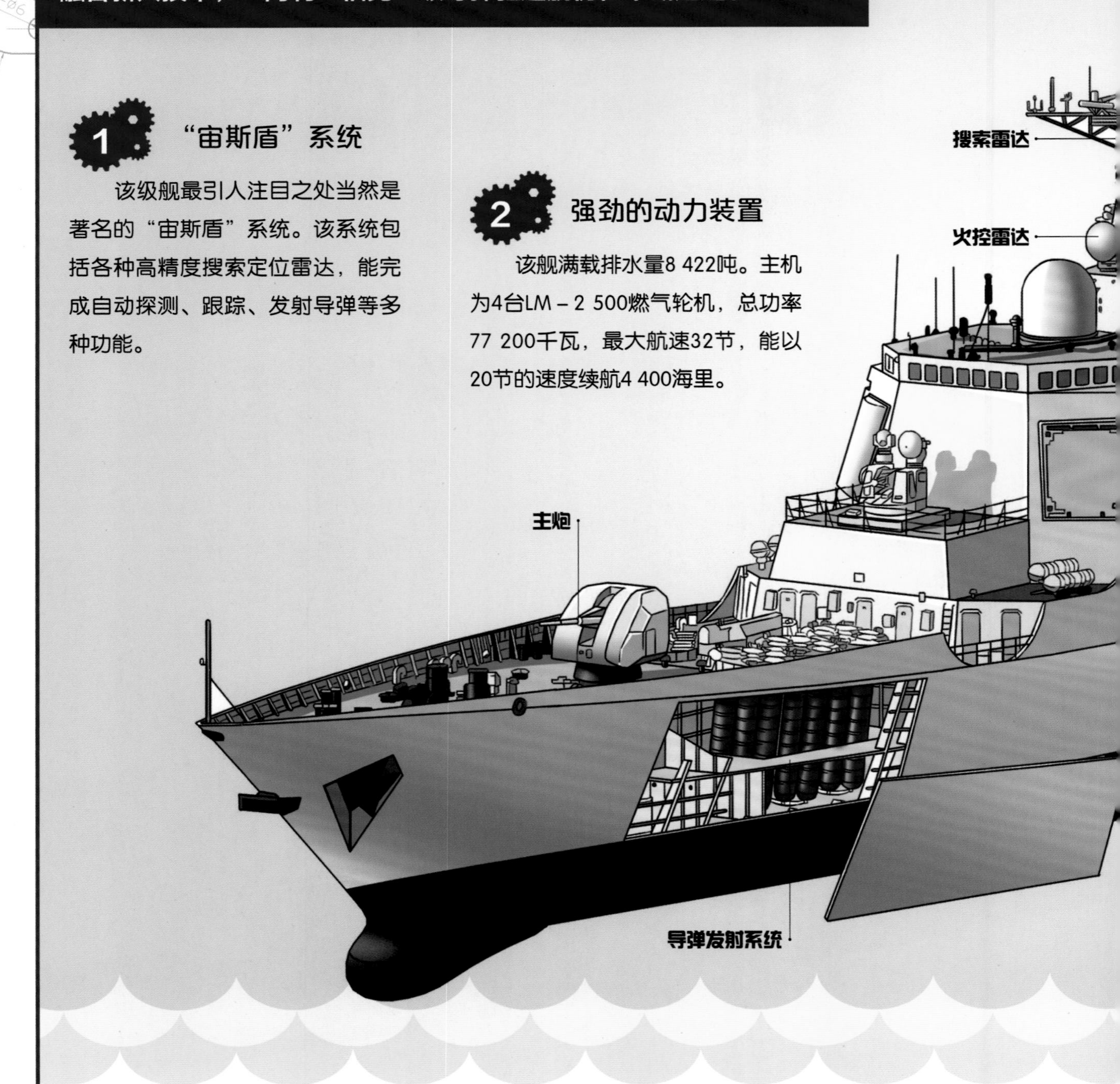

3 强大的武器系统

“阿利·伯克”级导弹驱逐舰的武器系统十分强大，在反舰导弹方面，配备了2座四联装“捕鲸叉”反舰导弹发射装置，在舰空导弹方面，配备了2座可垂直发射的防空导弹的MK－41系统，该系统可根据作战任务来决定发射“战斧”“标准Ⅱ”或“阿斯洛克”导弹。

4 完美的外形

从外形来看，该级舰一改驱逐舰传统的瘦长舰型，采用了一种少见的宽短线型。这使得该舰具有很好的适航性、抗风浪平稳性和机动性，能在恶劣海况下保持高速航行，横摇和纵摇的幅度极小。

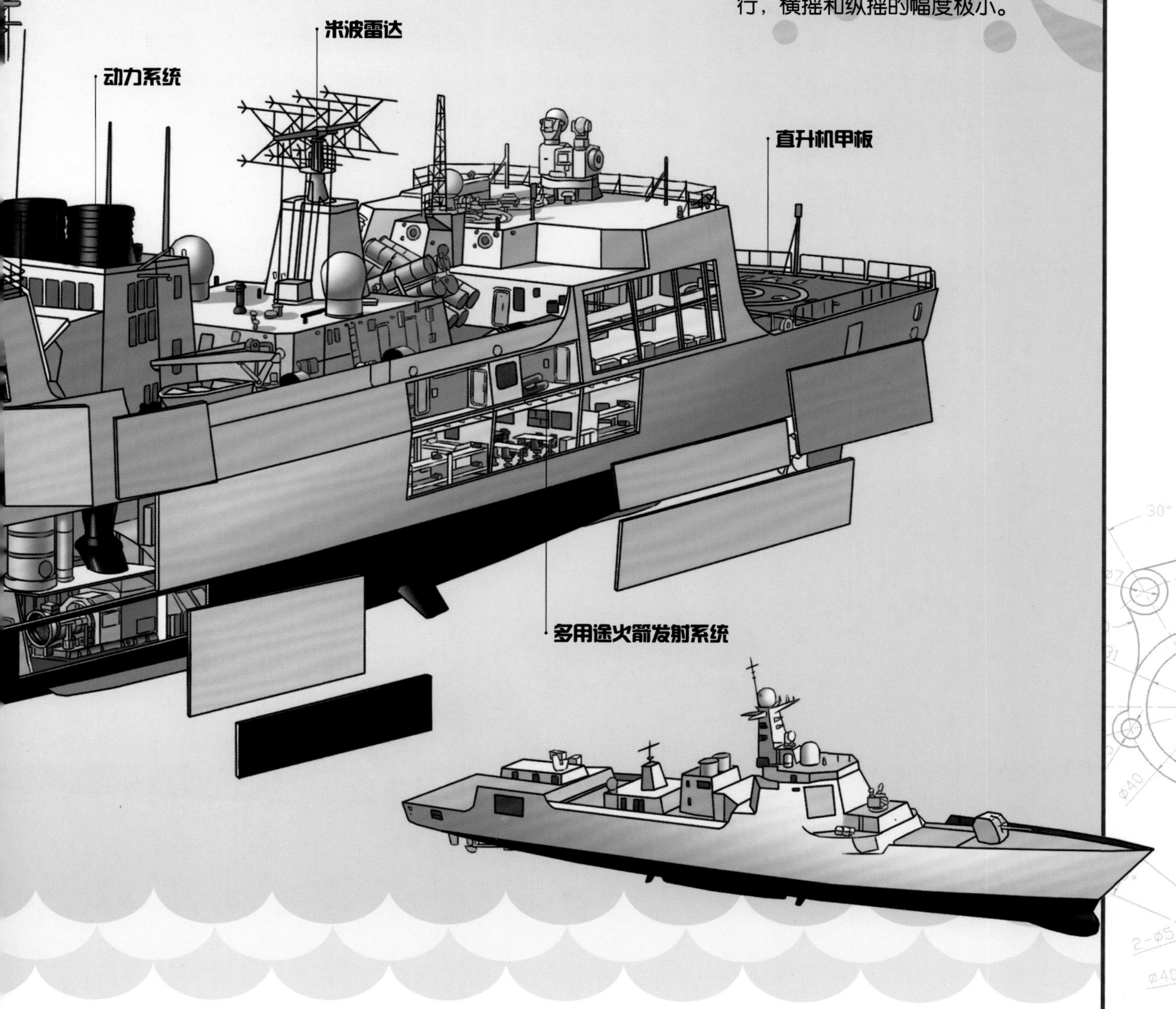

“长滩号”巡洋舰

“长滩号”巡洋舰是世界上第一艘核动力巡洋舰，是美国自1945年以来最大的巡洋舰。它于1961年9月正式建成下水，一直服役到1994年。它的舰体细长，1968年在越南北部水域击落过两架米格战斗机，创造了历史上海军军舰用地空导弹成功击落战斗机的先例。

1 方块形舰桥构造

“长滩号”巡洋舰的舰桥呈方块形，位于舰体中后部，由轻合金材料制成。舰桥上有雷达桅杆，舰尾有一个直升机平台。

2 多项第一

“长滩号”巡洋舰是全世界第一艘核动力水面战斗舰艇，也是第二次世界大战之后美国新造的首艘巡洋舰、全世界第一艘配备区域防空导弹的军舰，更是全世界第一艘以区域防空导弹击落敌机的军舰，在世界舰船史上占有一席之地。

3 纯导弹武装

早期的“长滩号”巡洋舰完全以导弹为主要武装，由于“长滩号”巡洋舰没有装备舰炮，在近距离上无法对敌方水面舰艇进行攻击，所以后来又加装了MK30型单管127毫米火炮。

127毫米火炮

9

舰体

4 较薄的装甲

去掉了以往巡洋舰必备的重型装甲，“长滩号”巡洋舰只在弹药库设置了一层较薄的装甲，这是因为它装备的武器过多，不得已而为之。

5 动力装置

“长滩号”巡洋舰采用2座压水型核反应堆，双轴推进，动力强劲，能以30节以上的速度连续航行14万海里。

▶▶ “德弗林格号”巡洋舰

“德弗林格号”是德国在20世纪初建造的巡洋舰，它拥有一流的装甲防御系统和强悍的火力，于1916年击沉过英国皇家海军的“玛丽女王号”和“无敌号”战列巡洋舰，并在自身遭受重创的情况下安全逃脱。第一次世界大战后，德国战败，为防止舰队落入英国人手中，1919年，德国采取了“彩虹"行动，将大部分的军舰凿沉，其中就包括“德弗林格号”。

1 转向灵活

“德弗林格号”的两个船舵效率非常高，在舰船急速转弯时可以侧倾11° 。此外，它还安装了抗侧倾水箱，这也使得“德弗林格号”在战斗中能保持全速航行，利于抢占战争主动权。

2 水下鱼雷发射器

“德弗林格号”的一大特点是安装了4个水下鱼雷发射器，其中两个位于船的中部，而另外两个分别位于船首和船尾。

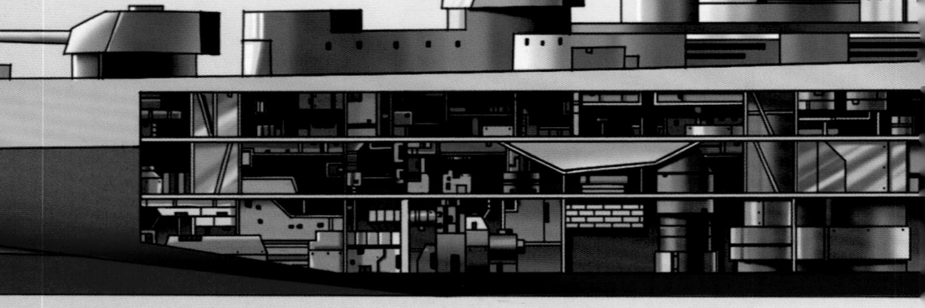

船舵

3 抗打击力强

1916年在与英国“玛丽女王号”战列巡洋舰作战时，“德弗林格号”经受住了10枚381毫米和10枚305毫米炮弹的轰击，抗攻击能力非常强。

4 水密隔舱

“德弗林格号”增加了多个水密隔舱，即使船体多处受创，依然能保证舰船不沉没。

5 流线型船首

“德弗林格号”的船首呈流线型，底部微微上翘，与破冰船的船首设计极为相似，非常好识别。

▶▶ “基洛夫号”巡洋舰

“基洛夫号”是核动力导弹巡洋舰，它是苏联“基洛夫”级核动力导弹巡洋舰的首舰。它诞生于20世纪70年代，是当时世界上吨位最大的导弹巡洋舰，仅次于航空母舰。它装备了世界上最强大的武器系统，堪称海上武器库。然而，1990年，“基洛夫号”发生了几次事故，加上当时资金紧张和苏联解体，所以，直到今天它也没有维修好。

1 体形独特

“基洛夫号”的体形略显丰满，首部明显外飘，宽敞的尾部为方形，造型独特，非常好识别。

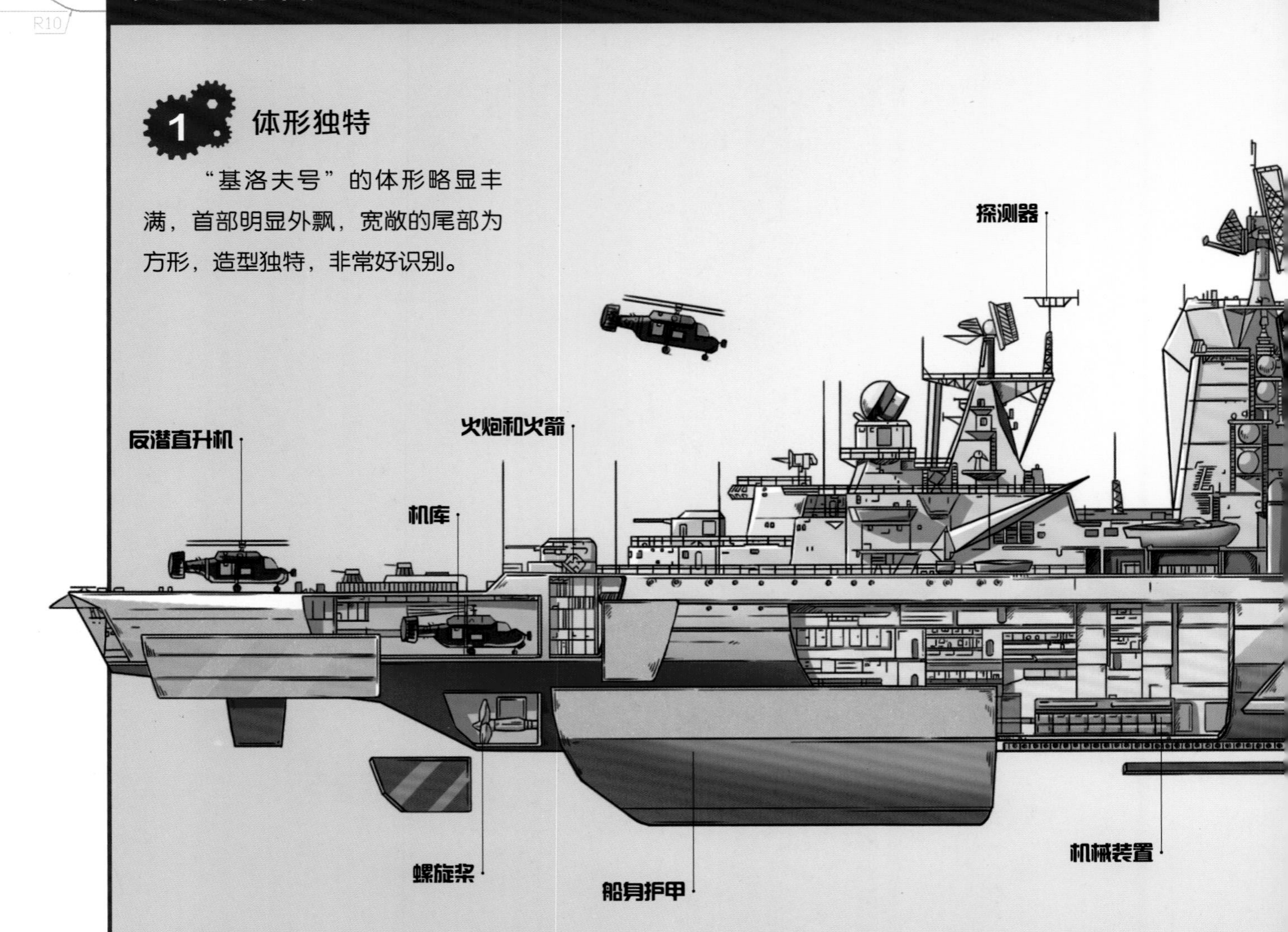

2 导弹垂直发射装置

“基洛夫号”巡洋舰装备了SA-N-6舰空导弹垂直发射装置12座，SA-N-6舰空导弹垂直发射装置大大提高了对空攻击的精确度。这是世界上第一个舰空导弹垂直发射装置，技术非常先进，领先美国大约5年。

3 导弹发射系统

“基洛夫号”的绝大部分导弹发射系统均设于前部，从而为船尾留下了更多的空间来设置直升机机库和安放机械装置。

4 装甲保护

“基洛夫号”做了到位的保护措施，不仅反应堆舱采用76毫米厚的装甲板材进行包裹，其他地方也都安装了防弹装甲。

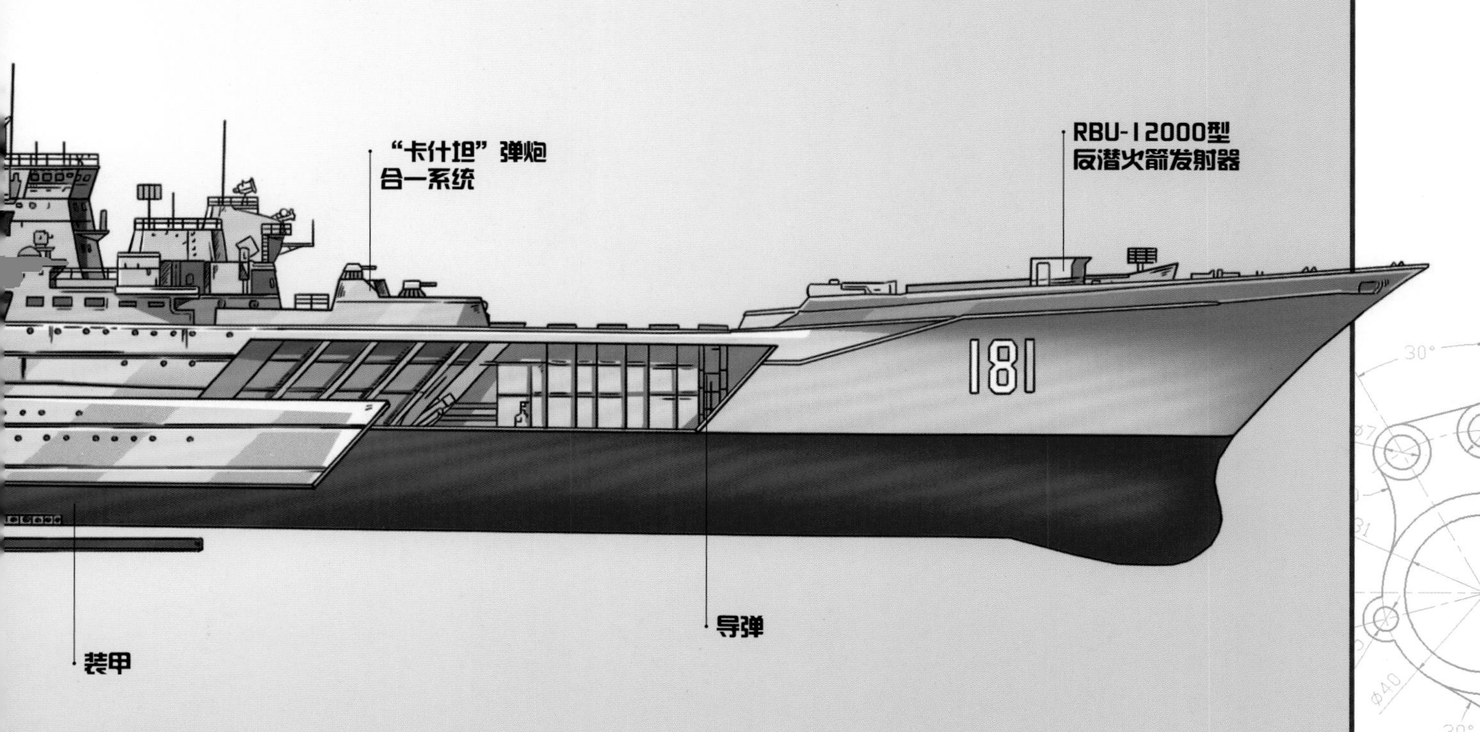

5 巨大的雷达组合

“基洛夫号”采用多套火控雷达系统，包括2部防空导弹系统火控雷达，4部近防火炮火控雷达，再加上监视雷达系统、低飞和水面目标捕获雷达以及2部导航雷达，巨大的雷达组合使得“基洛夫号”不似一般的战舰只能对1个目标发动攻击，它是世界上唯一真正意义上具备同时攻击多个目标能力的战舰。

“德·鲁伊特尔号”巡洋舰

“德·鲁伊特尔号”是荷兰轻型巡洋舰，于1935年首次下水，主要驻扎在荷属东印度群岛。它比一般的轻型巡洋舰尺寸大，第二次世界大战期间，它参加了多次对日战争。1942年2月27日在爪哇海战役中被日本舰艇发射的鱼雷击沉。

1 火力强大

虽然“德·鲁伊特尔号”在爪哇海战役中被击沉，但是，在此次战役中，它表现出了超强的火炮攻击力。它和它所在的舰队所拥有的火炮威力和数量均超过了对手。

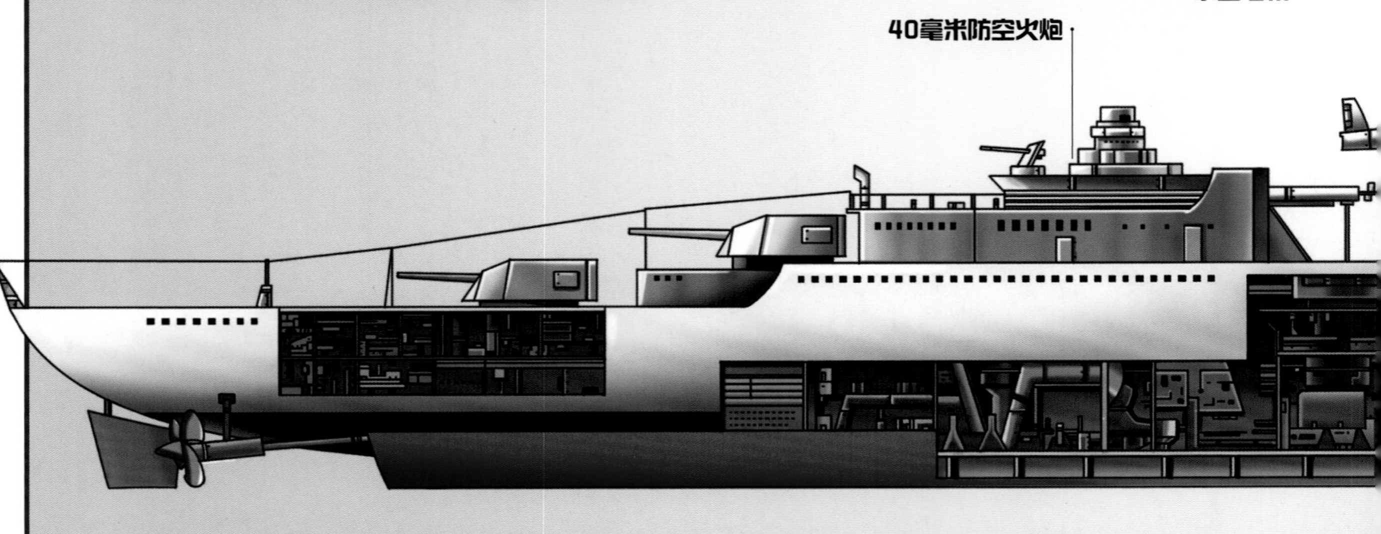

2 水上飞机

“德·鲁伊特尔号”携带有水上飞机，并在船身中部安装了用于飞机起飞的海因克尔K-8弹射装置。此外，还配备了起重机，用于从海中回收飞机。

3 独特的通信装置

“德·鲁伊特尔号”的通信装置比较特别，它利用烟囱向外扩展来支撑无线电天线，以此取代天线桅杆，遗憾的是，烟囱盖在多次试验后就被拆除了。

4 动力强劲

“德·鲁伊特尔号”采用6台锅炉和2台蒸汽轮机，总功率可达48 500千瓦。可装载1 300吨燃油，是当时航速较快且航程较长的巡洋舰。

5 防空炮

“德·鲁伊特尔号”上安装了10门40毫米博福斯式高炮，高炮被紧密地安排在后甲板室的平台上，可同时向两舷和舰尾方向发射火力，同时船上还安装了高效的火控装置。这种配置在当时领先于其他国家，不过在战斗中一旦被敌方击中就可能丧失全部战斗力；这种布局还会限制高炮在舰首方向的射界。

“大黄蜂号”航空母舰

“大黄蜂号”航空母舰是美国海军第7艘以“大黄蜂号”命名的舰只。它于1941年10月正式服役。1942年4月18日，6架B-25轰炸机在日本近海从“大黄蜂号”上起飞，成功地空袭了东京等地，对日本造成了巨大的打击。1942年10月26日，“大黄蜂号”在与日本航空母舰的对战中，不幸被对方重创并于第二天沉没。

1 飞机的起飞与降落

飞机在航空母舰上起飞时，蒸汽弹射器会给飞机助力，使它快速前进、起飞。当飞机降落回到甲板时，飞机尾部的挂钩会与甲板的弹性阻拦索钩在一起产生强大的阻力，让飞机平稳地停在甲板上；如果飞机未钩住阻拦索，前面的阻拦网会对飞机进行第二次阻挡。

2 精良的保护设施

航空母舰的重要部位采用厚厚的金属装甲进行保护，即使被鱼雷两次命中也能承受得住。此外，船舱采用防水设计，可以避免被水淹没。

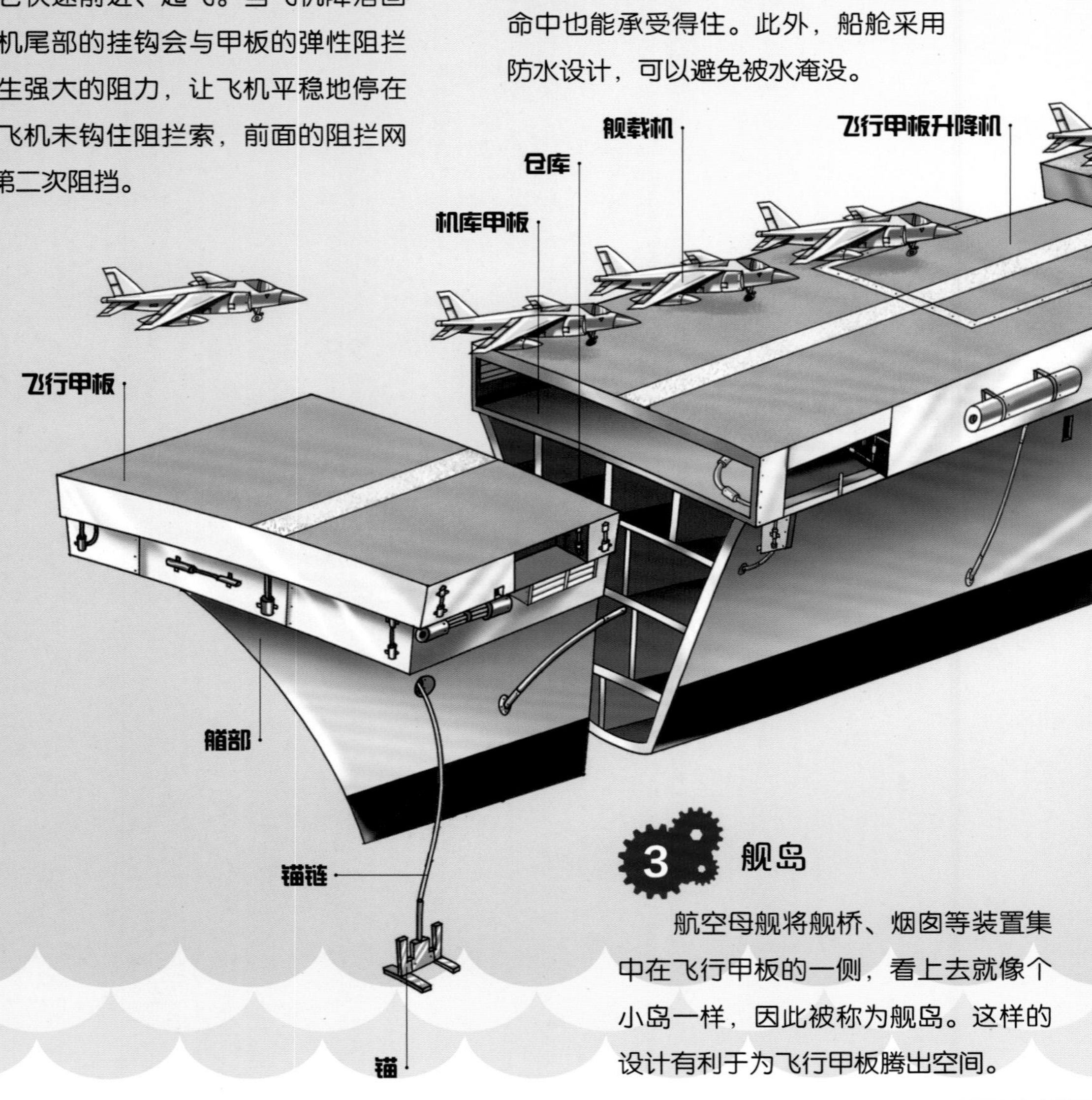

3 舰岛

航空母舰将舰桥、烟囱等装置集中在飞行甲板的一侧，看上去就像个小岛一样，因此被称为舰岛。这样的设计有利于为飞行甲板腾出空间。

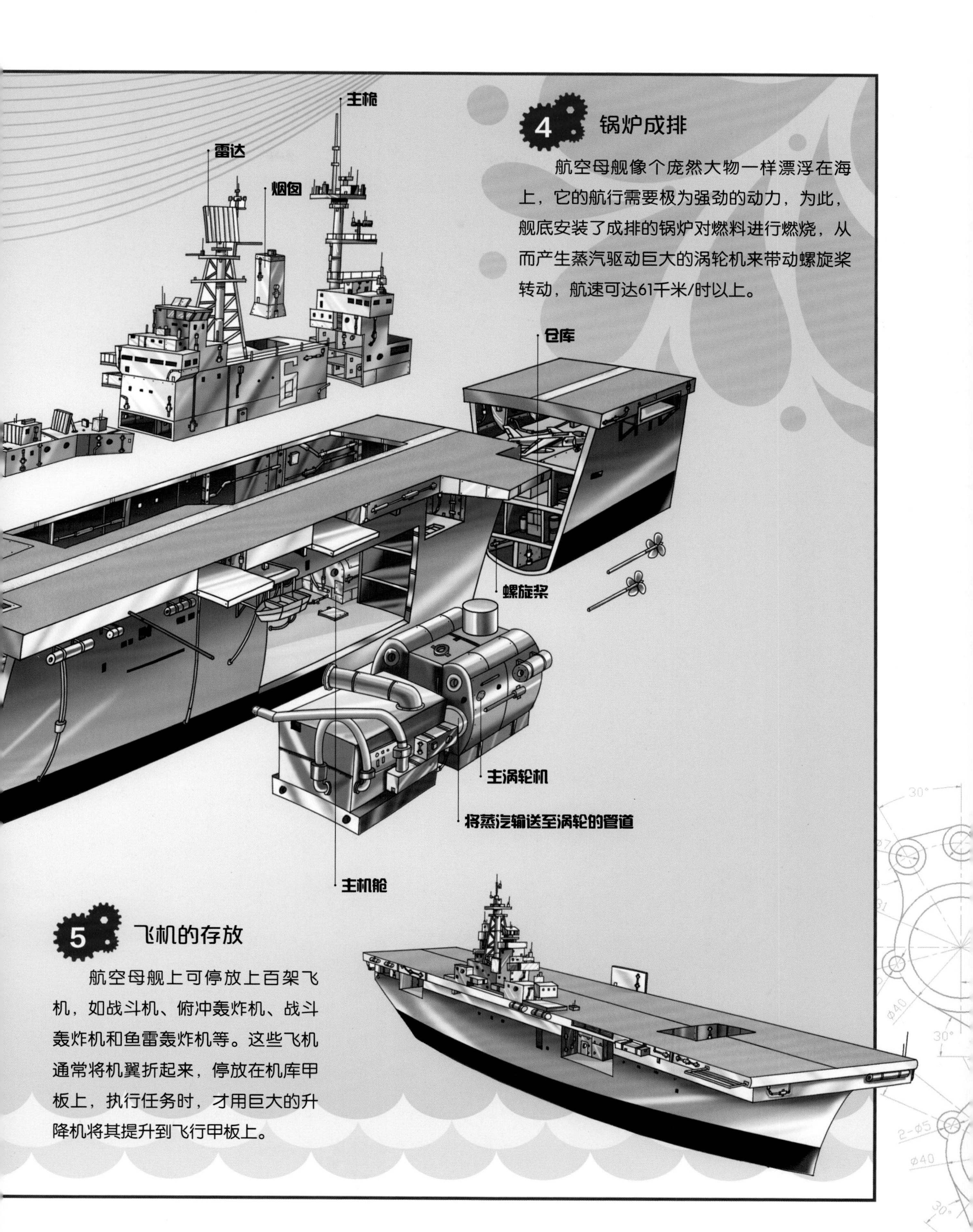

4 锅炉成排

航空母舰像个庞然大物一样漂浮在海上，它的航行需要极为强劲的动力，为此，舰底安装了成排的锅炉对燃料进行燃烧，从而产生蒸汽驱动巨大的涡轮机来带动螺旋桨转动，航速可达61千米/时以上。

5 飞机的存放

航空母舰上可停放上百架飞机，如战斗机、俯冲轰炸机、战斗轰炸机和鱼雷轰炸机等。这些飞机通常将机翼折起来，停放在机库甲板上，执行任务时，才用巨大的升降机将其提升到飞行甲板上。

“无敌号”航空母舰

“无敌号”航空母舰是英国建造的，于1980年7月正式服役。它是世界上第一艘先进的轻型航空母舰。“无敌号”2005年8月1日退出作战序列，在8月1日退役当天前往朴次茅斯海军基地进行了最后一次航行。英国皇家海军出动了鹞式战斗机、“海王”直升机和“山猫”飞行表演队，在航母上空进行了列队表演，以纪念这个重要的日子。

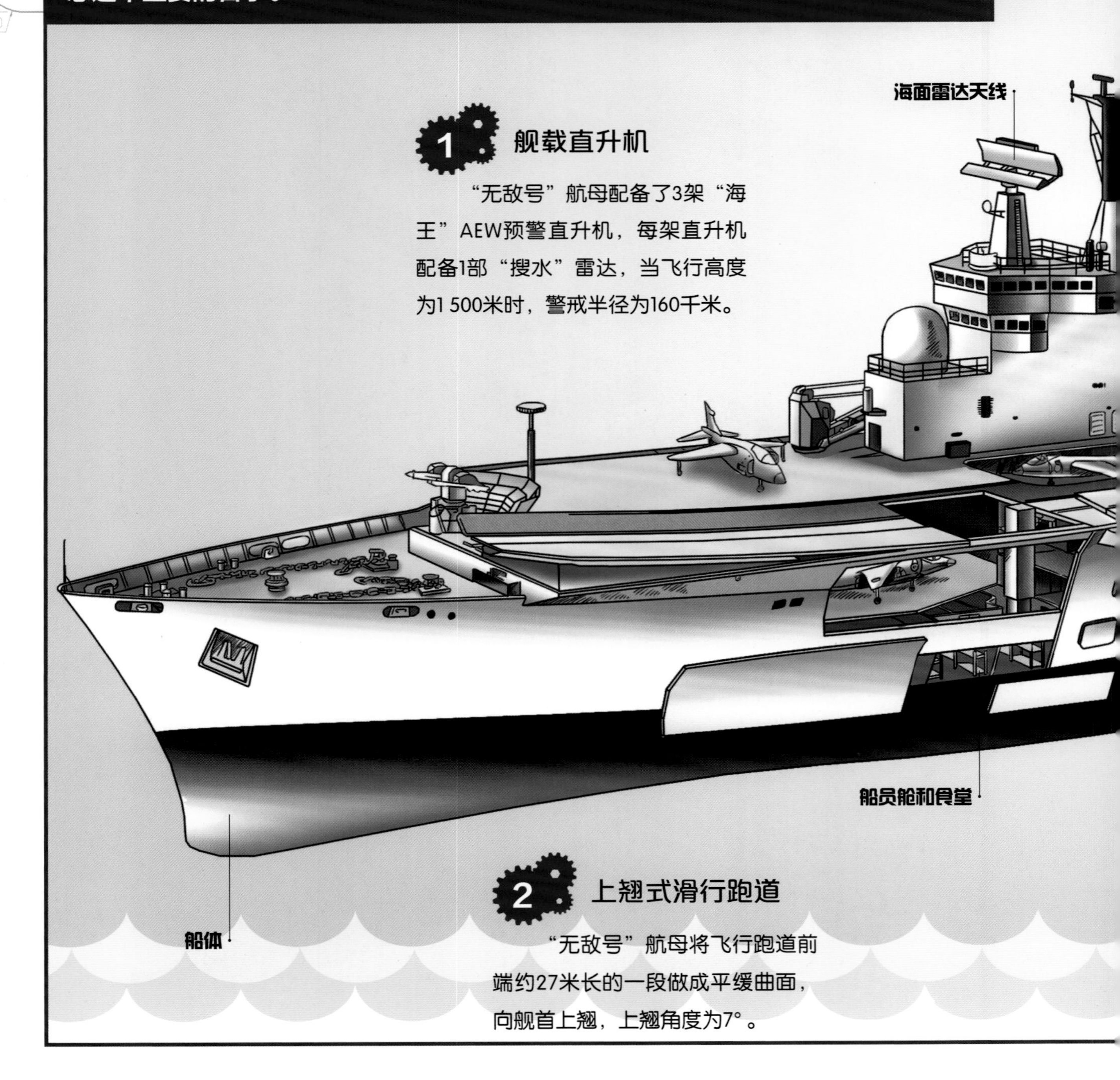

1 舰载直升机

“无敌号”航母配备了3架“海王”AEW预警直升机，每架直升机配备1部“搜水”雷达，当飞行高度为1 500米时，警戒半径为160千米。

2 上翘式滑行跑道

“无敌号”航母将飞行跑道前端约27米长的一段做成平缓曲面，向舰首上翘，上翘角度为7°。

3 近防能力加强

为了弥补近距离防卫能力，“无敌号”加装了3座美制“密集阵”6管20毫米近防系统，3座荷兰“守门员”7管30毫米近防炮，并装上了“海蚊”诱饵发射系统和新型的966对海警戒雷达等防卫系统。

4 首次使用全燃气动力装置

“无敌号”是第一艘使用全燃气轮机动力装置的航空母舰。全燃气轮机动力装置是只依靠燃气轮机，将煤油燃烧产生的热能转换成为机械能的动力机械。这种动力装置与之前一统航母动力天下的蒸汽轮机与核反应堆相比，具有结构紧凑轻巧、燃效高、经济性好的特点，这也是“无敌号”能实现航母轻型化的一个非常重要的因素。

▶▶ “朱塞佩·加里波第号”航空母舰

“朱塞佩·加里波第号”航空母舰是意大利的航空母舰，于1983年完成首次下水。其火力装备不容小觑，不仅搭载了16架鹞式战斗机、18架“海王”直升机，还配备了各种导弹、6具鱼雷发射管。它的燃气轮机横向放置，并有6个柴油发动机提供动力，总功率可达60 000千瓦，是20世纪80年代非常出色的航空母舰。

1 方形舰尾

“朱塞佩·加里波第号”突出的特征之一是采用方形舰尾代替了常见的圆形舰尾，加强了舰艇的稳定性和适航性。

2 火炮

“朱塞佩·加里波第号”上配备了3门40毫米双联奥托梅莱拉火炮，这种火炮的对空射程为4千米，对地射程为12千米，威力十分强大。

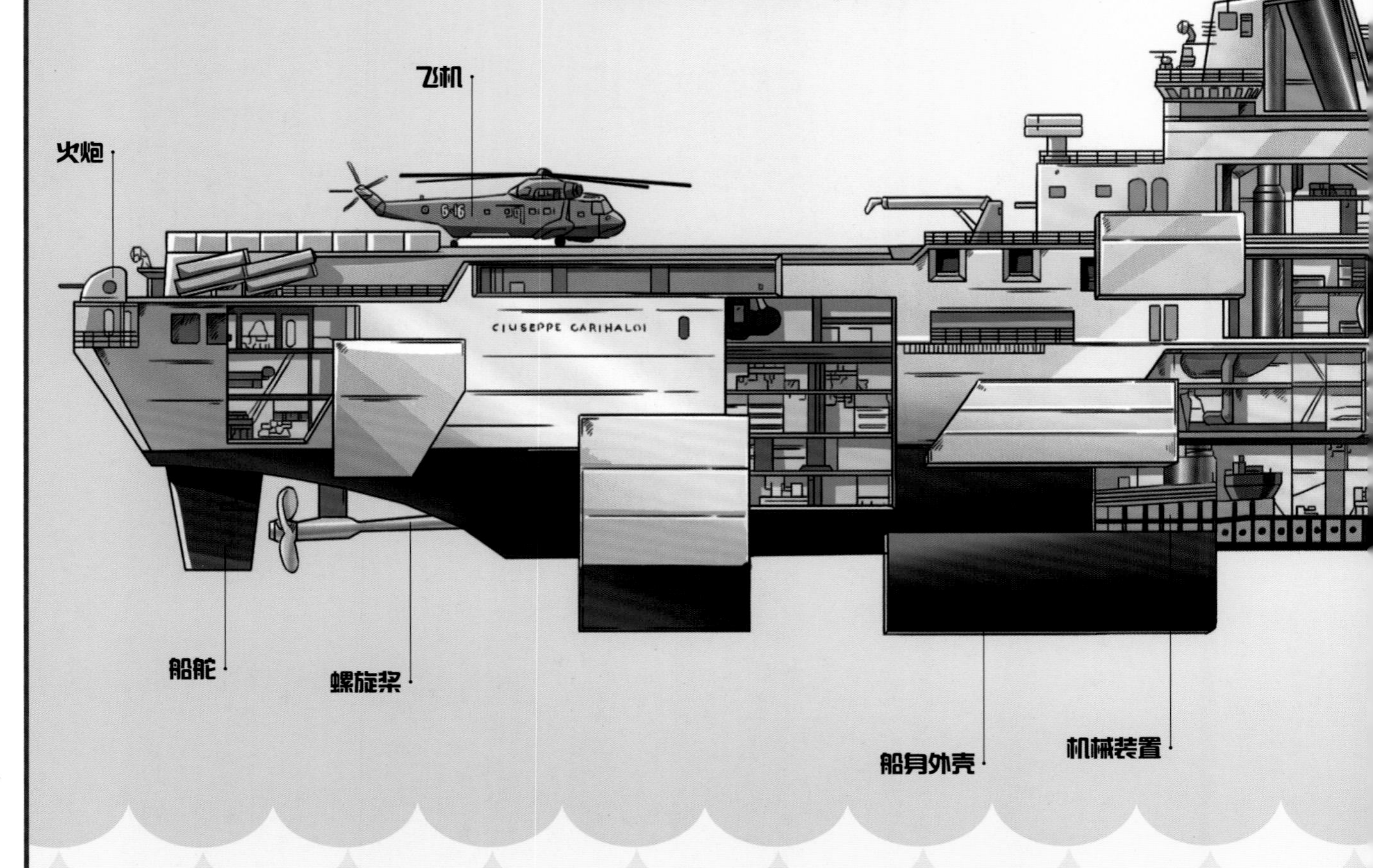

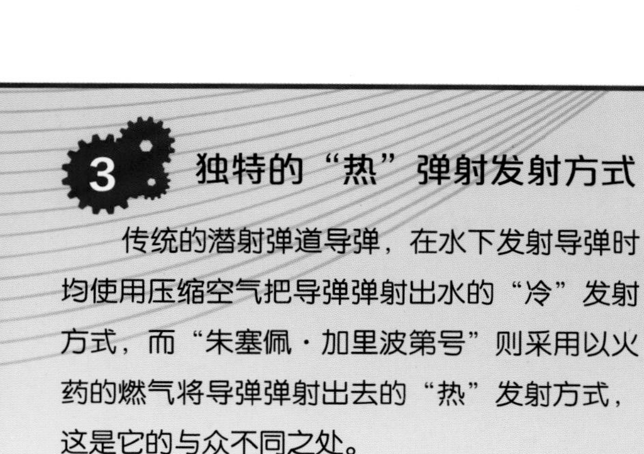

3 独特的“热”弹射发射方式

传统的潜射弹道导弹，在水下发射导弹时均使用压缩空气把导弹弹射出水的“冷”发射方式，而“朱塞佩·加里波第号”则采用以火药的燃气将导弹弹射出去的“热”发射方式，这是它的与众不同之处。

4 先进的防御系统

“朱塞佩·加里波第号”配备了先进的信天翁8管发射器，48枚射程为14千米的舰对空导弹，还配备了先进的SLQ-732干扰系统、SCLAR诱饵发射器、SLAT反鱼雷系统等。

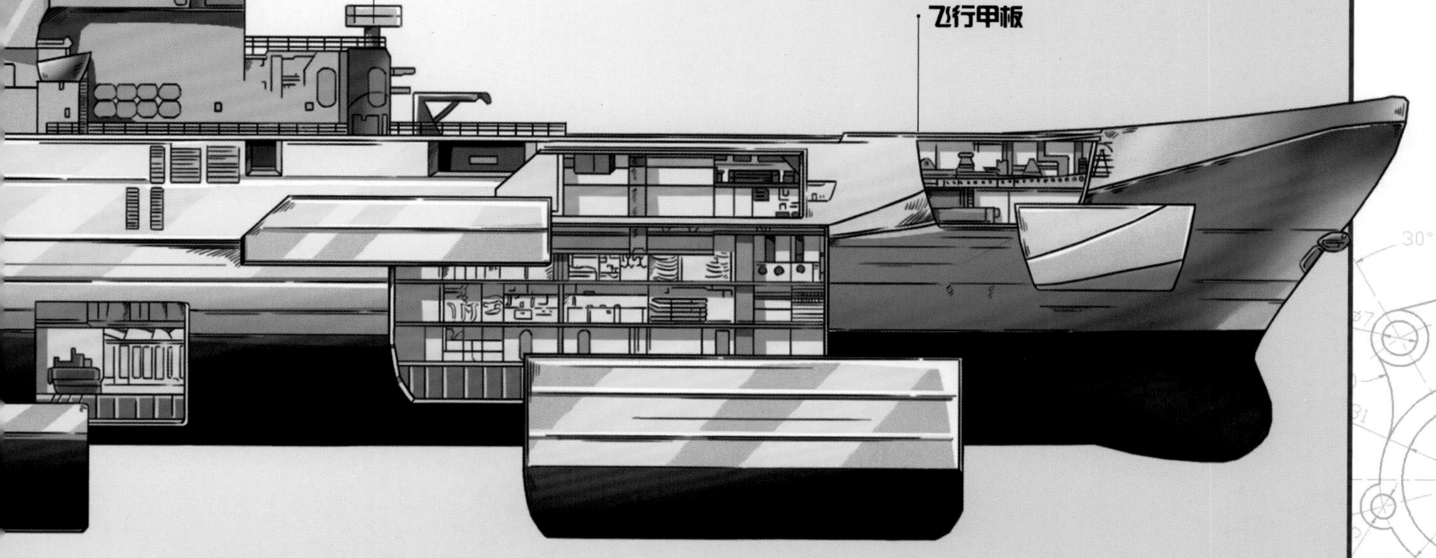

5 甲板

“朱塞佩·加里波第号”设置有6层甲板，拥有13个水密舱。其中，船首的飞行甲板非常宽阔，有174米长、30.5米宽，而且飞行甲板前部升高了4°，适合飞机的短距起飞和降落。

“海龟号”潜艇

“海龟号”潜艇是由美国的布什内尔于1776年设计建成的，并于1776年9月正式下水，是世界上第一艘只容纳一个人的潜艇。它利用脚踏阀门往水舱注水，可以潜至水下6米，并在水下停留半小时左右。

1 木质外壳

“海龟号”潜艇外形像一个啤酒桶，外壳是木质的，并用铁箍加固。

2 空气供应

“海龟号”潜艇内的空气可供驾驶员呼吸半小时，在潜艇的上部还装有2根通气管，上浮时打开，下潜时关闭，从而补充新鲜空气。

3 手摇曲柄螺旋桨

“海龟号”安装了两个由曲柄连接的手摇螺旋桨，一个螺旋桨负责上升，一个螺旋桨负责前进。在水下前进的速度大约为5.6千米/时。

4 手操压力泵

艇内配备有手动操作的压力水泵。需要时，用来排出配重水舱内的水，使艇上浮。

5 携带炸药包

“海龟号”的外部携带了一个安装了定时引信的炸药包，该炸药包可以钩挂在敌方军舰的底部。

6 意义重大

“海龟号”揭开了潜艇实战的序幕，从此人类的战场从陆地、水面发展到了水下，“海龟号”也因与现代潜艇相同的设计原理而赢得了世界上“第一艘军用潜艇”的美名，在世界潜艇发展史上意义重大。

德国214型潜艇

德国214型潜艇又叫212A型简化版潜艇，它是由德国老牌造船厂霍瓦兹船厂在212/212A型潜艇的基础上，进行进一步革新而开发出的专门用于出口的潜艇。它的排水量较小，隐身性能非常出色，可下潜深度达到400米，因此，214型潜艇可以在浅海和深海满足当今各种作战需求。

1 十字舵

德国214型潜艇艇尾采用十字舵设计。虽然十字舵不像X形舵那样，即使两个舵面失效也不会失控，但十字舵也有着自己的独特优势：十字舵的四个舵面的舵效是耦合的，不需要复杂的计算机控制，制造成本低，不容易出故障，故而十字舵的性价比更高一些。

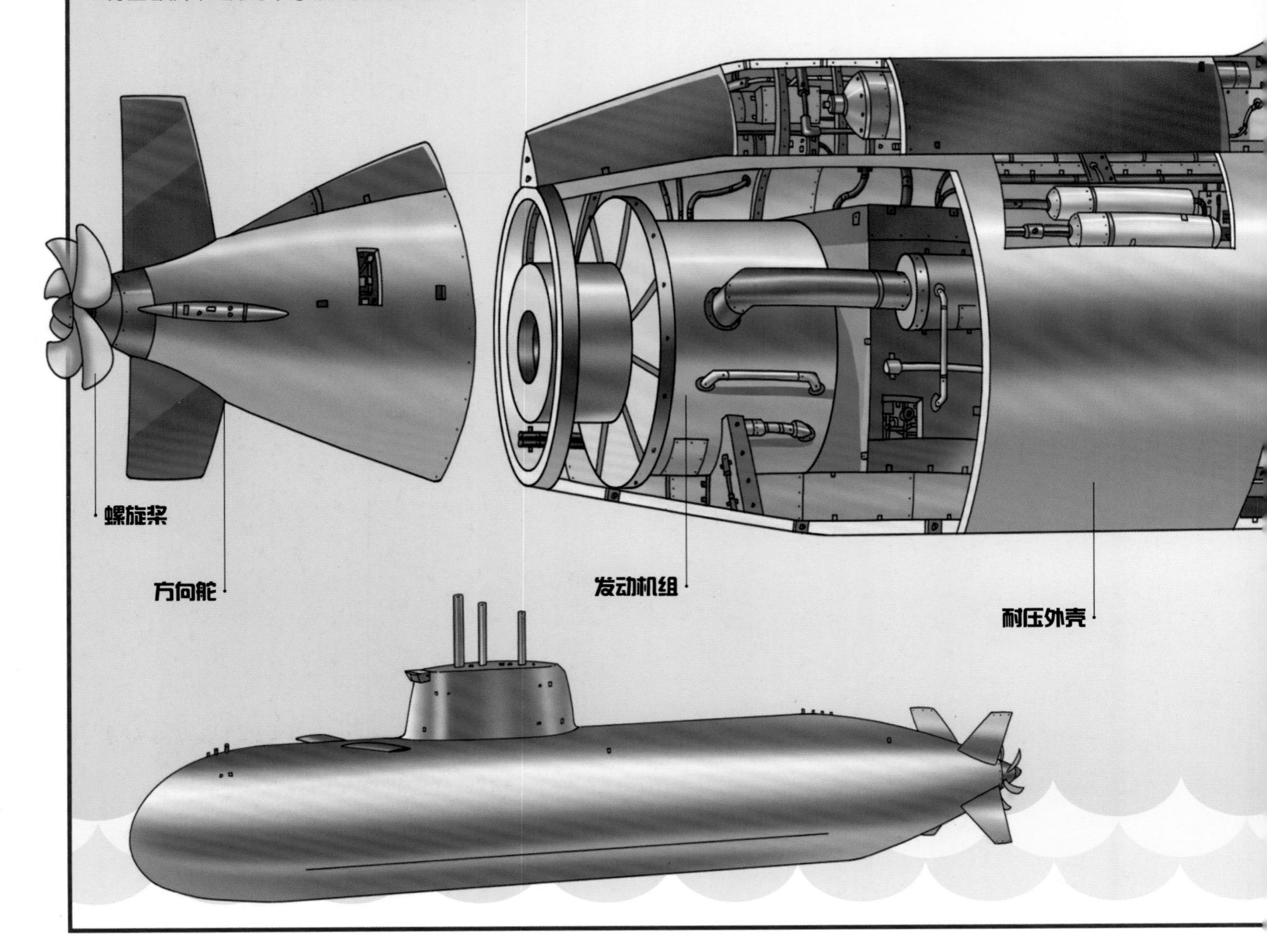

2 混合推进装置

214型潜艇采用由柴油发电机、推进电池/燃料电池系统和推进电机组成的混合推进装置。其中，燃料电池整齐排列在一个密闭压力装置里，形成一个完整的舱室，为水下航行提供动力。

3 隐蔽性好

214型潜艇的艇体表面光滑，可减小海水流动噪声。此外，艇体采用HY80和HY100低磁钢建造，强度高，弹性好，可下潜到水下400米以下而不被敌方磁探测器发现，隐蔽性非常好。

4 模块化设计

214型潜艇采用模块化设计，所有的模块、管系与电缆均安装在弹性基座上，一旦某个模块发生故障，直接进行替换即可，省时又省力。

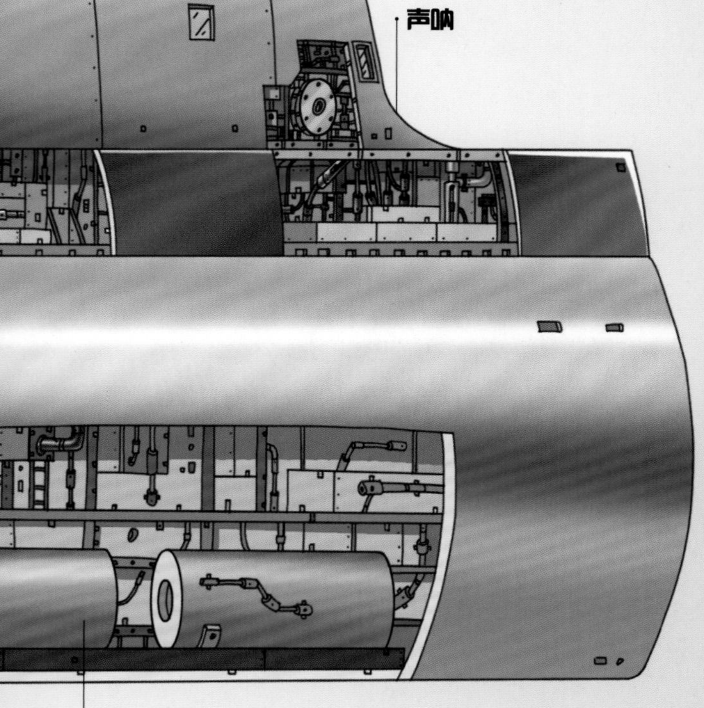

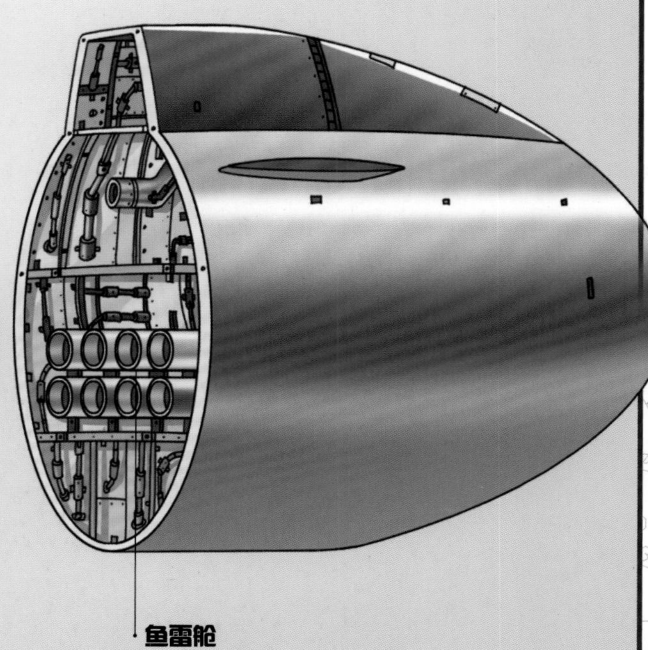

5 使用高性能AIP系统

常规动力潜艇需要从空气中获取氧气以使柴油燃烧，给蓄电池充电。在水下航行时要用蓄电池提供动力，所以需要经常浮出水面获取氧气，这非常不利于隐蔽。214型潜艇运用先进的技术，采用了不依赖空气的动力装置，即AIP系统，大大提高了潜艇的隐蔽性。

"库尔斯克号"潜艇

"库尔斯克号"是俄罗斯第三代巡航式导弹核潜艇，它是人类有史以来单舰火力最强大的核潜艇。"库尔斯克号"核潜艇是专门用来攻击航空母舰的，曾被俄罗斯媒体誉为"航母终结者"。它于1994年完成首次下水，1999年被部署到了地中海。遗憾的是，2000年8月，"库尔斯克号"在巴伦支海参加军事演习时，因内部发生爆炸而沉没，所有船员无一幸存。直到次年10月，潜艇残骸才被打捞了上来。

1 鱼雷管

"库尔斯克号"装备了4具533毫米和4具650毫米鱼雷发射管。

2 防水隔板

"库尔斯克号"的艇首设置有防水隔板，用来将船舱隔离开。然而，灾难发生时，它没能阻止爆炸冲击波传到后部。

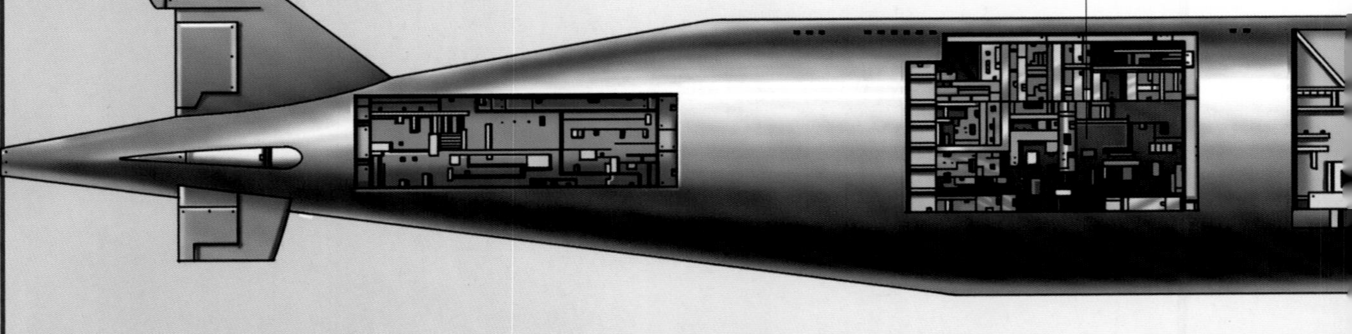

3 两层外壳

"库尔斯克号"有两层外壳，内壳与外壳之间有一个两米宽的空间，内壳厚度为5厘米，而外壳厚度仅为8.5毫米，内外壳均由含高镍高铬的钢制成，抗腐蚀性非常强。由于磁性非常弱，"库尔斯克号"很难被地磁异常探测器发现。

4 先进的武器装备

“库尔斯克号”配备了SS-N-19型舰对舰导弹，弹头750千克，相当于高能炸药或350吨TNT当量的炸药，火力强悍到当时世界上任何一支舰队都找不到对付这种导弹的有效武器，让人望而生畏。

5 沉没原因

“库尔斯克号”潜艇爆炸沉没后，俄罗斯官方经过调查给出的沉没原因是，“库尔斯克号”艇上人员在参加军事演习准备发射鱼雷时，鱼雷装置泄漏了易燃物质过氧化氢，从而引发了爆炸，爆炸引起潜艇隔舱内温度急剧上升至2000~3000℃，2分钟后，潜艇内存放的其他鱼雷发生第二次大爆炸。

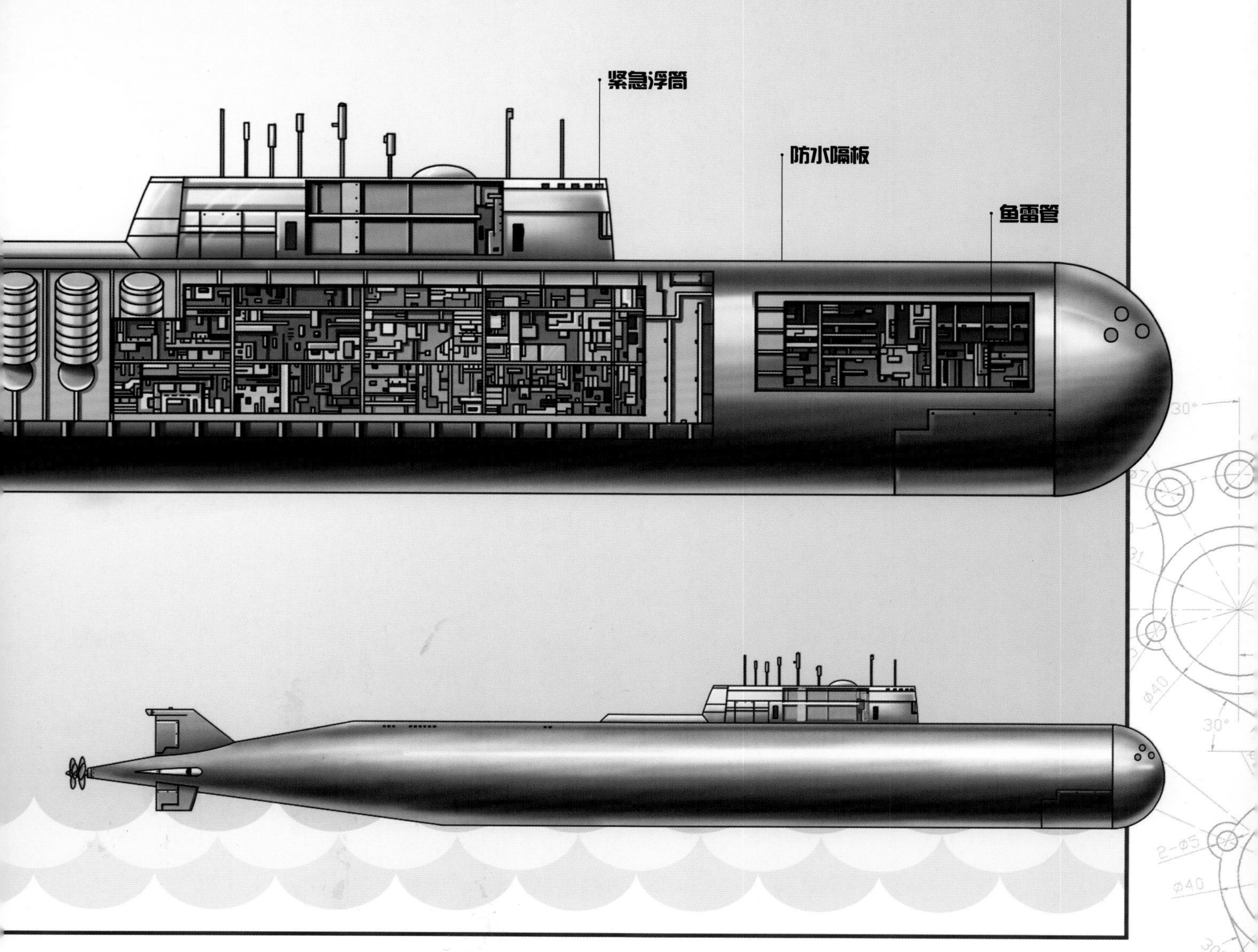

▶▶ “维多利亚”级常规潜艇

“维多利亚”级潜艇，原为“支持者”级潜艇，共四艘，是一款新型常规攻击型潜艇，于20世纪70年代末由英国维克斯造船与工程有限公司完成建造。尽管性能优越，但刚列装不久，即面临被淘汰的命运。1998年，加拿大政府将其低价购入，并对其进行改装，命名为“维多利亚”级潜艇，进入加拿大皇家海军服役。

1 水滴形艇身

“维多利亚”级潜艇采用高张力钢制成单艇壳，为减小阻力，提高潜航速度，艇身采用水滴形设计。此外，艇身的长宽比例协调，压力壳直径较大，从而使得艇内两层甲板都很宽敞。

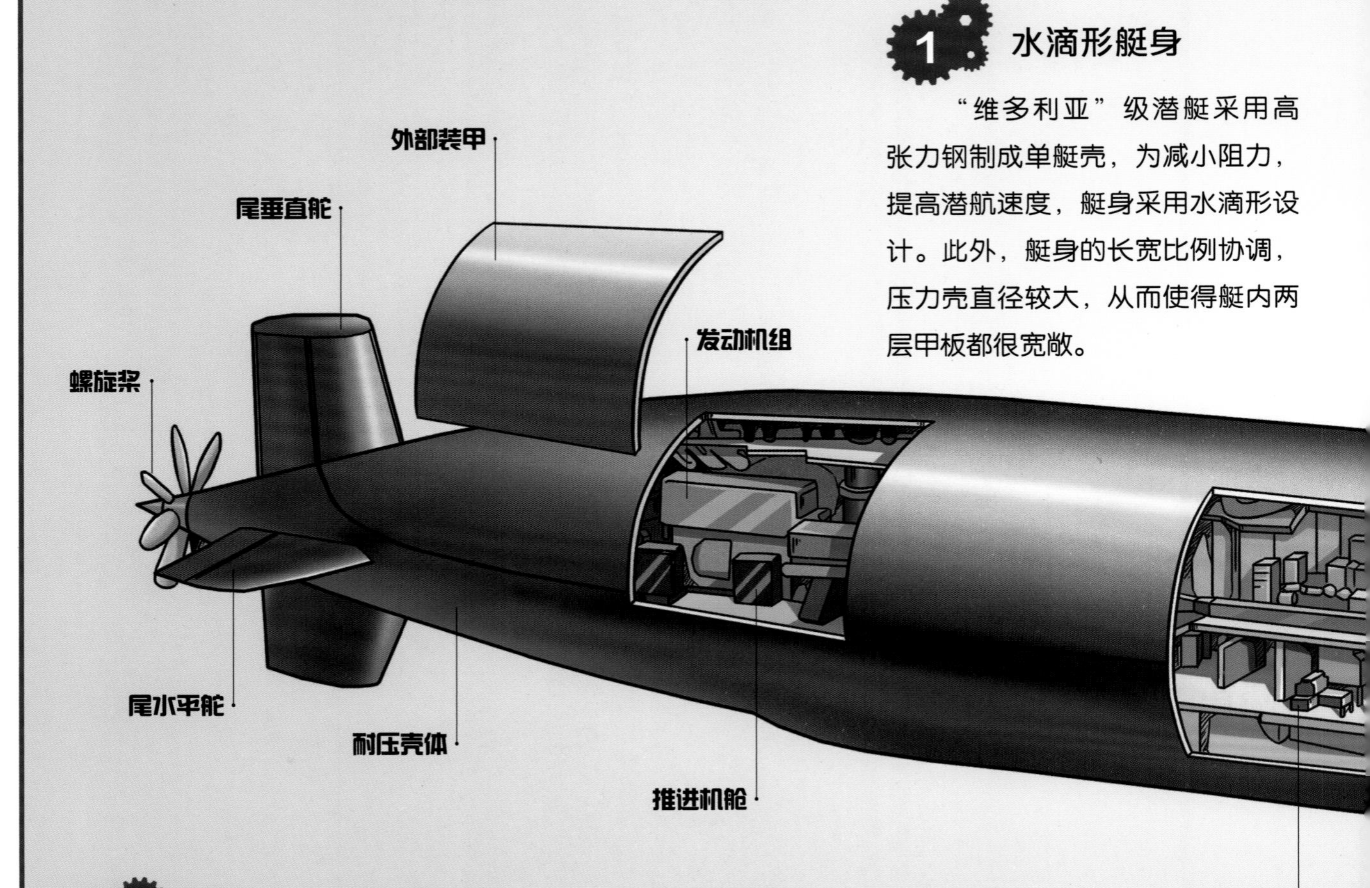

2 优异的潜航深度

“维多利亚”级潜艇具有优异的潜航深度，可达200米，再加上艇身结构使用高张力钢，使得潜航深度又增加了50%。

3 三个水密隔舱间

“维多利亚”级潜艇的压力壳内分成三个水密隔舱间，推进器室和发动机室设置在后段隔舱，发动机室位于推进器室的前方，两者之间用隔音舱隔开，紧凑又合理。

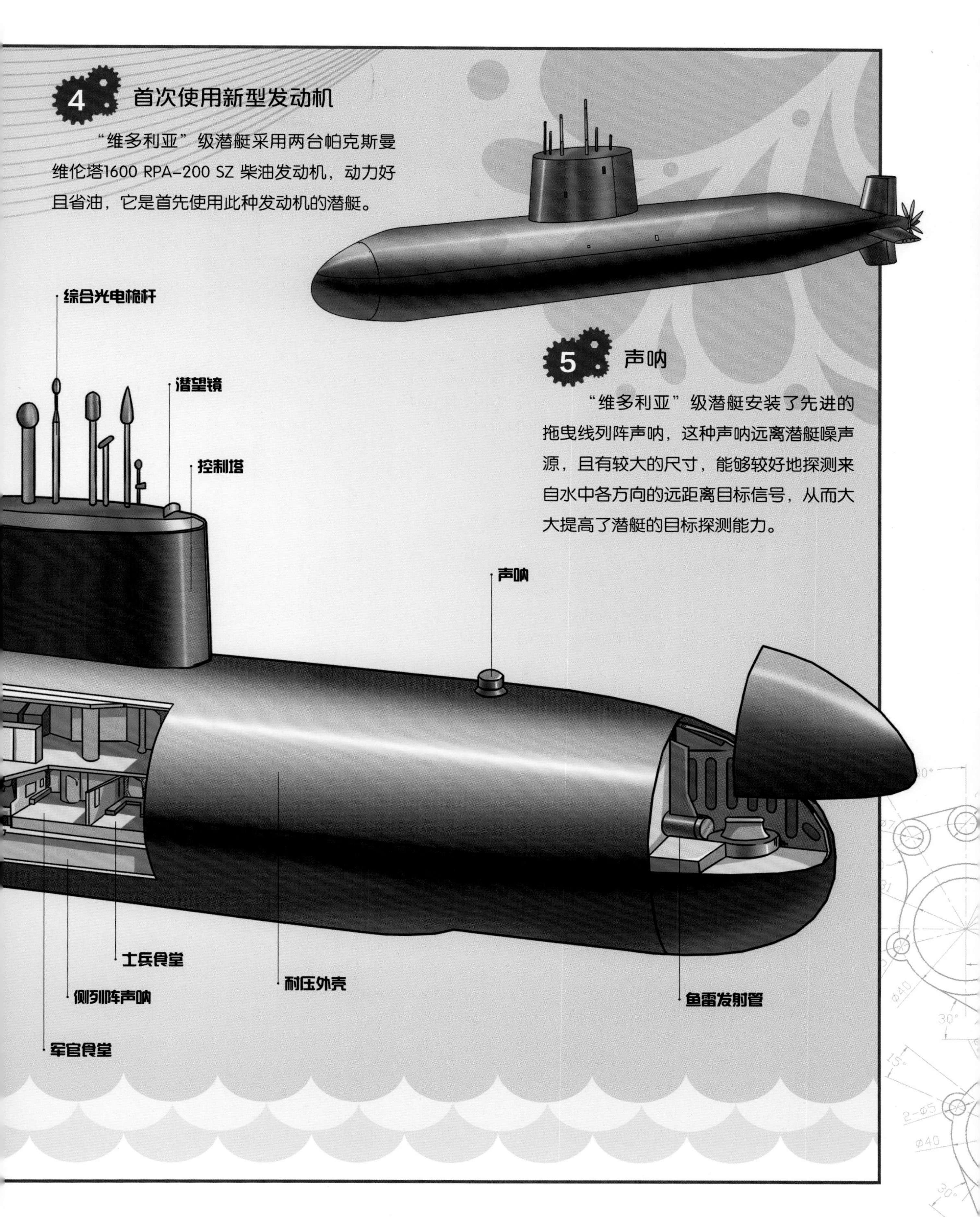

4 首次使用新型发动机

“维多利亚”级潜艇采用两台帕克斯曼维伦塔1600 RPA-200 SZ 柴油发动机，动力好且省油，它是首先使用此种发动机的潜艇。

5 声呐

“维多利亚”级潜艇安装了先进的拖曳线列阵声呐，这种声呐远离潜艇噪声源，且有较大的尺寸，能够较好地探测来自水中各方向的远距离目标信号，从而大大提高了潜艇的目标探测能力。

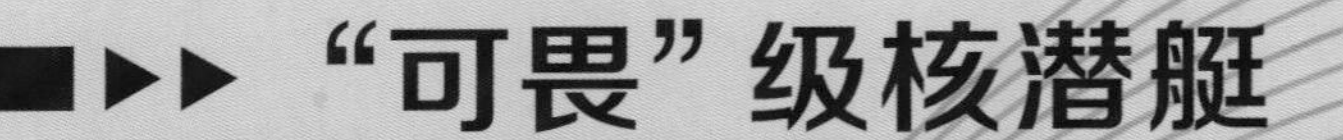

“可畏”级核潜艇

“可畏”级核潜艇是法国海军所属最早以核反应堆为动力源的潜艇，其第一艘潜艇“可畏号”于1967年下水。它可潜入水下200米，水下的航速约为37千米/时，水下续航能力非常强，可达20万海里，它的生产和操作成本都非常高，因此基本上都为军用。

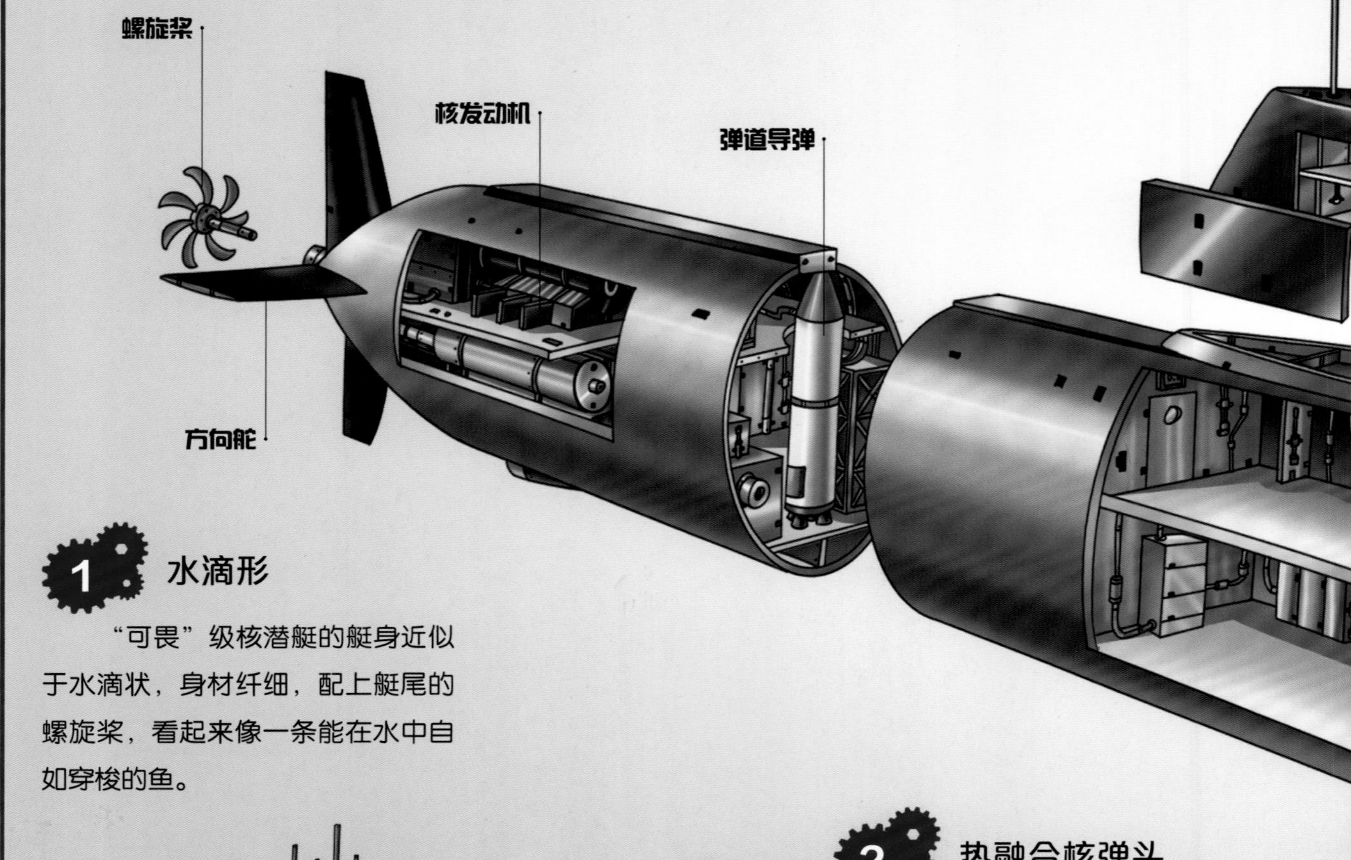

1 水滴形

“可畏”级核潜艇的艇身近似于水滴状，身材纤细，配上艇尾的螺旋桨，看起来像一条能在水中自如穿梭的鱼。

2 热融合核弹头

“可畏”级核潜艇都配备有潜射弹道导弹及鱼雷发射管。其改良型M20还拥有一枚热融合核弹头，它的威力相当于120万吨TNT炸药，射程可达1 900海里，威力巨大。

3 压水堆核动力

压水堆是指使用加压轻水作为冷却剂和慢化剂，并且水不在堆内部沸腾的核反应堆。“可畏”级核潜艇最突出的特征之一就是采用压水堆核反应产生的能量作为动力，带动潜艇前行。

4 两组艇员

“可畏”级的艇员分成蓝组和红组两组进行轮流出海，每次出海时间为55~70天，然后休假5~6周，休假期间要进行培训，为下次出海做准备。

5 对外开放

“可畏”级核潜艇于1991年12月1日退役，退役之后，一直用于展览展示用途。对于潜艇爱好者来说，这是一个可以一睹核潜艇真容的好机会。不过截至目前，“可畏”级是世界上唯一对外开放的战略核潜艇。

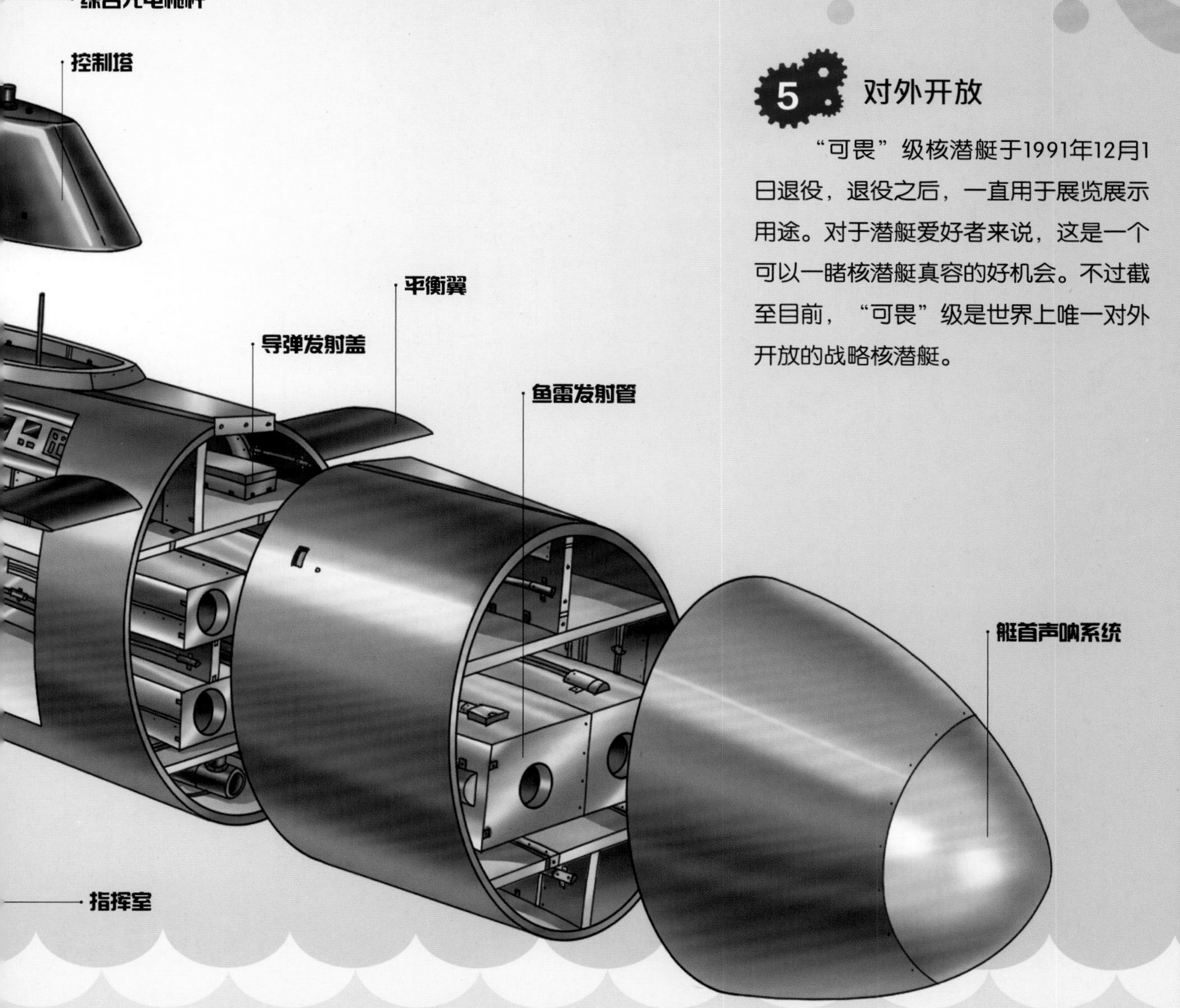

“红宝石号”核潜艇

“红宝石号”核潜艇是法国于1976年开始建造的第一级攻击型核潜艇。它是世界上最小的一级核潜艇，因此，又被称为“袖珍潜艇”。该级艇共建有6艘，第一艘即为“红宝石号”，于1983年2月正式开始服役。

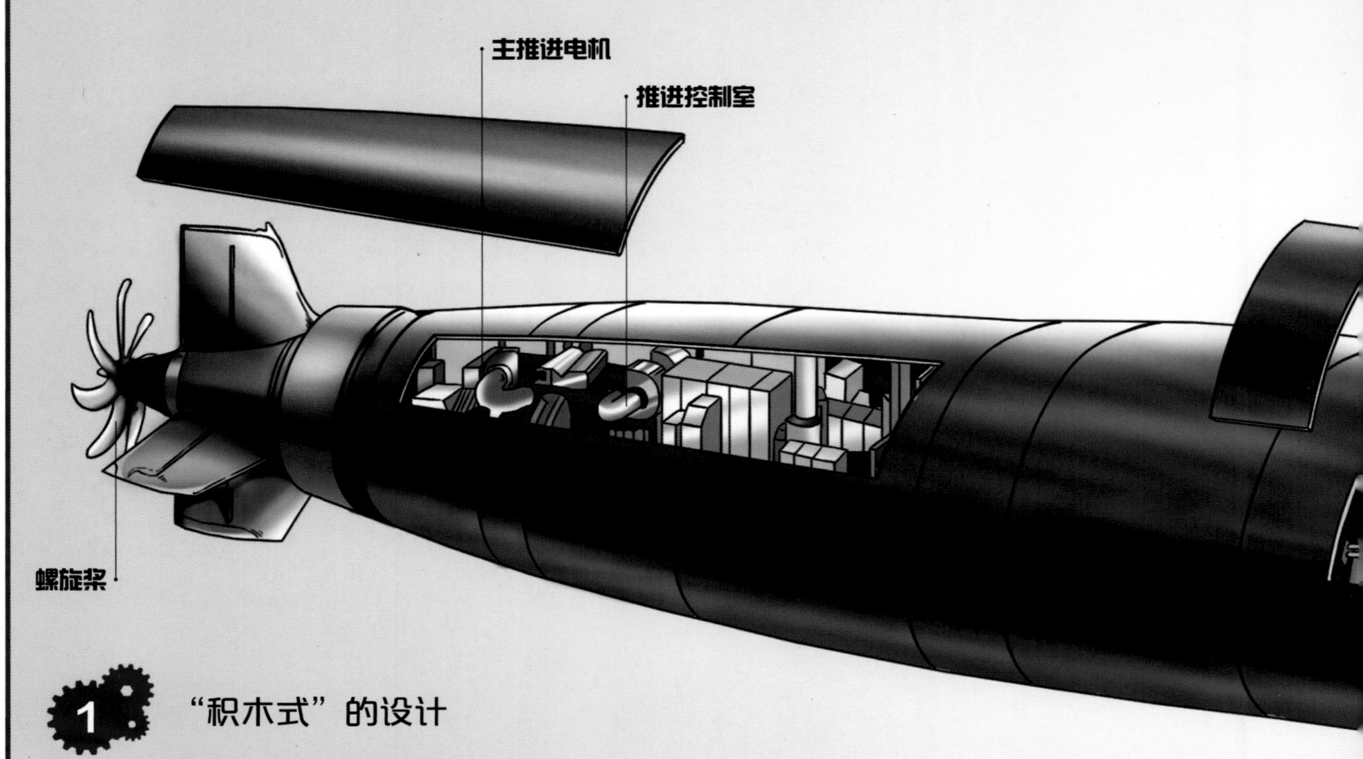

1 “积木式”的设计

“红宝石号”核潜艇采用“积木式”的一体化设计，即反应堆的压力壳、蒸汽发生器和主泵联结为一个整体，反应堆的所有部件均为一个完整的结合体，使得反应堆具有结构紧凑、系统简单、体积小、重量轻、可提高轴功率等优点。

2 身材袖珍

“红宝石号”核潜艇最突出的特点就是体形较小，排水量不到3000吨，可以在浅水区进行工作和行进。

3 电力推进方式

“红宝石号”核潜艇采用电力推进方式行进，大大降低了辐射噪声。

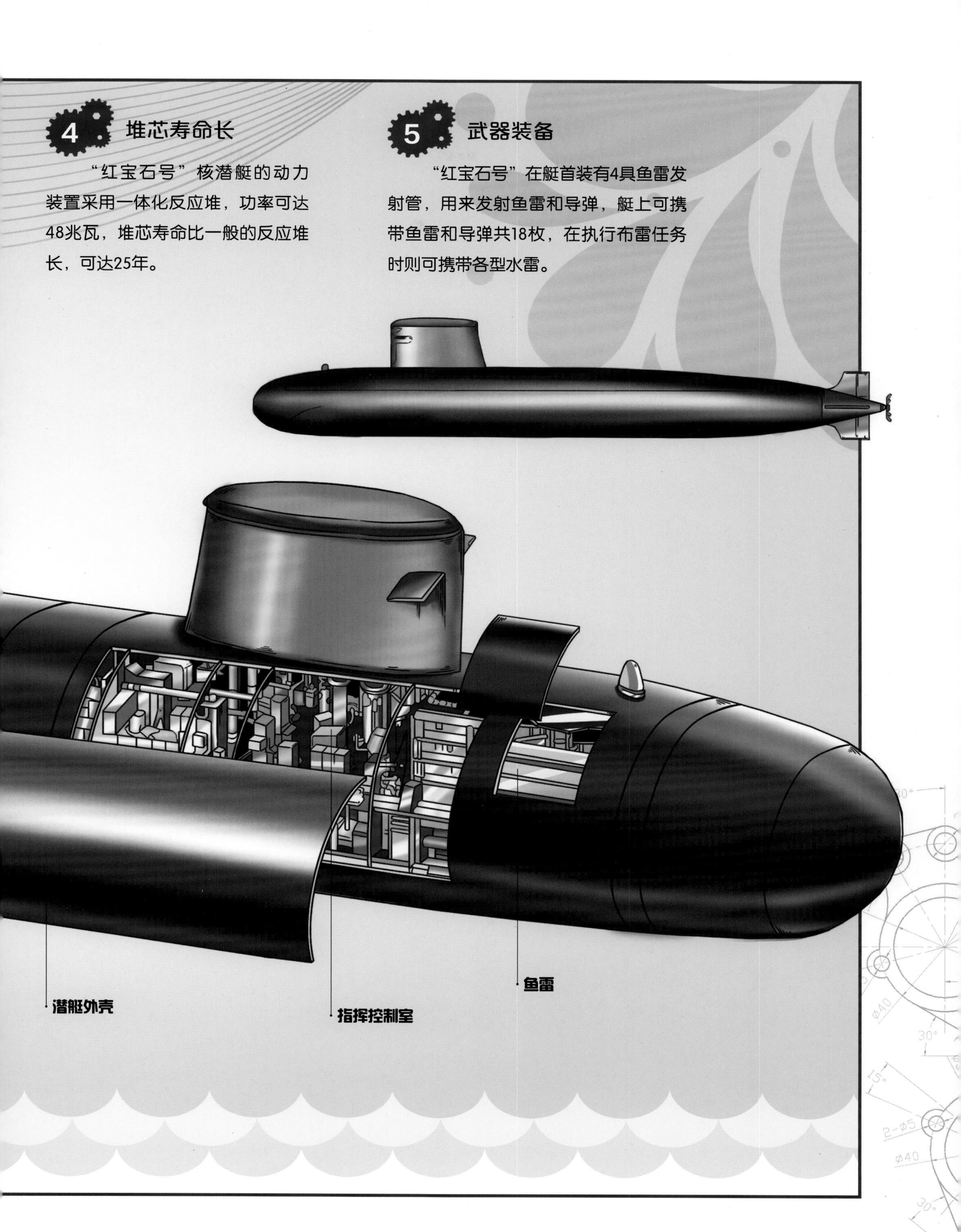

4 堆芯寿命长

“红宝石号”核潜艇的动力装置采用一体化反应堆，功率可达48兆瓦，堆芯寿命比一般的反应堆长，可达25年。

5 武器装备

“红宝石号”在艇首装有4具鱼雷发射管，用来发射鱼雷和导弹，艇上可携带鱼雷和导弹共18枚，在执行布雷任务时则可携带各型水雷。

P228
一级方程式赛车
高速赛车
P230
P232
印第赛车
拉力赛车
P242
保时捷924
P244
凯迪拉克
P246
雪铁龙
P248
甲壳虫
P256
警车
P258
巡逻车
P260
公交车
P262
大众迷你巴士

第五章

汽车

P236
法拉利
P238
宾利
P240
兰博基尼
P250
房车
P252
救护车
P254
消防车
P264
高空作业车
P266
卡车
P268
垃圾车

汽车的发展史

汽车的诞生改变了人们的出行和运货方式，这是个了不起的发明，带动了整个社会的进步。然而，汽车的诞生和发展却经历了一个漫长的过程，凝聚了无数人的智慧和努力。近些年来，全球汽车业发展迅猛，不仅外观设计越来越多样化，工业技术也越来越高端与先进。

谁为汽车的诞生提供了“车轮技术”

在汽车诞生之前，马车可以说是人们出行时主要的交通工具。世界上最早的马车大约诞生于公元前2000年，它最初是由一匹马拉的双轮车，随后逐渐出现了四轮马车或2～4匹马拉的马车，这种马车速度比原来快了好几倍。直到19世纪，马车还是主要的陆上运输工具。

在很久以前，人类充分发挥想象力，认为可以采用滚动的方式前进，于是，轮子渐渐产生了。它的出现带给人类一种新的行动方式，实现了由移动到滚动的飞跃。

最开始的轮子叫滚子橇，是由两段圆木在中间各凿一个圆洞，再在洞里穿上一根细一点的木棍连接起来的工具。这种轮子操作性较差，而且不耐磨，易被压碎。

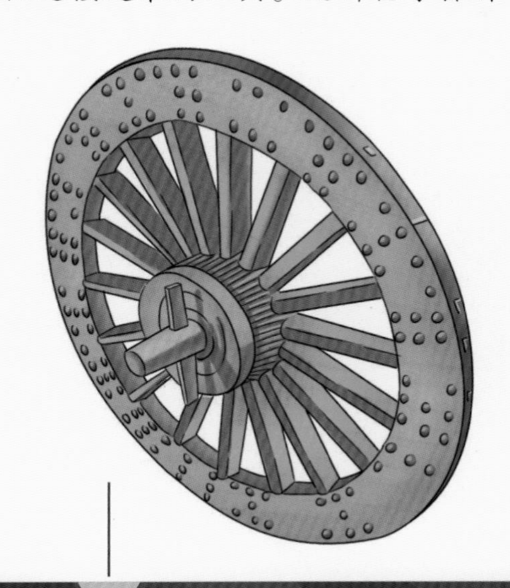

轮辐和轮缘

公元前1600年，人们开始使用轮辐和轮缘来加固车轮，虽然依旧采用木材，但是这种轮子明显坚固耐用多了。

公元前
1600年

后来，随着钢铁的出现，木轮发展成为钢制轮，外加橡胶轮胎，轮胎内充空气，车轮变得更完善、更先进。钢制轮是现代车轮的雏形。

配上先进的钢制轮，马车的行驶更稳定了，但是，人们更希望发明一种能代替马，并且更有耐力、更有力量的动力机器，以使车轮转得更快。好吧，先进的车轮有了，接下来就去寻求新的动力来源吧。

蒸汽汽车时代来啦

为了寻找新的动力来源代替马，人们开始做各种尝试。1680年，英国著名科学家牛顿设想利用喷管喷射蒸汽来推动汽车，可惜最终没能制成实物。

第一辆蒸汽驱动的三轮汽车

1769年，随着蒸汽机的发明，由法国人居纽制造的世界上第一辆蒸汽驱动的三轮汽车——“卡布奥雷”问世了。这种车的速度只有4千米/时，相当于人步行的速度，而且每15分钟就要停车向锅炉加煤，极为麻烦。但是，它的出现是交通运输主要以人畜或风为动力到利用蒸汽驱动的一个转折，标志着蒸汽汽车时代的到来。

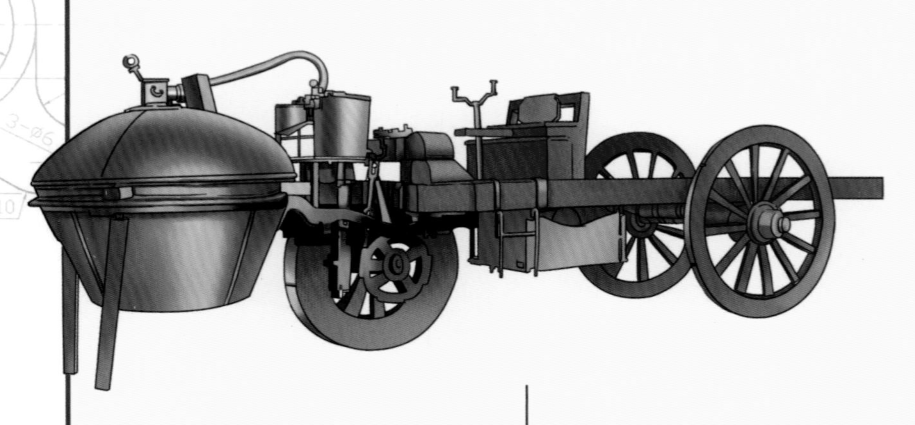

蒸汽公共汽车

1825年，英国人斯瓦底·嘉内制造出了一辆蒸汽公共汽车，此车有18座，车速仅为19千米/时，是世界上最早的公共汽车。

四轮蒸汽动力车

1854年，意大利人瓦吉利奥·布罗地诺制造出了用于载客的四轮蒸汽动力车。不过，速度慢的缺点依然没有得到解决，而且它每小时还要消耗30千克的焦炭，乘坐它可比坐马车费用高多了，而且没有快多少，所以，人们更愿意坐马车。

1854年

1885年

内燃机汽车诞生啦

1794年，英国人斯垂特首次提出可以将燃料与空气混合形成可燃气以供燃烧的设想，科学家们便开始积极研究，终于在1859年，通过电火花点火，使得煤气和空气混合气爆发燃烧，制成了二冲程煤气内燃机。到1883年，内燃机已经发展为包括进气、压缩、做功、排气四冲程循环工作方式的活塞式汽油内燃机。

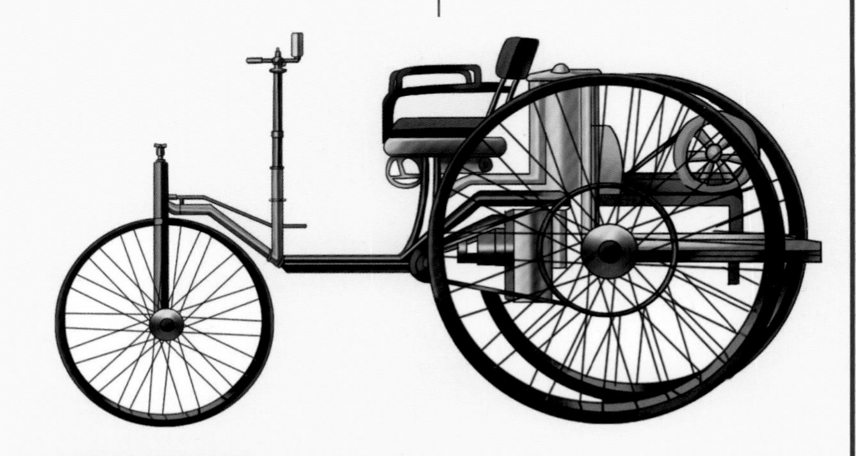

第一辆现代汽车

1885年，德国人卡尔·费里特立奇·本茨将汽油内燃机用于驱动汽车，成功制成可自行驱动的三轮汽车。该车被命名为“奔驰”，它完全实现了自动化，能以相当于人类跑步的速度前进，被公认为世界上第一辆现代汽车。

现代汽车模型

1891年，雷内·潘哈德和埃米尔·勒瓦索尔开始研制汽车，并于1895年设计出了为现代汽车所模仿的汽车模型——四角各安装一个轮子，发动机安装在车身前部，再配上一个踏板离合器、一个变速箱及后轮驱动装置。

奥兹的单座敞篷车

奥兹是第一家美国机动车公司，于1897年成立。1901年该公司开始制造小型单座敞篷车，这是首辆应用生产线技术生产的汽车。

劳斯莱斯的“银色幽灵”

英国汽车制造商劳斯莱斯从1906年开始制造汽车，第二年便推出了当时以速度和舒适豪华著称的“银色幽灵”。到1925年该公司总共生产出了7000辆“银色幽灵”，至今仍有1000辆为人们所使用。

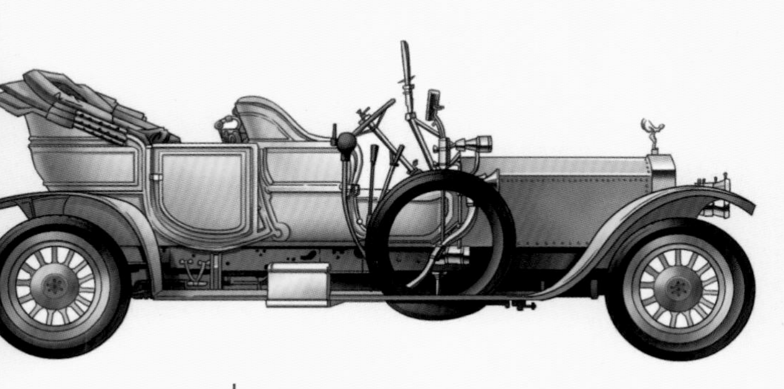

布加迪“皇家”41型轿车

布加迪“皇家”41型轿车长达6.7米，是当时最大的汽车，采用了可以驱动一列火车的12升发动机，动力强劲。它仅仅生产了6辆，是世界上最昂贵的汽车，即使二手的“皇家”在拍卖会上的价格纪录至今仍没有车能打破。

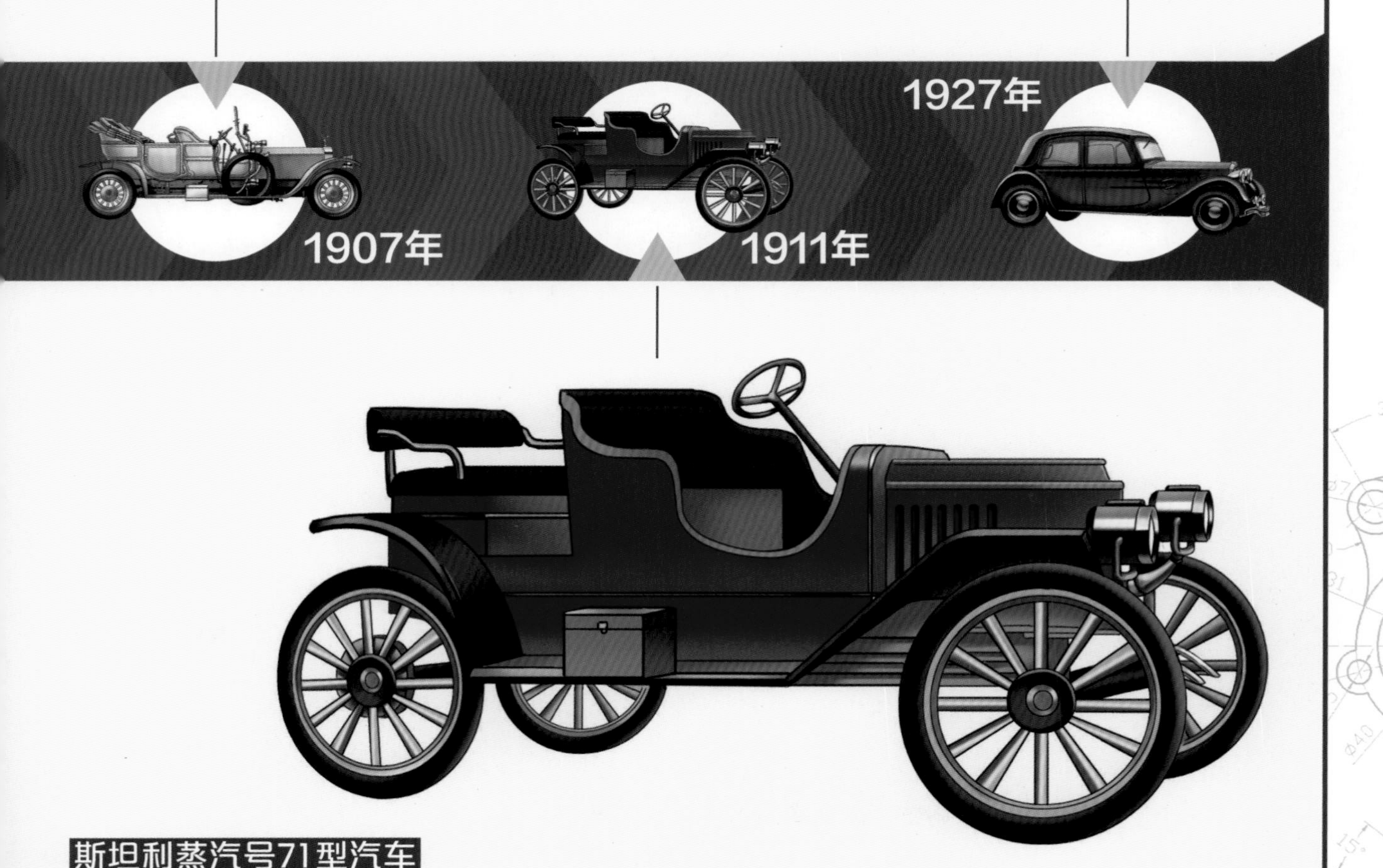

斯坦利蒸汽号71型汽车

1911年，由美国的双胞胎斯坦利兄弟制造的斯坦利蒸汽号71型汽车，速度有了较大的改进，可达120千米 / 时。不过，因为当时马匹运输减少，路上的水槽也相应减少，不容易在路上找到加水的地方，所以，该蒸汽汽车没能得到普及。

近现代汽车诞生啦

前轮驱动汽车的诞生开启了近现代汽车的发展之门。随后，越来越多的各种专门用途的和使用新型燃料的汽车不断涌现出来。

吉普车

威利斯吉普是一种越野性能比较强的车。在第二次世界大战（1939—1945年）期间，50万辆吉普车曾用于运送美国士兵，但座位不太舒适，坐久了易造成脊椎损伤。

雪铁龙DS19

雪铁龙DS19于1955年首次亮相，外形极具现代感，颠覆了传统车型的外观设计理念。该车可以适应不同的载重和路面情况。

雪铁龙前轮驱动汽车

1934年，法国的雪铁龙公司制造的汽车采用了单壳体构造，让人眼前一亮，对还在生产像四轮马车一样的汽车制造商造成了强大的冲击。从此，汽车车型发生了根本性的改变。此外，该车还是首辆依靠前轮驱动的汽车。

法拉利

为了满足驾驶者对极限速度的追求，意大利一名顶级赛车手恩佐·法拉利从1940年起，设计了数款世界上最快、最昂贵的赛车和跑车，堪称经典。

清洁能源汽车

用清洁能源作为动力源的汽车越来越普及。目前，已经有数款电动汽车被研发生产出来，如氢燃料电动汽车本田FCX、纯电动汽车日产LEAF，后面有相关详细介绍。

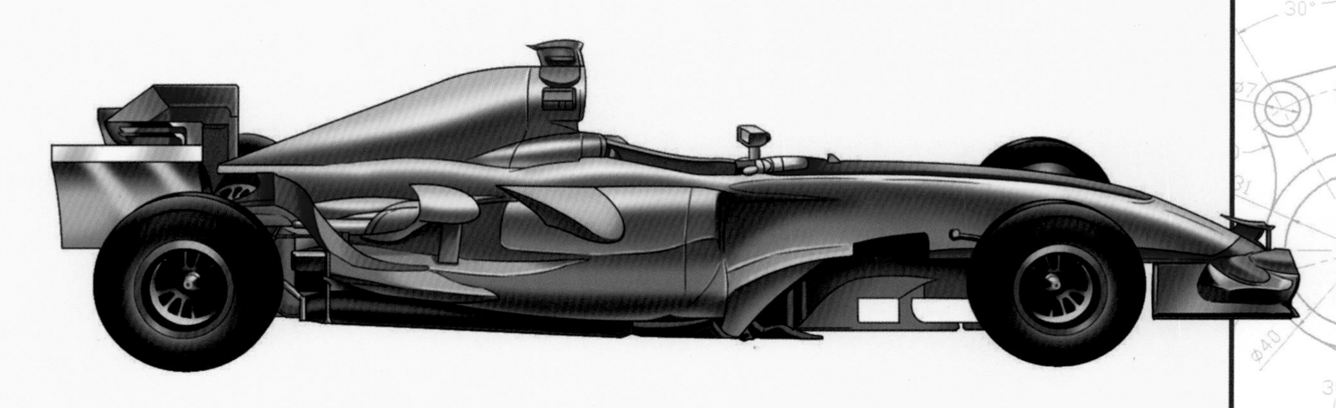

一级方程式赛车

F1方程式赛车的速度可达320千米/时，是早期汽车的几十倍。为了不脱离地面，它的前端和后端设计成翼形，以保证当空气掠过时将车子往下压，使得车子能又快又稳地沿着车道飞奔。

一级方程式赛车

为了保证公平性与安全性，赛车运动的主办者制定了赛车的统一规则，只有依照规则制造的赛车才能参赛，这种赛车被称为“方程式赛车”。一级方程式赛车是国际汽车运动联合会制定的方程式赛车规范等级最高的，国际汽车运动联合会缩写为FIA，一级方程式赛车以F1（Formula 1）命名。

方向盘功能齐全，
赛车手进出车时须拆卸。

方向盘
前翼
遥感
后视镜
散热器
灭火器
轮胎

1 赛车赛级

赛车运动起源于1894年，1904年国际汽车运动联合会成立，国际汽联管辖的方程式赛车有三个级别，最高级别是一级方程式，其次是方程式3000，再次是三级方程式。

前沿技术的凝结

每辆F1赛车都是世界著名汽车厂家的精心杰作，它们从设计到制造都凝聚着众多研制者的心血，并代表着一家公司乃至一个国家的高科技水平。因此，许多发达国家在赛车比赛中投入了大量人力。据悉，德国有2000多名专业人才直接从事赛车的设计、制造和研究工作，美国约有1万人，而日本则更多，估计有近2万人。

专用轮胎

赛车的专用轮胎共分为6种：中性胎、全雨胎、超软胎、软胎、中硬度胎以及硬胎。中性胎与全雨胎在下雨时使用，根据雨量多少来进行选择；其他4种用于干地，根据赛道的特性以及比赛的状态选择不同软硬程度的轮胎。

4 方向盘易拆卸

为了安全起见，现在的F1赛车方向盘必须带有易拆卸的机械结构，让赛车手能够在发生事故时，迅速拆下方向盘。

5 定风翼

F1赛车尾部装有像翅膀一样的定风翼。根据空气动力学原理，当赛车高速运动时，定风翼产生下压力，增加轮胎的附着力，提高赛车转弯速度及高速行驶的稳定性。

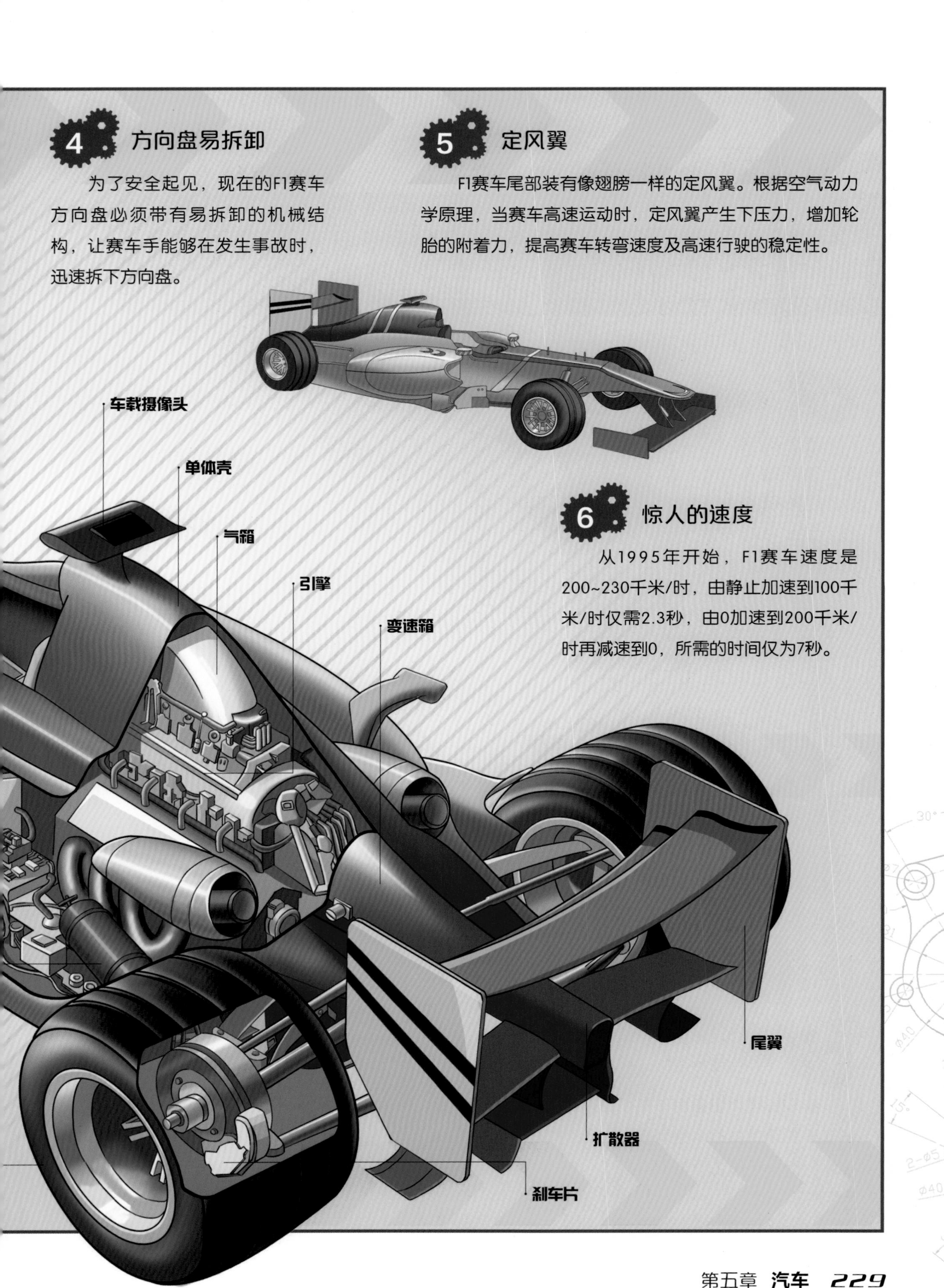

6 惊人的速度

从1995年开始，F1赛车速度是200~230千米/时，由静止加速到100千米/时仅需2.3秒，由0加速到200千米/时再减速到0，所需的时间仅为7秒。

▶▶高速赛车

高速赛车通常能以300千米/时及以上的速度在专门的跑道上驰骋。驾驶这种汽车对驾驶者的技术和反应速度都是一种极高的挑战。其中，顶级燃料高速赛车最高速度可达496.7千米/时，一眨眼的工夫就可以跑完近400米。

1 身材细长

高速赛车车长7.32米，宽却仅为1.83米，是典型的苗条型身躯。这样的“体形”有利于减少风的阻力，提高车速。

2 首尾有车翼

该车首尾都配备有车翼，在车子高速行驶时，空气流过车翼，产生下压力，使赛车能牢牢地抓住地面。

3 能耗高，燃料特殊

顶级燃料高速赛车以浓硝基甲烷和甲醇混合物为燃料，可以输出更强大的动力。该车耗能巨大，前进402米就会消耗掉大约8.1升的燃料。

4 轮胎大小不一

同其他赛车一样，高速赛车也有着4个车轮，但高速赛车的前后轮胎并不一样大，前轮胎的宽度非常窄，且无制动系统，而后轮又非常宽大。从整体视觉效果来看，高速赛车的比例不是很协调，但这一设计是为了保证高速赛车的高速性能。

5 充满危险的增压器

顶级燃料高速赛车为了获得更强大的动力，特配备了一款增压发动机，这是此类车的显著特征之一。但是增压发动机的增压器在强大的压力下会发生爆炸，所以为避免危险发生，特用相同材料制作的“防弹衣”包裹住增压器。

6 加速高手

顶级燃料高速赛车在0.5秒内就可以从静止加速到97千米/时，在1.1秒内可以从静止加速到160千米/时，在1.9秒内从静止加速到240千米/时，加速的速度快得让人叹为观止。

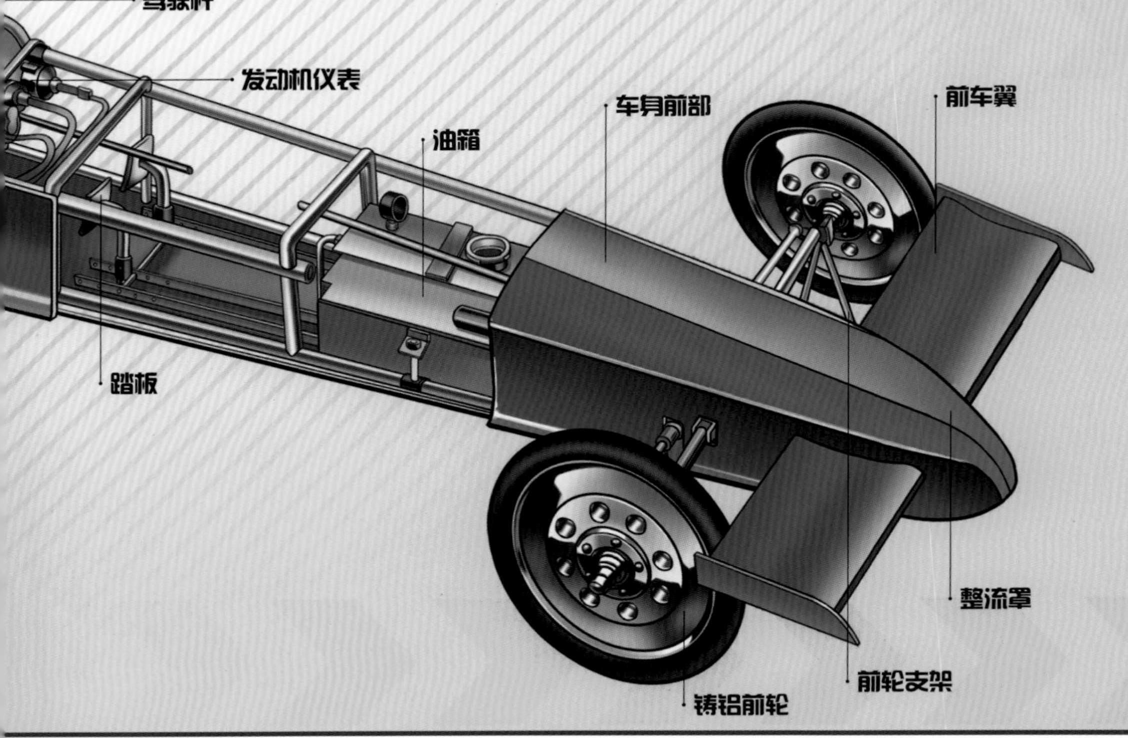

印第赛车

美国印第赛车起源于1911年，因为这类赛车最初是在美国著名的印第安纳波利斯的赛道上比赛，因而得名。印第赛车整体结构类似一级方程式赛车，都是四轮外露式单座位纯跑道用赛车。

涡轮增压发动机

印第赛车使用涡轮增压发动机。这种发动机与普通发动机不同，虽然都是靠燃料在汽缸内燃烧做功来产生动力的，但传统发动机输入的燃料量会受到吸入汽缸内空气量的限制，而涡轮增压发动机因为内部安装了涡轮增压器，可以利用排出废气的能量冲击排气管道中的涡轮，同时带动进气管道的涡轮，使吸入汽缸的空气量增加，从而进一步提高了发动机的功率。

速度更快

印第赛车与一级方程式赛车相比，既大又重，而且结构简单，但这并不意味着它比F1赛车慢。印第赛车最高车速甚至可以接近400千米/时。因此，印第赛车又被称为“离死神最近的运动”。

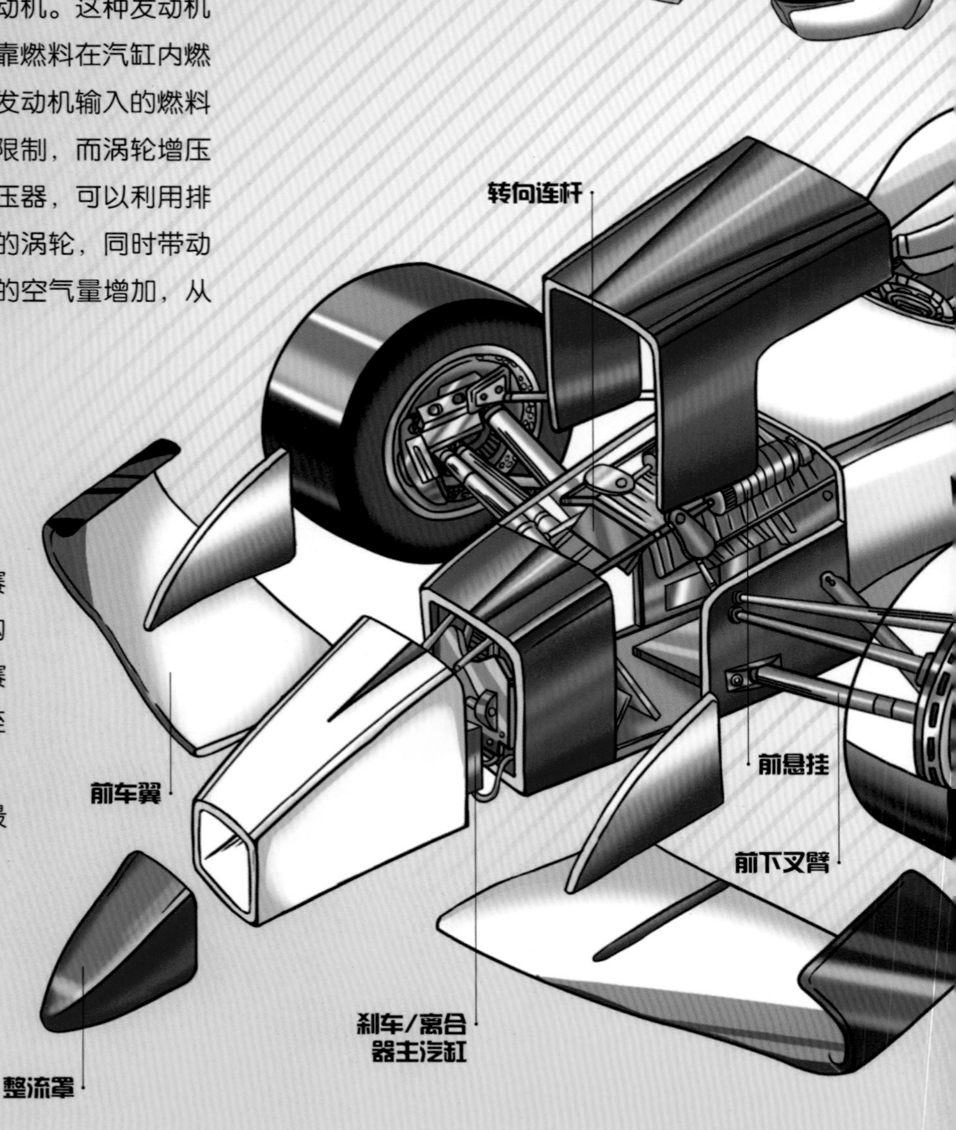

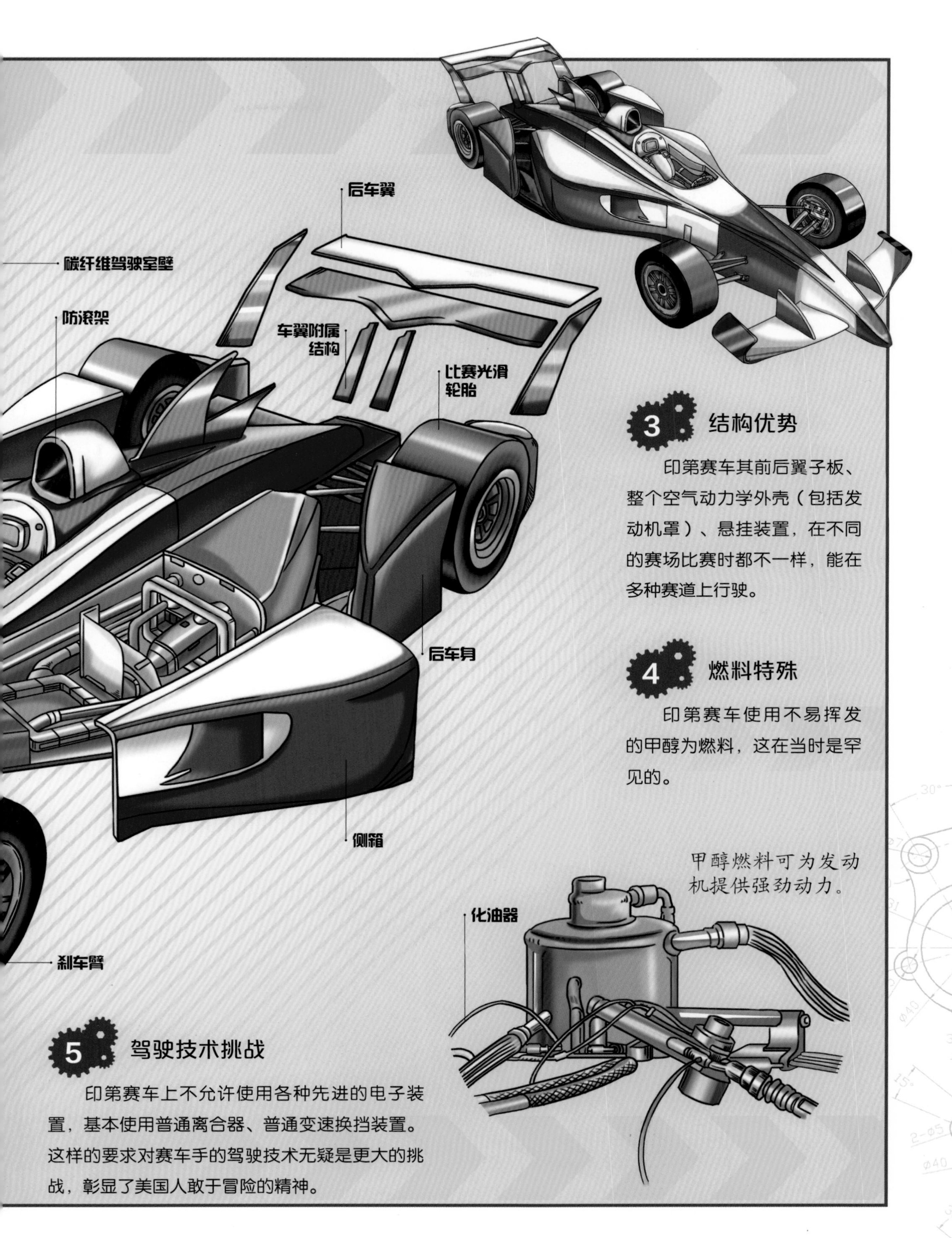

3 结构优势

印第赛车其前后翼子板、整个空气动力学外壳（包括发动机罩）、悬挂装置，在不同的赛场比赛时都不一样，能在多种赛道上行驶。

4 燃料特殊

印第赛车使用不易挥发的甲醇为燃料，这在当时是罕见的。

5 驾驶技术挑战

印第赛车上不允许使用各种先进的电子装置，基本使用普通离合器、普通变速换挡装置。这样的要求对赛车手的驾驶技术无疑是更大的挑战，彰显了美国人敢于冒险的精神。

▸▸拉力赛车

汽车拉力赛是最考验汽车性能和赛车手技术的汽车比赛之一，也是最困难、最艰苦的汽车比赛。汽车在比赛中不仅要翻越各种颠簸的山丘之路，还要横穿沙漠以及冰雪之路。在众多拉力赛车中，较为成功的要数日本丰田公司生产的赛利卡汽车。

1 四轮驱动

该赛车采用四轮驱动，即动力可以同时传到4个车轮上，每个轮子可单独驱动，因此，可以适应赛程上的各种路况。

2 后减震支架

该车专门配备了减少震动的后减震支架，以便在颠簸路上行驶时，提高驾驶员乘坐的舒适感，这在当时的汽车制造业中处于领先地位。

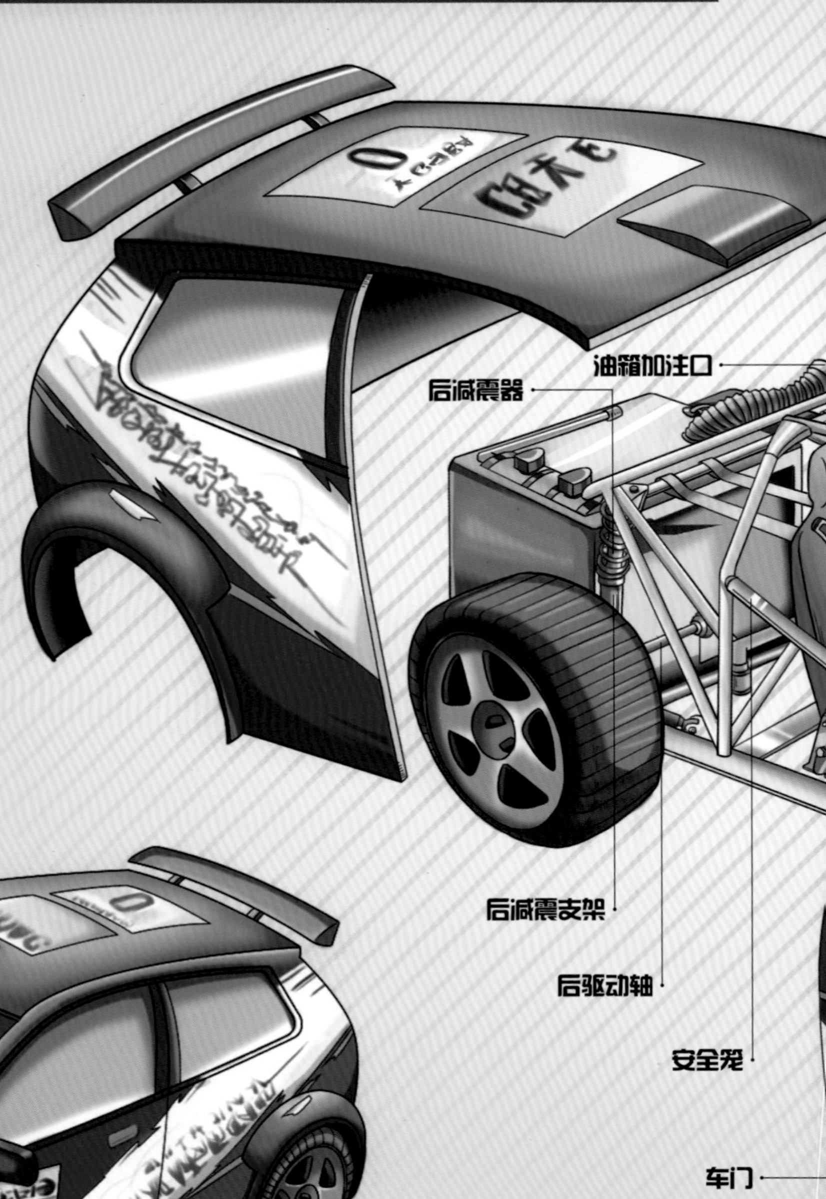

3 安全笼

该车采用金属材质将整个驾驶室围了起来，看上去就像个笼子，用来保护驾驶员，故该车又被称为“安全笼”。这是该车最为显著的特征之一。

4 降温设计

赛利卡汽车的车顶装有进气口，它是驾驶舱的一个通风口。数据显示，赛车驾驶舱最高温度能达到60℃，但专业的赛车不会搭载空调系统，因为这样不仅会增加赛车的重量，同时制冷空调的运转会大大影响赛车的性能发挥，更可能导致抛锚甚至拉缸，人们只能利用车顶进气口为驾驶舱导入冷却空气，稍微缓解驾驶舱内的高温状况。

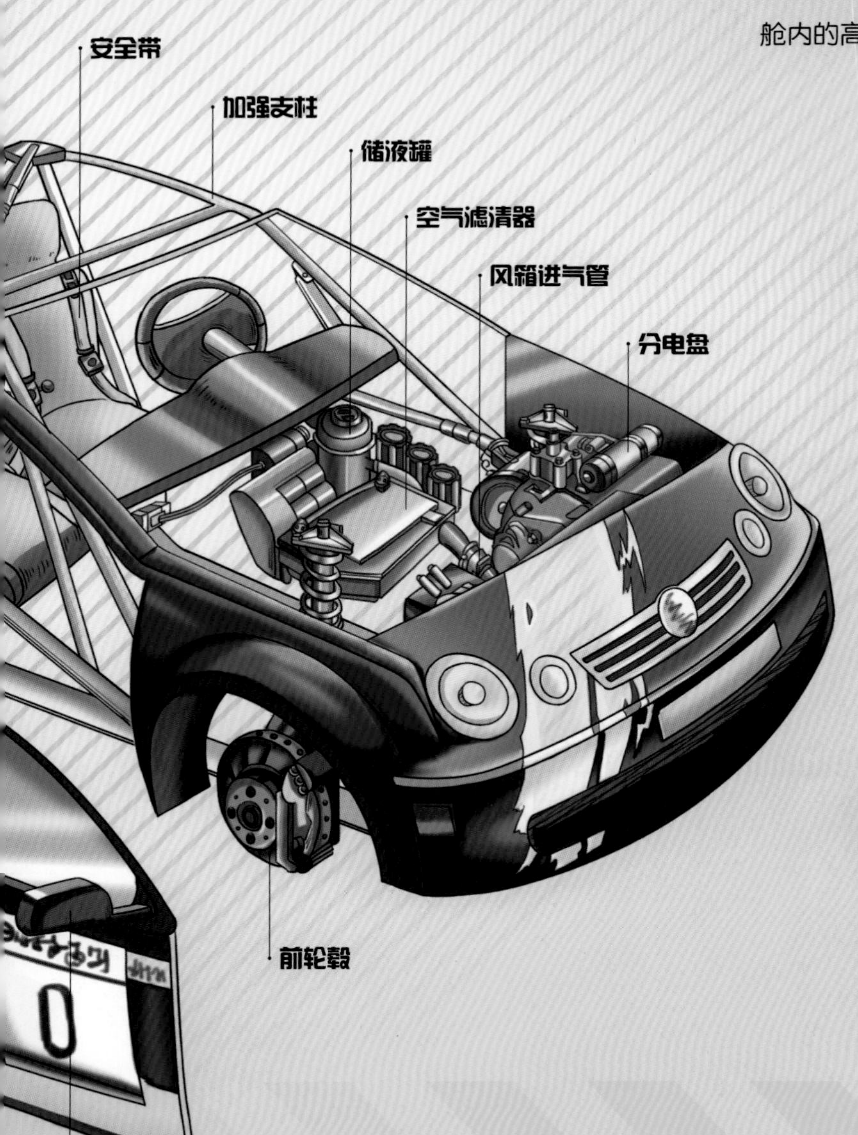

5 更换赛车零件快捷

赛利卡汽车更换赛车零件非常方便，尤其是在专门的丰田维修组的操作下，几分钟就能完成其他机械师需要几小时才能完成的更换任务。

6 赛场佼佼者

在20世纪80年代首次获得英国公路拉力赛冠军后，赛利卡汽车在1990年和1992年的世界拉力锦标赛中又都赢得了冠军。

法拉利

法拉利特斯塔罗萨汽车是20世纪末法拉利经典跑车的代表，当时这款车型几乎成了所有赛车游戏的主角。“特斯塔罗萨”的名字是意大利语中“红头”的意思，一种说法是因为法拉利12缸赛车车头涂成红色的缘故，但是更多的说法则是形容它像一位红头发意大利美女，大胆而奔放。

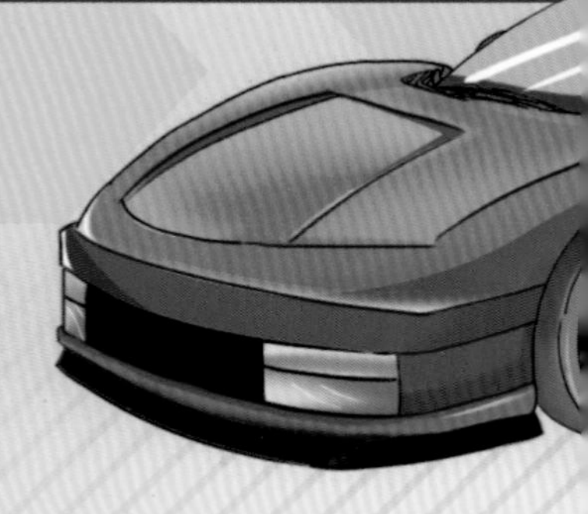

1 操控灵活

这款车的发动机位于车体中后部，车身重心非常稳定，转弯能力极强，操控灵活性在当时是其他赛车无法超越的，被认为是一款完美的跑车。

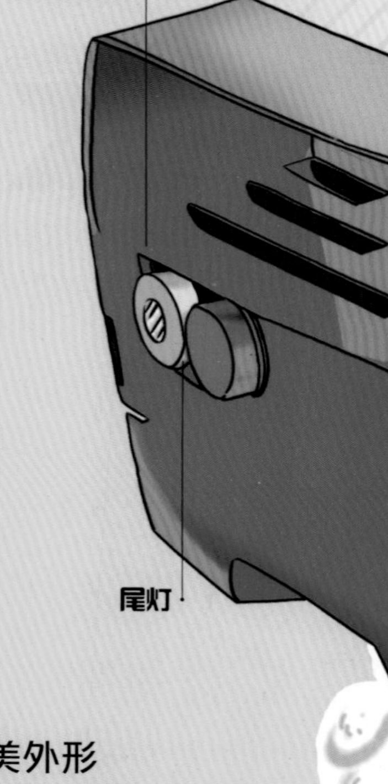

2 完美外形

法拉利特斯塔罗萨最突出的特点是车身两侧有两个很像鲨鱼鳃的巨大开口，设计师在开口处加了五块导流板，主要用于引擎散热。这种设计在当时是前所未有的。

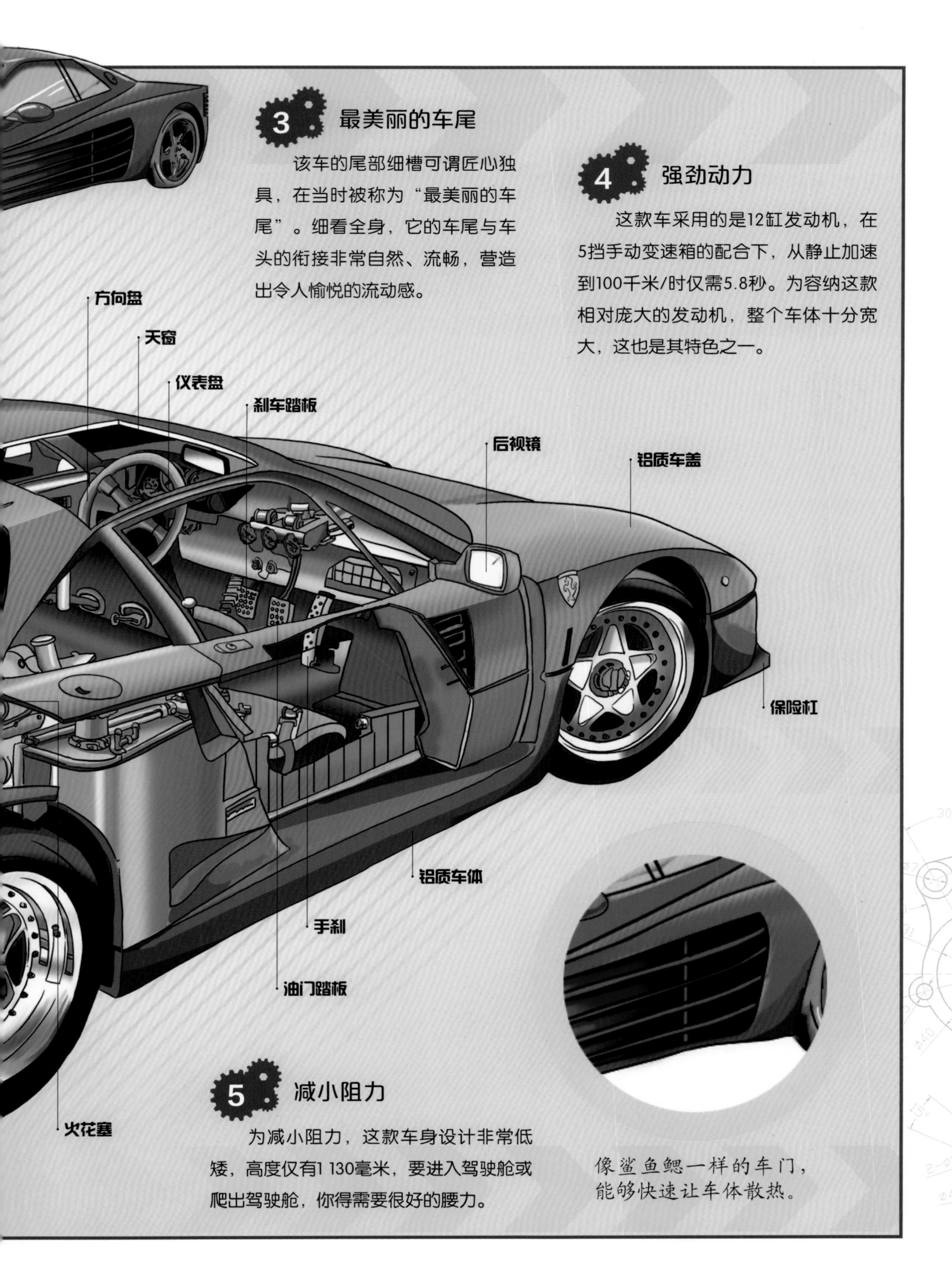

3 最美丽的车尾

该车的尾部细槽可谓匠心独具，在当时被称为“最美丽的车尾”。细看全身，它的车尾与车头的衔接非常自然、流畅，营造出令人愉悦的流动感。

4 强劲动力

这款车采用的是12缸发动机，在5挡手动变速箱的配合下，从静止加速到100千米/时仅需5.8秒。为容纳这款相对庞大的发动机，整个车体十分宽大，这也是其特色之一。

5 减小阻力

为减小阻力，这款车身设计非常低矮，高度仅有1 130毫米，要进入驾驶舱或爬出驾驶舱，你得需要很好的腰力。

像鲨鱼鳃一样的车门，能够快速让车体散热。

▶▶宾利

宾利是由沃尔特·欧文·宾利于1919年创建的汽车品牌，是最早使用增压器的汽车品牌之一。早期的宾利速度快，运动感强，自从1931年加盟劳斯莱斯后，却转而成了豪华轿车的一员，并在近百年的历史长河中，不断呈现出尊贵、典雅与精工细作的高品质特色。

1 外形似火车头

早期的宾利看上去像一个火车头，车头大量采用网罩元素，头占了整个车子的2/3，彰显出车子的大气，同时其军工气质一览无遗。

2 发动机

第一次世界大战期间，宾利公司以生产航空发动机而闻名。战后开始生产汽车产品。早期宾利的发动机位于车头，体积较大。1921年，宾利生产了发动机功率为63千瓦、车速高达128千米/时的3升车型，这是当时速度最快的量产汽车。

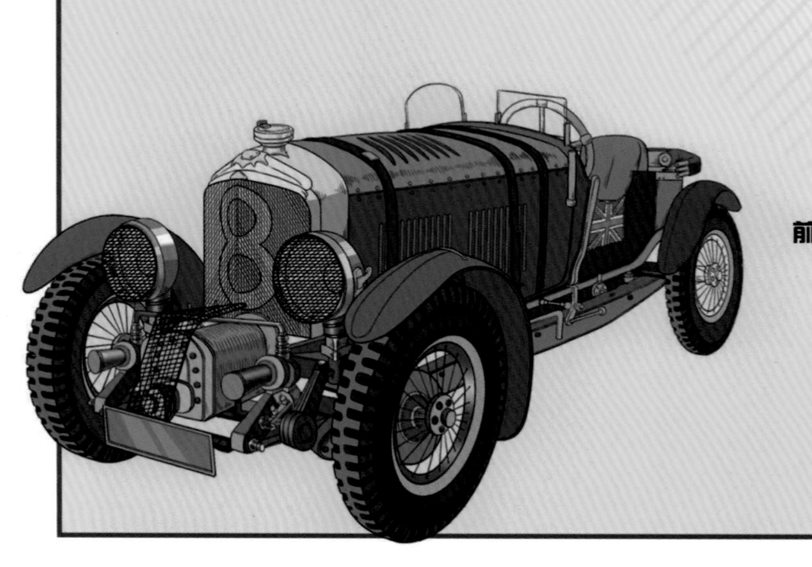

3 增压器

涡轮增压器是利用提高发动机进气量来增加发动机动力的装置，在20世纪20年代还是个新鲜玩意儿。早期宾利汽车的发动机就已安装了涡轮增压器。

4 精湛的手工工艺

宾利一直以手工精制而闻名于世，每一台宾利都是由代代传承的工匠以手工打造，据说宾利的生产线每分钟只移动15厘米，每辆车要花上16~20星期才能完成，内饰的缝制工时更是超过150小时，仅方向盘蒙皮就需要一个熟练工人花15个工时来缝制。所以说，宾利车不仅仅是一辆车，更是一件完美的艺术品。

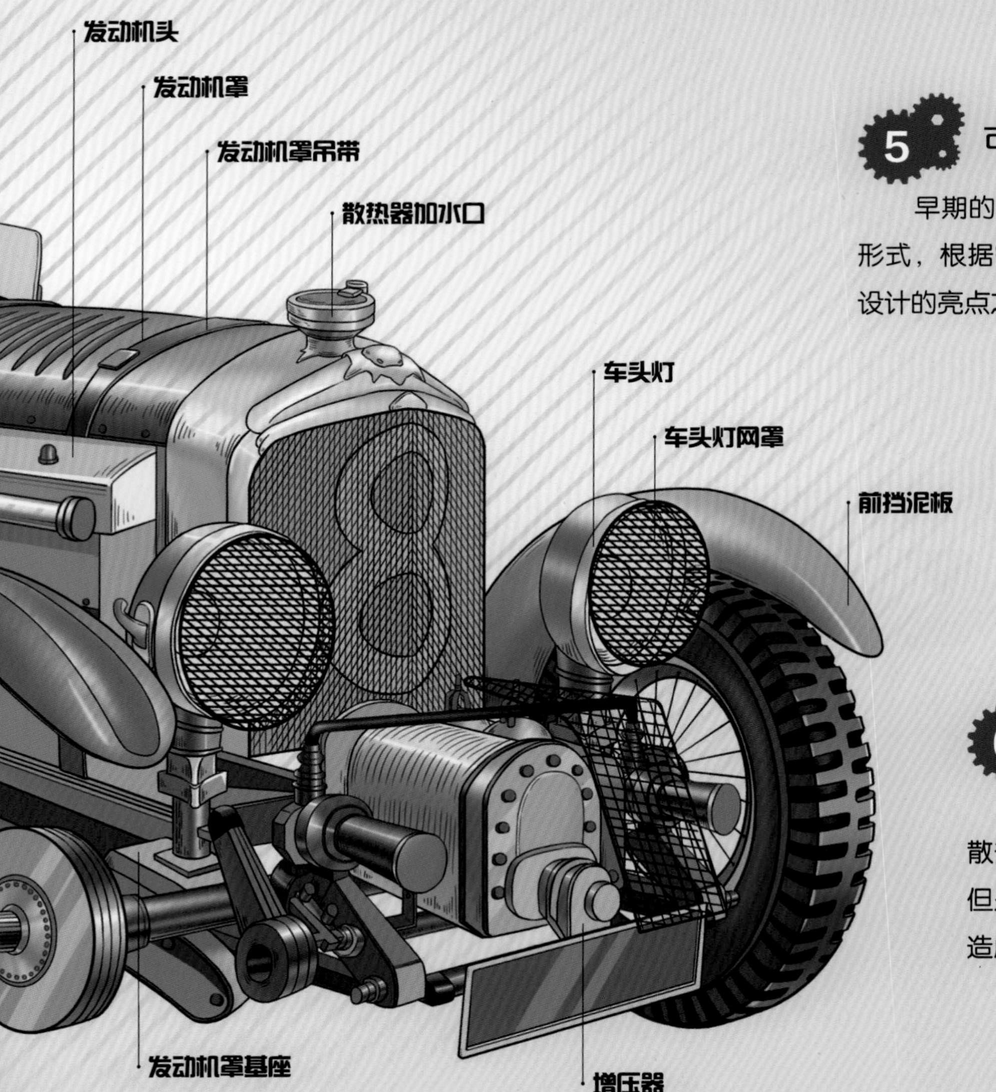

5 可折叠顶棚

早期的宾利顶棚采用可折叠的形式，根据需要折叠或撑起，是其设计的亮点之一。

6 散热器加水口

早期的宾利采用裸露的散热器加水口，加水方便，但是，容易飞入灰尘杂质，造成堵塞。

兰博基尼

兰博基尼是全球顶级跑车品牌之一，于1963年由意大利人费鲁吉欧·兰博基尼创立。第一款兰博基尼跑车也是在这一年研制成功的。它的出现对同级别的法拉利车型造成了一定的冲击，成为世界超级跑车的强劲对手。随后，兰博基尼陆续推出了很多款经典车型，备受世人的关注和喜爱。遗憾的是，兰博基尼公司曾因运营不善，几度易手经营权，现为大众集团旗下品牌之一。

1 外形炫酷

兰博基尼跑车普遍车身低矮，车身轮廓和线条棱角分明，外形炫酷且极具攻击性和动感。

2 车门独特

该车的车门采用独特的剪刀门，与整个车子的融合度更高，而且打开方式更具时尚感和安全感。

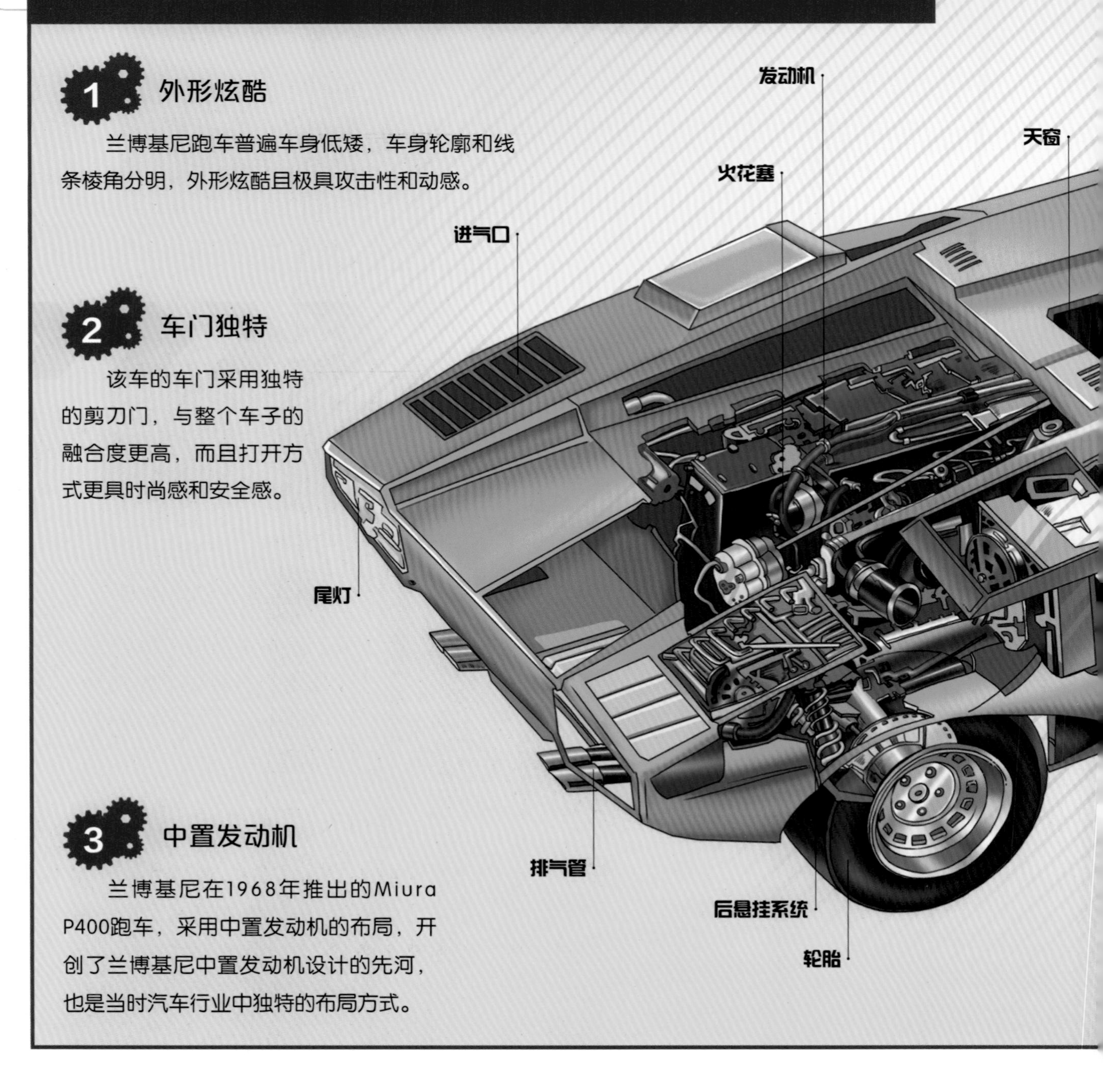

3 中置发动机

兰博基尼在1968年推出的Miura P400跑车，采用中置发动机的布局，开创了兰博基尼中置发动机设计的先河，也是当时汽车行业中独特的布局方式。

出色的发动机

兰博基尼一直致力于研制超级跑车，因此非常注重发动机的性能。首辆车型便搭载了最大功率可达206千瓦的V12发动机，动力强劲，超越了当时的众多跑车品牌。

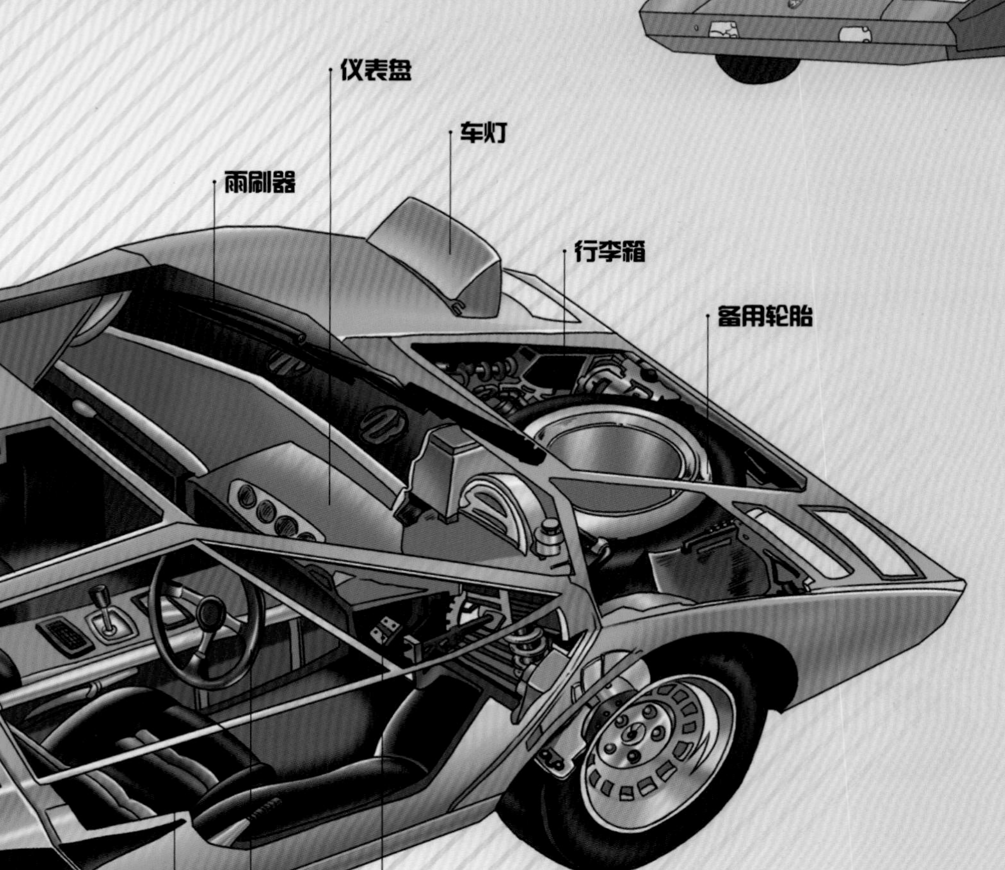

底盘稳定性强

该车底盘采用金属和碳纤维部件，两者之间用不锈钢固件连接，耐腐蚀，稳定性强。

降噪处理

早期的兰博基尼使用的是意大利发动机，当时意大利发动机噪声是世界闻名的，有人美其名曰“性感的吼声”，不过这无法掩盖兰博基尼的优越性能。后来，设计者在发动机与座舱之间布置了用特殊玻璃材料制成的隔绝层，这才解决了噪声问题，而兰博基尼也愈加完美。

保时捷924

自1931年创建以来，保时捷研制了多款著名的经典跑车，成为德国汽车界“四大金刚”之一（其他三个为奔驰、宝马、大众）。世界石油危机之后，1975年推出的一款保时捷924却以小排量、短小精悍的车型赢得了当时较为庞大的市场，堪称传奇。

1 第一款发动机前置的运动车

保时捷最显著的特征就是发动机前置，变速箱和驱动后置，这样的布局在跑车中是第一例。

2 动力小，排量小

该车排量很小，是跑车中最为节油的车型，功率也只有区区92千瓦，是跑车中配备功率最低的车型。

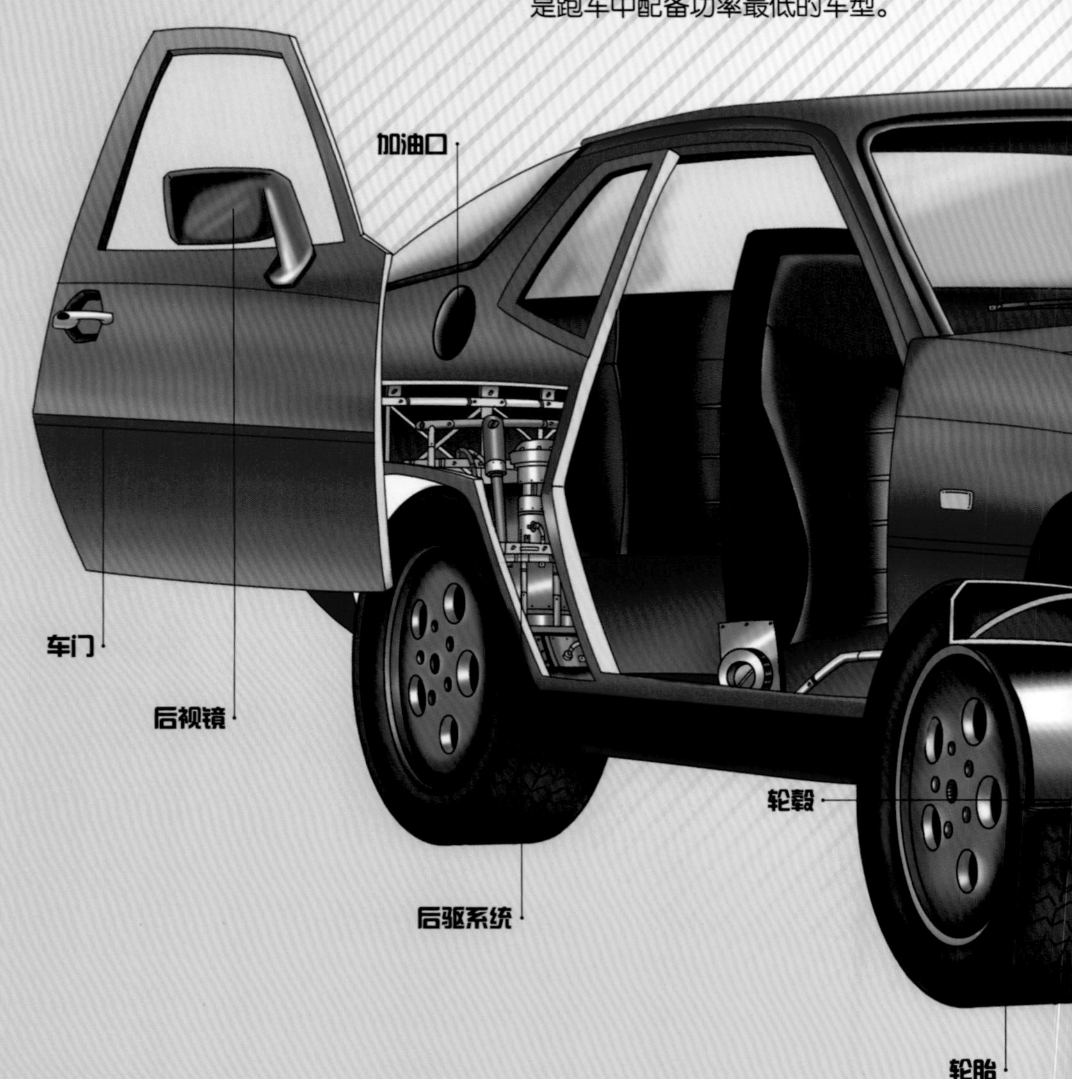

翻盖式头灯

保时捷924是保时捷所有车系中唯一采用翻盖式头灯的车子，这种车灯很有个性，炫酷十足，当时很多豪车都采用过这种头灯，但是它的杀伤力很大。国际汽车安全条例认为，翻盖式头灯容易造成交通事故的二次伤害，所以后来被全面禁止生产了。

弯道操控性卓越

该车采用48：52的前后轴重量分布，使得保时捷924成为当时独一无二的“弯道之王”。

采用主流悬挂设计

该车采用当时流行的前麦弗逊式结构和后半拖拽臂式结构的全独立式悬挂系统，结构紧凑简单，运作却非常高效。

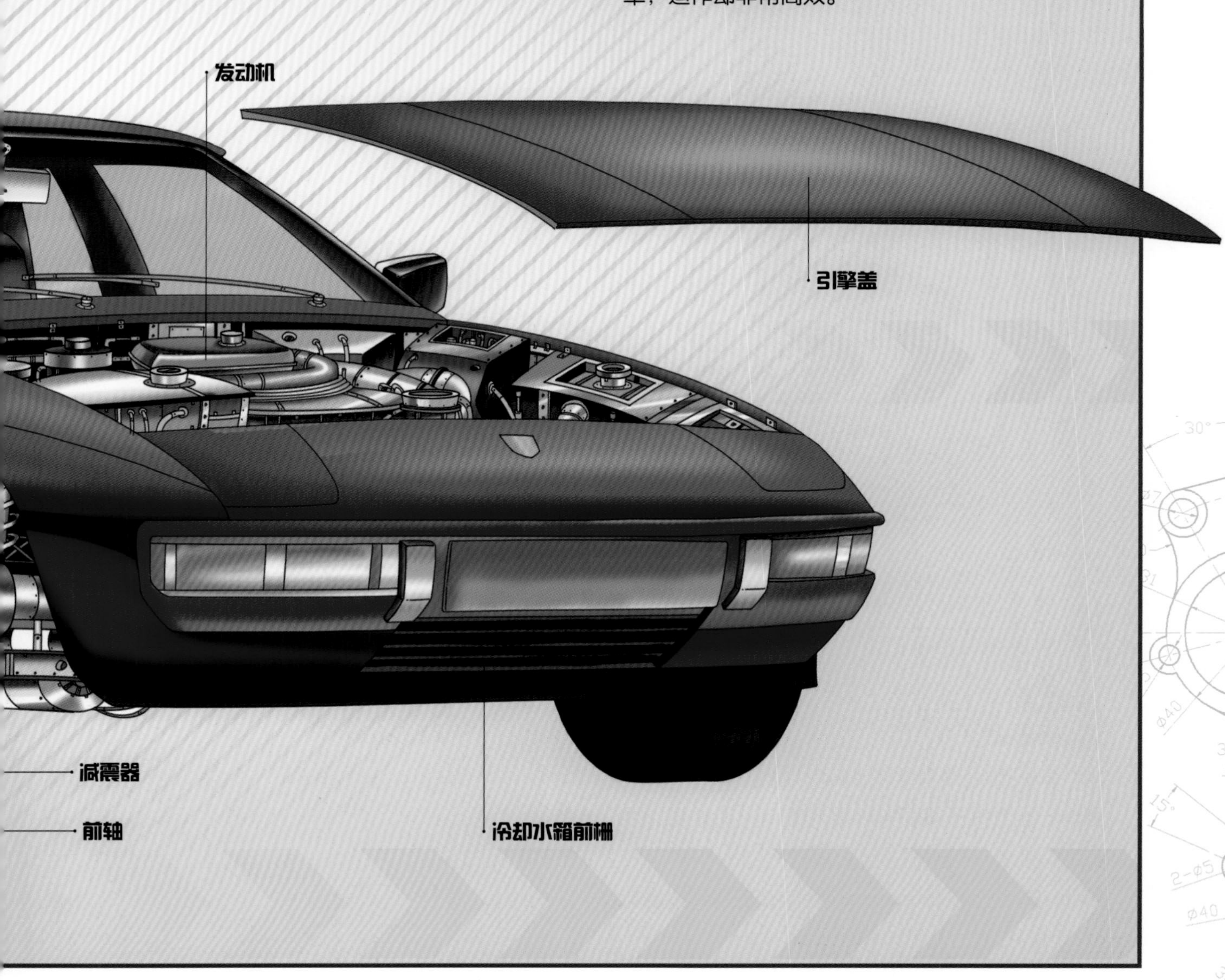

▶▶凯迪拉克

第一辆凯迪拉克于1902年诞生于美国汽车之城底特律，它的出现拉开了世界豪华汽车频现的序幕。100年来，它一直是美国最豪华汽车的标志。凯迪拉克有无数独特的设计，其中最具代表的两款凯迪拉克汽车就是1957年生产的De Ville车系中的Sedan De Ville和Coupe De Ville。

1 豪华高贵

车长达6米，流线型尾翼夸张大气，保险杠和散热格栅闪闪发光，闪光灯造型时髦，等等。每一处细节都彰显出凯迪拉克的豪华与尊贵。

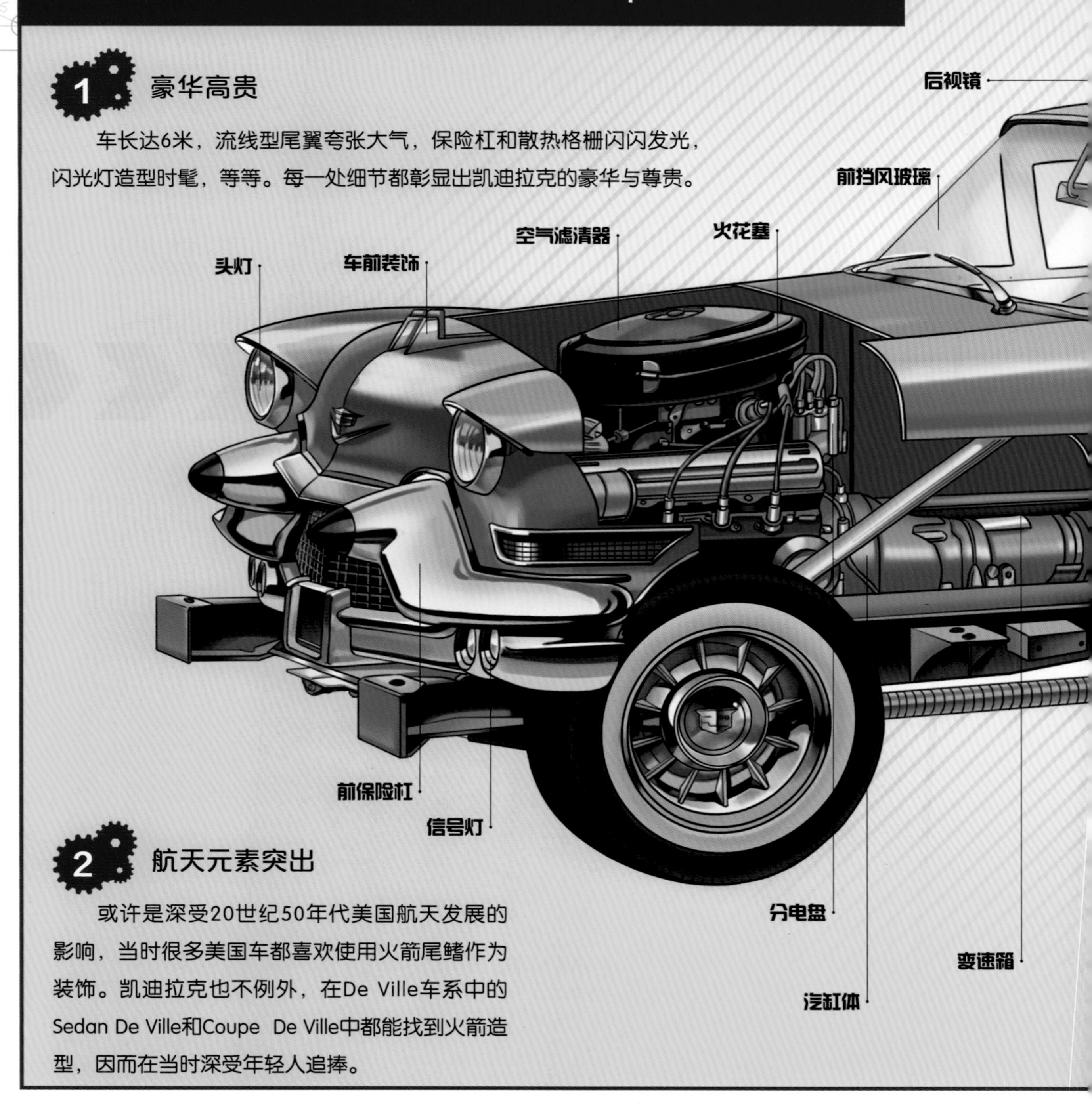

2 航天元素突出

或许是深受20世纪50年代美国航天发展的影响，当时很多美国车都喜欢使用火箭尾鳍作为装饰。凯迪拉克也不例外，在De Ville车系中的Sedan De Ville和Coupe De Ville中都能找到火箭造型，因而在当时深受年轻人追捧。

时尚的尾翼

借鉴飞机的造型，凯迪拉克车身的后部安装了两个延展的尾翼，时尚好看，深受年轻人的喜欢。

坐垫要求高

凯迪拉克配备的坐垫非常柔软舒适，这可谓它的显著特征之一。所有坐垫在正式配用之前每一处都要用貂皮擦拭，如果貂皮被剐破，那么该坐垫会被认定为不合格。

5 助力转向系统

Sedan De Ville配备了助力转向系统，驾驶起来更轻松，更省力。

大而深的后备箱

凯迪拉克的后备箱大而深，与其他汽车相比，不仅容量大很多，而且取放沉重的行李也很方便。

先进的灯光安全系统

凯迪拉克在仪表盘的上部配备了一个光传感器，用来在夜间检测对面的车流量，一旦对面来车靠近，还可以自动降低车头灯亮度，这在当时的汽车行业中处于技术领先地位。

▶▶雪铁龙

雪铁龙是由法国汽车制造商安德烈·雪铁龙于1919年创立的汽车品牌，在这一年里，最早的雪铁龙A型车开始投产，且产量达2 810辆。到了20世纪30年代初期，安德烈致力于制造一种性能优异、外形小巧的汽车，并于1933年左右成功研制出雪铁龙先驱者系列汽车。此车价格便宜，外形别致，很快受到了全世界各国人们的喜爱，直到现在，还可以在公路上看到它们的身影。

1 驱动轮为前轮

该车是世界上第一款前轮驱动轿车，是前轮驱动轿车的鼻祖，因此，它被命名为“先驱者”。

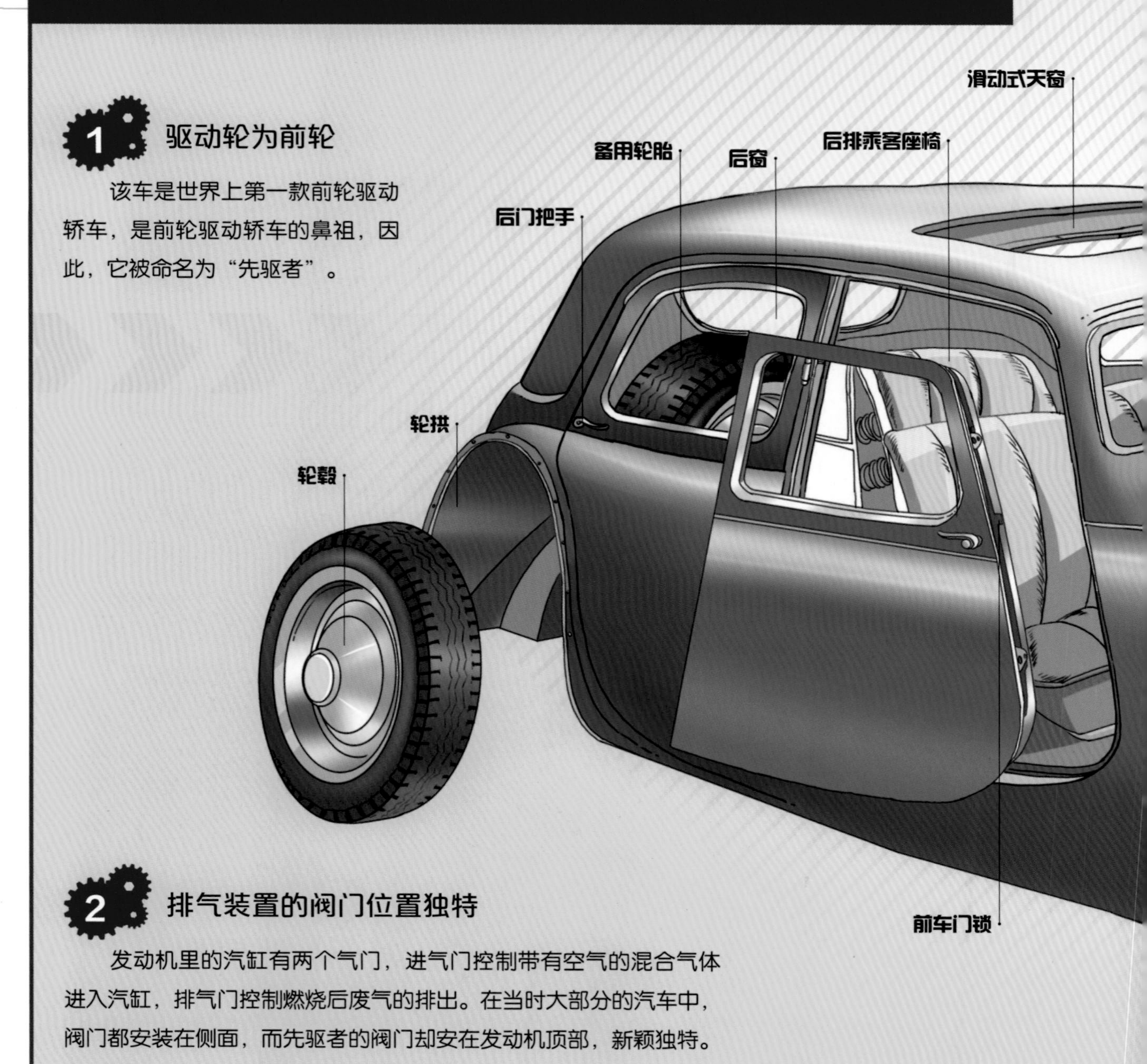

2 排气装置的阀门位置独特

发动机里的汽缸有两个气门，进气门控制带有空气的混合气体进入汽缸，排气门控制燃烧后废气的排出。在当时大部分的汽车中，阀门都安装在侧面，而先驱者的阀门却安在发动机顶部，新颖独特。

3 车厢宽敞

由于发动机前置，该车后部车厢就被设计得很宽敞，这是该车的一大亮点。因此，经常会看到一家四口人乘坐雪铁龙，后部车厢装几大件行李和宠物狗，奔驰在马路上的情景。

4 钢质车身

该车的车身为钢质全承载式，它是世界上首辆采用全承载式钢质车身的车子，钢质车身使得车辆更加坚固安全，而其符合空气动力学的车身外形使得气流顺畅，有效提高了车速。

5 减震系统

该车的减震系统采用扭力梁，减轻震动的效果更明显，它是最早使用扭力梁的汽车之一。

6 首辆后开车门的汽车

汽车后面设置了后开启车门，方便放置行李，这一设计是先驱者的又一亮点，它是全世界第一辆后开门汽车。

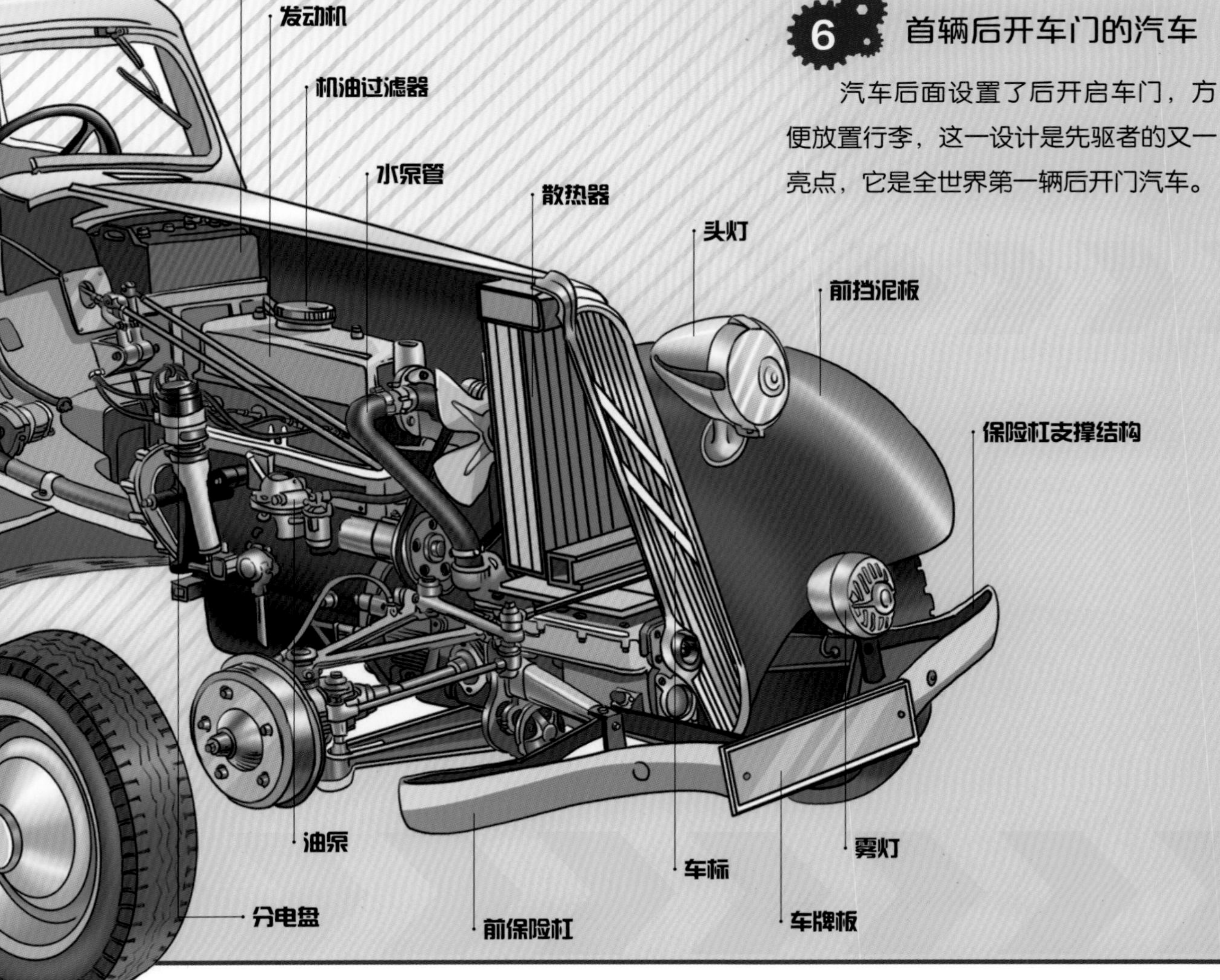

▶▶甲壳虫

甲壳虫汽车的正式名称为大众1型，诞生于1936年，因形状跟甲壳虫相似，故被称为“甲壳虫”。它的体形很小，却能乘载4~5个人，在1939~1945年仅供军用，1945年后民用甲壳虫开始制造，一直生产到2003年，受到世界各国人们的喜欢。

1 造型新颖

该车的整体造型像甲壳虫，车头车尾圆润，线条饱满，新颖独特，一出世就备受瞩目。

2 车厢高

虽然甲壳虫体形娇小，但是乘坐空间却比较充裕，这是因为其车厢较高，为乘坐者赢得了更多的纵向空间。

3 产量高

大众汽车公司采用自动焊接取代手工焊接，大大提高了制造甲壳虫的速度，甲壳虫的产量大增，每天仅需55名工人就可以生产出2 600辆甲壳虫。

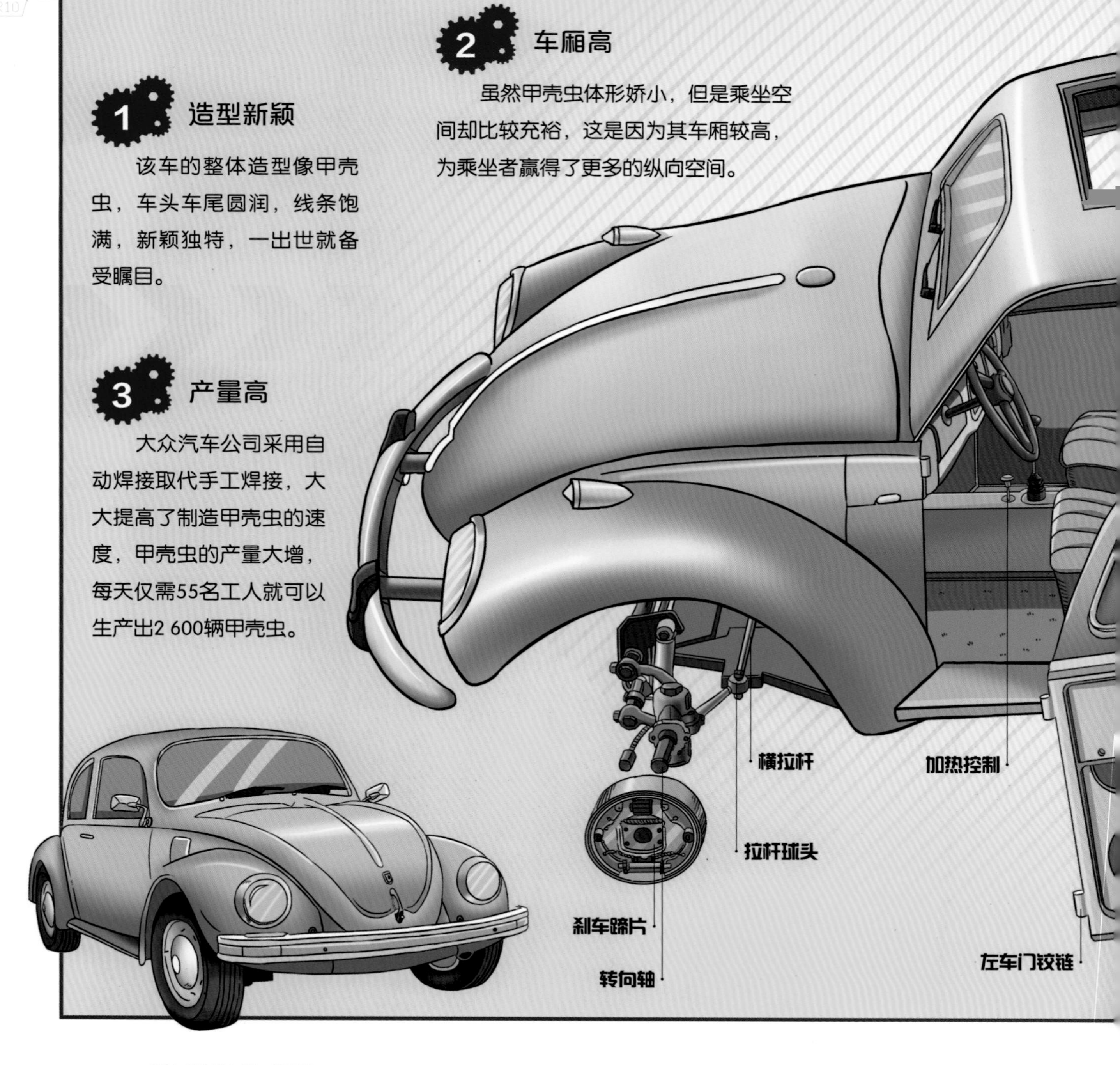

4 较早使用同步变速器

1952年，部分甲壳虫就已经开始采用同步变速器装置取代当时标准的齿轮装置，使得换挡时发动机产生的振动和冲击得到减轻。到1961年，几乎所有的甲壳虫都使用同步变速器了，是最早使用同步变速器的汽车之一。

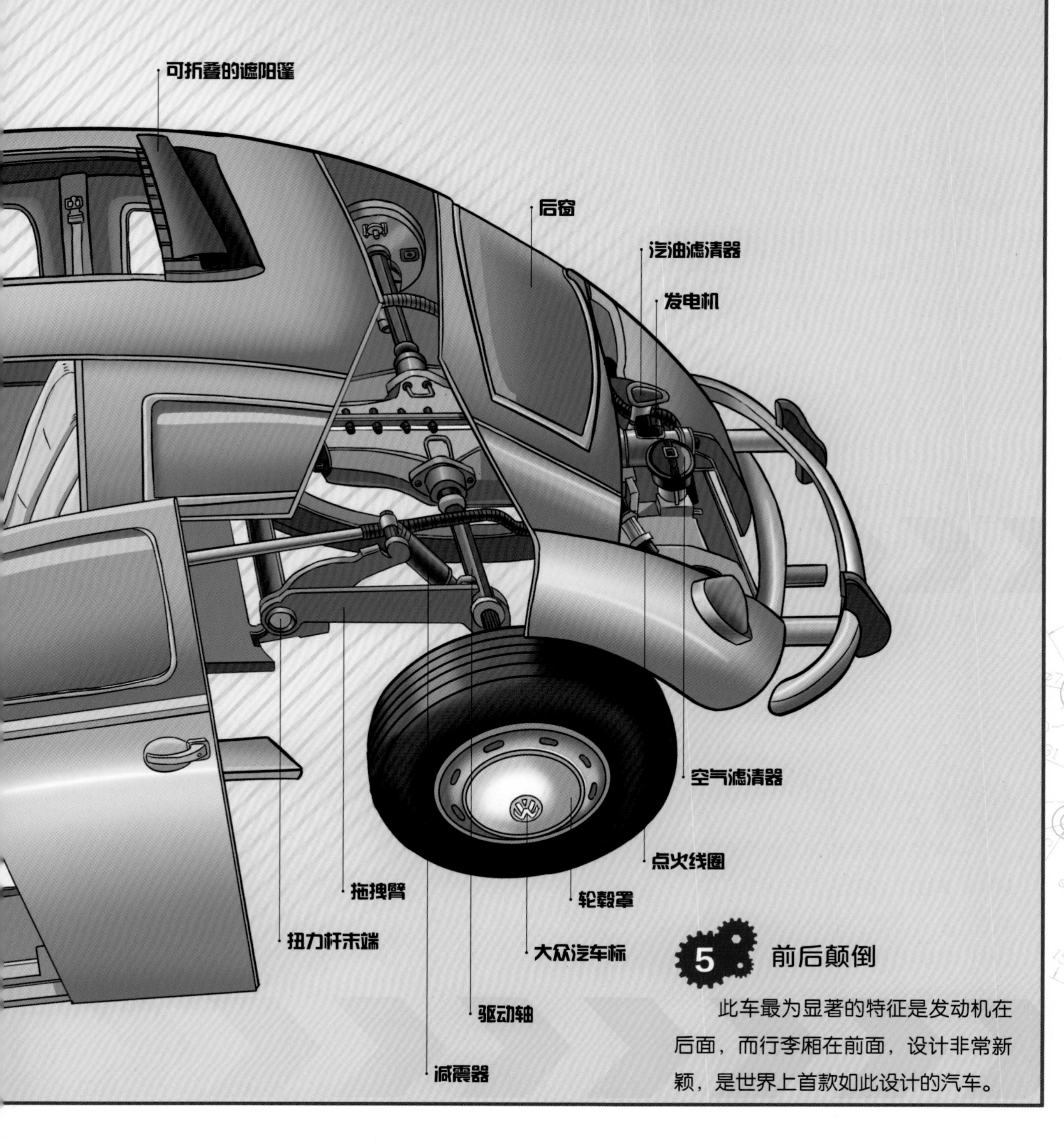

5 前后颠倒

此车最为显著的特征是发动机在后面，而行李厢在前面，设计非常新颖，是世界上首款如此设计的汽车。

房车

房车，又称旅居车，是一种可以移动、具有居家必备的基本设施的车种。第一次世界大战末，热爱露营的美国人喜欢把帐篷、床、厨房设备等安装到家用轿车上。到1930年，安装了床、厨房、供电供水系统的房车正式出现，很快得到了旅行者的青睐。

1 车身分两节

房车的体形比较庞大，主要分为前后两节，前一节为驾驶室，后一节车厢内设置各个功能分区。

2 储物量大

房车的空间利用率很高，在车厢壁、车顶，均安装了各种储物柜，车子驾驶室的顶上甚至可以放床。

供电系统

房车的供电系统与其他汽车供电系统有很大区别，其拥有两套独立的供电系统，一套是车电系统，由车子本身的发电机供电，主要用于车内照明、监控仪表灯等；另一套是家庭用电系统，用完整的配线组，外接电源，以供车内使用。

随处安家

房车最大的特点就是不受地点限制，驾驶者想在哪里安家就可以在哪里安家，既可以在喧嚣的都市一隅，也可以随意停靠在远离城市的沙滩、湖岸、草地、山坡、森林、沙漠中，对于追求自由自在生活的年轻人来说，是一个非常不错的选择。

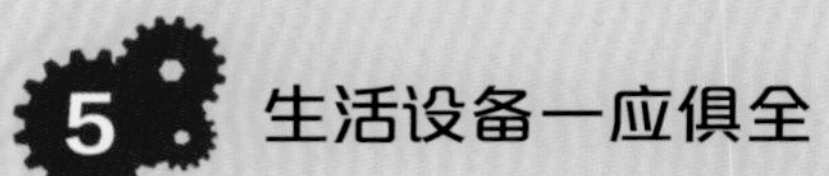

生活设备一应俱全

车厢内洗漱器具、餐桌、餐椅、床、冰箱等生活设施一应俱全，生活起居非常便利。

供水系统

该车最大的亮点就是供水系统。房车内安装有清水箱以及自动加压供水水泵，当然，也可以直接外接水源，把水导入车内供水水管。此外，车内还设有废水箱，用来装废水。废水和清水的容量都有水量表实时监控，以便及时清理或补充。

▶▶救护车

当有人遇到意外事故或急性病症发作时，拨打急救电话后，救护车就会鸣着警笛呼啸而来，在最短的时间里对求助者进行救治。救护车像一座微型医院，配备了急救药品和急救设备。车上还有专业的急救医生，在对患者进行有效的救治后，救护车会将他们迅速送往最近的医院。

1 车厢

救护车的车厢非常宽大，像一个小型手术室，可以容纳一副担架和2~3名医生和护士。

2 后门

救护车的后门是可以折叠的，可以灵活地开启而不占空间，保证担架进出方便。

3 担架

由轻质铝合金制成，下面还装有可折叠支架和轮子，保证患者被平稳地送入救护车内。

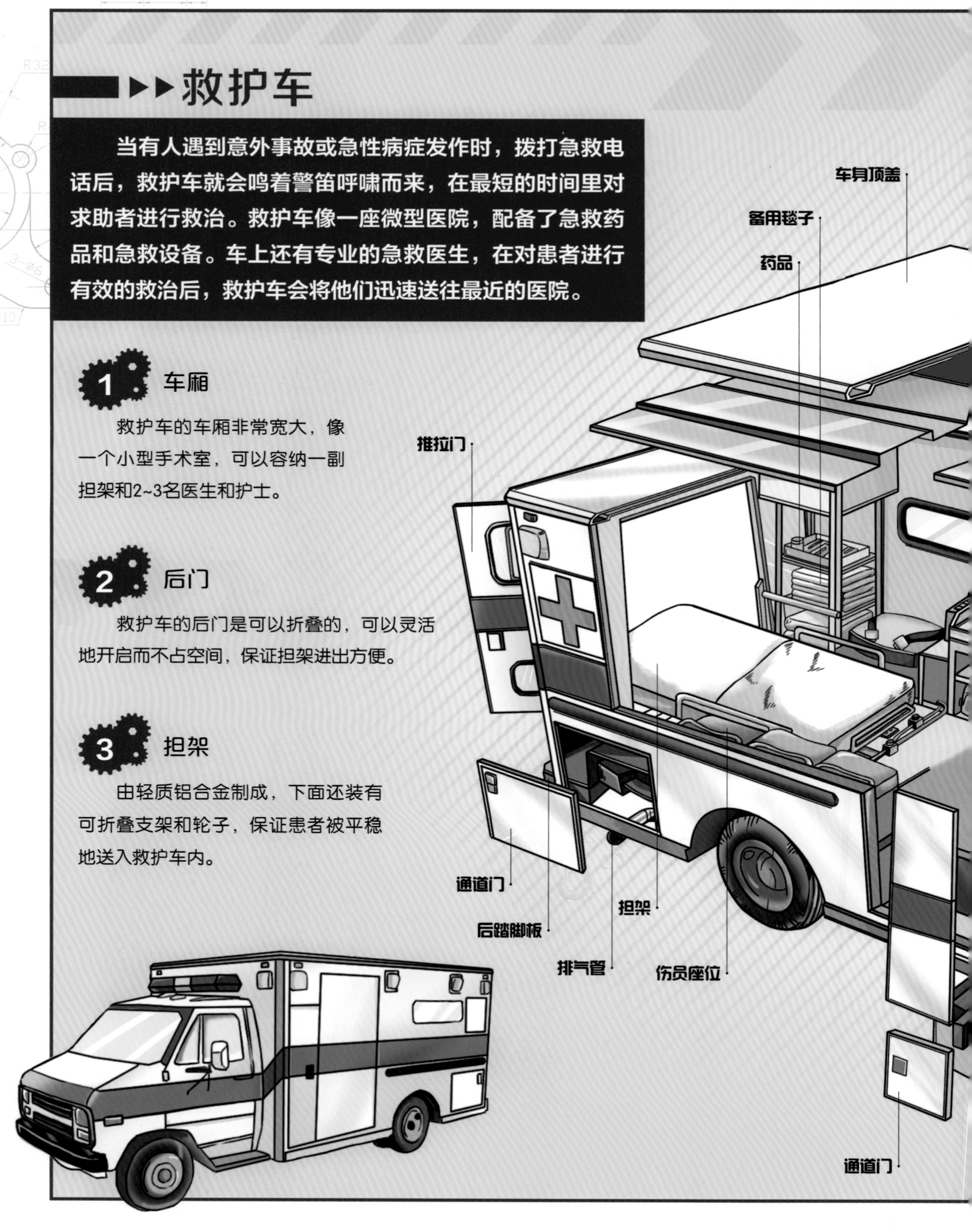

4 道路优先通行权

救护车在执行紧急任务时，可以使用警报器、标志灯具，在确保安全的前提下，不受行驶路线、行驶方向、行驶速度和信号灯的限制，其他车辆和行人应当让行。但在非执行紧急任务时，救护车不得使用警报器、标志灯具，更不享有道路优先通行权。

5 警示

驾驶室顶上装有警灯，救护车在执行任务时，会开启闪烁装置并拉响警笛，提示其他车辆让行。

6 急救设备

救护车内携带大量的绷带和外敷用品。车上还带着夹板和支架，也备有氧气、便携式呼吸机、心脏起搏器和除颤器等。

7 电池

车上配有专用电池，为医疗设备和车厢内照明提供电能。

▶▶消防车

消防车又叫救火车，车上配备了多种救灾灭火工具，是主要用来执行灭火、救援任务的特殊车辆。一些特种消防车还配备了登高平台、云梯等设备和专用泡沫灭火液等。

设有伸缩式云梯

消防车最显著的特征就是配备了伸缩式云梯，方便扑灭高层建筑火灾或对被困人员进行救援。云梯安装在底盘支架上，底盘的位置可根据不同的情况进行调整，从而应对各种火情。

吊臂操作

吊臂由转台上的消防员使用吊臂控制面板进行操作。该消防员用对讲机与防护笼的消防员保持联系，彼此协调配合着将吊臂调整到最佳的灭火位置。

防护笼

防护笼内可以乘坐一名或多名消防员，消防员通过操作控制面板，使笼子尽可能地靠近火场，然后近距离地进行灭火。

4腿支架保持稳定

吊臂上升时，消防车依靠伸出的4腿支架来保持车身的稳定。每根支架可以单独调节，因此，即使在崎岖不平的路上，消防车也能停得非常稳当。

5 不锈钢水管

该车采用耐高温的不锈钢水管。通常情况下，该水管沿着吊臂进入防护笼，在防护笼内的消防员的控制下对火灾现场喷出强大的水流。

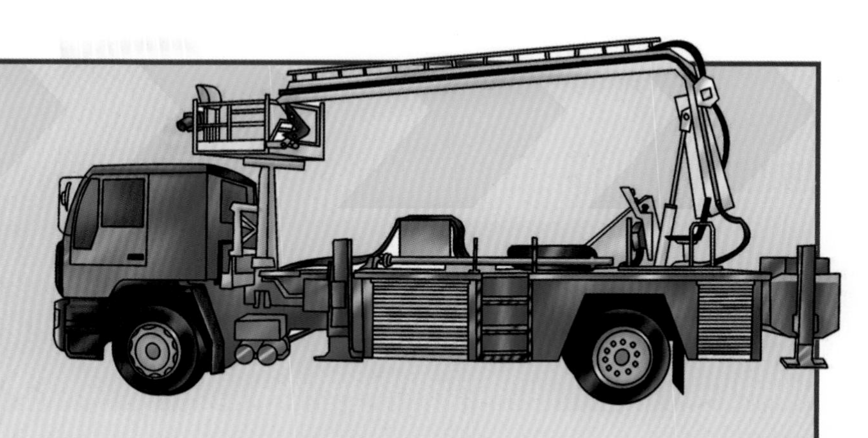

6 警报器声音

在现实生活中，救护车、消防车、警车在执行特殊任务时，都会发出特别的警报声，因为声音相近以致人们常常混淆。其实，消防车的警笛是三秒长声，间隔一秒，循环反复；救护车是高音一秒，平音一秒，间隔一秒，循环反复；警车的警笛声则非常急促，没有间隔。

7 强大的液压系统

消防车配备强大的液压系统来提供动力，通过液压臂调节防护笼的升降。一般情况下，防护笼最高可以提升到33米处。

警车

为保护人民的安全，警察总是站在与犯罪分子斗争的第一线。为迅速赶到犯罪现场抓捕罪犯，警车就是最好的办案工具。警车属于特殊车辆，车上安装了很多警用设备。

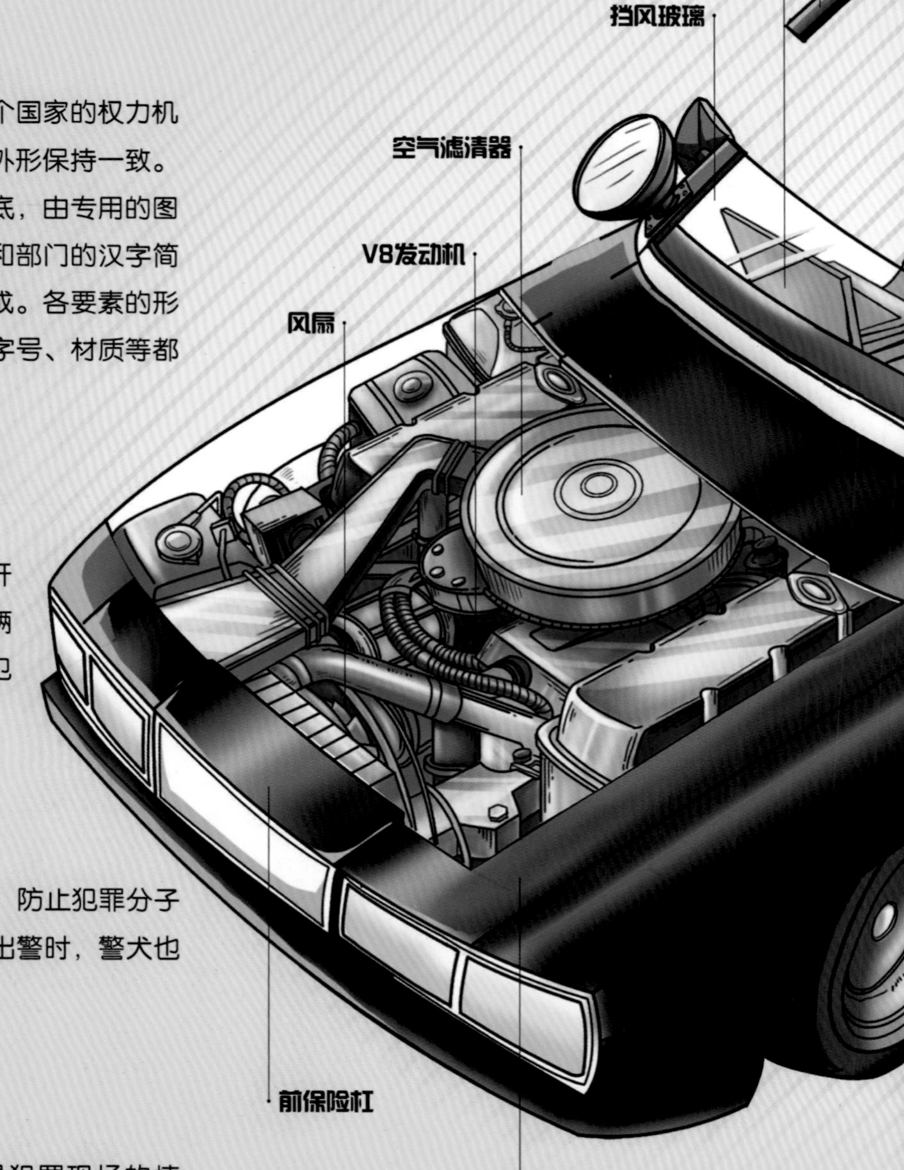

1 统一的外观

警车在某种程度上代表着一个国家的权力机关的形象，所以要严肃庄重，且外形保持一致。我们国家的警车外观制式采用白底，由专用的图形、车徽、编号、汉字“警察”和部门的汉字简称以及英文“POLICE”等要素构成。各要素的形状、颜色、规格、位置、字体、字号、材质等都有统一明确标准。

2 警灯、警笛

警车在执行紧急任务时，可开启警灯，拉响警笛，示意其他车辆避让，同时刺耳的警笛也会对罪犯造成威慑。

3 安全网

车厢前后座之间装有安全网，防止犯罪分子骚扰或袭击司机。需要警犬随同出警时，警犬也会被安置在车厢后座。

4 摄像记录仪

车顶装有摄像记录仪，记录犯罪现场的情况，回到警局再进行分析或确认。

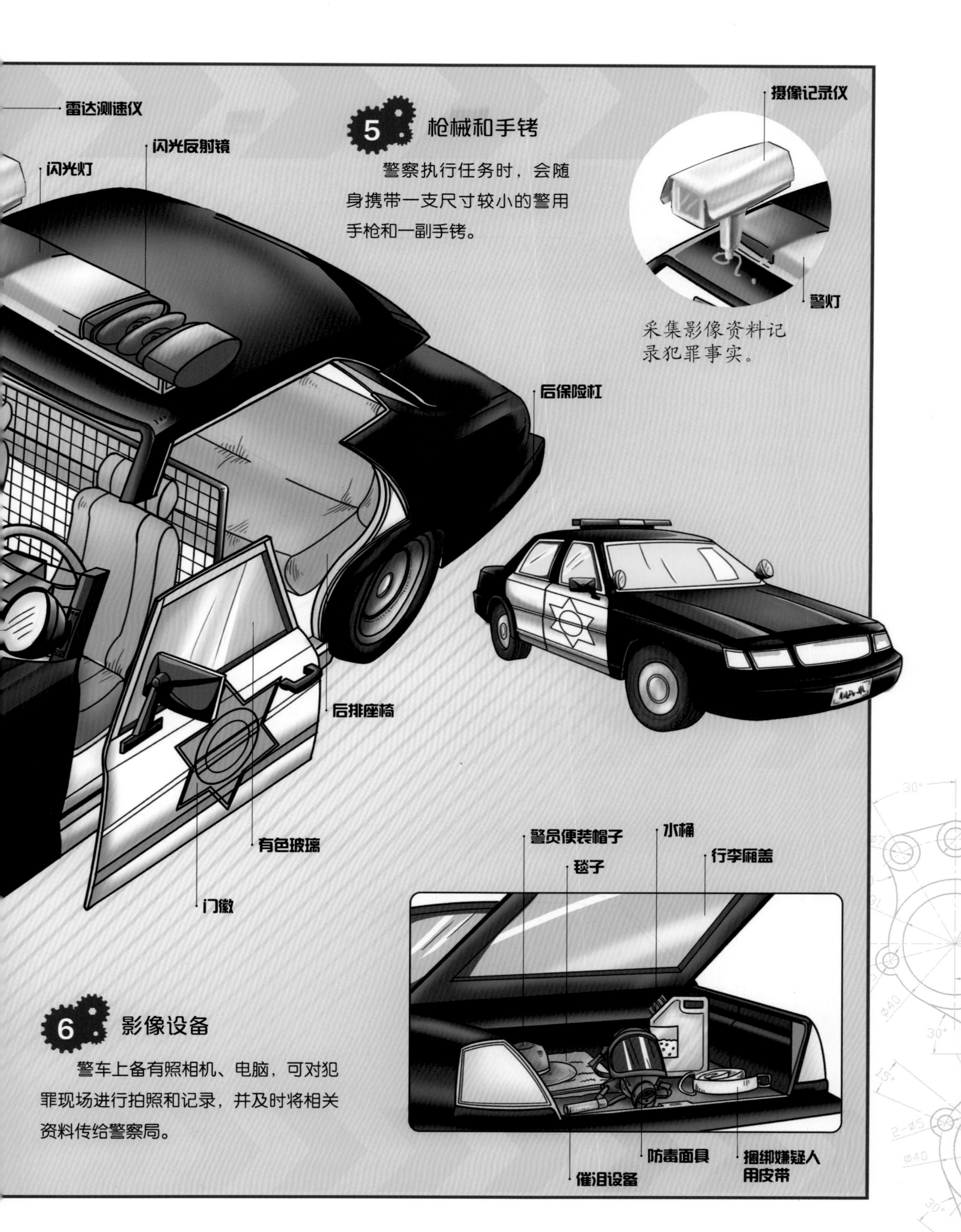

5 枪械和手铐

警察执行任务时，会随身携带一支尺寸较小的警用手枪和一副手铐。

6 影像设备

警车上备有照相机、电脑，可对犯罪现场进行拍照和记录，并及时将相关资料传给警察局。

巡逻车

在高速公路上，常常可以看到警察机动支援小组开着闪烁着蓝灯的巡逻车去疏通拥堵路段或处理交通事故。这种高速公路巡逻车装有强大的发动机，可以在恶劣的天气下巡逻，确保高速公路的安全。

1 装载各种警示急救工具

巡逻车后备箱装载有应对突发事故的工具，如灭火器、三角锥、警用意外事故标记、急救箱、铲子等。

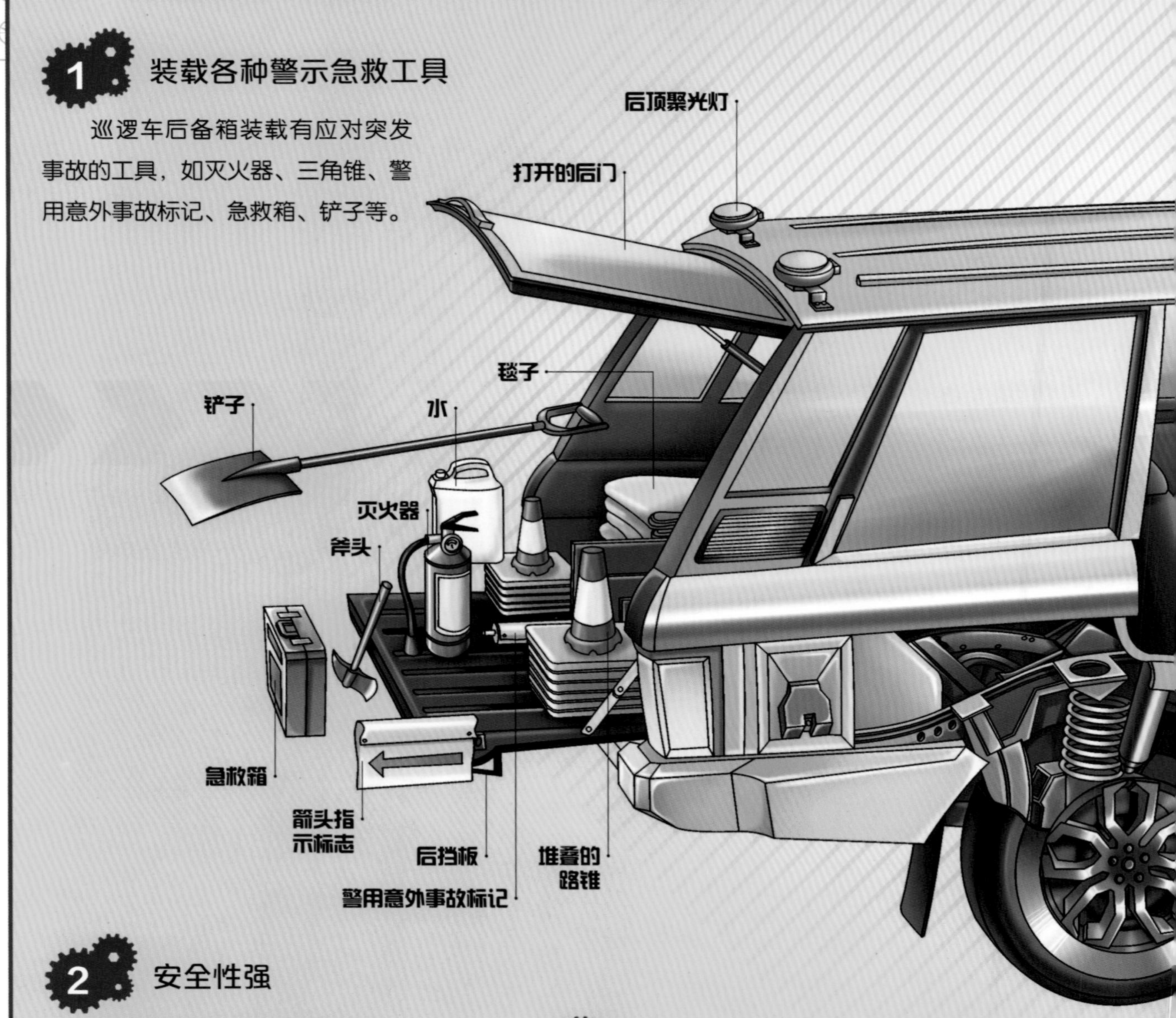

2 安全性强

巡逻车比较突出的特征是，其车身两侧的门带有不同颜色的反光标志，白天和夜晚均清晰可见，因此安全性非常强。

3 配备特殊警用设备

巡逻车的驾驶室里配备了特殊的警用设备，如警用电台、测量其他车辆速度的高精度测速仪等。

4 车牌自动识别系统

目前，有些巡逻车上配置了自动识别盗抢车的先进设备，当私家车驶近，巡逻车摄像头会记录下该车的车牌号，然后工作人员利用车牌号自动识别系统与车载电脑无线查询系统，登录黑名单库，如果是盗抢车、未年检车等问题车，立即就会显示出来。

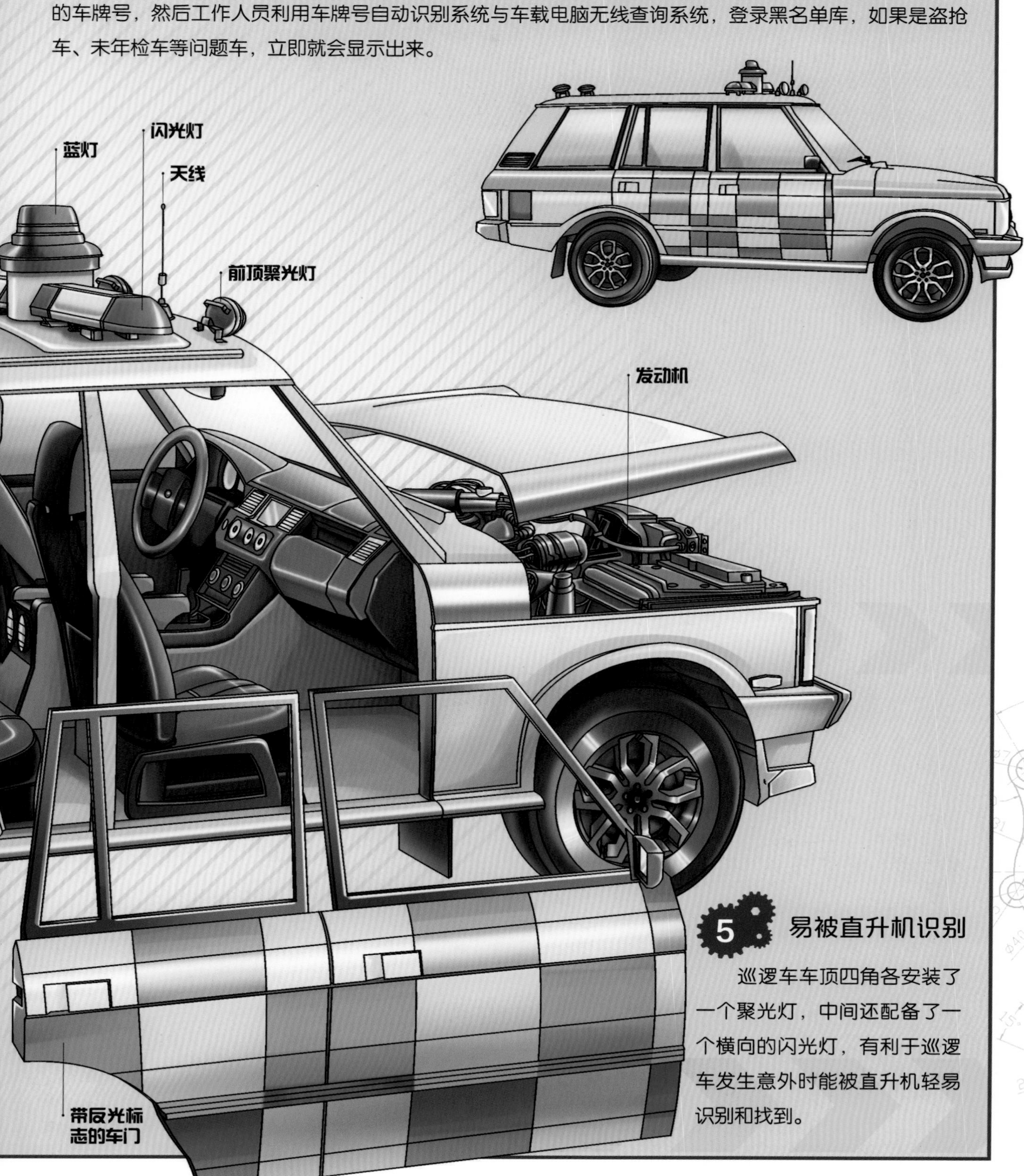

5 易被直升机识别

巡逻车车顶四角各安装了一个聚光灯，中间还配备了一个横向的闪光灯，有利于巡逻车发生意外时能被直升机轻易识别和找到。

▶▶公交车

公共汽车又叫城市客车，主要用于人们在城市和城郊的短途出行。1825年，英国人斯瓦底·嘉内制造出了第一辆蒸汽公共汽车。如今，公交车是城市必备的交通工具，到处都可以看到它的身影。

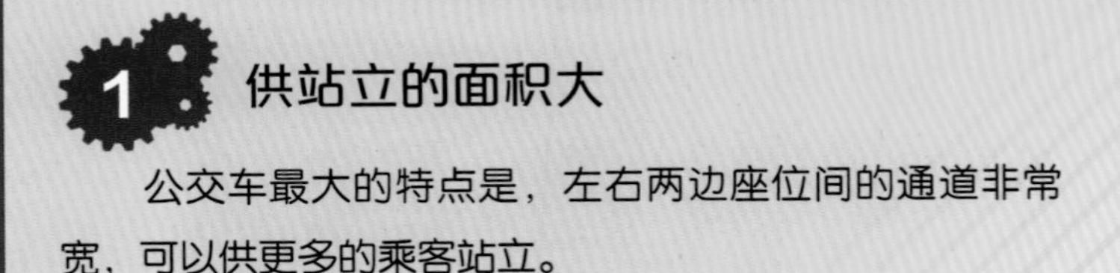

1 供站立的面积大

公交车最大的特点是，左右两边座位间的通道非常宽，可以供更多的乘客站立。

2 至少两个车门

公交车至少配有前后两个车门，前门用于乘客上车，后门用于乘客下车。

3 配备拉手

在供乘客站立的通道上安装了两条横杆，横杆上按一定间隔配备了多个拉手，站立的乘客可以拉住它来保持平衡。

4 设有专座

现代公交车上，都会设有一定数量的专座给特殊人员，包括老人、幼儿、病人、残疾人、孕妇等。他们由于身体不便，站立时难以保持平衡，这些特殊座位也被称为“老幼病残孕座”。

5 专用车道

公交车有着自己的专用车道，并且在专用道上每间隔一段适当距离或是干道交叉口，设置候车站台供乘客上下车，有些地方还会在站台附近另外加设栅栏将公交车与其他车辆隔开，以防止出现意外事故。

6 投钱币装置

无人售票的公交车在驾驶座旁边配备有自动投钱币装置，上车的乘客往内投入硬币或纸币即可。

▶▶大众迷你巴士

大众迷你巴士是一种专门用来载人的厢式客车。大众T1是大众汽车历史上继甲壳虫之后的第二款车型，于1950年诞生，至今仍有生产，是大众汽车历史上堪称经典的车型。

造型可爱

大众迷你巴士的车身圆圆胖胖的，前脸也胖胖的，其V字形凸起区域镶嵌着硕大的类似于W的标志，再加上圆圆的前大灯，整个造型非常可爱、新颖独特，辨识度也高。

天窗

大众迷你巴士的车顶两侧各有4个类似天窗的设计，可以让车内乘客观赏到更多的风景，在那个没有全景天窗的年代，这已经算是一个比较前卫的设计了。

大量使用金属材料

由于在当时加工金属的花费比加工塑料低很多，所以该车大量使用金属材料，就连仪表盘都是由金属冲压而成的。

独立的悬挂系统

该车采用四轮独立悬挂系统，即左、右车轮不连在一根轴上，而是单独通过悬挂与车身连接，这大大提高了车子的舒适性，这一技术在当时非常先进。

迷你型巴士

该车之所以被称为迷你巴士，是因为其总共只设置了7~9个座位，车型尺寸也比一般的巴士小多了。

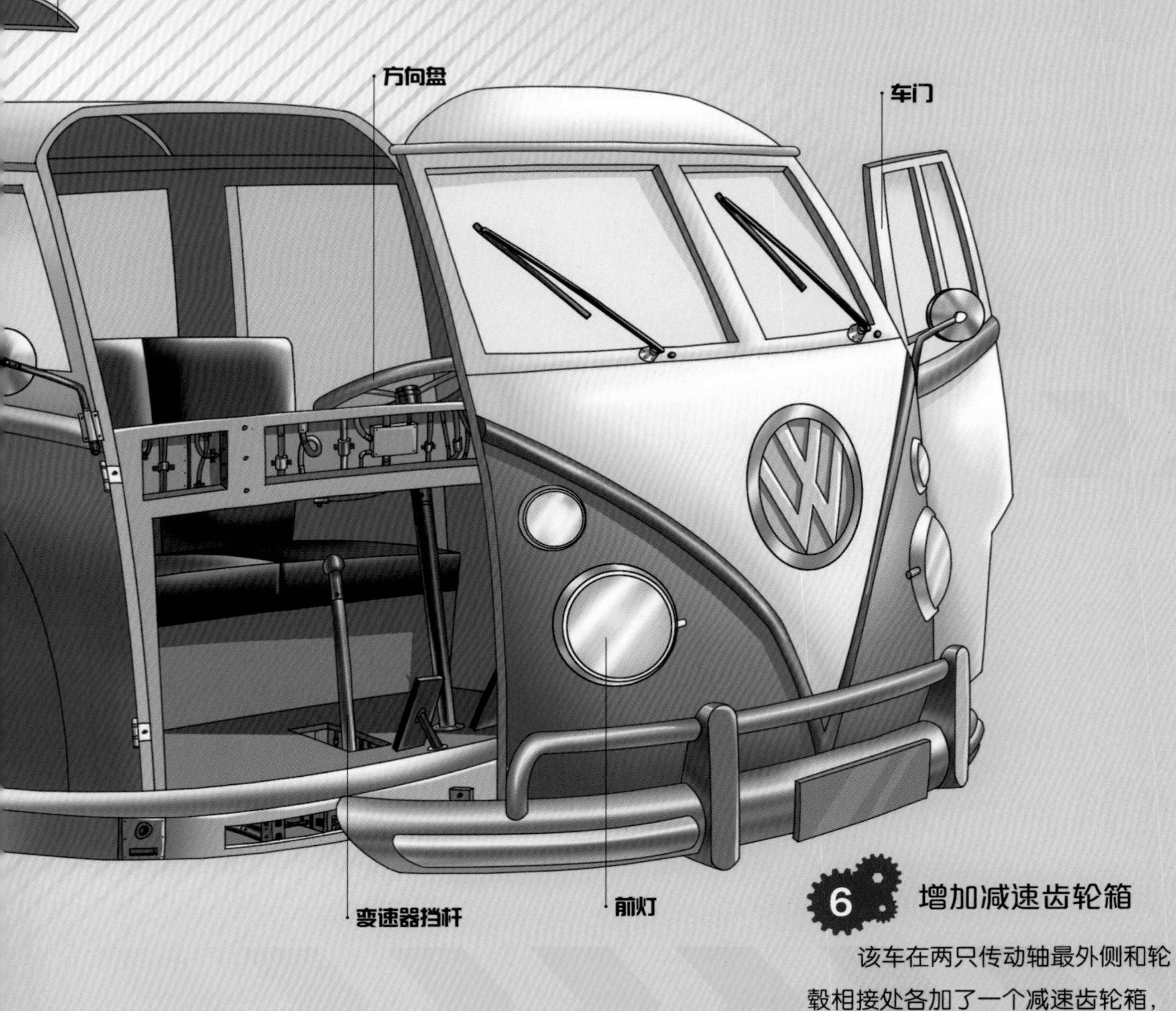

6 增加减速齿轮箱

该车在两只传动轴最外侧和轮毂相接处各加了一个减速齿轮箱，能更方便地控制车速。

高空作业车

高空作业车是一种运送工作人员和使用器材到现场并进行空中作业的专用车辆。它的工作装置主要由支腿机构、举升机构、回转机构、作业平台及调平机构等组成。根据举升机构的形式，高空作业车可分为伸缩臂式、曲臂式、垂直升降式和混合式四种，图中所示为伸缩臂式高空作业车。

1 采用液压支腿

该车配备4个液压支腿，通过液压泵产生的液压油供给液压支腿工作缸，实现支腿伸缩。4个支腿可独立伸出或缩回，所以即使在倾斜的地面，也能把车体调整到水平状态，安全作业。

2 操作方便

虽然高空作业车看起来庞大笨重，但这并不代表它就操作困难。事实上，在作业斗内和回转座上均设有操纵装置，可以远距离控制发动机的启动或停止、高速或低速。

3 伸缩臂式举升机构

举升机构是该车的核心，只有依靠它，才能将工作人员送到高空。常见的伸缩臂式举升机构由直臂、可伸缩的箱形臂构成，其中，直臂又分为一节或多节，各节间通过液压缸活塞杆的推动来改变臂架的长度，从而将工作人员或器件送到特定的高度。

4 调平机构

举升机构的端部连接着作业平台，是载人或器材的重要构件。其配备了调平机构，可以调整作业平台的底部，使之处于水平状态，保证高空作业的安全。

5 全回转式回转机构

采用全回转式回转机构，可以对转台进行正转和反转。

卡车

卡车，即货车，又叫载重汽车，主要用来运送货物，有时也用来牵引其他车辆。自1896年德国戴姆勒汽车公司成功制造出世界上第一辆卡车，它就成了人们运载货物的好帮手。

1 笨重

卡车非常笨重，普通的中型卡车重量约为6~14吨，重型卡车都在14吨以上，即使是微型卡车总重量大概也有1.8吨。

2 布局明确

卡车一般分为车头、车尾两部分，车头部分是带车门的驾驶室，搭载了整个车子的核心部件，如发动机等；车尾部分是装载货物用的车厢。

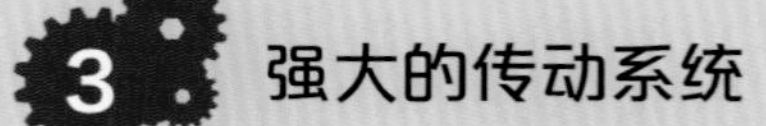

3 强大的传动系统

卡车要带动沉重的车厢，必须依靠强大的传动系统。卡车通常配备万向传动装置，用来实现变角度动力的传递，从而改变传动轴线方向的位置，更好地支配后面的车厢跟着车头一同改变方向。

4 刹车方式

卡车有气刹和油刹两种刹车方式。油刹在制动的时候，司机要连续踩几下刹车，等油泵压力达到所需压力后才能起到刹车的作用，整个过程需要几秒的反应时间；而气刹反应快，因为在卡车行驶时气泵一直在不断地充气，已经达到了制动的压力，只需踩一下刹车踏板即可制动，这一制动方式较适合载重量大的卡车。

5 多节车厢，多个轮胎

敞开式卡车的车厢部分可以根据需要，用金属钩子和铰链串联多节车厢，根据车厢的节数再配备上相应的轮胎，这是卡车的突出特征。如果车厢配得多，车身变长，转弯时要格外小心。

6 燃料特殊

绝大部分卡车采用柴油引擎作为动力来源，但也有部分轻型货车使用汽油或者天然气做燃料。

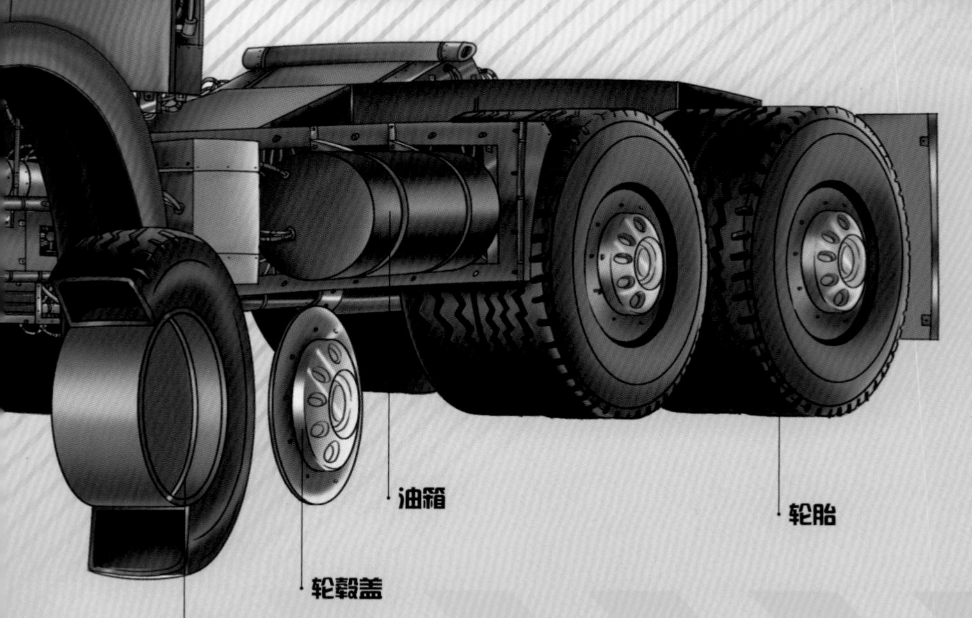

垃圾车

垃圾车是市政环卫部门运送各种垃圾的专用车辆。其中，压缩式垃圾车收集和运输的效率非常高，它可以将装入的垃圾压缩、压碎，使其密度增大、体积缩小，从而大大提高单次运输量。

1 保护环境

人们的生活离不开垃圾车，尤其是大城市每天产生的垃圾量很大，如果处理不当会给环境带来严重污染。而垃圾车可以帮助环卫工人及时清运垃圾，在装卸和运输过程中也能避免二次污染，大大减轻了环卫工人的工作强度，对世界的环境卫生做出了重要贡献。

2 垃圾斗独立

垃圾车最大的特点是垃圾斗和车体分开，一车可以和多个垃圾斗联合使用，大大提高运输能力。另外，垃圾斗可以吊上吊下，装卸垃圾均非常方便。

3 填装器

压缩式垃圾车配备有填装器，举起填装器，推铲往后移动，就可以沿水平方向将垃圾箱里的垃圾推出。

4 垃圾推进器

压缩式垃圾车采用负压结构的推压器，通过电力控制，将垃圾推压入车厢，使得垃圾密度更高，更均匀地分布在车厢内。

5 污水箱

污水箱安装在填装器下部，不仅能接纳垃圾压缩时渗透出来的污水，还能接收因垃圾箱与填装器之间的密封条老化或破损而渗漏的污水，非常环保。

P280
墙体破碎机
隧道挖掘机
P282
塔式起重机
P284
P286
联合收割机
P294
除湿机
早期磨冰机
P296
P298
空气净化装置
P300
自动挤奶机
P308
风力发电机组
P310
冷却水塔
P312
氧气顶吹转炉——炼钢
P314
潮汐发电厂

第六章

机械

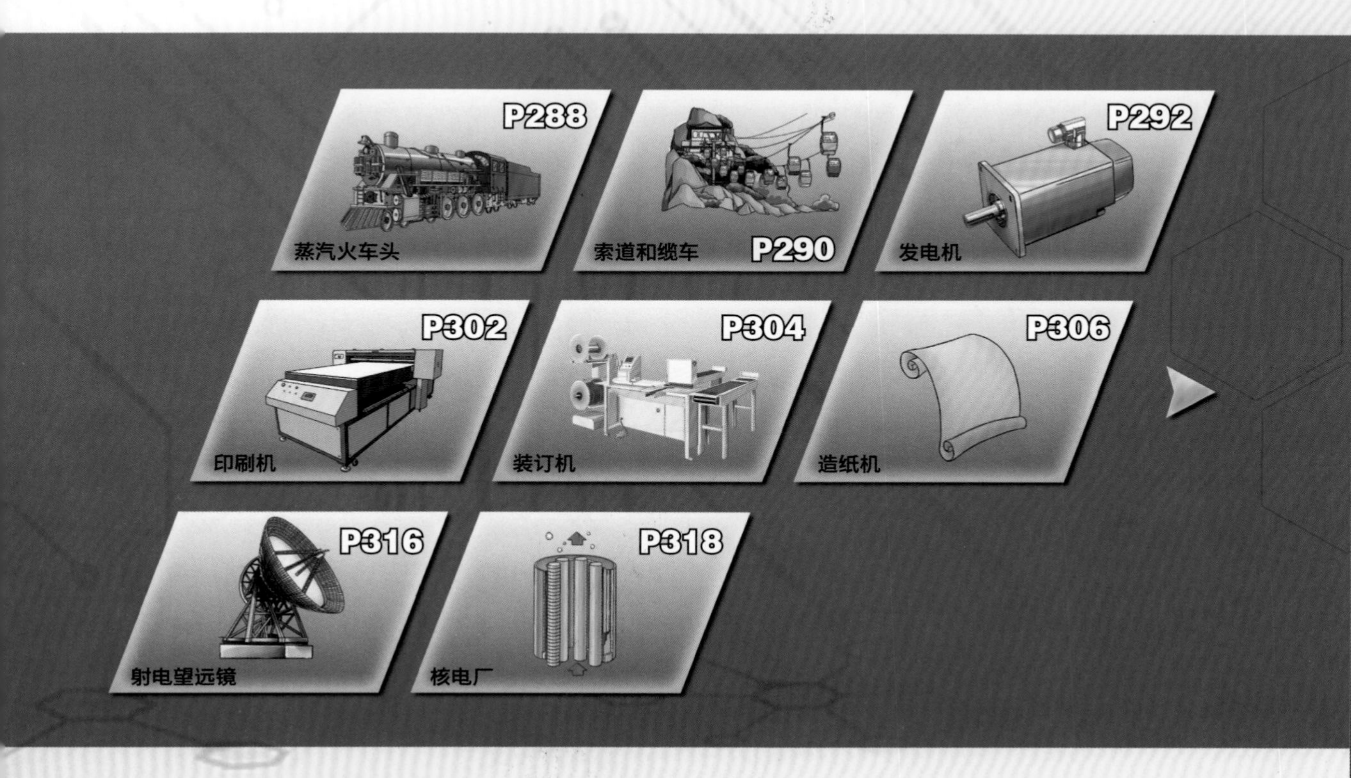

P288
蒸汽火车头
索道和缆车
P290
P292
发电机
P302
印刷机
P304
装订机
P306
造纸机
P316
射电望远镜
P318
核电厂

机械的发展史

人类进行劳动生产，就会用到各种工具。从最早的打制石器到现在的高科技器械，各种机械、工具都充分显示了人们对自然的改造能力。公元前4000年~公元前3000年，人类发现了金属，推动了简单机械的快速发展。随着社会和科技的进步，人类用自己的智慧发明了更多的机械，而且各种机械的功能越来越多，构造越来越复杂，不仅帮助人类提高了生产效率，也大大地便利了人类的生活。到现在，各种大型机械已经成为人们离不开的工具了。来看看机械是如何发展的吧。

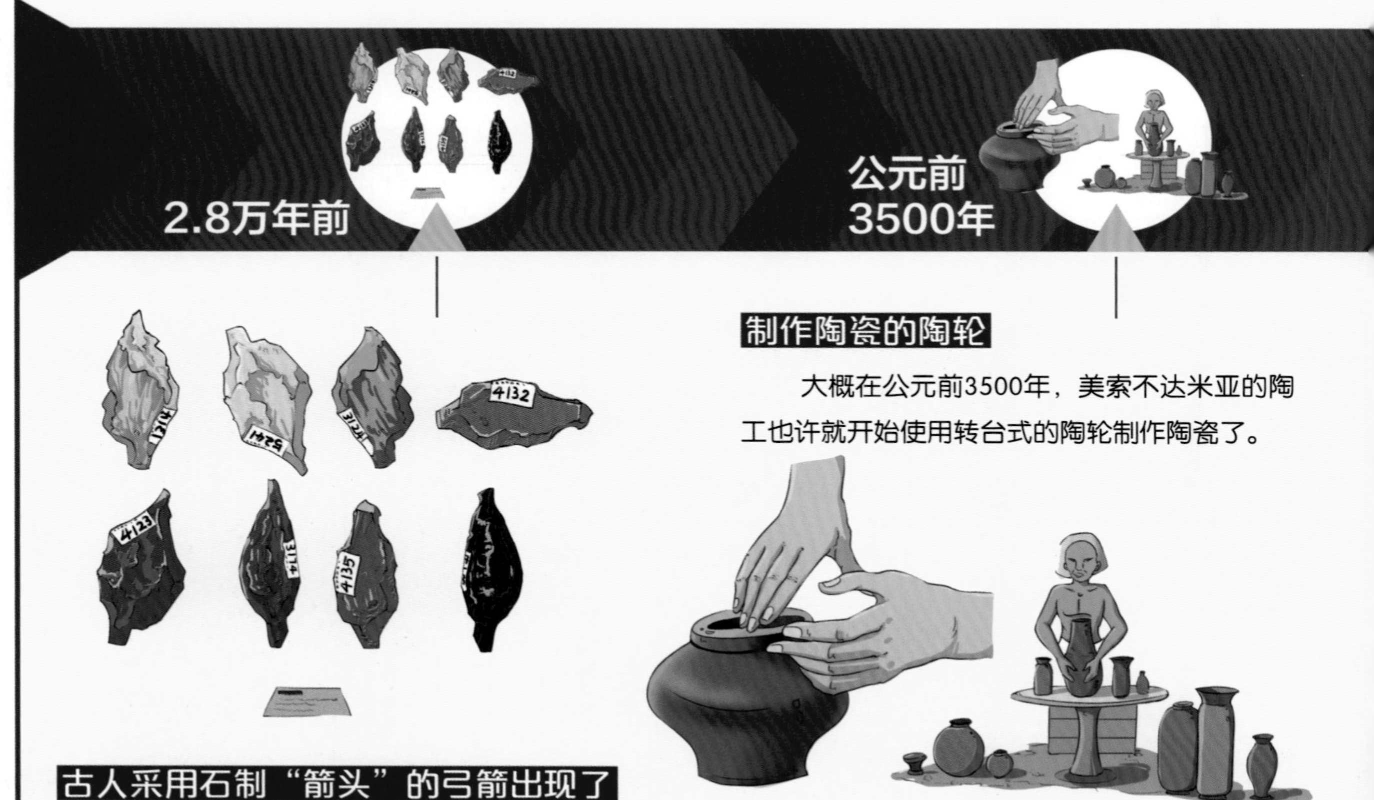

制作陶瓷的陶轮

大概在公元前3500年，美索不达米亚的陶工也许就开始使用转台式的陶轮制作陶瓷了。

古人采用石制“箭头”的弓箭出现了

在2.8万年前出现了装有石制箭头的弓箭，是古代人类用来捕捉猎物的工具，这称得上是人类在机械方面最早的一项发明。这种箭头即石镞，它的尖端和两侧特别锋利，在尾端两侧有点儿凹进去，用来安装箭杆。

犁田所用的犁具

公元前1100多年，一种利用轮轴原理制成的井上汲水的起重装置——辘轳诞生了。它在井上竖立井架，井架上面安装了可以用手柄摇转的轴，轴上绕着绳索，绳索一端系着水桶。摇转手柄，水桶升起，便可提取井水。

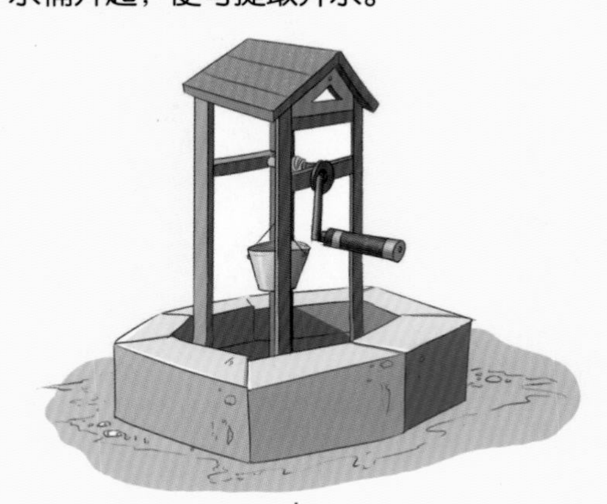

犁田所用的犁具

5000年前，地中海东部地区的农民就发明了一种简单的耕田工具——犁具。给牛套上犁具，牛一边走，犁具一边给田地翻土。这在当时算是非常先进的机械了。

5000年前

公元前3000年左右

公元前1100多年

“滚子木”诞生了

公元前3000年左右，埃及金字塔建造的时候，人们用到了最原始的简单机械——“滚子木”。它利用木板、滑轮和杠杆以及斜面，将一块块巨石搬运至高处，建造了让人叹为观止的建筑奇观。

简单的水车出现了

公元前3世纪，最早的水车出现了。它的设计非常简单，在流速很大的水流的冲击下，水车进行水平旋转。不过，这时的水车效率非常低。

最早的风车诞生啦

公元7世纪，最早的风车诞生了。风车上装有风叶，在风力的作用下，风叶带动其下一根竖直的轴旋转，从而磨碎玉米等作物。它是利用风叶在风的作用下，推动一根竖直的轴旋转来碾磨玉米的。欧洲的风车则是在12世纪才发明出来，它是风叶推动一根水平的风轴来实现旋转的，风车上还装有帆布。

张衡发明了候风地动仪

东汉时期，地震发生比较频繁。中国科学家张衡于公元132年发明了候风地动仪。地动仪在八个方向上各设有一个口含龙珠的龙头，在每个龙头的下方均有一只蟾蜍与其对应。任何一个方向发生地震，这个方向的龙头所含的铜珠就会落到蟾蜍口中。由于年代久远，地动仪具体形态构造难以考证，如今为大众所熟知地动仪是后人据《后汉书》描述设计的，可能与当时的实物存在出入，且不能发挥有效作用。

转轮式木制水车

12世纪左右，转轮式木制水车比较流行。这种水车在轮的周围安装有叶片，通过流水冲击这些叶片，可以带动轮转动，用来进行灌溉或磨面。

公元1000年

12世纪左右

手纺车

公元1000年，坐式脚踏的纺车出现了。它通过人工机械传动，利用旋转抽丝延长的工艺将纤维材料如毛、棉、麻、丝等作为原料，进行线和纱的生产。

荷兰风车

16—17世纪，缺乏水资源的荷兰为了充分利用风力资源，制造了很多风车。这些风车大的有好几层楼高，风叶长达20米，非常壮观。

走时准确的机械钟

13世纪，运用摆轮或擒纵机构（即钟针按一定速度转动的调速装置）的机械表被发明了出来，这是一种比较精准的计时器。

古登堡的印刷机

1450年，德国人约翰·古登堡将葡萄液挤压机改成了印刷机，即古登堡印刷机。这种印刷机主要由木制的螺纹杆和杠杆来操纵。杠杆插于螺纹中间的孔中，当通过杠杆推动螺纹转动时，螺纹杆向下运动，将印刷模具压到纸张上，完成了印刷工作。

瓦特改良了蒸汽机

18世纪60—70年代，瓦特改良了可以将蒸汽能量转化为机械动力的蒸汽机，它是一种往复式动力机械。它使用了分离式冷凝器、油润滑活塞、行星式齿轮等，为各种机械提供了能量来源，具有划时代的重要意义。不过，这时的蒸汽机体积庞大。

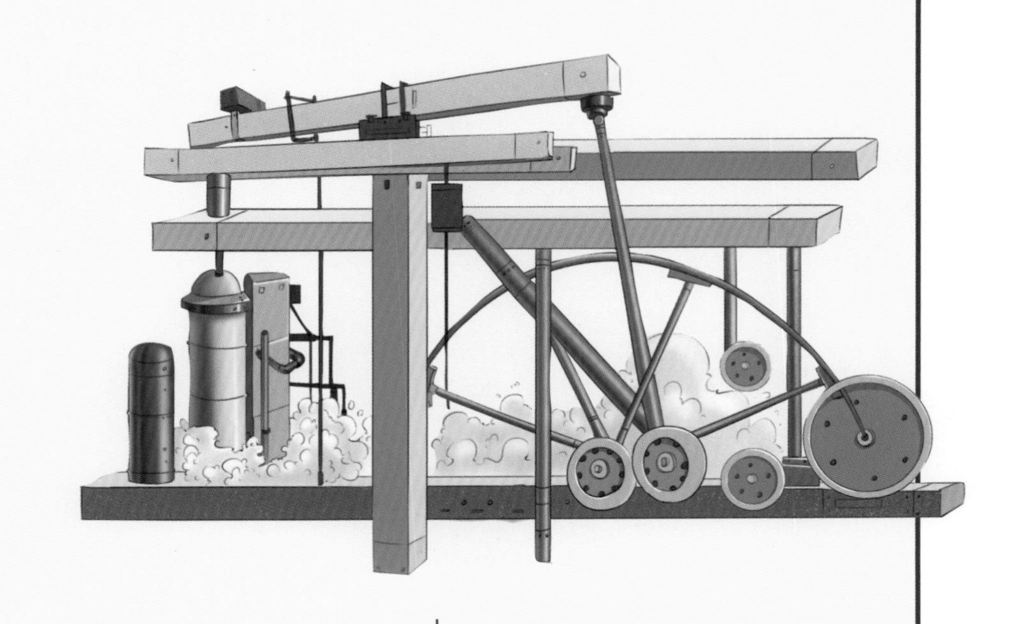

1712年

1765~1790年

利用蒸汽能源的“大气引擎”装置

1712年，英国一位名叫托马斯·纽科门的五金商研制出一种利用蒸汽能源来产生动力的大型机器——“大气引擎”装置。它的核心机件是一个很大的泵，利用这种装置可以把矿井中的积水抽到地面上来。

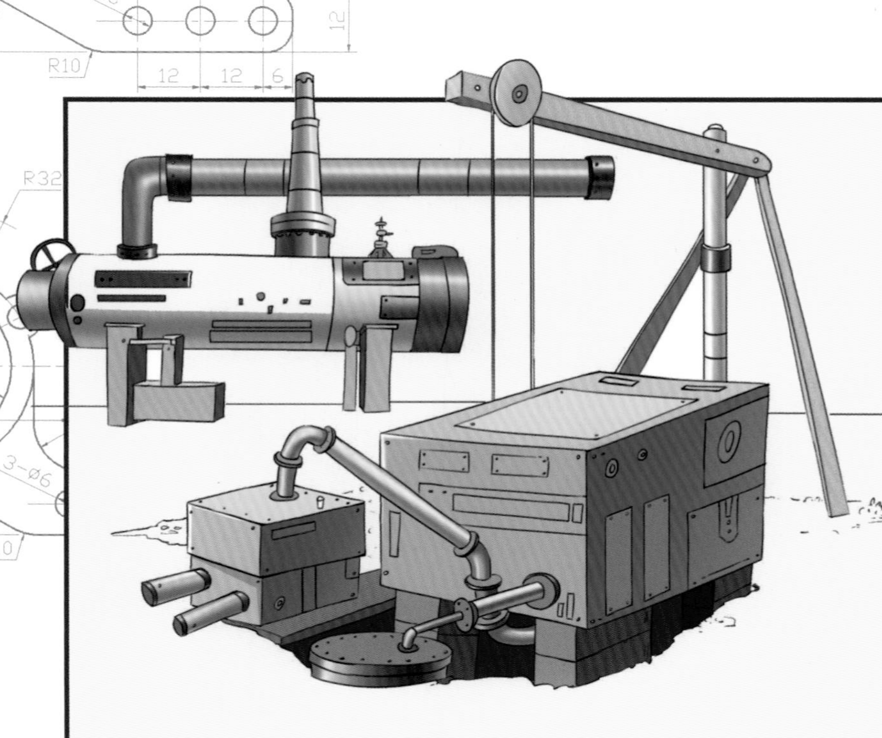

煤气制造、净化和储存设备

苏格兰工程师威廉·默多克被称为“煤气工业之父”，他成功地把煤气制出来并设法用于实际。1792年他用煤气为他的住宅提供照明，1802年为博尔顿瓦特工厂装上了煤气灯，并发明了煤气的制造、净化和储存技术。借由此技术，煤气制造、净化和储存设备应运而生，为18世纪煤气照明在欧洲普及奠定了基础。

1815年

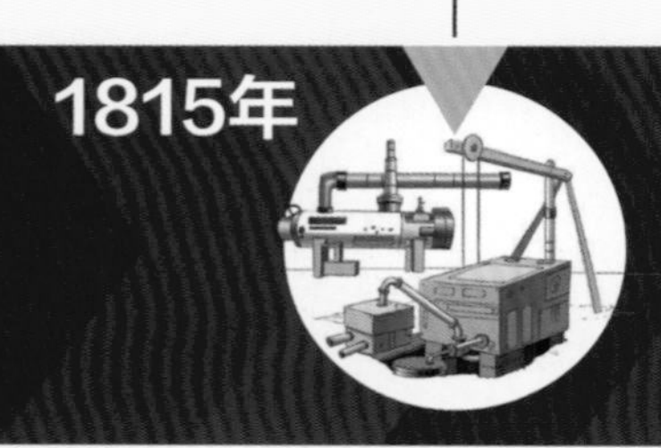

20世纪初

计算机诞生

20世纪初，一种用于高速计算的电子计算机器——计算机诞生了。它的出现为人类的生产活动和社会活动带来了极其重要的影响，为机械的自动化、智能化奠定了基础。

地热发电厂

1904年，意大利托斯卡纳拉德瑞罗的工厂开始运用一套先进的地热装置获取地壳内的热能进行发电。

耕地机

20世纪，庞大的耕地机采用成排的齿轮进行翻土、碎土，大大提高了农作效率，后来还通过电脑实现了自动化控制。

▶▶墙体破碎机

墙体破碎机是一种将爆破后的墙体产生的混凝土块、石料进行粉碎的大型机械。在房屋拆除的施工工地上，我们经常会看到墙体破碎机的身影，它的出现大大提高了建筑废料的处理速度。

1 装料斗

挖掘机将墙体破碎后产生的碎块装入装料斗中。装料斗下部装有振动筛，小的碎块经过初步筛选后直接通过传送带运送到筛选器中，过大的碎块则进入轧辊进行粉碎，再进入筛选器中筛选。

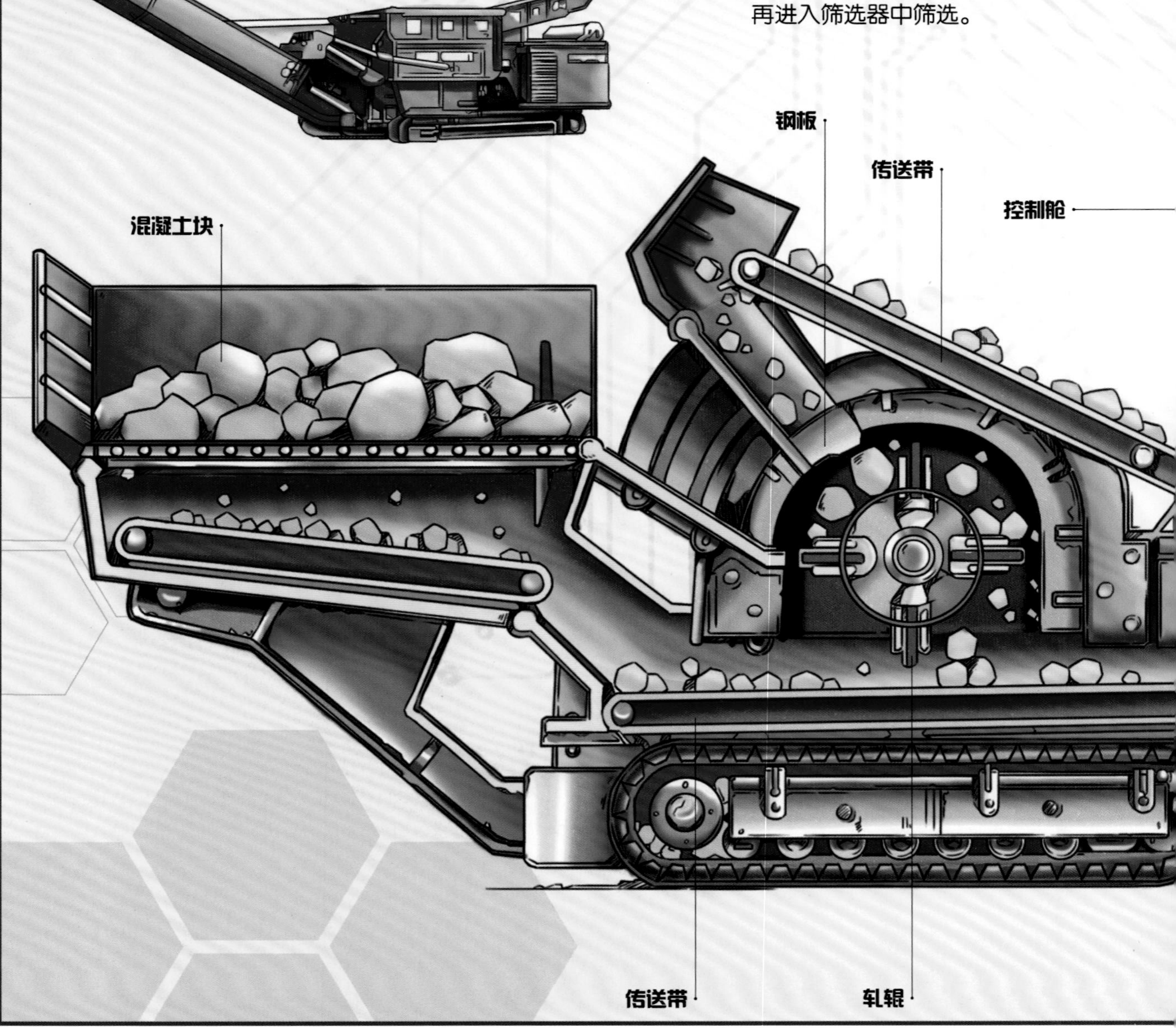

2 轧辊

轧辊是墙体破碎机的核心部件。轧辊上安装有齿状刀具，在发动机的带动下转动，将装入破碎机中的混凝土块切碎或挤到轧辊周围的钢板上压碎，使大块的混凝土块变成较小的碎块。

3 筛选器

被压碎的混凝土块落到传送带上，通过传送带运送到筛选器中。筛选器的上方装有磁铁，它能将碎块中的钢铁物质吸起；筛选器的下部是一个振动筛，小的碎块直接被筛出，较大的石子则被重新传送回轧辊进一步粉碎，粉碎后的废料可以用来修建高速公路。

4 控制舱

墙体破碎机发动机的工作由控制舱来控制，工作人员可以设定粉碎后的碎块的大小，以及机器工作的速度。

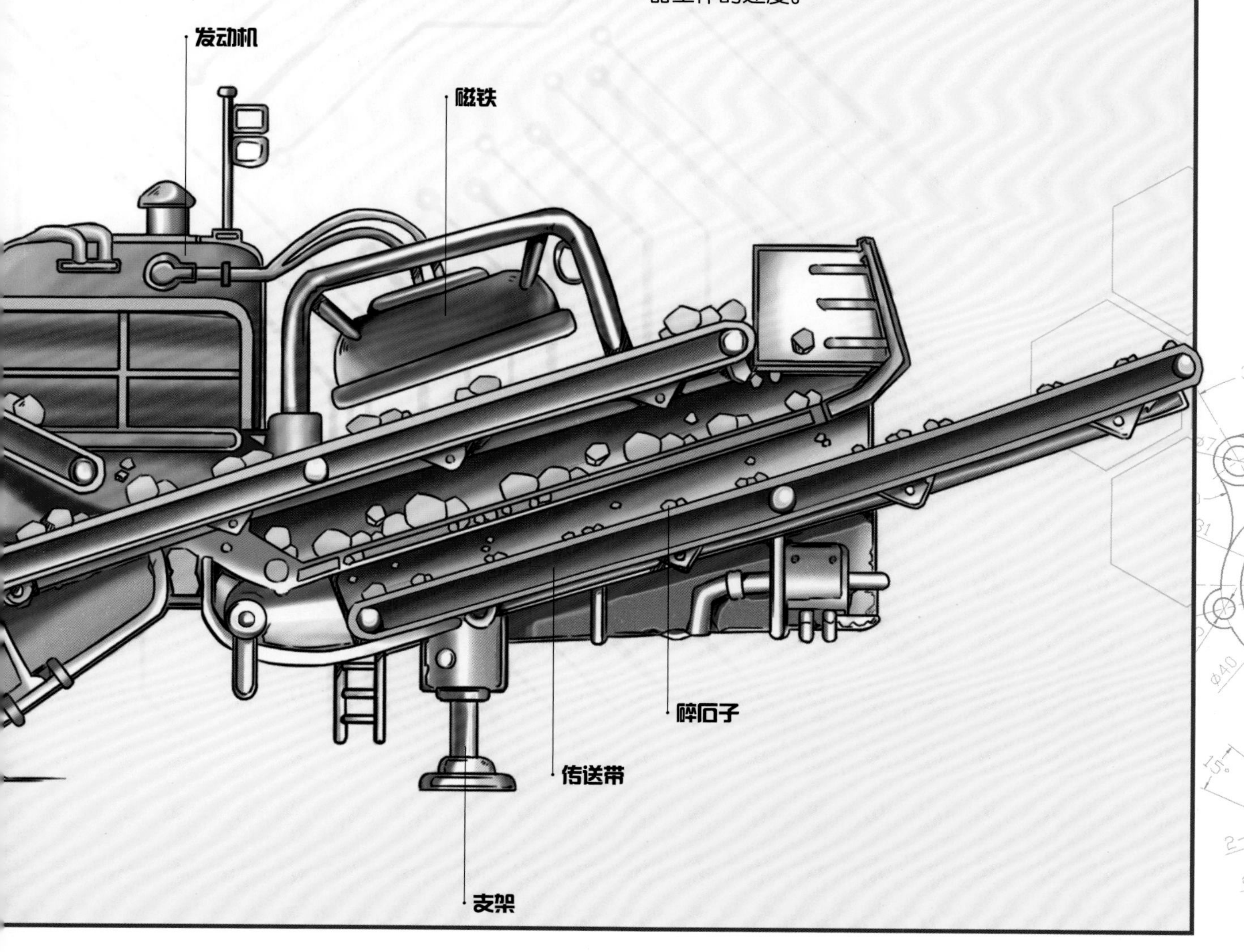

▶▶隧道挖掘机

隧道挖掘机诞生前，人们大多使用爆破的方式和一些简单的挖掘工具来挖掘隧道，可想而知，挖掘一条隧道得花费多大的人力物力。如今，隧道挖掘机的出现大大提高了隧道挖掘的效率。它是一个巨型机械，总长度为400米。隧道挖掘机可不是简单地只负责挖掘的机器，它在挖掘的同时，还对挖掘过程中产生的土块和石块进行处理；此外，它会在挖掘的同时，利用小段拱石一环接一环地建造隧道的支撑壁，简直是一部绝妙的挖掘与建造功能二合一的机器。

1 开采轮

开采轮是隧道挖掘机的重要部件，它的直径可达15米，可以转动。开采轮前面装备了几组钻头和筛网，岩土被钻头碾碎后通过筛网进入碾磨室。

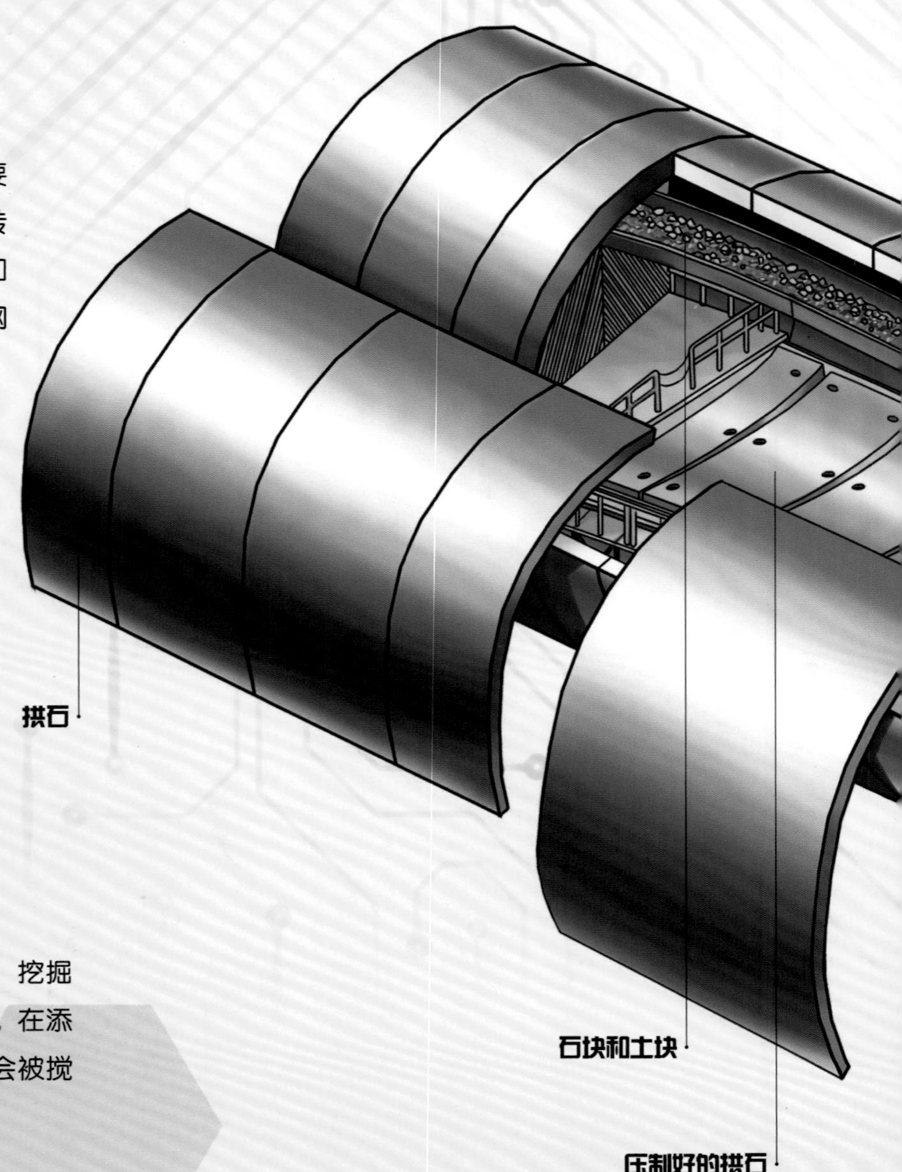

2 碾磨室

碾磨室设置在开采轮的后面，挖掘下来的土块和石块会被送到这里。在添加剂的作用下，这些土块和石块会被搅拌为土石混合浆。

3 传送带

在碾磨室中形成的土石混合浆，通过研磨室底部的一根蜗杆被送到传送带上，一直运送到后部机箱里，然后装到等候装载混合浆的汽车里，再由汽车运往地面。

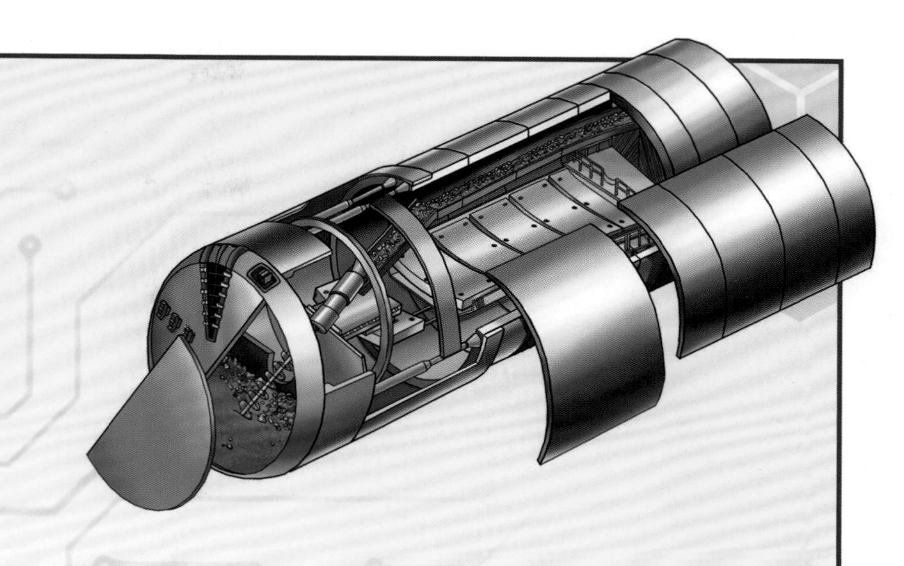

4 支护装置

支护装置将事先压制好的拱石推向舱门处，然后打开舱门将拱石推向岩壁，并将其固定在挖掘好的岩壁上，有规律地排列，从而搭建成了一个隧道的穹顶。

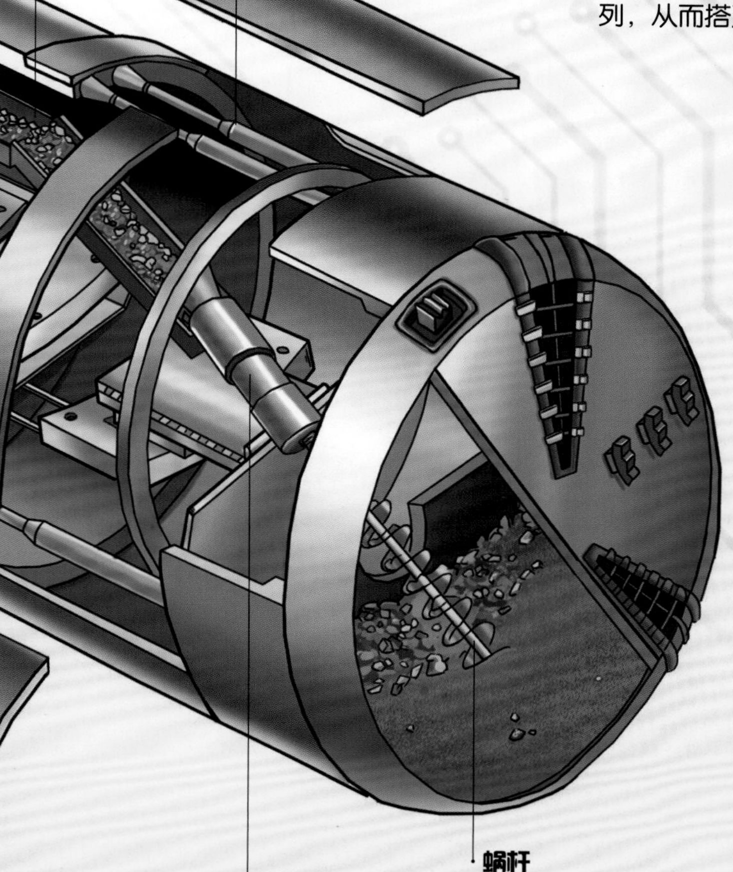

5 液压推进系统

隧道挖掘机上装有多根液压杆，液压杆支撑在压制好的拱石侧壁上，液压杆随着挖掘机向前推进而伸长。当挖掘机推进到可以放下一块拱石的距离时，停止推进，这时一组液压杆收缩，留出位置压制拱石。将一块拱石压制好后，再收缩一组液压杆，留出位置压制另一块拱石。等一圈拱石全部压制好后，挖掘机继续向前推进重复这一过程。

▶▶塔式起重机

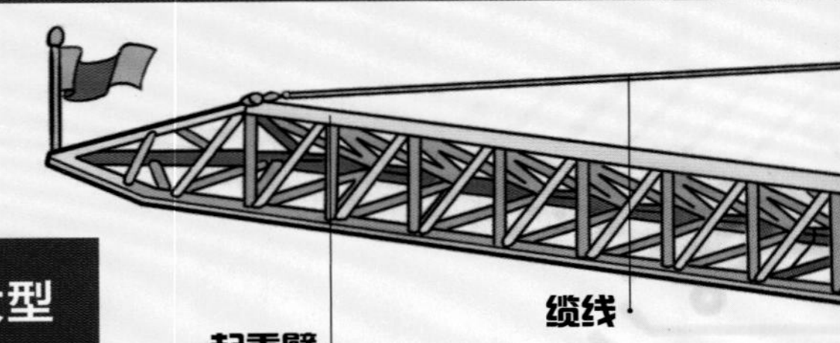

塔式起重机又叫塔吊，是建造摩天大楼必备的大型机械。塔吊的作业空间非常大，可以随着建筑工程的进展而一层一层上升，主要用于房屋建筑施工中物料的垂直和水平输送及建筑构件的吊装。其主要由控制室、旋转平台、主挺杆、液压汽缸、升降机等组成。

1 齿轮系统

主挺杆又叫起重臂，它主要利用齿轮系统来进行绕轴转动，从而对各个方向进行操作。此外，它的末端安装有绞车和滑轮，重物通过滑轮组被吊起。

4 塔柱升高

如果要加高塔式起重机的高度，以便将物料运输到更高的地方，就要通过加入一段一段塔柱架，来提高塔柱的高度。

2 平衡臂

为了让起重臂保持平衡，塔式起重机起重臂的另一端即平衡臂，采用钢筋混凝土配重来平衡重物。

3 操作舱

在操作舱里，工作人员通过操控手柄来控制提升重物的电机。在工地上，人们通过电脑控制塔式起重机的移动，避免起重机之间发生碰撞。

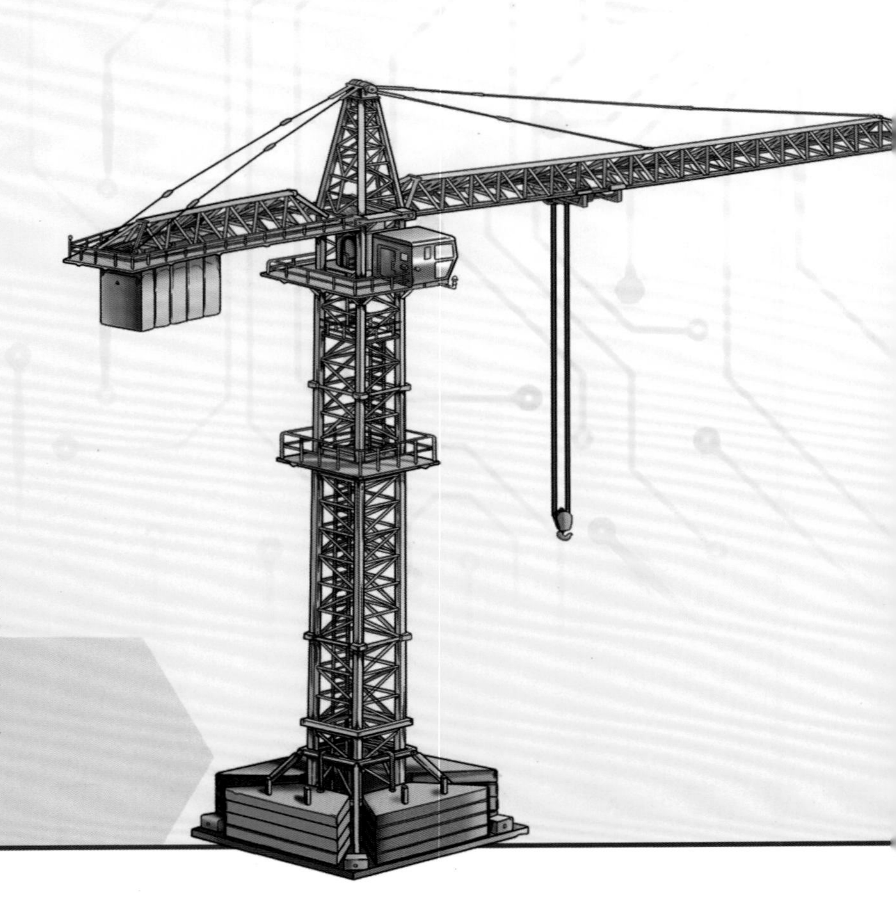

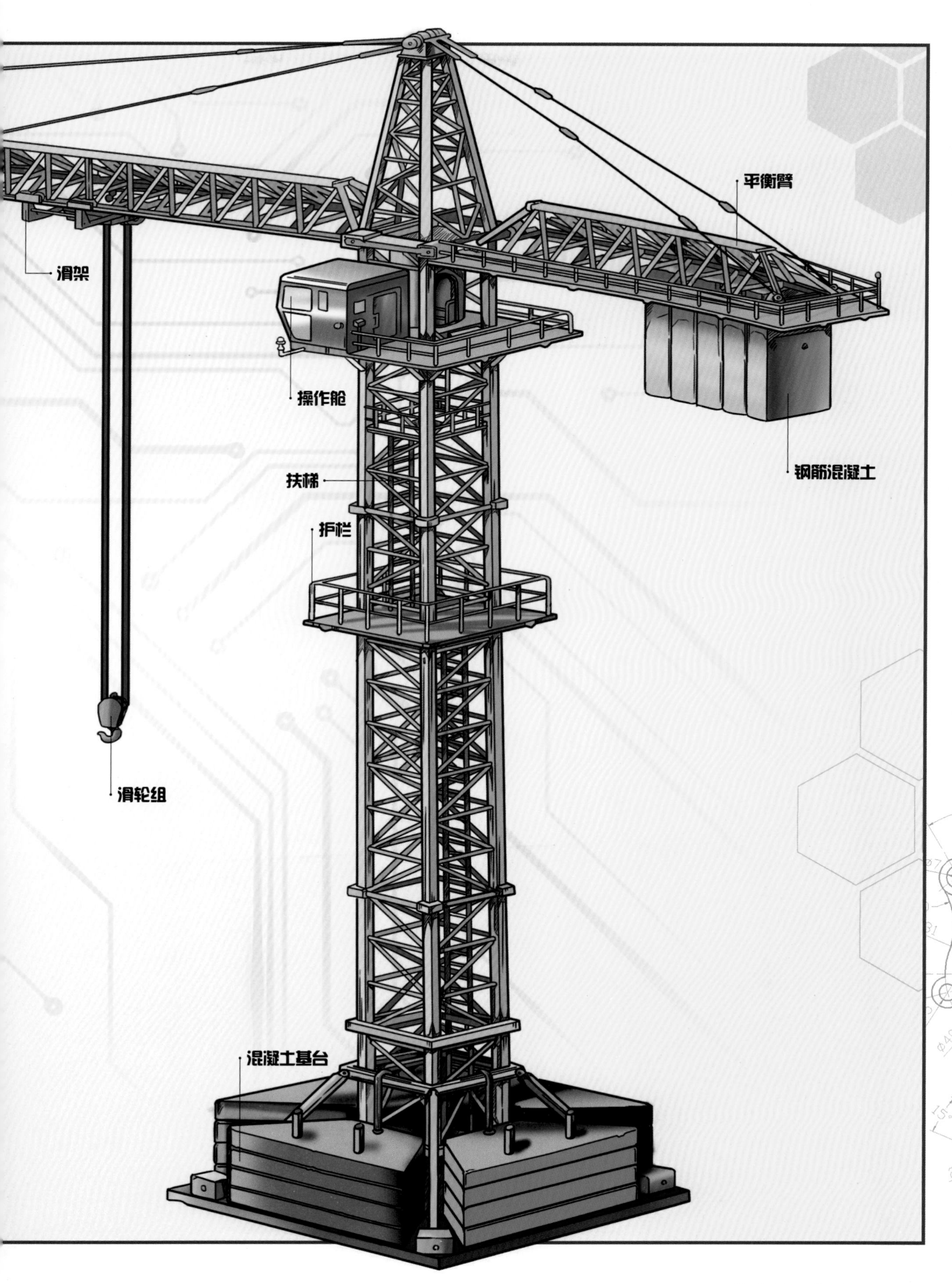
平衡臂
滑架
操作舱
钢筋混凝土
扶梯
护栏
滑轮组
混凝土基台

▶▶联合收割机

联合收割机是一种收割农作物的联合机械，它可以同时完成谷类作物的收割、脱粒、分离、清除杂物等工序，最后直接获取谷粒，真是个会干农活的好机器。联合收割机的出现，大大节省了人力物力，减轻了农民的负担，极大地提高了农业生产率。它主要由一系列能够敲打、摇晃及鼓风的装置组成。

1 拨禾轮

拨禾轮安装有锋利的器具，可切割分禾器分好的农作物。

2 螺旋传送器

切割下来的农作物如稻秆，会被运输到传送带，传送带与滚筒及回收装置相连，混在稻秆上的石头会落入回收装置，而稻秆则被传送到滚筒。

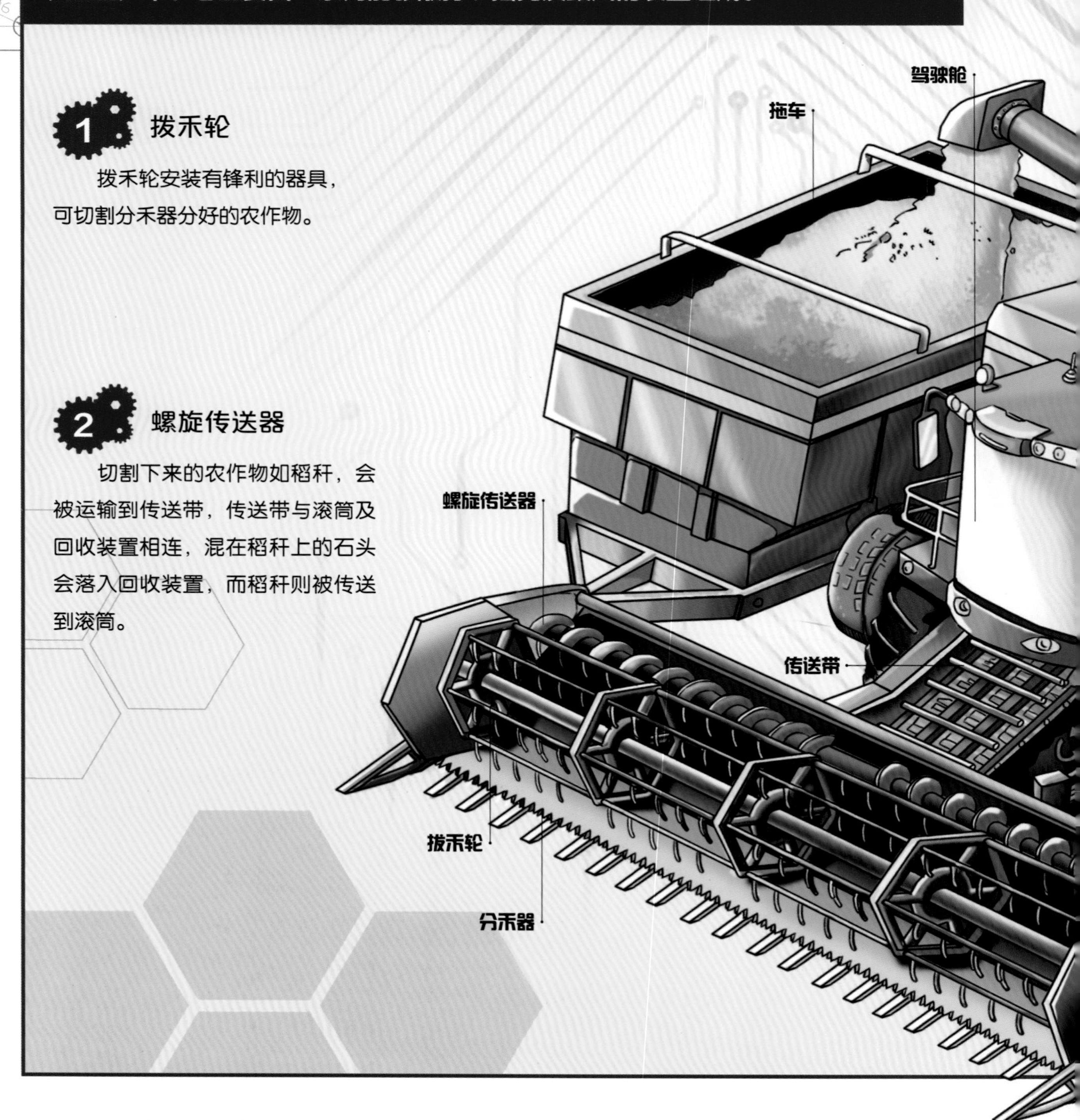

3 滚筒

滚筒上安装了锤子，可以用来敲打谷穗，使得谷粒受到振动从稻秆谷穗上脱落下来。

卸载管道

螺旋传送器

发动机

谷粒斗

摇晃器

鼓风机

滚筒（敲打谷穗）

4 摇晃器

摇晃器是一道可移动的栅栏，主要对谷粒进行脱壳。从稻秆上脱落下来的谷粒被运到栅栏处后，在鼓风机的作用下，谷粒的壳被风吹走，脱壳后的谷粒则掉落到存储舱里，然后由螺旋传送器运输到谷粒斗。

5 卸载管道

卸载管道在发动机的驱动下，可将到达谷粒斗中的脱壳后的谷粒运输至拖车里，然后由拖车运走。

▸▸蒸汽火车头

蒸汽火车头是以蒸汽为动力，可以拖挂许多车厢，在铁轨上行驶的一种机车。世界上第一台蒸汽机车是英国人史蒂芬·森在1814年发明的，在它第一次运行时，人们看到蒸汽机车在行驶过程中，烟囱直往外喷火，就给它取了一个名字叫“火车”，而蒸汽机车通常位于整列车厢的前部，因此也被叫作火车头，一直沿用到今天。

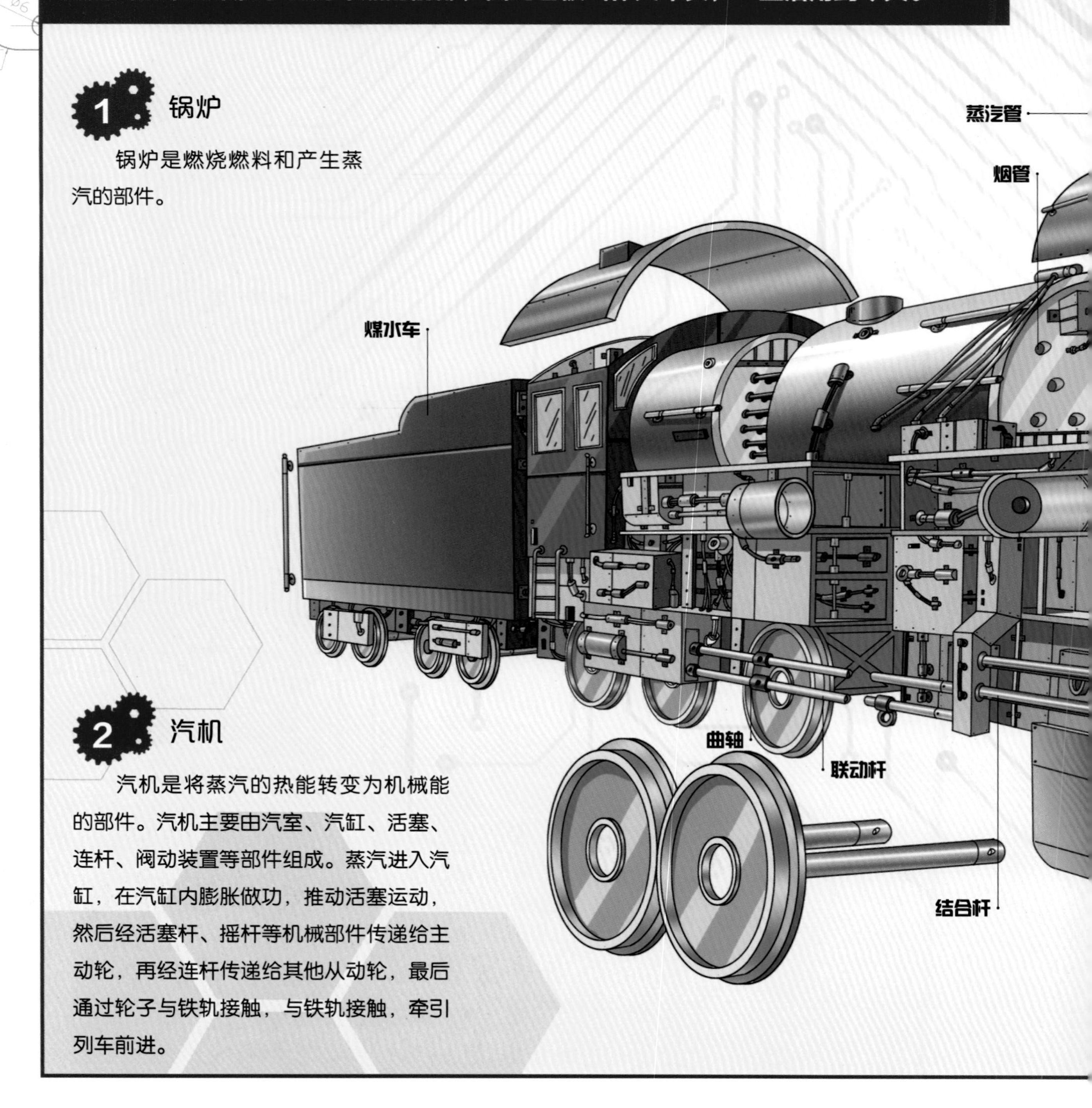

1 锅炉

锅炉是燃烧燃料和产生蒸汽的部件。

2 汽机

汽机是将蒸汽的热能转变为机械能的部件。汽机主要由汽室、汽缸、活塞、连杆、阀动装置等部件组成。蒸汽进入汽缸，在汽缸内膨胀做功，推动活塞运动，然后经活塞杆、摇杆等机械部件传递给主动轮，再经连杆传递给其他从动轮，最后通过轮子与铁轨接触，与铁轨接触，牵引列车前进。

3 车架和走行部

车架和走行部由车架、弹簧悬挂装置、车轮、轴箱等构成。锅炉、汽机等部件均固定安装在车架上。从汽机传来的动力在一系列轴的联动下，最后作用在车轮上，机车就能在轨道上飞驰了。

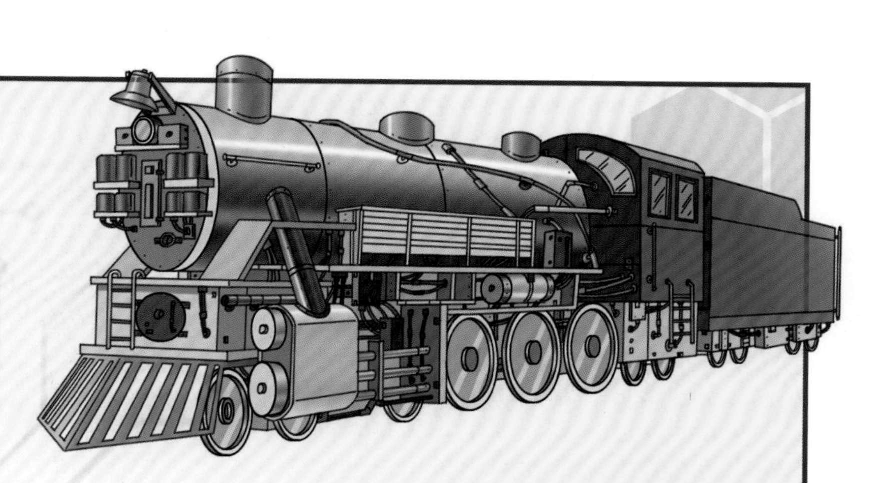

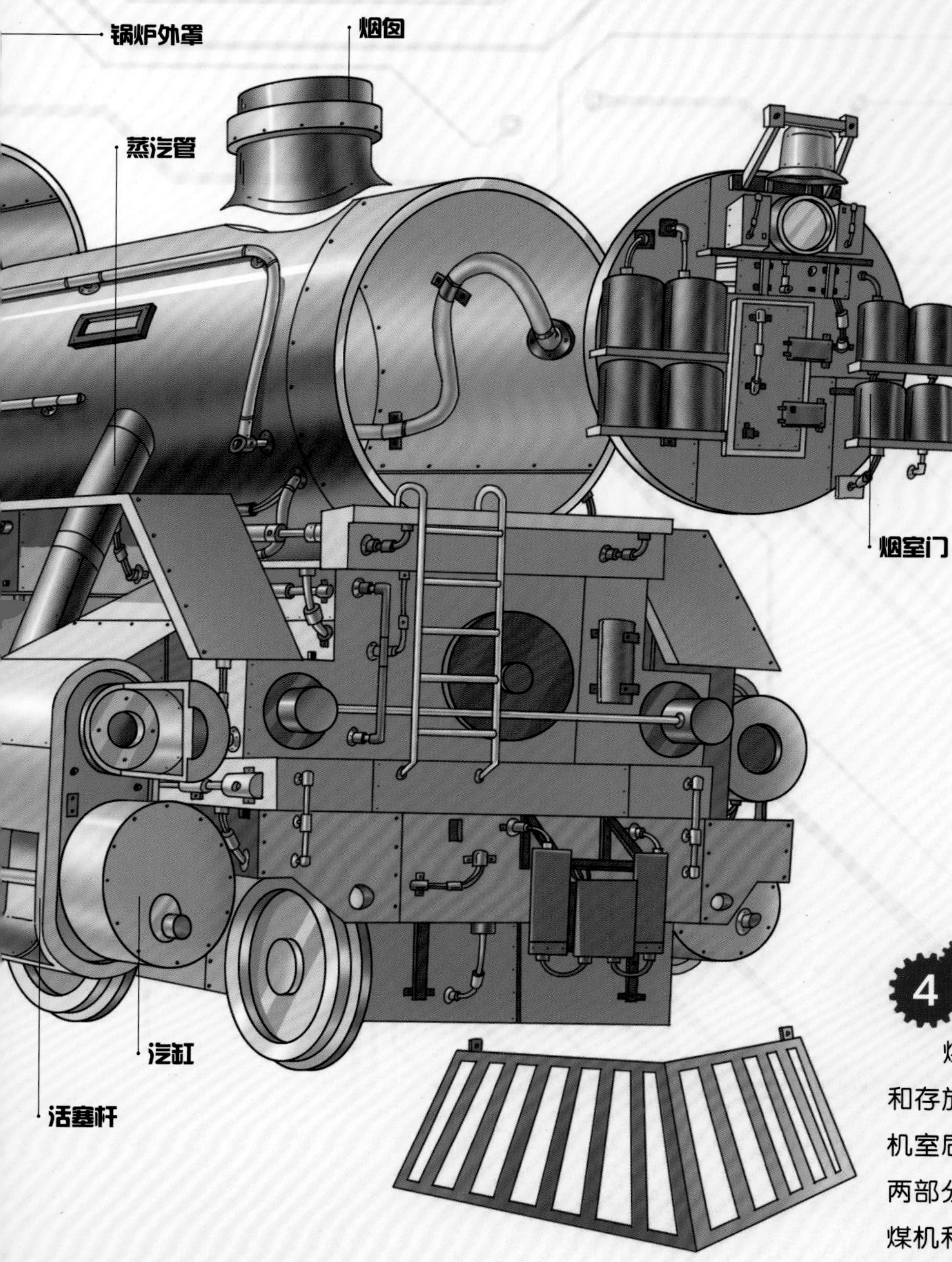

4 煤水车

煤水车是装载煤、水、油脂和存放工具的车厢，挂在机车司机室后面。煤水车由煤槽和水柜两部分组成。在煤水车上装有推煤机和输煤机，可以均匀、连续地为锅炉提供燃料。

▶▶索道和缆车

在很多旅游景点，我们都能看到架空的索道和缆车。索道其实就是由一组钢缆组成的，缆车则悬挂在钢缆下面。乘客们坐上缆车后，缆车会跟随钢缆一起运动，方便乘客上下山及欣赏沿途风景。由于这种旅游观光工具是在离地面较高的位置运行的，所以对安全性的要求非常高。来看看架空索道和缆车是如何设计的吧。

架空索道的重要器件——钢缆

钢缆是架空索道的重要器件，包括牵引钢缆和运载钢缆。运载钢缆固定在索道两端，并用大型混凝土块等重物绷紧，形成可以承重的轨道。牵引钢缆则在绞盘机的带动下运动，从而牵动缆车前进。

房体外壳

混凝土块

运载缆绳

牵引缆绳

山体

2 传感器

传感器可以控制缆车与缆绳的连接状况，从而保证乘客的安全。

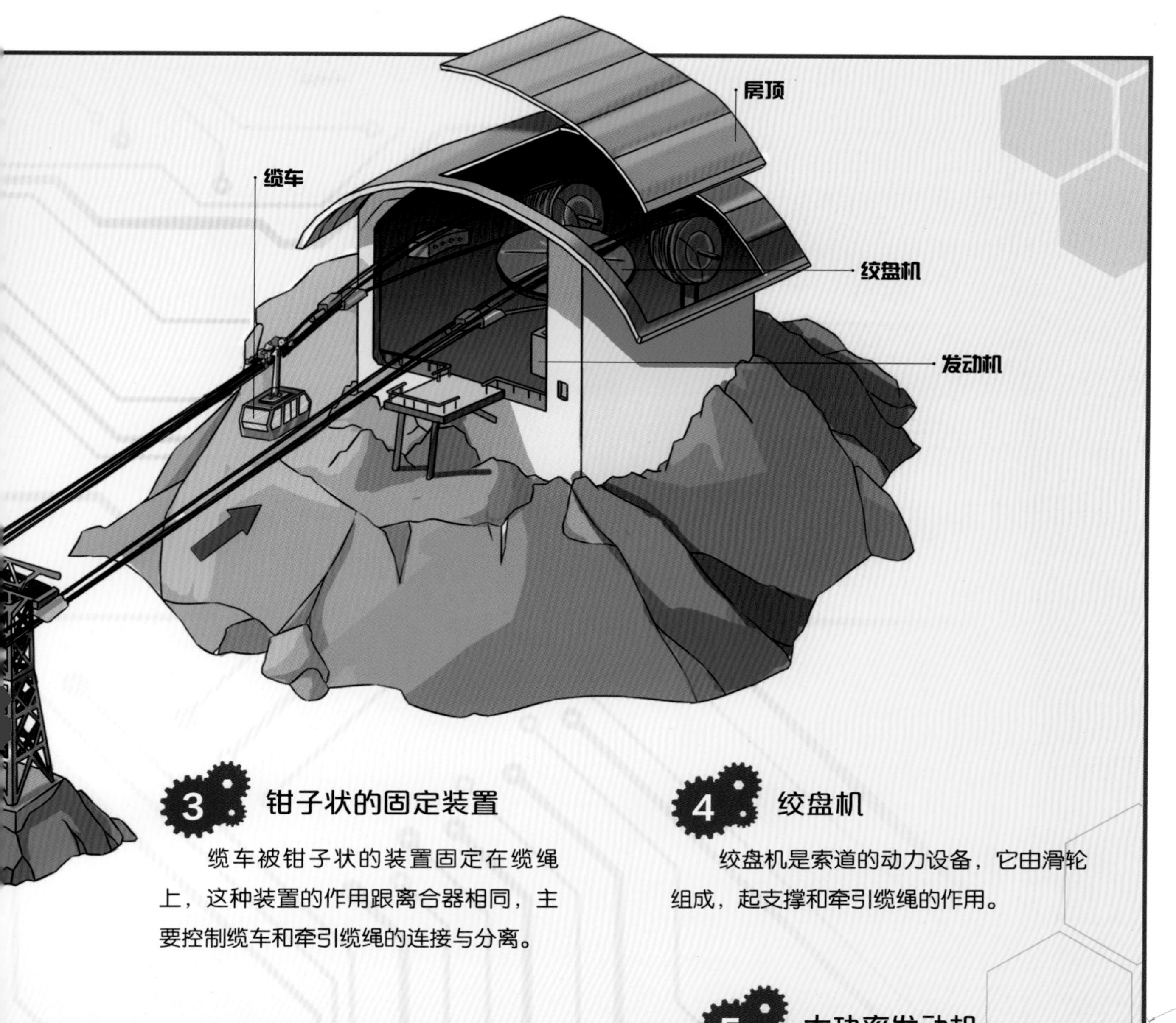

3 钳子状的固定装置

缆车被钳子状的装置固定在缆绳上，这种装置的作用跟离合器相同，主要控制缆车和牵引缆绳的连接与分离。

4 绞盘机

绞盘机是索道的动力设备，它由滑轮组成，起支撑和牵引缆绳的作用。

5 大功率发动机

架空索道采用大功率发动机，以便为绞盘机带动多辆缆车移动提供动力。

发电机

发电机是发电厂必不可少的重要机械，主要分为直流发电机和交流发电机两种。它可以由水轮机、汽轮机、柴油机或其他动力机械驱动，将其他形式的能转换成电能。发电机是如何发电的呢？原来，没有将此原理与发电机及其各配件联系起来，便产生了电流，由此产生了电能。

定子和转子

发电机内的钕铁硼磁铁具有强大的磁性，能产生强烈的磁场；它是固定在发电机上的，故被称为定子。发电机内部的轴上有规律地缠绕着无数的导线线圈，当发电机轴在涡轮机的带动下转动时，轴上缠绕的线圈便在磁场中做切割磁感线运动，于是导线中就产生了电流，这个缠有导线并能绕轴转动的线圈我们称之为转子。

氟橡胶轴封

氟橡胶不导电，发电机采用氟橡胶轴封把轴密封起来，使电能不易泄漏。

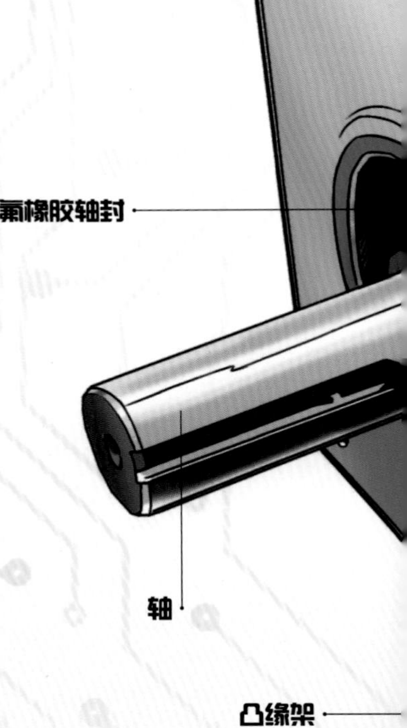

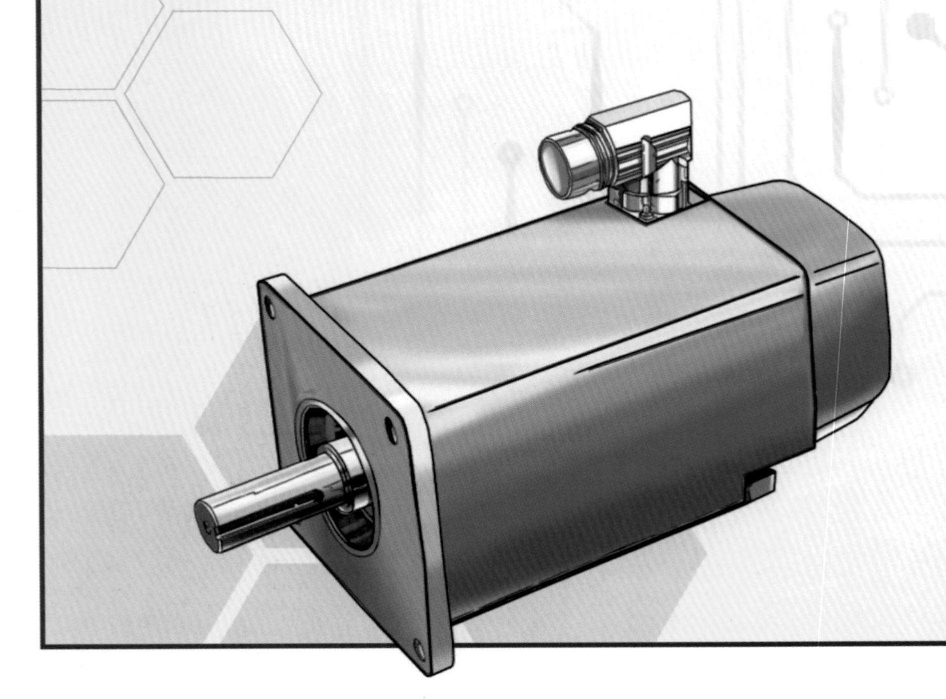

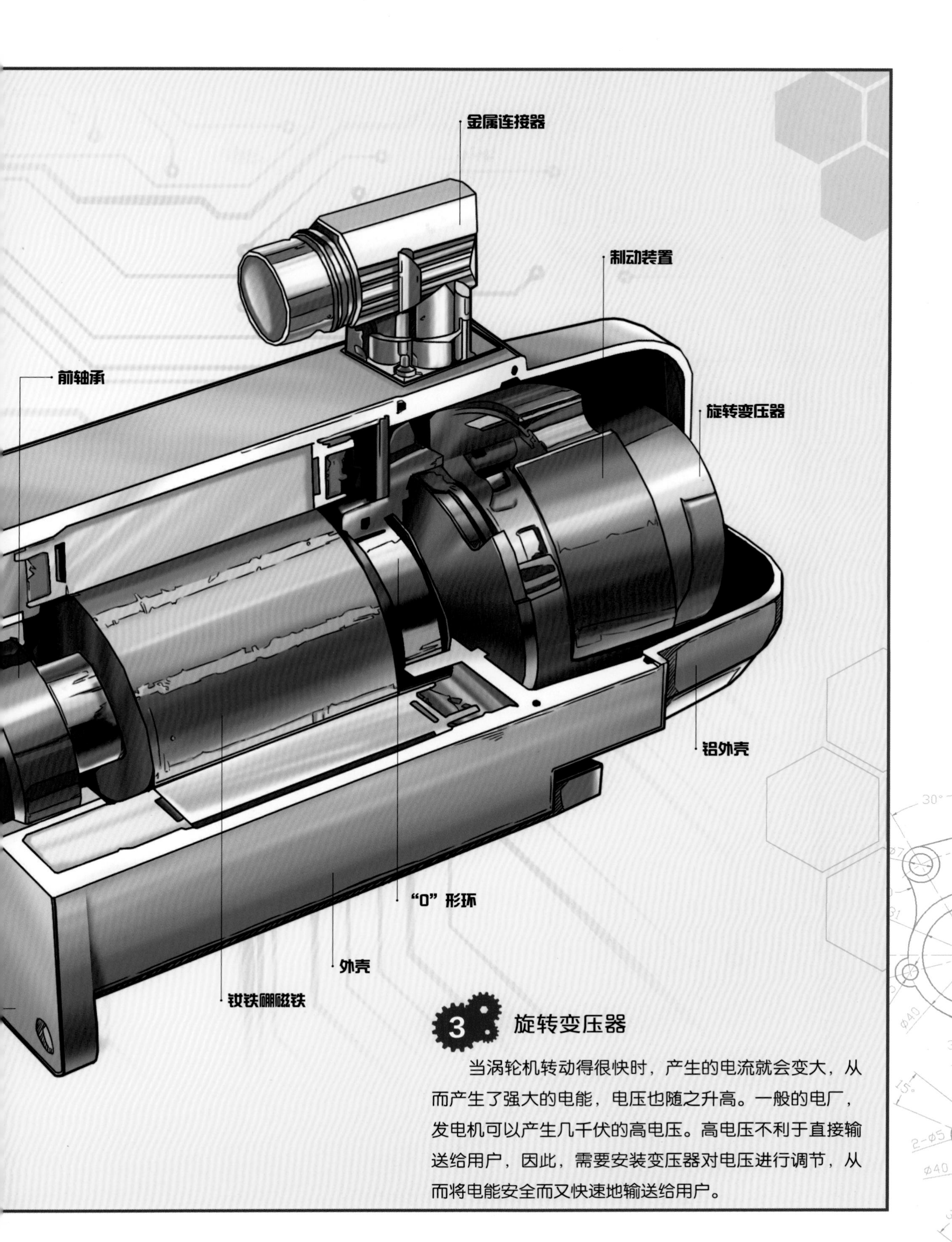

3 旋转变压器

当涡轮机转动得很快时，产生的电流就会变大，从而产生了强大的电能，电压也随之升高。一般的电厂，发电机可以产生几千伏的高电压。高电压不利于直接输送给用户，因此，需要安装变压器对电压进行调节，从而将电能安全而又快速地输送给用户。

除湿机

除湿机又叫抽湿机，主要用于消除室内空气中多余的水分，使室内空气保持适宜的湿度。它是空调家族中的成员，零件也与空调机极为相似，通常由蒸发器、冷凝器、毛细管、风扇、集水箱、压缩机等组成。其工作原理是，风扇将潮湿空气抽入机内，经过压缩机压缩后，吹过蒸发器和冷凝器的盘管，使空气中的水汽在盘管上凝结成水，落入集水箱中，这样空气中的湿度就降低了。

1 蒸发器的盘管

蒸发器是除湿机非常重要的部件之一，它是由一组较粗的盘管组成的。当压缩机里的高压气体通过冷凝器进入蒸发器后，气体压力骤然变小，这种压力变小的过程会吸收周围的热量，所以蒸发器盘管是冷的。

2 除湿原理

当温暖、潮湿的空气被吸入除湿机后，在通过蒸发器冷的盘管时会被冷却，空气中的水汽会在盘管上凝结为水珠，落入集水箱中。随后，干燥而较冷的空气被冷凝器加热，再由除湿机内的风扇吹到室内，如此反复循环，空气的湿度就降低了。

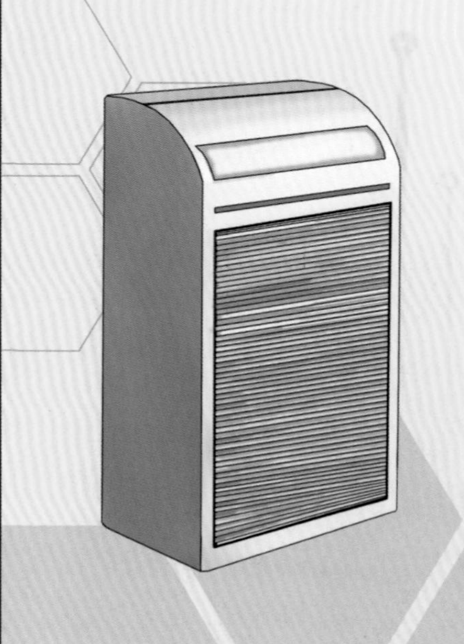

3 湿度感测器

除湿机安装有湿度感测器，当室内的相对湿度大于60%时，湿度感测器会自行启动除湿机，非常智能，方便快捷。

4 压缩机

压缩机是除湿机的核心部件，它通过活塞对制冷剂气体进行压缩加压后，再排放到冷循环系统中，达到制冷效果。

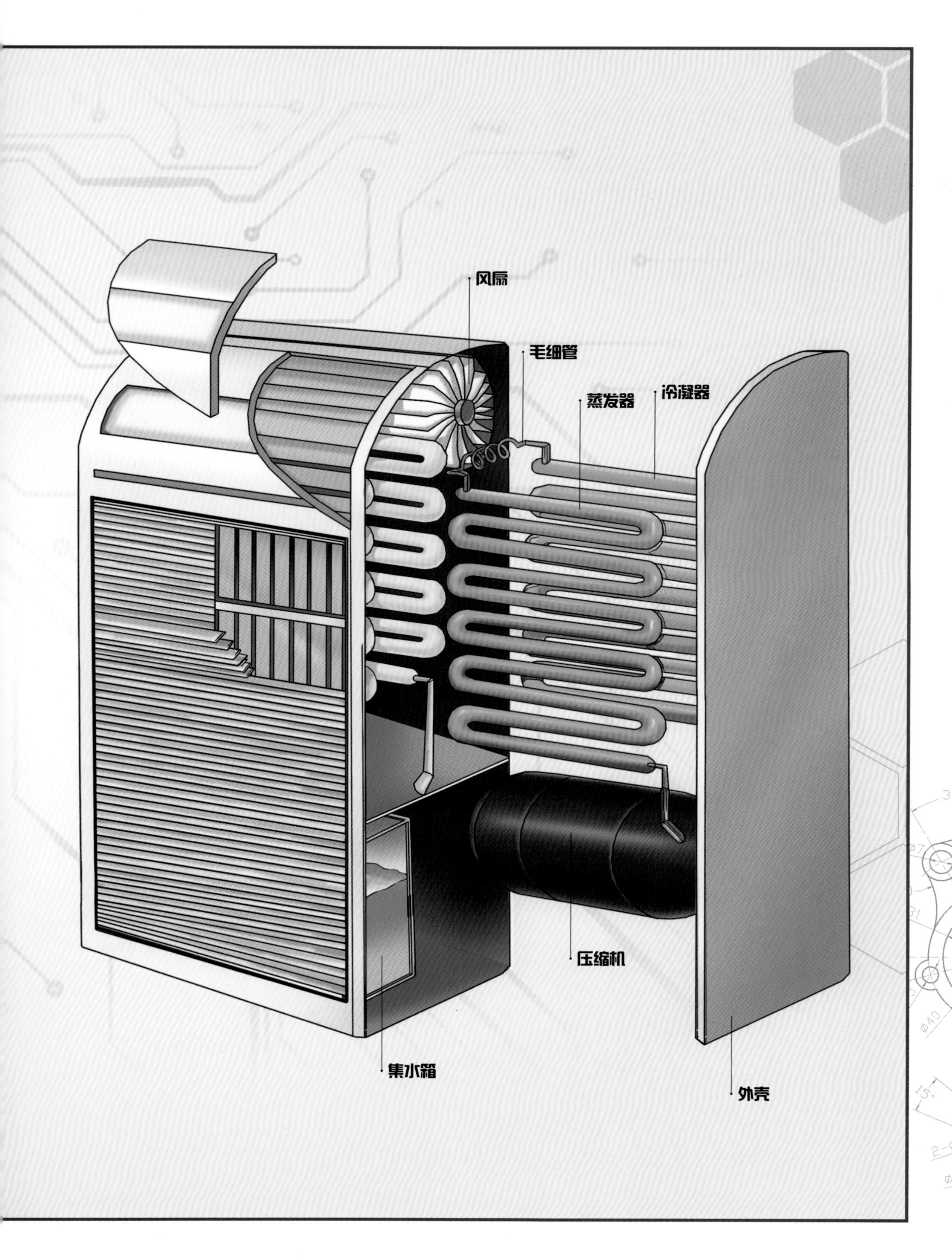
风扇
毛细管
蒸发器
冷凝器
压缩机
集水箱
外壳

▶▶早期磨冰机

磨冰机是一种制造新冰并对冰面进行磨光的机器，通常被用在滑冰场上。其主要由刮板、传输装置、储雪箱磨冰器等组成，是制造溜冰滑道的能手。

1 储水箱

储水箱里的水流经水管时，通过水管上的细孔喷出，形成水雾，遇到冷空气会立刻凝结成冰。

2 刮板

磨冰机中部有一个锋利的刮板，它的作用是先将冰面上不平的部分刮掉，为磨冰器磨平冰面创造条件。

3 储雪箱

刮板刮下来的冰碴儿，被旋转式螺杆传输装置输送至储雪箱里收集起来。

4 磨冰器

磨冰器是磨冰机最重要的部件，磨冰器由热水喷管和橡胶刃组成。工作时，它一边将热水均匀地洒在冰面上，将那些较大的、粗糙的冰晶颗粒融化，一边对冰面进行磨平处理。

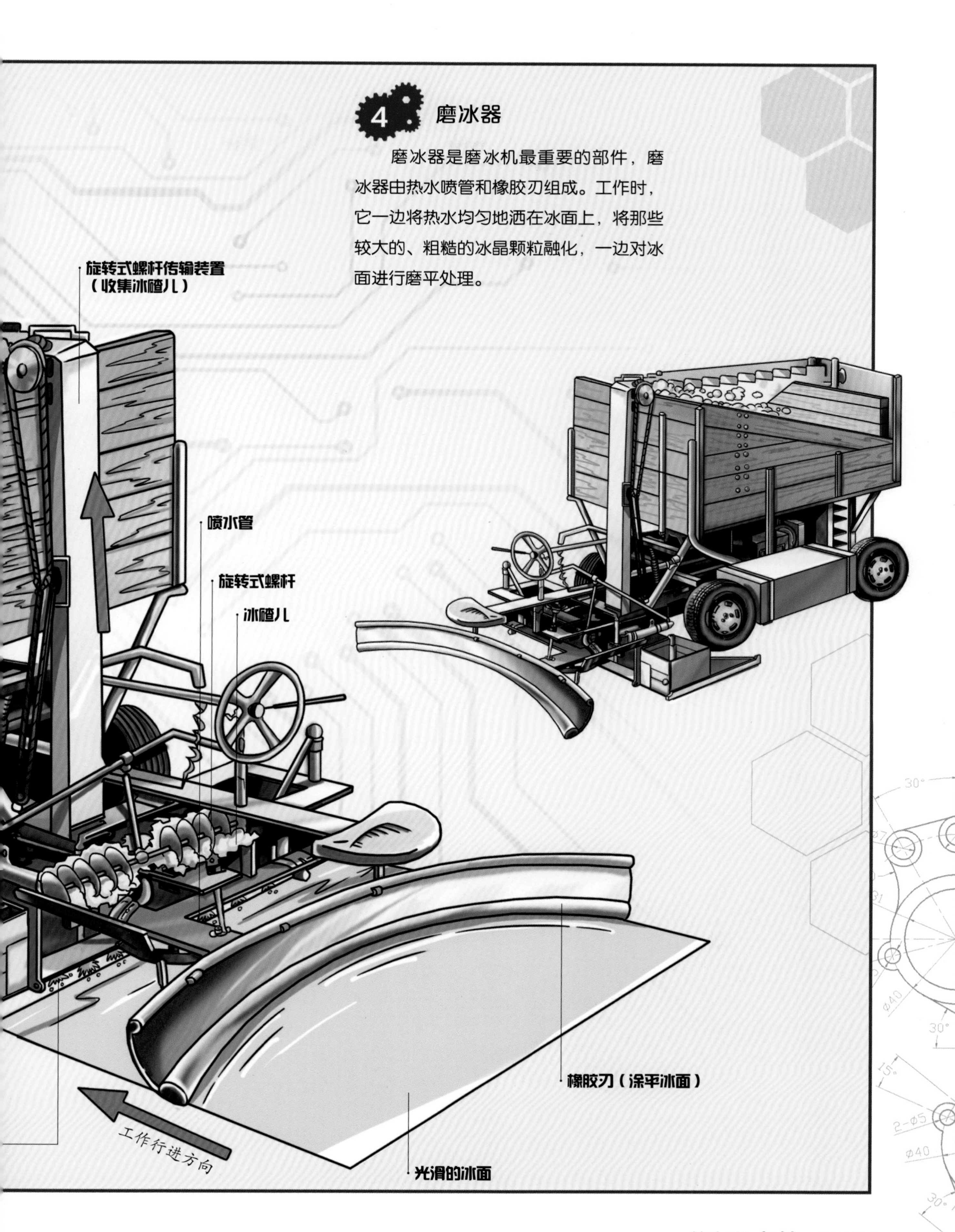

空气净化装置

为了保温，现代高层建筑一般采用密封式玻璃窗户，通风效果很不好，容易导致室内空气变得很糟糕。因此，为了保证建筑物内的空气质量，人们开始采用空气净化装置，依靠净化装置中的一系列的过滤器对空气进行除杂、净化。

风扇

风扇是促进空气循环的动力源。它将室内污浊的空气抽入净化装置中，通过一层层的过滤器，进行过滤、净化，然后送入室内。

网状前置过滤器

网状前置过滤器由金属丝、玻璃纤维或塑胶制成，是空气净化装置过滤工作的第一步，能将空气中较大的粒子过滤掉，完成对空气的初步净化工作。

静电过滤器

静电过滤器是空气净化装置的一大重要部件，其壁上带负电荷，当空气中带正电荷的粉尘粒子随空气进入静电过滤器时，就会被吸附在静电过滤器的壁上，室内的空气便得以过滤。

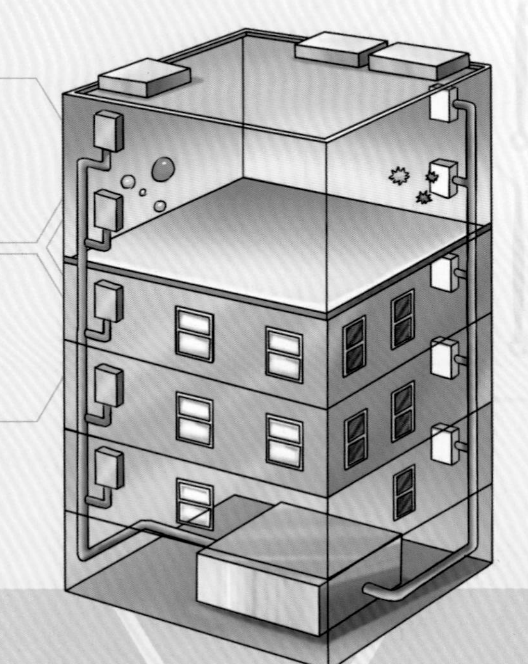

活性炭过滤器

活性炭过滤器是空气净化装置的另一重要部件，活性炭本身具有极强的吸附力，可以吸附极小的粒子，尤其是造成异味的粒子。

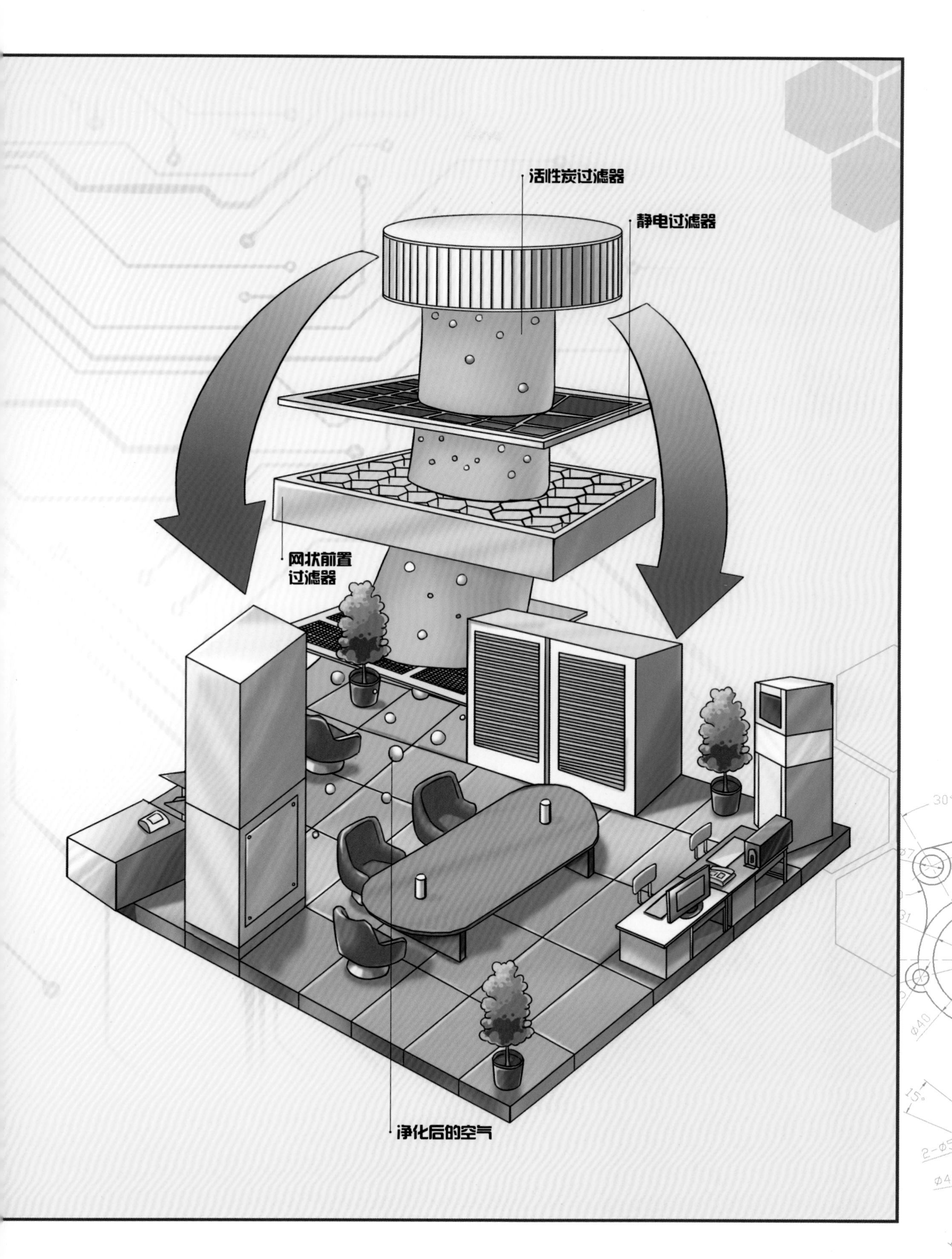
活性炭过滤器
静电过滤器
网状前置
过滤器
净化后的空气

▶▶自动挤奶机

自动挤奶机是在计算机的控制下，完成给奶牛挤奶工作的设备。它可以通过程序识别，快速采用适合奶牛体形的挤奶方法，然后按照预先存储的数据，把吸奶管吸附在奶牛的乳头上进行挤奶。从某种意义上来说，自动挤奶机就像一个替代挤奶工人工作的机器人，大大提高了挤奶的效率。

1 电子标签分析器

每头奶牛的耳朵上都贴有电子标签，这个标签记录着奶牛的信息，当奶牛站在挤奶机内时，自动挤奶机上的电子标签分析器就会对电子标签的信息进行分析和读取，从而获得每头奶牛的信息。

2 活动臂

读取了奶牛的信息后，再借助电脑图像，机器会计算出距离以确定奶牛乳头的位置，然后启动活动臂将吸奶杯放在清洗过的乳头下，开始挤奶。

3 通过流量判断

当牛奶的流量变小后，机器便会自动停止挤奶。然后将乳房和吸奶杯清洗干净并准备为下一头奶牛挤奶。

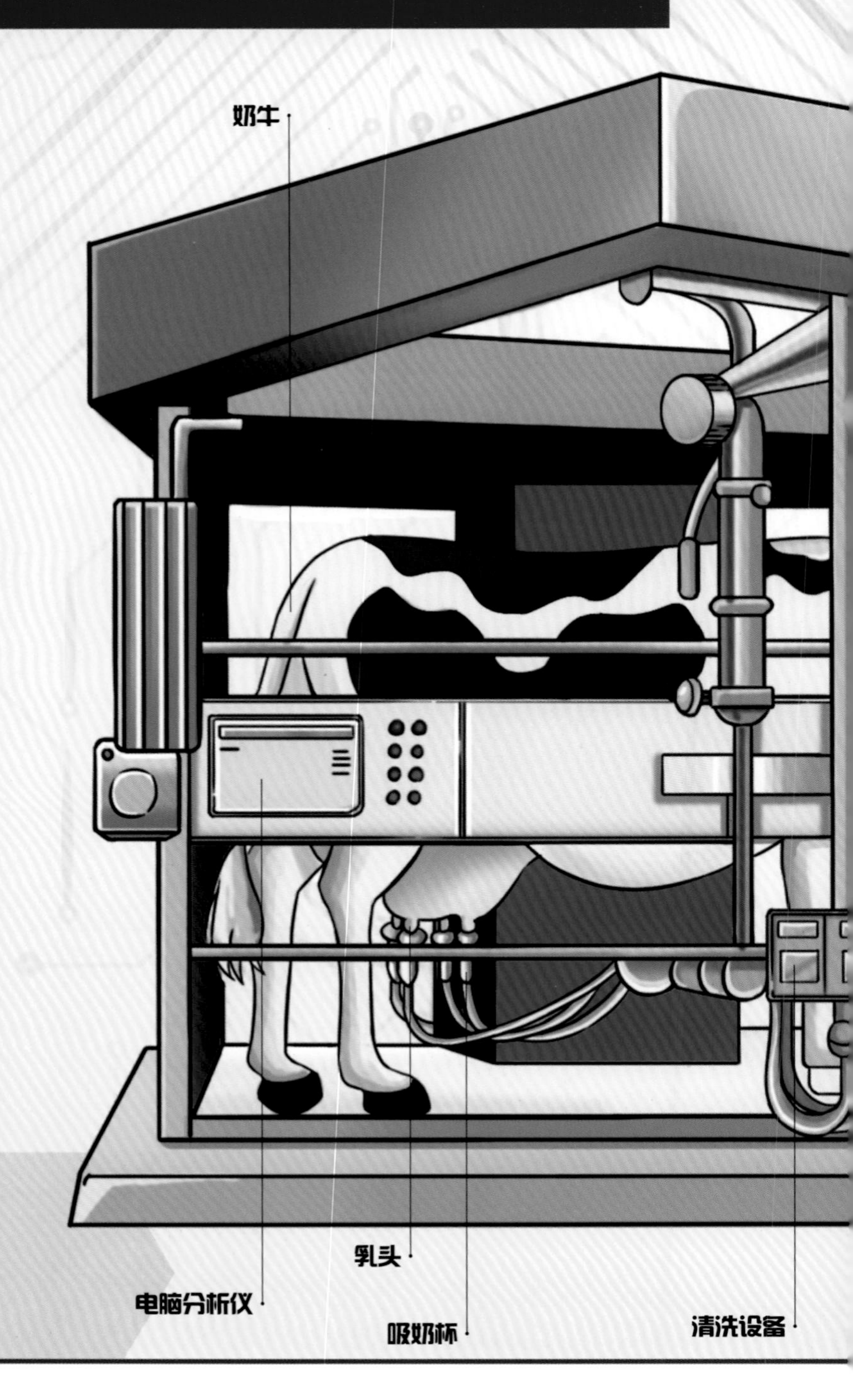

4 配送额外食物

挤完奶后，电脑还会根据之前读取的奶牛的信息，如年龄、体重等，给其配送额外的营养餐。

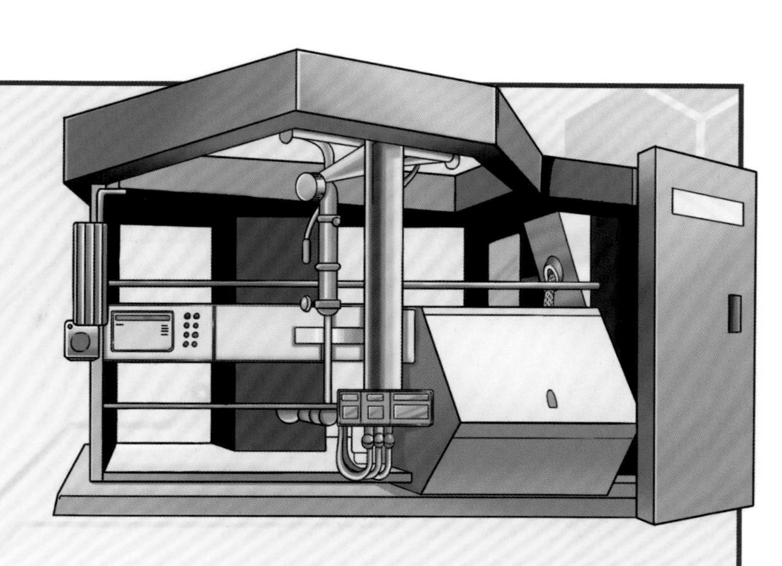

5 分析牛奶的成分

自动挤奶机的电脑还会对牛奶的成分进行分析。等牛奶冷却后，机器会把它们存储在4℃的罐槽里，然后送至奶制品加工厂。

6 不会重复挤奶

如果挤过奶的奶牛再次站到机器内，机器会通过读取电子标签得知该奶牛已挤过奶了，然后，机器会向电子标签发射无线电波，使电子标签产生一种电力负荷，奶牛就会自行离开。

▶▶印刷机

印刷机是印刷文字和图像的机器。从毕昇发明了活字印刷术到现在，人类的印刷技术发生了翻天覆地的变化。现代印刷机使印刷变得更简单、更快捷了。现代单色印刷机的印刷版安装在印刷胶辊上，当印刷胶辊转动时，印刷版上的内容就印在了快速通过的纸张上。彩色印刷机则是通过4种颜色单元的印刷胶辊依次印刷，来完成彩色印刷品的印刷。现代印刷机的种类主要包括供纸型胶版印刷机、轮转胶版印刷机和平版胶印机等。如图所示，即为轮转胶版印刷机。

1 卷筒

轮转胶版印刷机采用大纸卷卷筒，为印刷机连续地提供纸张。

2 滚筒

轮转胶版印刷机安装了一系列滚筒，为的就是将纸绷紧，避免印刷时纸张出现褶皱，而且还可以在不关掉印刷机的情况下就更换新的纸卷筒。

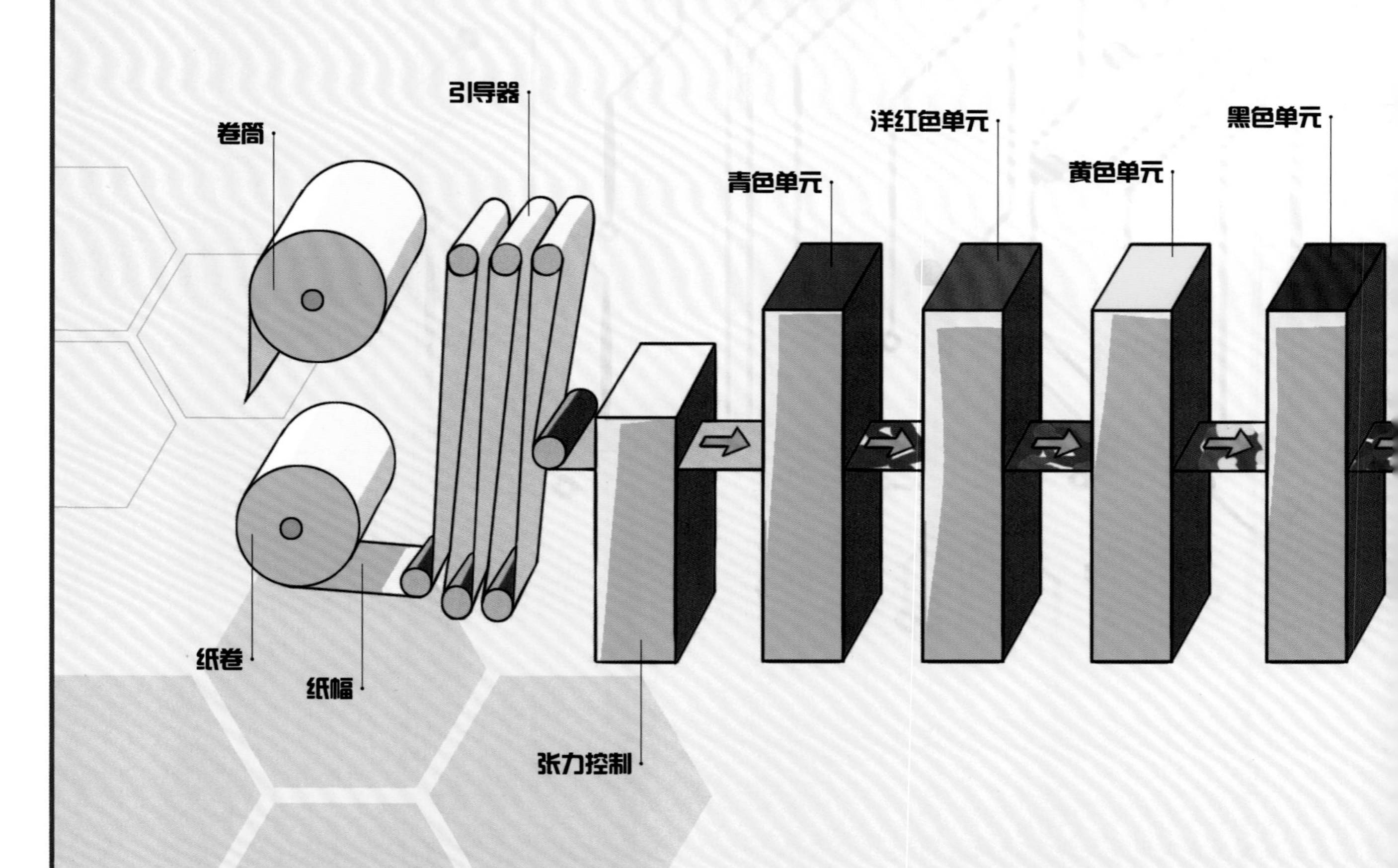

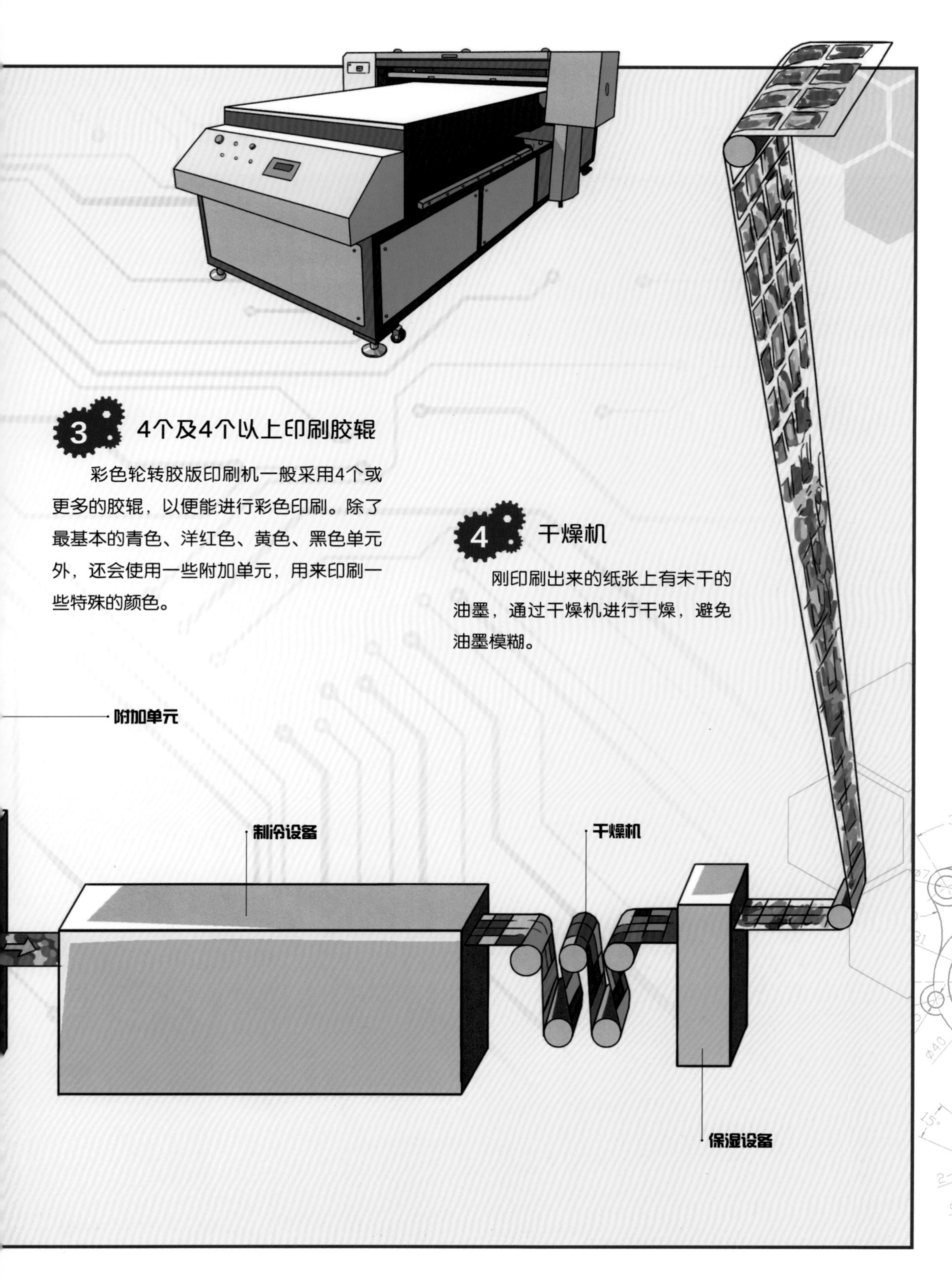

3 4个及4个以上印刷胶辊

彩色轮转胶版印刷机一般采用4个或更多的胶辊，以便能进行彩色印刷。除了最基本的青色、洋红色、黄色、黑色单元外，还会使用一些附加单元，用来印刷一些特殊的颜色。

4 干燥机

刚印刷出来的纸张上有未干的油墨，通过干燥机进行干燥，避免油墨模糊。

▶▶装订机

从印刷机里出来的印刷品是大张纸，要制作成一本书，那就要用到装订机，对它进行裁切和装订。装订机就是通过机械的方式将纸张、塑料、皮革等用装订钉或热熔胶、尼龙管等材料固定的装订设备。装订机有手动、自动及全自动的款型，下图所示为自动装订机。全自动装订机包含纸张折页部件和装订部件。

1 折辊

从供纸型印刷机上印刷出来的一张纸是大幅纸张，被称为书帖。书帖上有好几页书页，需要经过折叠才可以将页码的顺序排列好。将书帖放入折页部件的狭槽，用折辊从中间扣住即可将其对折起来。

2 锯齿形刀刃

用呈锯齿形的刀刃在对折好的纸幅上打孔，易于分开书帖。

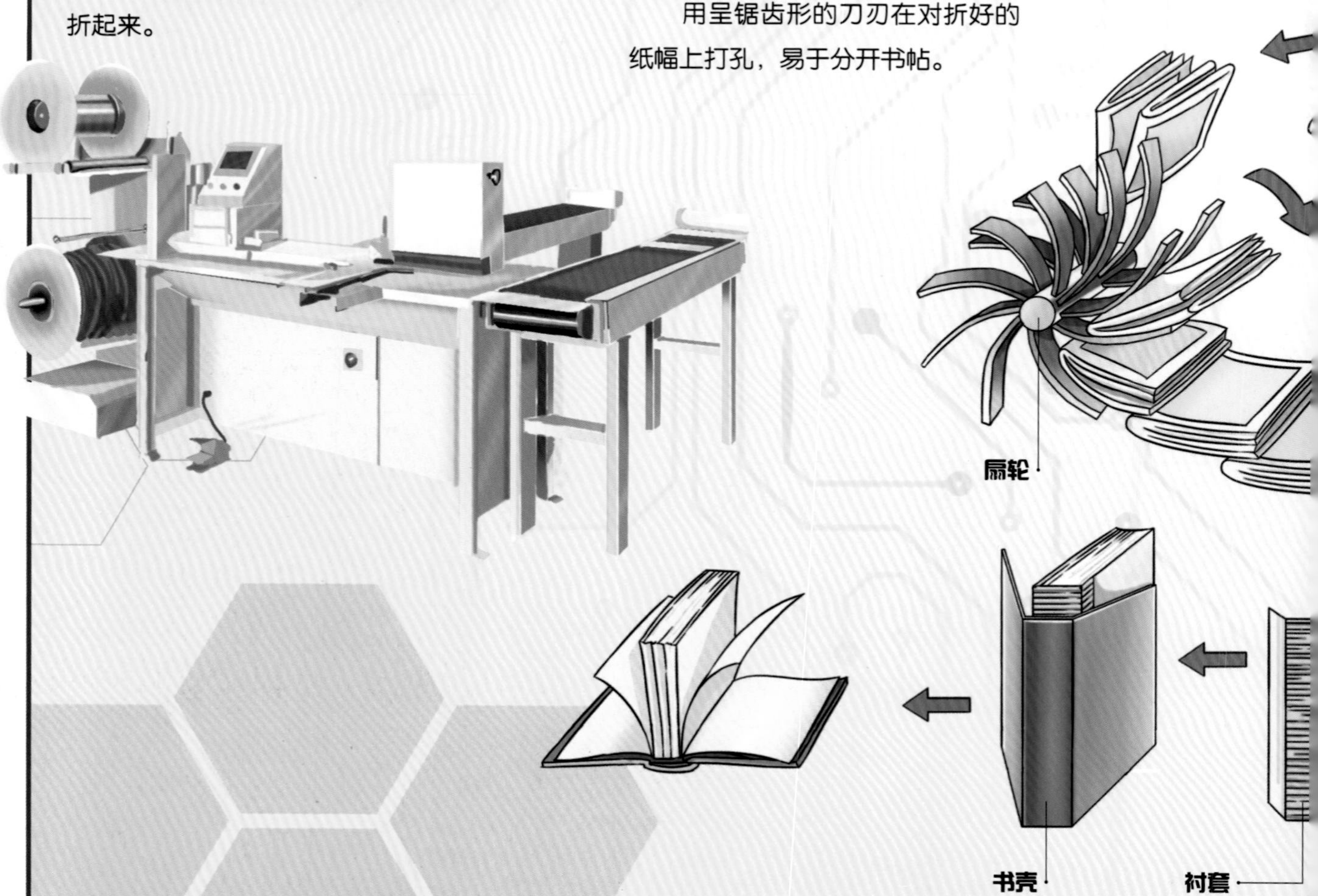

3 折叠刀

折叠刀可以将书帖的中间部分夹到两个折辊之间，将书帖从中间对折，然后用同样的方法，再对折一次，纸张的顺序就排好了。

4 扇轮

将书帖放进扇轮，扇轮可以将它们传递到传送带上，然后送到装订处装订成书。

5 排序与缝合

把书帖按照顺序排列好后，机器中的线会把书帖的背面缝合在一起，然后推送至胶水黏合处。

6 胶水黏合

用胶水把书帖黏合在一起，然后机器配备的刀具会将书页的边缘切修整齐。

7 粘上衬套

将书脊和书壳粘上衬套，一本书就装订完成了。

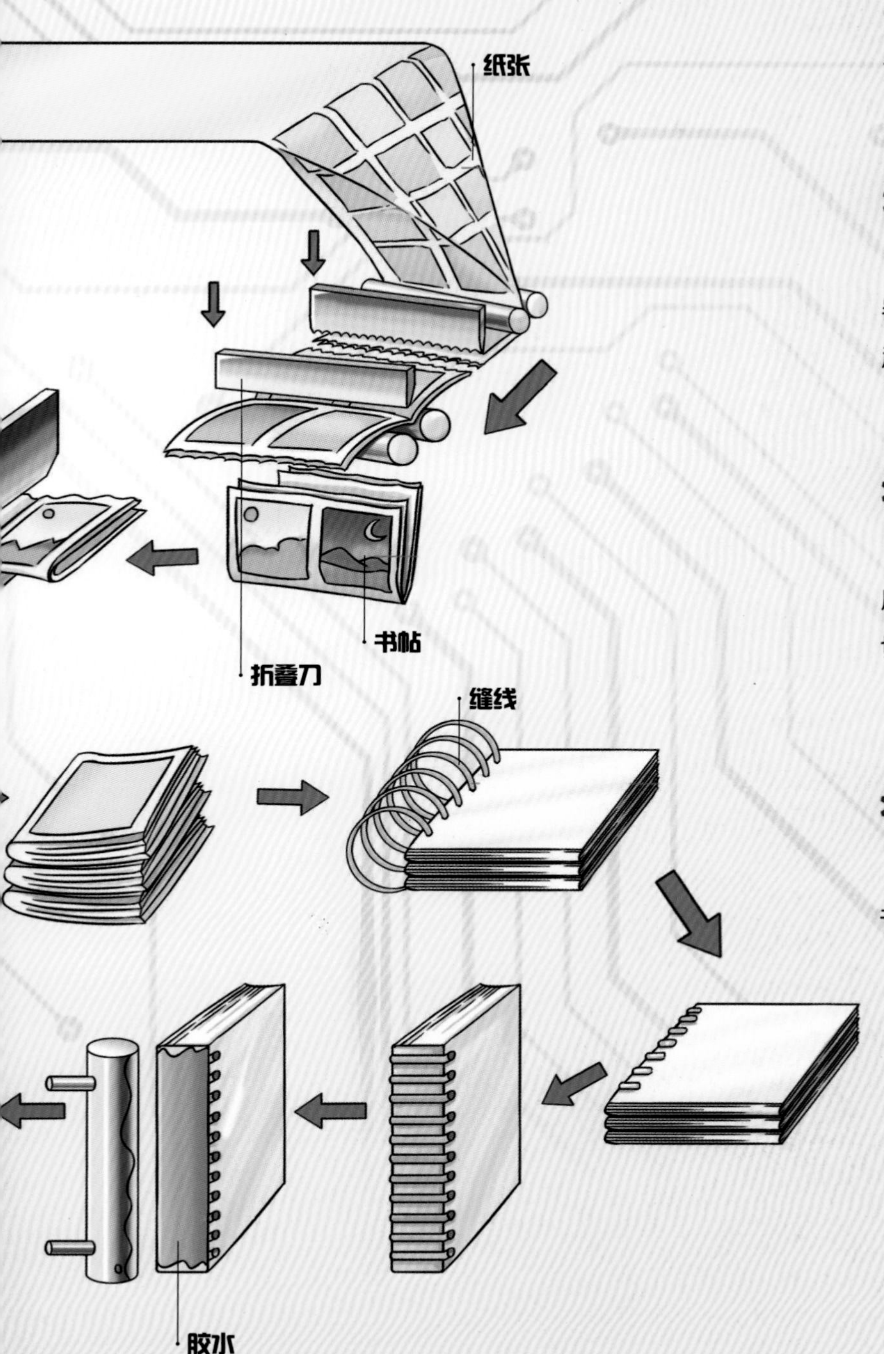

▶▶造纸机

我们平时看的书、生活用的纸都是用树木等植物中所含的纤维，通过造纸机制造出来的。不过，造纸的过程并不简单，它需要将植物纤维离解然后进行排列，再用其他物质如胶水、颜料和矿物填料加以覆盖而成。来看看造纸机是如何完成这些工作的吧。

1 蒸煮锅

木头被运到造纸厂，再被剥掉树皮后，就要被放到造纸机的部件之一——蒸煮锅中，在化学试剂的作用下离解成松散的纤维浆。

2 搅拌器

搅拌器是造纸机的核心部件，它用来将蒸煮锅“煮”好的纤维浆搅拌成滑溜的纸浆，并且在搅拌的过程中会往搅拌器内添加一些白色填料，如瓷土、防水涂料和彩色颜料，这样可以大大提高纸张的质量。

3 织带和水印辊

滑溜的纸浆由流料箱送到织带上，纸浆里的水通过织带上的孔排出，然后用水印辊将纸浆上的纤维压在一起，形成带状网，这种带状网通称为纤维网。

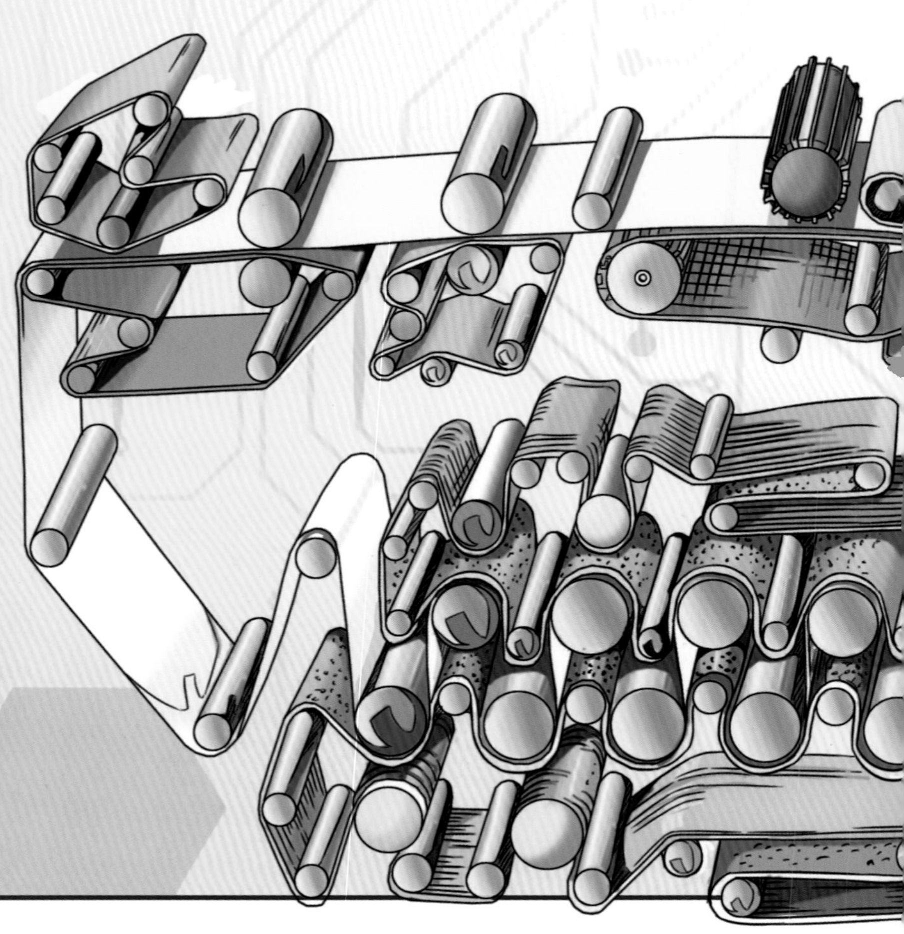

4 传送带

纤维网被送到传送带，并在传送带和压榨辊之间移动，纸幅在通过压榨辊时，被压出多余的水分，就变得更加薄了。

5 干燥器

压缩好的湿纸幅还得放到干燥器中进行干燥处理。造纸机的干燥器很特别，它由热滚筒和毛毡衬面带组成。湿纸幅在热滚筒和毛毡衬面间来回移动，水分即可被毛毡衬面吸收。干燥的纸幅再经过磨光处理，就形成了我们所使用的光滑的纸张了。

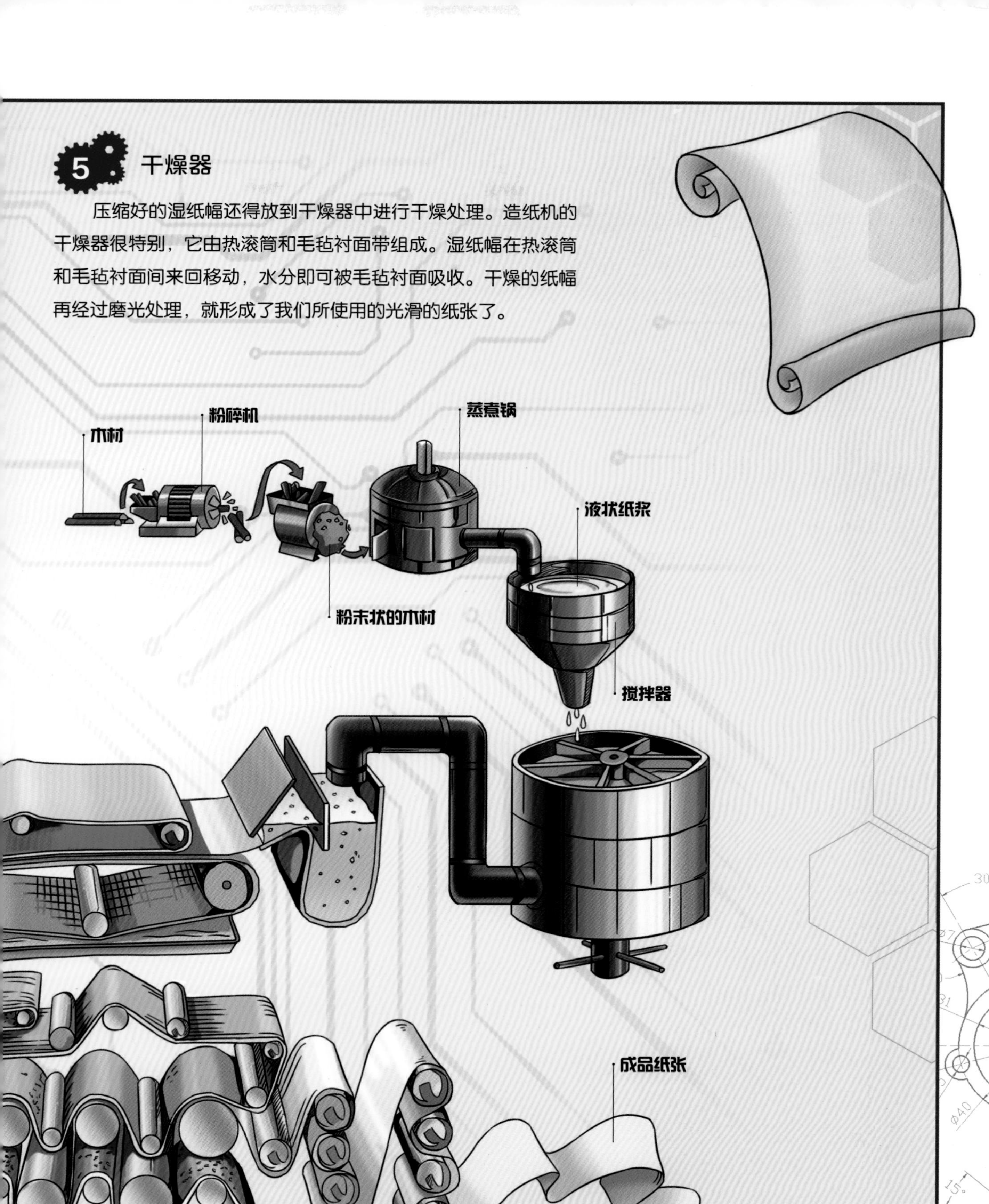

风力发电机组

风力发电就是通过风力发电机械把风能转变成机械能，再把机械能转化为电能的过程。风力发电所需的装置，叫风力发电机组。风力发电机组主要由风轮、机头、发电机和铁塔组成。它利用风力带动风车叶片旋转，然后通过增速机提高叶片旋转的速度，从而带动发电机发电。

风轮

风轮由三片或多片螺旋桨形的桨叶组成。桨叶的用材要求强度高、重量轻，一般采用玻璃钢或复合材料制造。风吹动桨叶旋转带动风轮转动。

齿轮变速箱与调速机构

自然界的风力大小不稳定，为了让风轮可以按照稳定的速度进行转动，风力发电机组安装了齿轮变速箱和一个调速机构，使得风轮转速保持稳定，然后连接到发电机上。

叶片

导流罩

尾翼与转体

自然界的风的方向很不稳定，为了解决这一问题，人们在风力发电机组上安装了一个尾翼和转体，转体根据风向灵活转动，可以让尾翼调整方向，让叶片始终处于迎风的方向，从而获得更大的风能。

机头

机头由转子和定子组成，其转子采用永磁体，当定子绕组在永磁体产生的磁场中做切割磁感线的运动时，就会产生电能。

铁塔

铁塔是支撑风轮、尾翼和发电机的构架。为了获得较大且均匀的风力，它修建得较高，一般为6~20米。

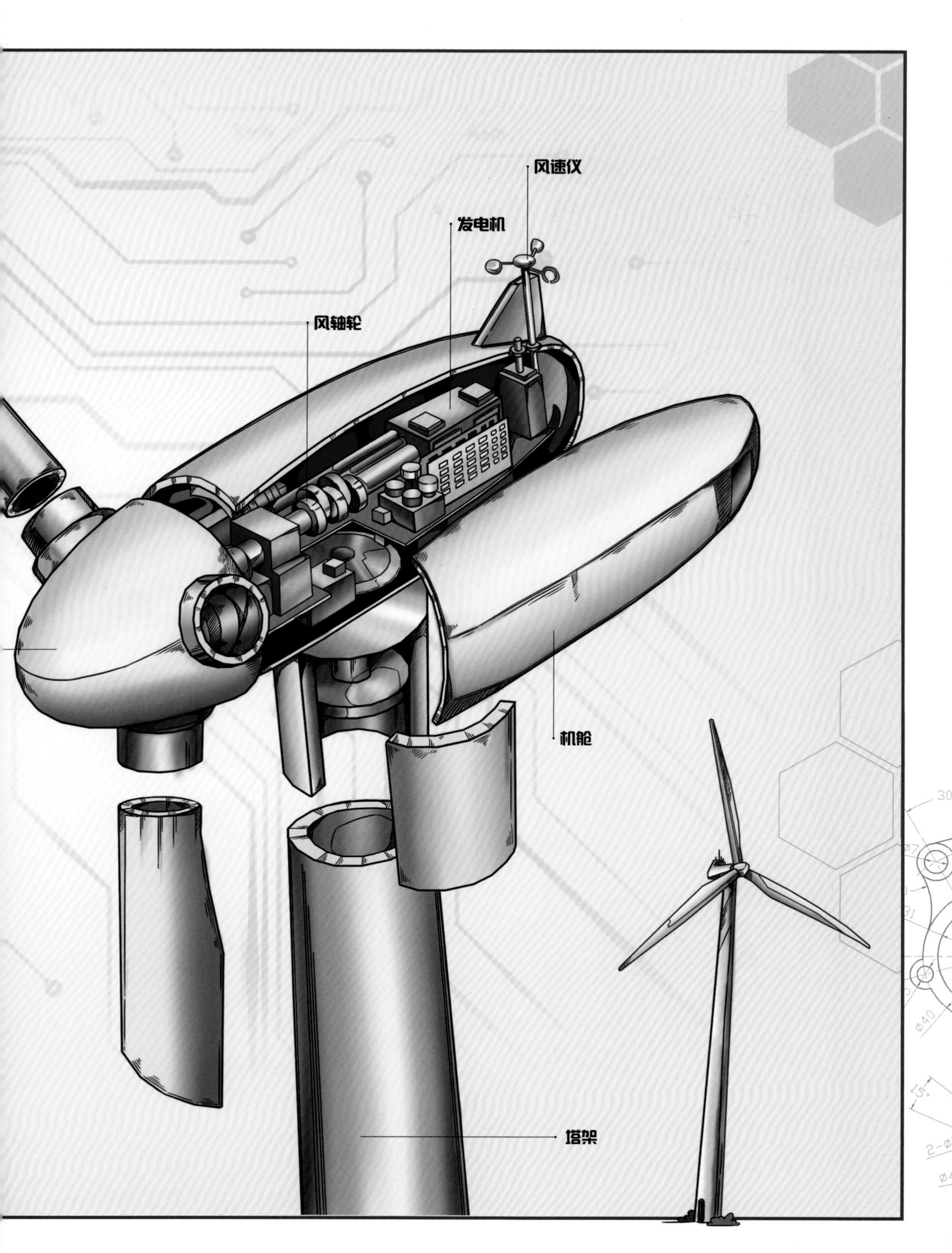
风速仪
发电机
风轴轮
机舱
塔架

▶▶冷却水塔

冷却水塔是利用水和空气直接接触，通过水的蒸发散热作用来给工业设备散除废热的一种设备。它主要由冷却塔风机、冷却塔电机、抽水系统、塔身、水盘等组成。

1 风扇

冷却水塔的顶部装有一个大风扇，促使空气在塔内快速流动。

2 水泵

水泵可将热水加压，并通过热水管输送到冷却水塔中。热水管出水口接有一组喷淋口，热水通过喷淋口发散成无数小水流，均匀地洒在散热片上。

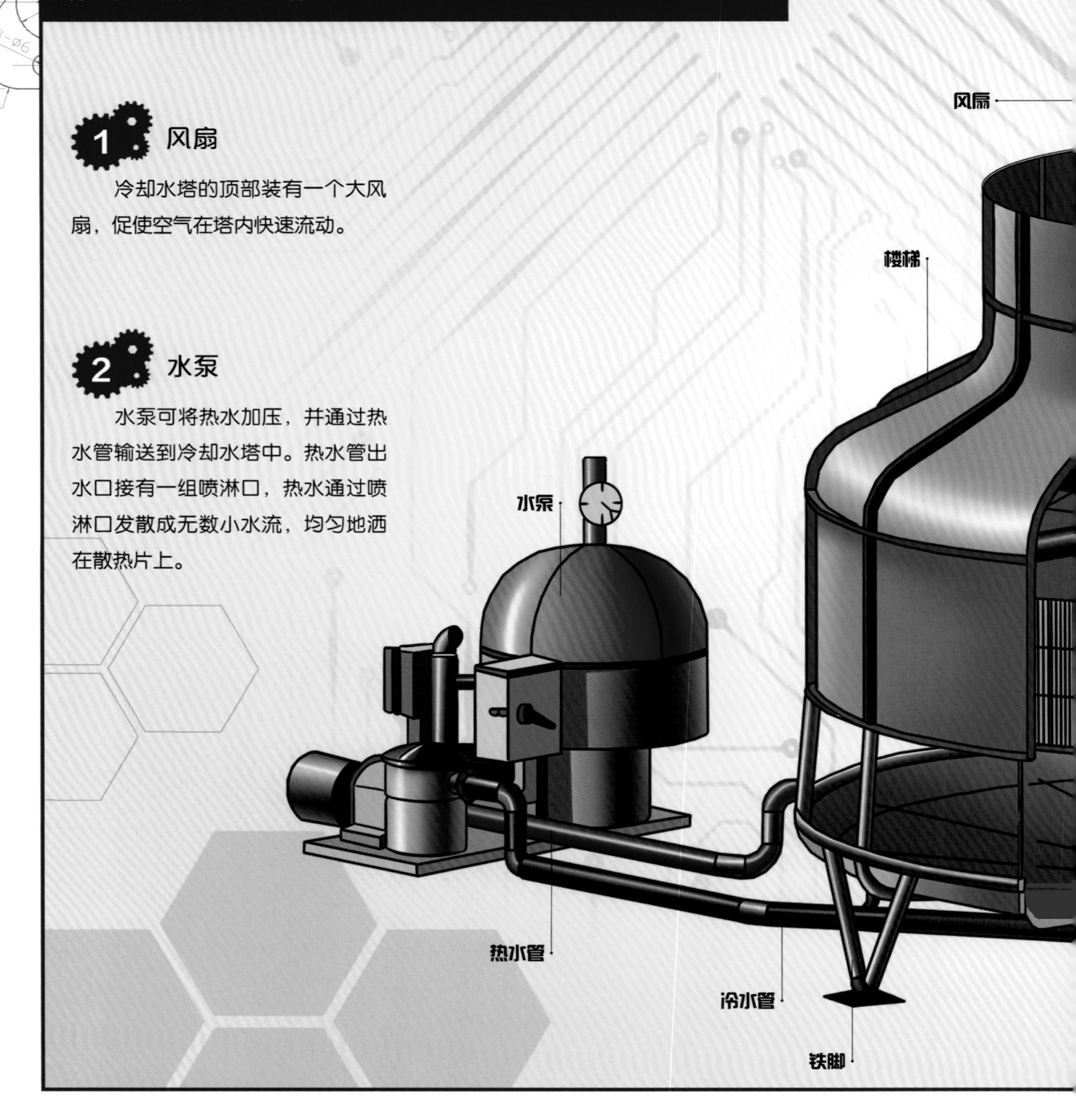

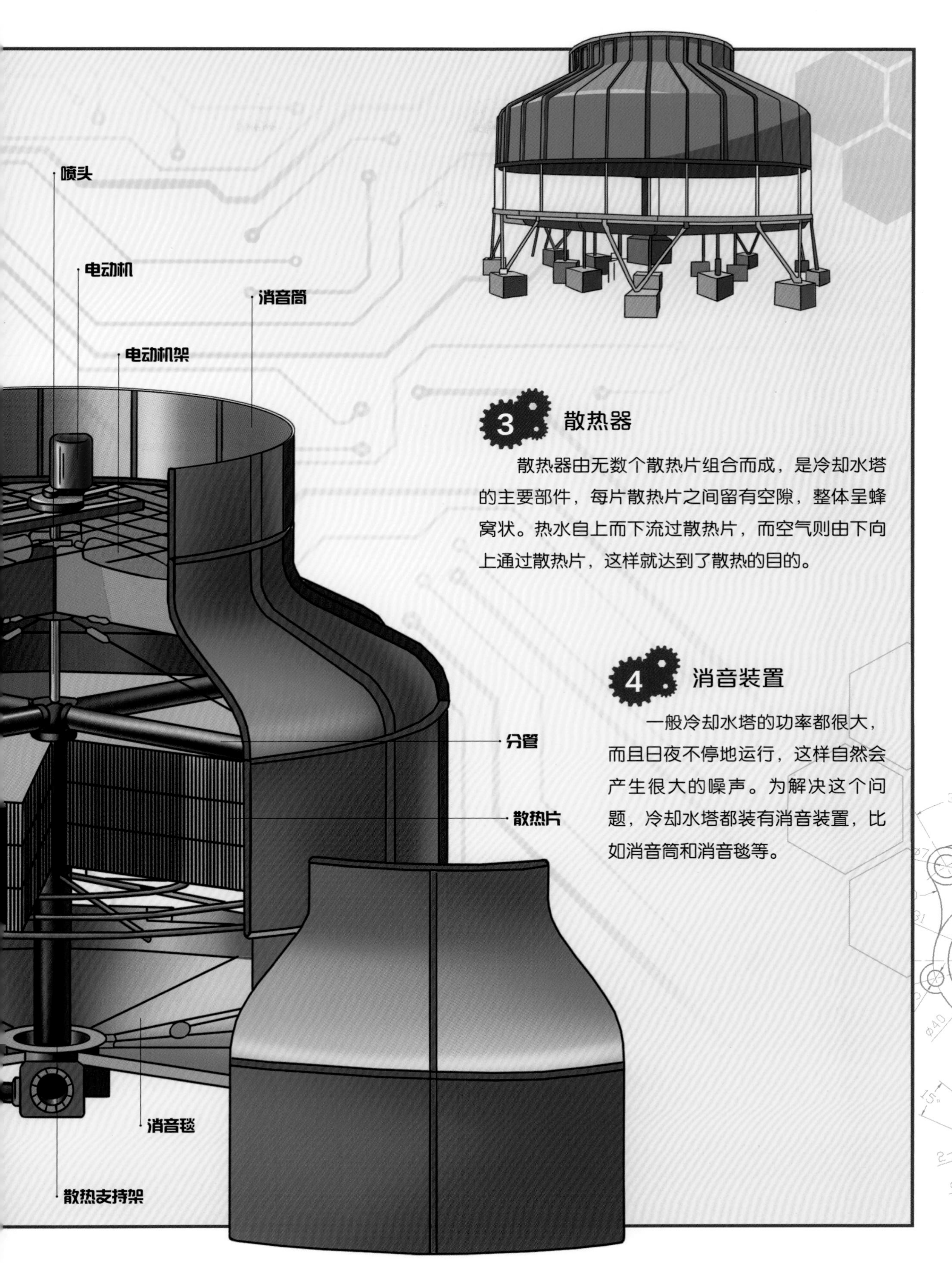

3 散热器

散热器由无数个散热片组合而成，是冷却水塔的主要部件，每片散热片之间留有空隙，整体呈蜂窝状。热水自上而下流过散热片，而空气则由下向上通过散热片，这样就达到了散热的目的。

4 消音装置

一般冷却水塔的功率都很大，而且日夜不停地运行，这样自然会产生很大的噪声。为解决这个问题，冷却水塔都装有消音装置，比如消音筒和消音毯等。

▶▶氧气顶吹转炉——炼钢

钢就是经过精炼，不含磷砂等杂质的铁。为使钢中碳的含量稳定在0.5%~1.5%之间，必须去除二氧化硅、含磷的物质及硫黄等大大削弱钢的硬度的杂质，这个去除杂质的过程就叫作炼钢。其中，比较常见的炼钢法就是氧气顶吹转炉法，它是从转炉顶部吹氧进行炼钢的方法。这个转炉主要由炉壳、耳轴和托圈、轴承座等金属结构及倾动机构组成。

1 氧气顶吹转炉的反应原理

将铁水倒入转炉内，从顶部吹入氧气，氧气与铁中的杂质碳发生反应，生成一氧化碳，从而除去杂质碳。而这个反应会放热，使得铁依旧处于熔融状态。炉内底部加入石灰，石灰和杂质磷发生反应形成熔渣。待浮在钢水上面的各种杂质的去除工序完成后，将炉子侧倾，让钢水流进铸勺，然后转动炉子，清除熔渣，即完成炼钢过程。

2 炉壳

炉壳主要由钢板焊成，内衬则用碱性耐火材料进行砌筑，可以承受铁水熔化时的高温。炉壳砌衬后则形成了转炉内膛轮廓，这是炼钢的核心位置，其内进行着各种除杂的化学反应。

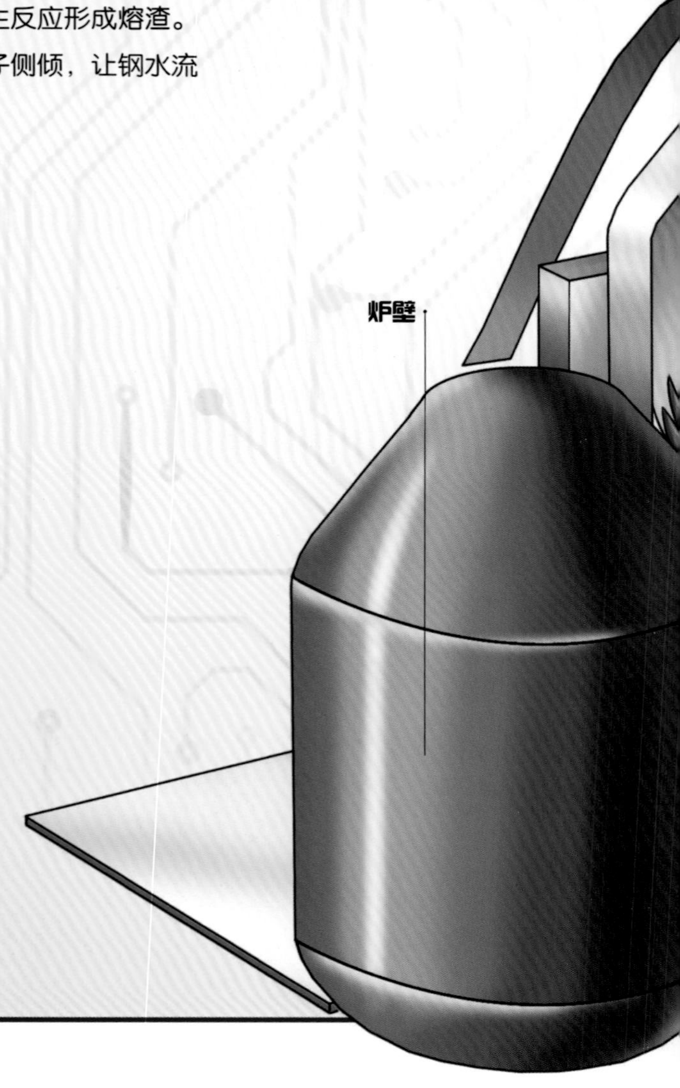

3 托圈

转炉上安装有托圈，用来支撑炉体，托圈的中间焊有直立的带孔筋板，可增加托圈的刚度。

4 倾动机构

转炉上配备有使炉体倾动的机械设备，即倾动机构，它可以使炉体正反旋转360度，很方便地完成兑铁水、加废钢、取样和倒渣等操作。

▶▶潮汐发电厂

潮汐发电厂是利用潮汐来进行发电的，也就是在涨潮时将河、海水储存在高处的储水库中，然后在落潮时，高处储水库自动向下放出河、海水，利用高低潮水位间的落差，推动水轮机旋转，从而带动发电机发电。因此，潮汐发电厂会在河口或海湾修建一条大坝，形成水库，而水轮发电机组则装在拦海大坝里。如果潮汐电站只修筑一道堤坝和一个水库，为单水库潮汐电站，如果修筑了两道堤坝和两个水库，则为双水库潮汐电站。

发电机

发电机是潮汐发电厂的重要部件之一。它的作用主要是将涡轮机转动所产生的能量转化成电能。

涡轮机

涡轮机通常放在导管中，导管将引导水流以最快的速度流向水轮桨叶，带动水轮桨叶的转动。

水闸门

水闸门安装在堤坝口。通过水闸门的升高或降低，可以控制水的流量，保证维修潮汐电厂时的安全。

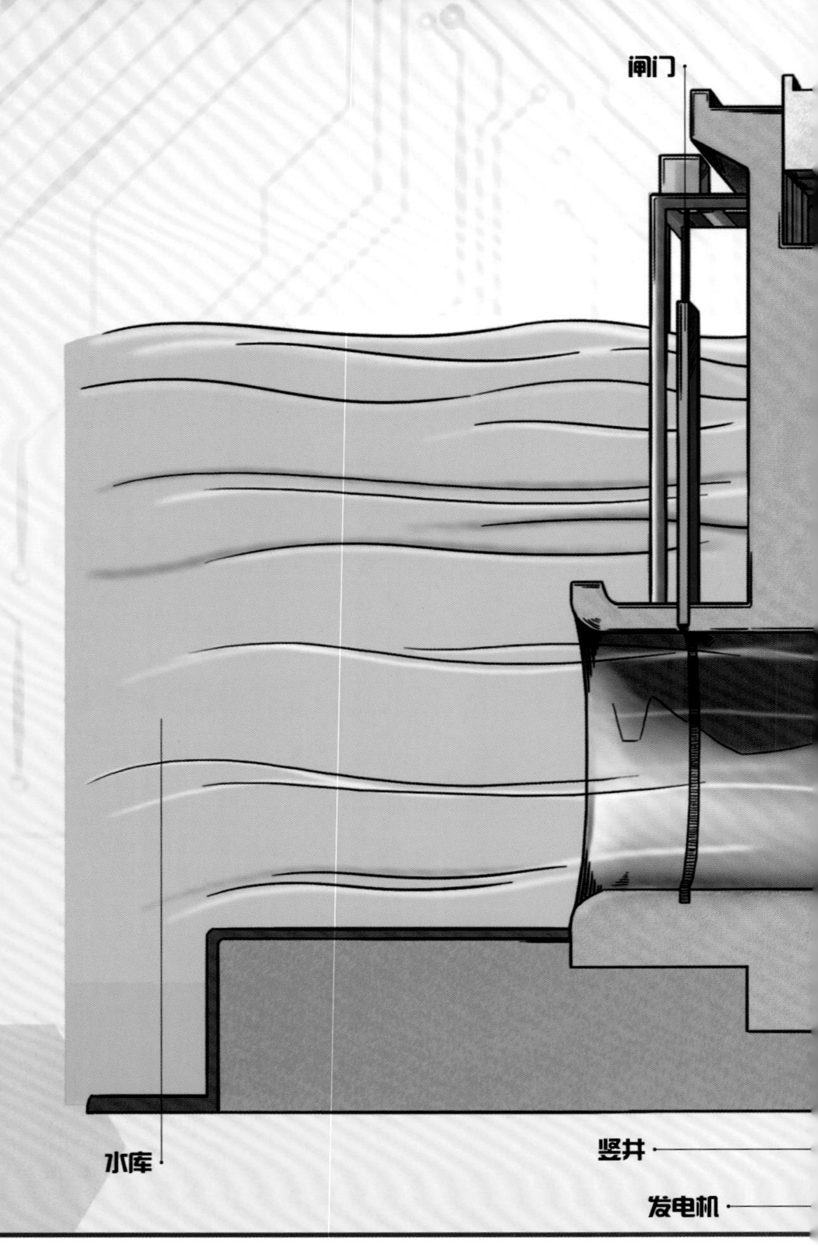

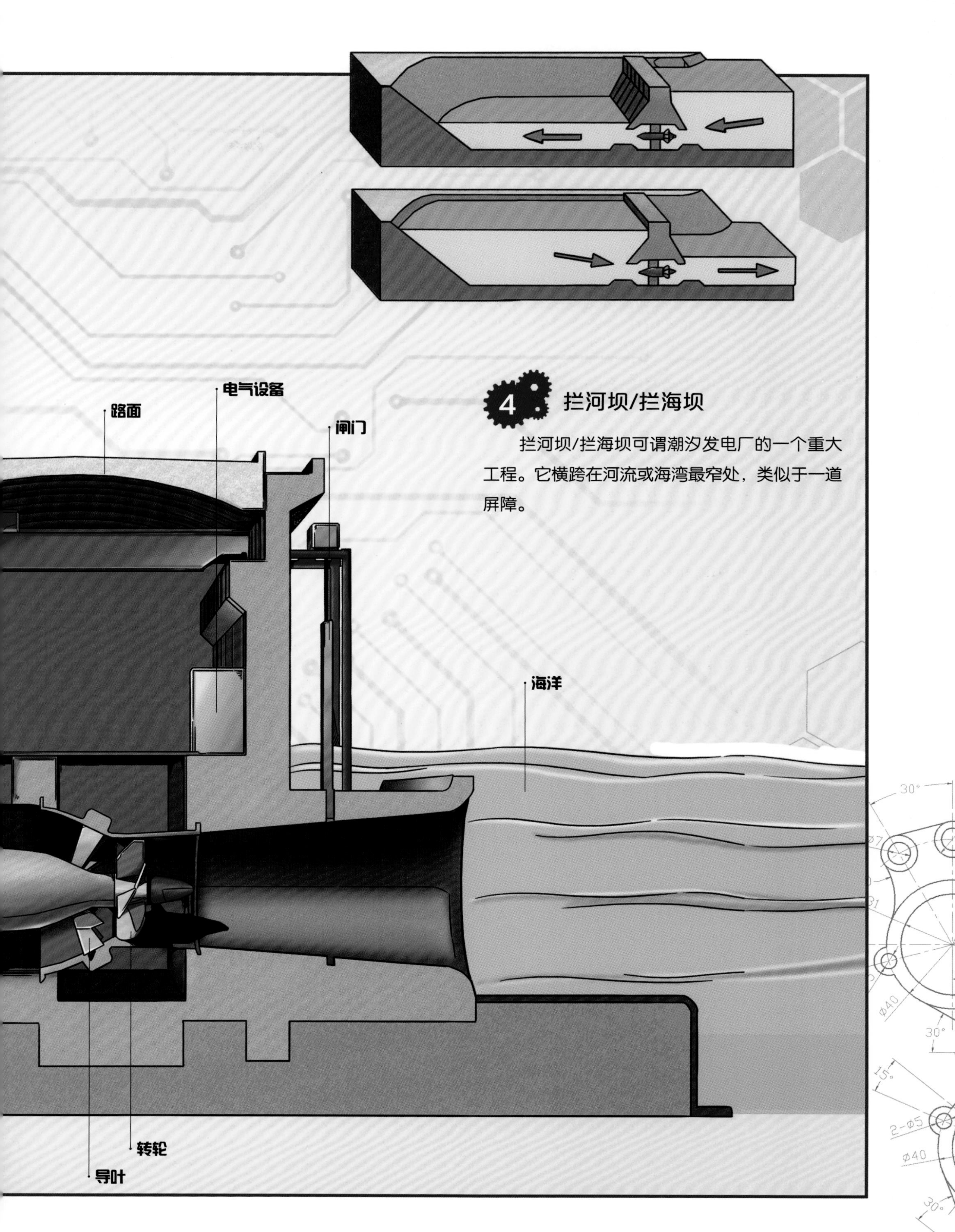

4 拦河坝/拦海坝

拦河坝/拦海坝可谓潮汐发电厂的一个重大工程。它横跨在河流或海湾最窄处，类似于一道屏障。

射电望远镜

宇宙中的很多天体都可以发射无线电波，射电望远镜正是用来观测和研究来自天体的无线电波的基本设备，可以对天体发射的无线电波进行处理并产生信号序列，计算机对这些信号序列进一步处理，即可获得无线电波源的图像，根据信号的频率差异即可得出无线电波源的组成物质与运动的信息。所以，射电望远镜是测量天体射电的强度、频谱及偏振等的有力工具，它主要包括了收集射电波的定向天线，放大射电信号的高灵敏度接收机，以及信息的记录、处理和显示系统等。

碟形天线

射电望远镜大多采用碟形天线，这些天线可以倾斜并以任意角度指向天空，从而收集到各个角度、位置的无线电波。

金属曲面

射电望远镜有一个很大的金属曲面，可以将收集到的无线电波反射到天线的曲面中心的焦点上。

竖直旋转体和水平旋转体

射电望远镜安装有竖直旋转体和水平旋转体，可以使其全角度转动，从而全方位地获得和了解天体的物质组成信息。

接收机

射电望远镜配备了接收机，其可以将天线收集到的无线电波信号进行加工，转化成可以记录或显示的形式，然后通过终端设备将信号记录并具体处理后显示出来。

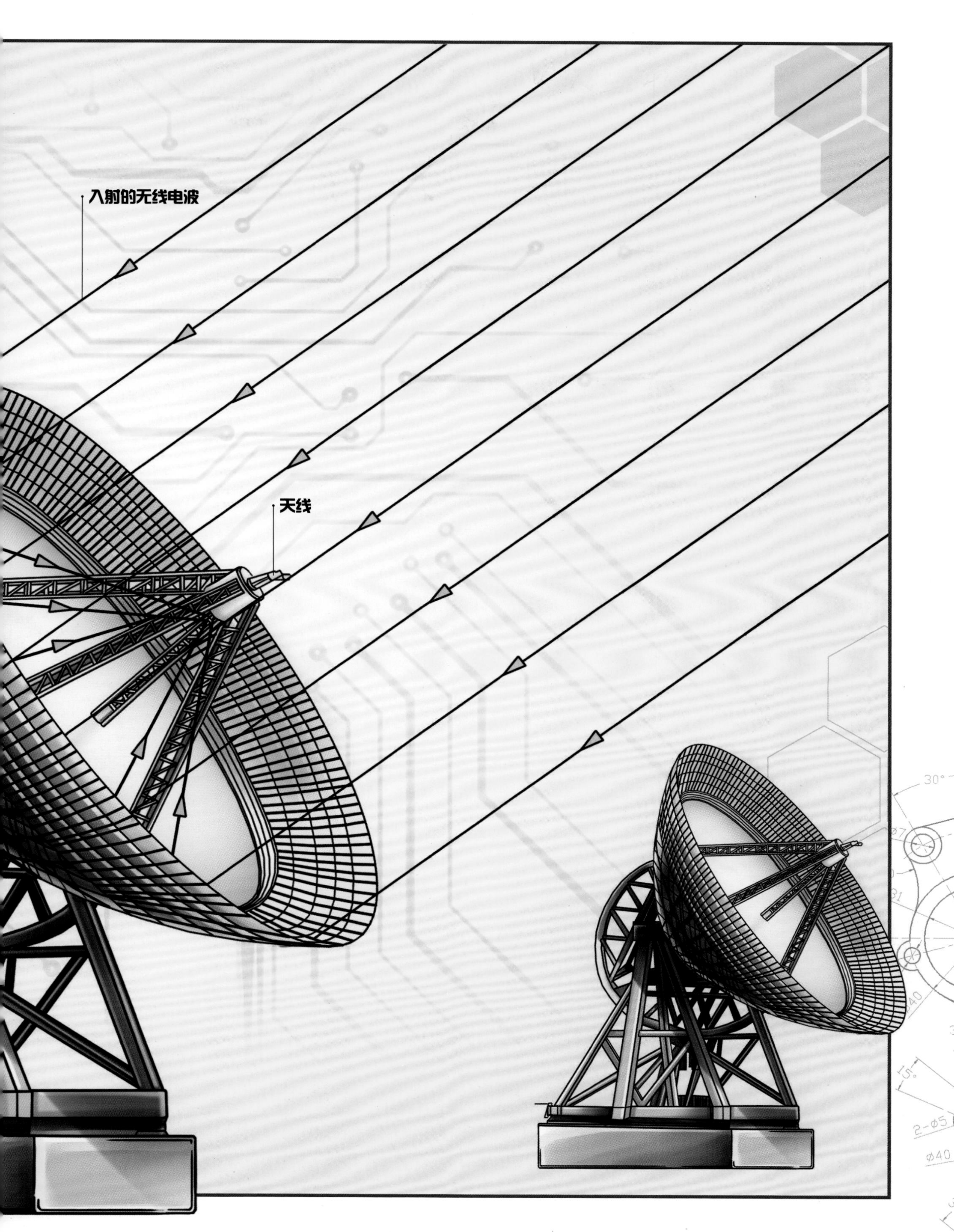
入射的无线电波
天线

▶▶核电厂

核电厂是用核反应堆产生的核能来发电的电厂，核能是由原子核发生裂变反应，即核裂变释放出来的，能量非常大。核电厂采用核能发电装置进行发电，这种装置主要由蒸汽涡轮机、汽轮机、发电机和变压器组成。

1 核裂变

核裂变即原子核的分裂，是一个包含有多个质子的较重原子核分裂成两个或更多个较轻的原子核的过程。原子核在分裂的时候会释放出惊人的能量。如1千克铀金属全部核裂变可以产生20 000兆瓦时的能量，相当于燃烧300万吨煤释放的能量，实在是不可思议。

2 汽轮机

核电厂的汽轮发电机与常规火电站所用的汽轮发电机，在构造上没太大区别。不同的是，核电厂汽轮机的体积更大，需要一个专门的厂房来放置。

3 蒸汽发生器

蒸汽发生器将反应堆释放的热量传给回路中的水，并使之变成蒸汽，然后通到汽轮发电机的汽缸中进行做功。

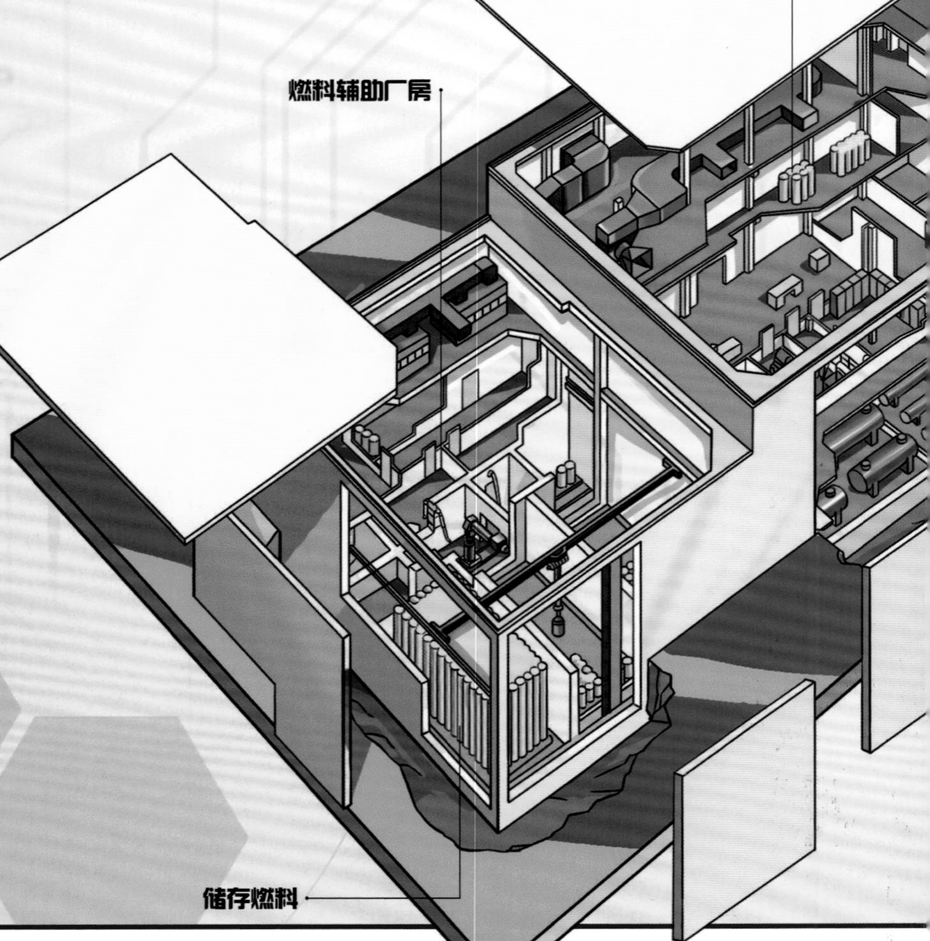

4 核反应堆

核反应堆是核电厂的核心，其中有一个专门的反应堆厂房。它主要由燃料棒、控制杆、减速剂、安全壳等组成。其中燃料棒本质就是核燃料，只是被制成了长棍的形状，以便更好地深入被减速剂包围的核反应堆主体部分中去。控制杆可以吸收过量的中子，确保裂变反应在可控制的范围内。减速剂用来降低中子的速度，使得热量被慢慢地、持续地释放出来，从而避免了突然爆炸。安全壳限制裂变反应产生的放射性物质扩散，以保护人及设备不被放射物质伤害。

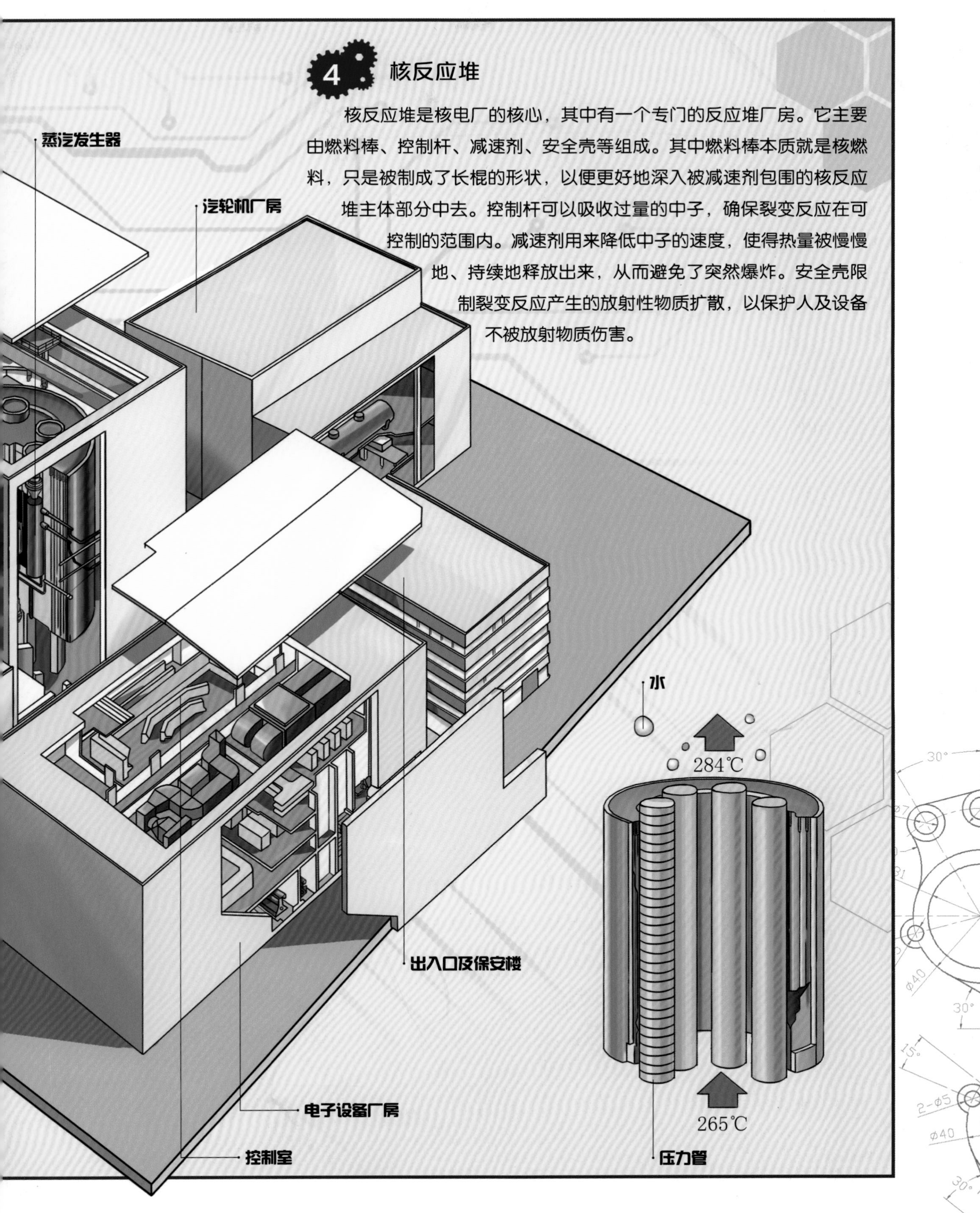